北京市优秀工程勘察设计奖作品集 2019

《北京市优秀工程勘察设计奖作品集 2019》编委会　编

中国建筑工业出版社

《北京市优秀工程勘察设计奖作品集 2019》

参编单位（排名不分先后）

北京市建筑设计研究院有限公司
中国建筑设计研究院有限公司
北京市市政工程设计研究总院有限公司
北京市勘察设计研究院有限公司
北京市测绘设计研究院
中国中元国际工程有限公司
北京市住宅建筑设计研究院有限公司
北京城建设计发展集团股份有限公司
中冶京诚工程技术有限公司
中国建筑科学研究院有限公司
清华大学建筑设计研究院有限公司
中国中建设计集团有限公司
悉地（北京）国际建筑设计顾问有限公司
中旭建筑设计有限责任公司
悉地国际设计顾问（深圳）有限公司
北京墨臣工程咨询有限公司
中国电子工程设计院有限公司
中国建筑标准设计研究院有限公司
华通设计顾问工程有限公司
北京新纪元建筑工程设计有限公司
中科院建筑设计研究院有限公司
北京建工建筑设计研究院
北京土人城市规划设计股份有限公司
北京天鸿圆方建筑设计有限责任公司
北京维拓时代建筑设计股份有限公司
北京中外建建筑设计有限公司
北京城建勘测设计研究院有限责任公司
航天建筑设计研究院有限公司
北京市水利规划设计研究院
北京东方新星勘察设计有限公司
建设综合勘察研究设计院有限公司
中铁第五勘察设计院集团有限公司
中铁华铁工程设计集团有限公司
北京市地质工程勘察院
中交一公局公路勘察设计院有限公司
北京京岩工程有限公司
中国电力工程顾问集团华北电力设计院有限公司
北京国道通公路设计研究院股份有限公司
北京市市政专业设计院股份公司
泛华建设集团有限公司
中铁工程设计咨询集团有限公司
中国城市建设研究院有限公司
北京特泽热力工程设计有限责任公司
北京市煤气热力工程设计院有限公司
北京优奈特燃气工程技术有限公司
北京中航油工程建设有限公司
聚合电力工程设计（北京）股份有限公司
世源科技工程有限公司
北京矿冶科技集团有限公司
中科合成油工程股份有限公司
中机十院国际工程有限公司
中国寰球工程有限公司
北京北林地景园林规划设计院有限责任公司
北京市园林古建设计研究院有限公司
北京创新景观园林设计有限责任公司
易兰（北京）规划设计股份有限公司
北京清华同衡规划设计研究院有限公司
深圳奥雅设计股份有限公司
中国航空规划设计研究总院有限公司
北京乾景园林规划设计有限公司
中外园林建设有限公司
北京腾远建筑设计有限公司
北京大学
北京市城市规划设计研究院
北京首建标工程技术开发中心
华优建筑设计院有限责任公司
中国建筑技术集团有限公司
博天环境集团股份有限公司
北京房地中天建筑设计研究院有限责任公司
北京中联环建文建筑设计有限公司
北京中天元工程设计有限责任公司
北京首钢国际工程技术有限公司
北京本土建筑设计有限公司
北京市热力工程设计有限责任公司
北京矿务局综合地质工程公司
北京三磊建筑设计有限公司
北京方地建筑设计有限公司
北京京业国际工程技术有限公司

目　录

公共建筑综合奖

住宅与住宅小区综合奖

一等奖

二等奖

三等奖

工程勘察与岩土工程综合奖（岩土）

一等奖

工程勘察与岩土工程综合奖（测量）

市政公用工程（道路桥隧）综合奖

市政公用工程（给排水水利工程）综合奖

市政公用工程（轨道交通）综合奖

市政公用工程（燃气热力）综合奖

工业工程设计综合奖

园林景观综合奖

工程勘察设计标准与标准设计（标准）专项奖

工程勘察设计标准与标准设计（标准设计）专项奖

建筑电气专项奖

建筑智能化专项奖

绿色建筑专项奖

水系统工程（建筑给排水）专项奖

水系统工程（市政环境类）专项奖

装配式建筑设计优秀奖（公建）

装配式建筑设计优秀奖（居住）

历史建筑保护设计单项奖

建筑信息模型 (BIM) 设计单项奖

政策性住房设计单项奖

建筑工程勘察设计优秀奖（中小企业）——建筑设计

建筑工程勘察设计优秀奖（中小企业）——岩土工程

建筑工程勘察设计优秀奖（中小企业）——市政公用工程

城市更新设计单项奖

2019
北京市优秀工程
勘察设计奖作品集

公共建筑综合奖

雄安新区市民服务中心企业临时办公区

一等奖
公共建筑综合奖

获奖单位：中国建筑设计研究院有限公司
获奖人员：崔愷，任祖华，庄彤，梁丰，朱宏利，王俊，陈谋朦，盛启寰，邓超，刘长松，彭典勇，刘志军，裴韦杰，张思健，李爽

项目概况

雄安市民服务中心是雄安新区的第一个建设工程，是雄安新区面向全国乃至世界的窗口。项目位于容城县城东侧，由公共服务区、行政服务区、生活服务区、企业临时办公区四个区域组成。其中，企业临时办公区位于整个园区的北侧，由1栋酒店、6栋办公楼和中部的公共服务街组成。

特殊的要求

整个项目很特殊，虽然是一个临时建筑（初步预期使用10年左右），管委会提出的要求却很高：建设要快——1年内务必建成；品质要高——要与雄安"国际标准、高点定位"的要求相符；理念要新——要对未来的雄安建设起到一定的示范作用。

要应对这么多的现实问题，需要我们在建造模式和规划模式上有所突破，去寻找一种新的应对策略。

全装配化、集成化的箱式模块体系

基于项目的特殊性，项目创新性的采用了箱式模块化的建造体系。整组建筑由一个个12m×4m×3.6m的模块组成。每个模块高度的集成化，结构、设备管线、内外装修都在工厂加工好，现场只需拼装就可完成。工厂化的加工既可以有效的控制建筑的质量和品质，又可以实现批量生产，缩短建筑工期；每个模块自成体系，当这组建筑完成其"临时性"的历史使命时，所有的模块可以移至他处，重新组合，再次利用。

可生长的规划模式

受"十字平面"经典范式的启发，一个个标准的模块组合成一组组十字形的建筑单元，交通核位于十字形的中心，形成公共服务空间，办公空间围绕交通核布置。十字形的平面使建筑呈现一种对周边环境开放的姿态，建筑贴近绿化，融入自然；小进深可以实现最大化的自然通风采光。每个"十字"单元再经过局部变形、组合，向外自然生长，蔓延于环境之中。

开放绿色的办公模式

在这里有完善的共享服务体系。作为雄安新区第一个启动项目，周边基本全是农田，配套设施明显不足。我们在场地的中部设置了公共的服务平台，在这里可以有不同的选择，职工餐厅、特色餐饮、咖啡店、健身房、无人超市、文具店，应有尽有，共享共用。

在这里有着与自然最为亲近的关系。建筑并没有沿基地的周边布置，而是紧靠中部的共享商业街，在外侧空出大量的绿化空间。起伏的微地形自然地形成雨水花园，工作之余人们可以沿着弯曲的漫步道走一走，也可以到镶嵌其间的篮球场、羽毛球场活动一下。建筑的各层都退出了许多屋顶平台，给在这里办公的人提供了交流和活动的空间。

青岛北站

一等奖
公共建筑综合奖

获奖单位：北京市建筑设计研究院有限公司
中铁二院工程集团有限责任公司 / 法国 AREP Ville 公司
获奖人员：吴晨，秦红，毛晓兵，Etienne TRICAUD，杨蔚彪，Luc NEOUZE，宫贞超，张克意，王翔，Emanuele LIVADIOTTI，巩云，王宏伟，杨蕾，黄华峰，李航

设计理念

青岛北站是集铁路客运、长途汽车、城市轨道交通及常规公共交通于一体的大型立体综合交通枢纽。总建筑面积 6.88 万㎡，站场设计为 8 场 16 线。最高聚集人数 1 万人。设计中提出了“以流为主、到发分离、南北贯通”和“无缝对接、零换乘”等创新理念，用立体分流的模式探索了提高大型交通建筑换乘效率的解决之道。

项目特殊性

建筑造型巧妙地通过 10 榀钢斜拱模拟海鸥翅膀扇动时不同位置连贯渐变而成，上覆轻型金属屋面，形成动态、轻巧、新颖的一体化空间形态，高架候车大厅内不见一根立柱，开敞通透。以简洁有力的结构语言隐喻展翅的海鸥，呼应了“海边的站房”的滨海城市独特环境地域特点。

技术难点

站房屋盖为复杂的空间钢结构体系，东西长约 350m，南北宽约 200m，拱形受力体系跨度为 101.2~148.7m 不等，最大悬挑约 30m。跨中位置采用 5.0m 高、3.8m 宽的三角形屋脊大梁将 10 榀不同形态的几何单元纵向串联，模拟海鸥展翅的渐变姿态，拱形体系支座之间设预应力拉索，以平衡水平力，最终形成空间开阔、韵律生动、气势宏大的建筑造型，是力与美的完美结合。

技术创新

青岛北站为跨线式车站，车站功能空间划分为地下出站层、地面站台层、高架候车层三个层面。站房设计大胆创新，将候车大厅支撑体系与屋盖结构体系分开。巧妙取消了室内屋顶立柱，结构构件形态优美，受力体系合理清晰，上覆轻盈飘逸的金属屋面，形成动态、轻巧、新颖的建筑造型。

新材料使用

站房立面为鳞片状二维曲面玻璃幕墙，为有效实现保温遮阳的绿色节能效果，玻璃幕墙采用间隔式后衬保温岩棉 + 铝背板形式，既保持了建筑外观的整体质感，又很好地形成了半透明的均匀变化肌理。

节能措施

屋顶均匀设置天窗采光带，经计算机模拟分析，室内天然采光临界照度平均值为 95.18lx，能够满足一般作业对室内照度的要求；高侧窗及顶部天窗开窗方式增加自然通风效率，可降低约 10% 的空调采暖负荷，并能够在过渡季节利用自然通风缩短空调使用时间 1~2 个月。

王府中环

一等奖
公共建筑综合奖

获奖单位：北京市建筑设计研究院有限公司
KPF 建筑设计事务所 / 奥雅纳工程咨询（上海）有限公司北京分公司

获奖人员：刘淼，王超，孙静，于东晖，于永明，周有娣，方向，段新华，梁梦彬，齐永利，周林，崔玮，王耀榕，闻松，徐晓晖

项目概况

王府中环项目地处北京繁华的商业步行街——王府井大街，北侧紧邻北京市百货大楼，西侧遥望故宫。

王府井西街由用地中部穿过，完善了内部与外部路网的联系。本项目是北京市东城区政府制定的王府井商业发展规划中的重要一环，是香港置地集团在北京打造的时尚高端生活中心。设计与规模均巧妙融合了王府井地区的历史底蕴与精粹，力图引进国际一线品牌专卖店和旗舰店，并将该项目打造成为品牌和时装发布的标志性商业建筑。

本项目总建筑面积 15 万 m^2，其中包含超过 4 万 m^2 的商业和配有 73 间客房的文华东方酒店。建筑地下一层至地上四层为零售商业、餐饮，地上五、六层为精品酒店，地下二层至地下四层为车库、设备机房。

技术特色

本项目赋予传统商业街区新的生命力，通过人流动线，使王府井大街与西侧皇城根遗址公园人流相互连通，增加了王府井商业街的游客数量。

本项目设计时着重考虑使用者的体验感，如商业卫生间犹如星级酒店般舒适的体验感、母婴室挥手感应开门设计、化妆间及休息区的设置，以及卫生间隔断门采用阻尼合页，无人使用时，自动保持固定开启等细节，处处体现了人性化的设计。

王府井大街主入口四层通高的中庭，上方设置大面积采光顶，整个空间通透明亮，天窗两侧吊顶内藏有悬臂式擦窗机，为中庭装饰及天窗清洁等后期使用提供便利的条件。

在王府井西街上方设置两层通高的连桥连接东西两侧建筑，大尺度、开阔的活跃空间为使用方式提供了多种可能性，如艺术展览、产品发布会等，连桥顶部设置电动可移动天花，成为该项目使用上的一个亮点。

由于限高原因，冷却塔设置在酒店客房同楼层，为了避免噪声，整个冷却塔及主要设备均有统一的外遮挡设计，并设置消声器隔绝噪声，兼顾美观及实用。

技术成效与深度

本项目用地周边环境复杂，施工场地狭小，无基坑开挖及防水施工条件，经过多种材料比较，最终工程基础筏板及地下室外墙采用新型 1.2mm 厚高密度聚乙烯自粘胶膜防水卷材，以预铺卷材为模板进行混凝土浇筑，并与混凝土发生化学反应以达到防水的效果。

由于建筑高端商业的定位，加上其体量庞大、功能多样，所以消防上疏散人数、大中庭疏散及酒店疏散采用消防性能化设计，在满足安全的前提下，尽可能保证空间的完整和美观，减少交通空间，提高使用率。

精装修设计阶段注重各个细部节点的设计，如临空位置扶手栏杆钢管外饰面包裹的接缝处理，观光电梯井道内可见部位的构造处理，为了满足商业内立面石材接缝的完整性，设计了新型消火栓门装置节点。

外幕墙及精装修主要节点均在正式施工前进行了等比例样板的建设，从颜色、材质到连接方式、节点做法等逐一进行确认，根据实际情况对设计不断进行调整，并确定施工的细节要求，保证最终结果与设计要求完全一致。

综合效益

王府中环荟萃东西方文化，超过 130 家品牌入驻，有 20 家为首次进驻北京或中国市场，融合购物、美食与艺术体验，为顾客提供卓越体验，于京城演绎品位风尚，共同启幕高端生活方式。王府中环正式开业，已经成为加快王府井转型升级的标志性事件。其将是王府井商圈品牌升级的重要支撑，也将助力整个王府井地区的改造与复兴，打造新的国际地标商圈。

本项目获得绿色建筑三星认证、LEED 金级认证以及 2018 年度鲁班奖。

PANDORA

BREITLING

VICTORIA'S SECRET
VICTORIA'S SECRET
VICTORIA'S SECRET
Superdry®

北京老年医院医疗综合楼

一等奖
公共建筑综合奖

获奖单位：清华大学建筑设计研究院有限公司
获奖人员：刘玉龙，姚红梅，王彦，胡珀，任晓勇，蔡为新，徐青，吉兴亮，贾昭凯，韩佳宝，崔晓刚，张松

项目概况

北京老年医院地处中关村高科技园区，位于西山脚下，京密引水渠畔，颐和园西北方向。地理位置优越，院区总用地为 163200m^2。

本项目为北京老年医院新建的医疗综合楼，包括医技、住院以及医疗后勤辅助设施。新建的医疗综合楼位于院区南部，分为主楼、副楼两部分，通过连廊相连通。主楼为病房、医技用房，副楼为医技、手术及科研教学用房。总建筑面积 366423m^2，其中地上 26908m^2，地下 9735m^2，建筑层数地上 4 层、地下 1 层，主体高度为 17.1m，局部坡屋顶 20m，病床数为 400 床，手术室为 8 间。

技术特色

1. 人文关怀的多义场所

在总体布局、医疗空间上体现适老化的要求，在建筑上更加强调细节与小尺度处理，与院区现有建筑相协调，充分利用自然的阳光、空气，努力营造社区与家庭的氛围。

2. 老年友好的公共空间

通过公共空间、室内外空间的渗透融合及自然过渡，形成老年友好的诊疗环境，尽量降低老年人在医院内的异质感，建立一种相对亲切、平等的医患关系，开放的空间环境也会更有利于疾病的治疗与康复效果。

3. 积极创新的医疗空间

提供先进的老年医疗平台，医疗空间围绕中庭布置，打破医技、手术等各部门的分割，结合学科特色和市场需求设立专科中心。“一站式”以服务患者为中心的医疗服务，适应老年患者病情复杂，需要综合性检查、治疗的需求。

4. 安全健康的环境设施

全面体现安全设计理念，考虑老年人的使用需求。设置天轨系统等辅助设施，并进行一体化设计，充分考虑到老年疾病的长期性与老年人的生理、心理特点，体现了健康设计的理念。

面对社会老龄化背景下的问题、机遇和趋势，北京老年医院医疗综合楼项目将人文主义的思想贯穿始终，在满足医疗流程、感控要求、技术指标的前提下，尊重使用者的感受与体会，营造一个关爱老人、医患和谐相处的健康之“家”。

通过合理的平面布局，构成自然通风和采光的环境，形成良好的景观，达到节约能源、提高空间品质的目标。

采用绿色照明，不同需求设置不同的照明形式。

采用适合使用需求的热计量装置，以及楼宇控制、安防监控等智能化系统。

采用绿色建材，控制室内环境污染。

（注：照片摄影：何震环）

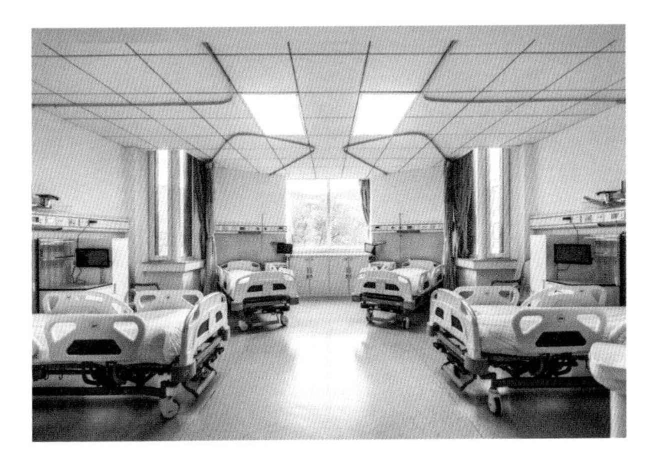

中国科学院国家天文台FAST观测基地

一等奖
公共建筑综合奖

获奖单位：中国中元国际工程有限公司
获奖人员：于一平，李凯，马婕，王成虎，王瀚辰，陶战驹，刘星，张旭，陈景来，王伟，沈蓓，郭伟华，石咸胜，周佐辉，钟艺

项目概况

本项目位于贵州省黔南布依族苗族自治州平塘县克度镇大窝凼，是500m口径球面射电望远镜（FAST）工程其中的一个组成部分。基地选址于一处风景优美的山谷，距离射电望远镜约500m，处于四周群山密林的环抱之中，地形复杂，基础设施建设比较滞后。项目定位为集学术交流、办公、科学实验、住宿、后勤于一体的FAST工程观测基地。由综合楼、餐厅、1号实验室及附属用房、2号实验室及附属用房组成。综合楼为观测基地的主体建筑。由于场地高差较大，建设用地紧张，综合楼结合场地中央的小窝凼进行围合布局，建筑因山就势呈现不规则的五边形，中间形成下沉内院，整体布局自由灵活。建筑功能布局采用分层手法，互不干扰，便于使用和管理。

技术特色

综合楼是基地的主体建筑，由于镶嵌在山谷中，仅有南立面可以展示其形象，设计上体现山地建筑特点，采取了消隐体量的设计手法，利用场地的高差，将一层消隐在主入口视线以下。从南侧主入口展示的只是一个二层的建筑形象。建筑采用坡屋顶木建筑装饰的建筑形式，利用出挑的飞檐、耸立的柱廊、强烈的虚实对比，塑造出一个具有强烈视觉冲击力的主体形象，宛如镶嵌在山中的一颗明珠，璀璨生辉。建筑设计采用坡屋顶，底层结构架空，仅有框架柱拔地而起，整体建筑轻盈的建筑体量悬浮在起伏不平的场地上，既具有贵州民居的形式，也有吊脚楼的神韵，符合地域建筑风格。

综合效益

具有中国独立自主知识产权的FAST是世界上目前口径最大、功能最强的单天线射电望远镜，其设计综合体现了我国高技术创新能力。FAST在今后20~30年将保持世界一流设备的地位，成为国际天文学术交流中心。观测基地承载着FAST日常观测、科研、信息处理、学术交流等各项功能，国内外顶级天文学家和一流技术人才将汇聚在这里。他们不仅在观测基地进行世界最前沿的天文学科研课题研究，还将在研究期间生活居住在这里。观测基地从方案创作到设计建造，都最大限度的保护了当地的生态环境，建成使用至今，也得到了中国国家天文台及其他使用专家的一致好评。

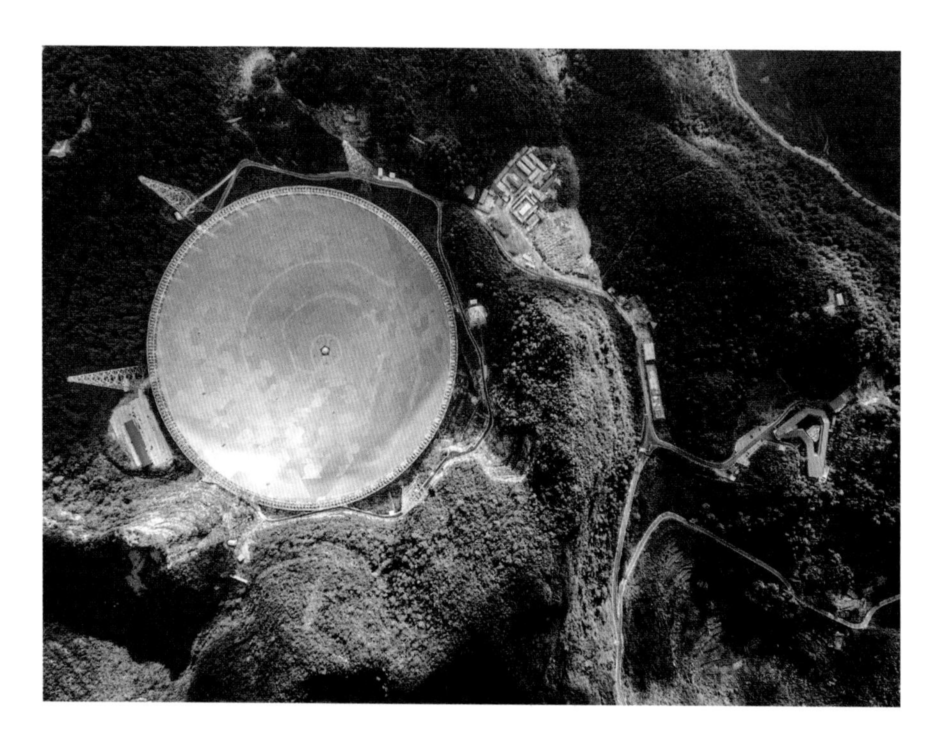

500米口径球面

嘉德艺术中心

一等奖
公共建筑综合奖

获奖单位：北京市建筑设计研究院有限公司
BURO OLE SCHEEREN LIMITED/ 宋腾添玛沙帝建筑工程设计咨询（上海）有限公司

获奖人员：张宇，吴剑利，孙宝亮，甄伟，盛平，高昂，段钧，周小虹，张志强，庄钧，张瑞松，陈莹，张争，马丫，李昕

嘉德艺术中心位于北京市王府井大街 1 号，旨在建立一座为公众服务的文化建筑。基地北侧的五四大街是朝阜历史文化轴，东侧为王府井大街，西侧为传统民居。嘉德艺术中心定位为集拍卖、展览、文物储藏、鉴定修复、学术研究、信息发布、精品酒店为一体的亚洲首个“一站式”文物艺术品交流平台。

本建筑地上 8 层，地下 5 层。地上建筑主要功能为：展厅及配套用房、酒店及配套用房；地下建筑使用功能为：拍卖大厅及库房、酒店后勤用房、停车库、机房等。

1. 建筑设计方面具有如下特点：

（1）在城市尺度上，嘉德艺术中心以方整的体量与华侨大厦、中国美术馆等建筑形成街区的规划对位关系。建筑高度不高于东侧华侨大厦、南侧考古所宾馆的檐口高度，体现了对周边环境的尊重。东侧保留五四文化运动时期的围墙，保留了历史文化轨迹。

（2）建筑上部采用透明幕墙，融入传统的砖墙肌理，呼应周边建筑。方环作为酒店区形成空中四合院，内部设置庭院并种植绿化，无缝服务下部拍卖展示空间。

（3）建筑下部采用灰色石材，退台的方式层叠呼应西侧旧城保护区。将胡同的肌理延伸至基地，使建筑融入整个基地环境。抽象提炼中国画富春山居图，以圆窗镜筒作为像素点，采用穿孔的方式嵌入墙体，增加了建筑的文化性。

2. 本建筑结构具有较高的设计难度，具体如下：

（1）大跨度转换桁架设计

本工程地下 1 层至 2 层为多功能厅、展厅，在建筑物中部形成 57.2m × 36m 的无柱大空间。转换桁架跨度 26m，高度 4.5m。

（2）悬挑桁架、空腹桁架组合设计

5~8 层悬浮的环形四合院造型，结构设计通过大跨度悬挑桁架支撑，悬挑桁架最大悬挑长度 12.4m，空腹桁架 4 层通高，高度 13m，跨度 46.8m。进行了 1：16 缩比的振动台试验，并利用 ABAQUS 进行了弹塑性分析。

（3）舒适度设计

对各层结构的竖向加速度进行分析，布置质量调谐效能器（TMD）。TMD 减震率高达 79%。

3. 机电设计涵盖展陈、精密库房、高品质酒店等不同性质空间，技术难度大。

（1）采用集中空调系统，高大空间采用全空气空调系统，办公、客房、餐饮等区域采用风机盘管加新风系统。全空气系统过渡季采用全新风运行，并设置机械排风系统。预热预冷新风，节省新风处理能耗。

（2）室内设有消火栓及自动喷水灭火系统。

（3）本工程采用智能照明控制系统及高效节能灯具配合弱电公司整合酒店展拍、起居等弱电系统。

4. 在限高的前提条件下，采用 BIM 协同设计的办法优化结构、设备截面设计，最终完成了高完成度的建筑作品。

江苏建筑职业技术学院图书馆

一等奖
公共建筑综合奖

获奖单位：中国建筑设计研究院有限公司
获奖人员：崔愷，赵晓刚，周力坦，李喆，高治，孙海林，石雷，刘会军，杨东辉，董新淼，王加，李俊民，何静，陈沛仁，腾飞

项目概况

本项目位于江苏建筑职业技术学院校园西区中心，正对学校西校门。用地周边环境优美，视野空旷。项目总建筑面积为 27896m^2。建筑高度 23.8m，为多层公共建筑。

建筑功能主要分为三部分：借阅区、读者活动区和办公区。由于用地为南高北低的坡地，且北侧有景观良好的水渠，因此将读者活动区放置在一层，包含学术报告厅、咖啡厅，展览厅、视听室、读者培训教室、新书展示室、书店、文化用品服务部等，结合贯穿东西的人行步道，为整个校园提供了丰富的公共活动空间。建筑的 2~5 层为上下贯通的借阅区，为学生提供安静的阅读环境，并利用建筑形体的错动给每一个阅览区创造出良好的景观视线。

技术特色

在图书馆的设计中，结合建筑体量层层出挑，底部加斜撑的结构特点，力图体现出一种古朴、典雅的神韵。整体的建筑造型又犹如几株繁茂的大树，体现出蓬勃向上的精神，给学生提供“树”下读书的全新体验。在细部设计中，建筑的窗台外凸形成带状花池，与室内阅览桌同高，使读者有更好的阅读环境。阅览区为流通开敞式大空间，学生通过 2 层进入阅览区后，能够通过中央楼梯方便地到达各个阅览部分。阅览区中央布置开敞书架，靠窗区域布置座椅，给学生阅读提供充足的光线和良好的景观。建筑中央设计四层通高的中庭空间，增强了建筑的采光通风效果。其 1 层为图书馆门厅，布置展厅、存包、咖啡厅等功能，2~4 层的阅览区域座椅围绕中庭布置，局部设计出挑的休息小平台，给学生提供了丰富的空间体验。

技术成效与深度

底层平面架空，开敞灵活，尽量减少落地柱子的数量，以支撑多变的平面向外悬挑，采用混凝土斜撑结构体系。强调自然采光和通风，布置窗外花槽和屋顶绿植，并以清水混凝土作为完成面，少装饰、少耗材，在适当的成本控制下达到节能减排的要求。对徐州地域性的适当表达，除了地形地貌的积极呈现和气候条件的应对策略外，采用 BIM 设计技术，建筑、结构、机电各专业在数字信息模型上工作交流，达到高完成度和高质量的施工。

综合效益

“一座内在理性而外在感性的建筑，一座单元标准而组合丰富的建筑，一座不刻意装饰而讲究自然的美的建筑，一座不强调文化而有些内涵的建筑”这种价值观和设计策略得到了学校的积极认可，方案顺利通过审批，设计团队的精诚合作以及通州建总集团的认真施工，建筑呈现出应有的品质，已经成为学校的标志性建筑，激发了校园的活力。

北京中关村第三小学万柳校区

一等奖
公共建筑综合奖

获奖单位：中国建筑设计研究院有限公司
三桥（北京）建筑规划设计咨询有限责任公司
获奖人员：刘燕辉，崔海东，王敬先，徐超，梁国立，余蕾，罗敏杰，马豫，匡杰，陈静，孙海龙，史敏，陈玲玲，王炜，钱薇

项目概况

本项目位于北京市海淀区万柳地区。项目总用地面积 23500.08m^2，总建筑面积 45728m^2，其中地上 25698m^2，地下 20300m^2，地上 4 层，地下 2 层，总高度为 21.9m（局部 22.4m），地下埋深 10.5m。

设计理念

通过建筑空间实现教育 3.0 的教学模式，让孩子在小学教育阶段全方位地发展。本项目力求达到开放性、互动性、亲和力、环保性及安全性。

创新性

主教学楼的教室布局采用组团式，是教育 3.0 理念的精髓所在。通过学校中的学校、随处都是教室、随处都是图书馆、大孩子与小孩子共同成长、可调节变化的空间，实现从“封闭式”到“开放式”的转变、从“单一功能”到“多维功能”的变化、从“物理空间”到“课程空间”的转变。每三个教室为一组，共用一个开放教室，形成班组群，通过灵活隔断对教学空间和教室进行多种变化，为新式教学提供多样空间。

技术特点与难点

项目用地集约，为了有效利用土地，主教学楼布局为环抱形布局，中间围合出椭圆形的半地下风雨操场。考虑到北京冬季的主导风向，将建筑的主要开口朝向南侧，为主楼争取更多的采光面，同时起到阻隔冬季北风的作用，并充分发挥遮阳、通风等策略。主教学楼建筑呈带状布置，各处进深均匀，有利于自然通风。

安全疏散是中小学建筑考虑的重要前提。建筑设计中，充分结合建筑消防及应急疏散口的布置，梳理出一套校区安全疏散路径，在校园建成后的使用中与班级布置相结合，保证不同楼层及不同班组群师生的有效疏散。

主教学楼 2 层及以上采用空心楼板，减轻自重，减小构件断面的同时，增加隔声效果。2~4 层设外廊，为了让学校各层教室能够获得充足采光，内环外廊侧采用切斜的外挑楼板，为阳台绿化种植预留条件。外挑主梁的截面采用斜三角形，对阳光的遮挡减到最低。

体育馆的屋盖兼作学生活动的户外操场。由于大跨度屋盖结构的竖向刚度较小，在人群荷载下容易产生较大的动力响应，给人造成不适。经过计算分析，在屋盖结构上布置了 54 个调谐质量阻尼器，该减振方案有效地减小振动，使屋盖满足舒适度要求。

配合学校的教学理念，教学楼本身是最大的教具，让学生感受结构与设备的机械美学，对所有管线的排布进行精心设计，并尽可能的外露，让学生能够直观地了解建筑，寓教于乐。

社会反响

本项目对于教育建筑是一次不可多得的尝试，新理念的落地为教育建筑探索了新的方向。本项目建成使用后，充分发挥了校方的教育理念，丰富的教学模式在不断地开发中。社会反响巨大，各地教育部门纷纷前往参观学习，成为新一代中小学设计的典范。

中关村第三小学
立天地心

珠海歌剧院

一等奖
公共建筑综合奖

获奖单位：北京市建筑设计研究院有限公司
北建院建筑设计（深圳）有限公司
获奖人员：朱小地，马泷，黄河，侯郁，束伟农，朱忠义，夏令操，孙成群，陈莹，栾波，陈林，宋玲，蔡志涛，刘蓉川，彭江宁

项目概况

珠海歌剧院总建筑面积 59000m²，包括 1550 座歌剧院、550 座多功能剧院、室外剧场预留及旅游、餐饮、服务设施等。珠海歌剧院的定位为：高雅的文化艺术殿堂、闻名的文化旅游胜地。她的意义不单是建造一所高品质的剧院，而是为珠海这座城市创造一个具有原创性、地域性和艺术性的标志性建筑。由于基地为人工填海而成，并且歌剧院为海岛的核心建筑，因此建筑的用地规划较为统一。工程总用地面积为 57670m²，主体建筑集中在海岛建筑环路的内侧，建筑限高小于 100m，建筑自身的采光、通风环境十分优越。

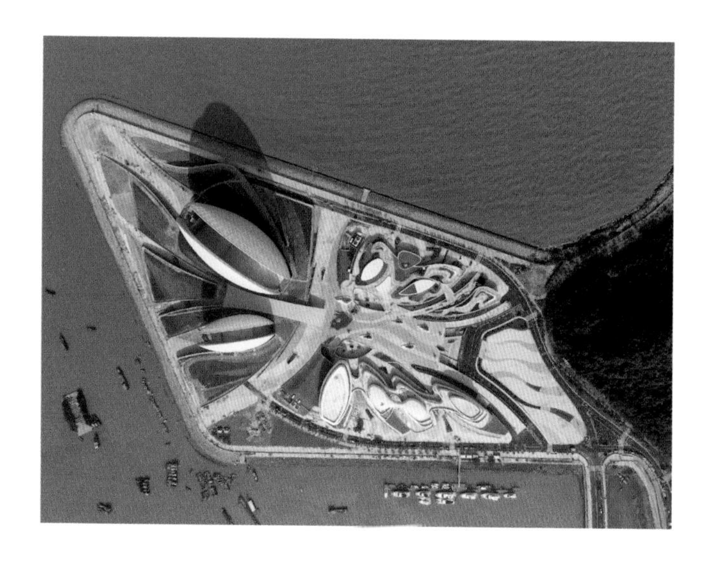

技术特色

大剧场满足大型歌剧、舞剧（含芭蕾舞）、大型交响乐、大型综合文艺演出的需要。多功能剧场满足国内外各类综合文艺演出、实验话剧、中型会议活动、时装表演、新闻发布等活动使用的要求。观众厅：设固定观众席 1550 座，观众厅容积按观众座位人均 9.6m³ 考虑，厅内容积控制在 14900m³。舞台、乐池：设主舞台、双侧台、后舞台，构成四面舞台形式。台口高度根据观众厅剖面设计作适当调整。乐池应可容纳三管制乐队演出需要。舞台、乐池的基本尺寸：歌剧院以满足歌舞剧、交响音乐会、芭蕾舞剧等高雅艺术演出为主体，因此声学设计考虑采用可调混响设计，以保证厅内对不同的演出形式都具有相对理想的混响，使观众厅内音乐丰满、透明而有层次。

技术成效与深度

室内的人流组织是以南入口大厅为起点，通过富于变换的共享空间，观众可以分别到达大小剧院的观众休息厅，透过“贝壳”的结构与表皮，人们可以看见起伏的景观屋面和远处的海面，增添了剧院的艺术气息和浪漫氛围。为了保证海岛整体生态环境的完整性，我们建议机动车辆尽可能地控制在城市道路进入野狸岛之前设置的临时停车区内，观众可以通过步行或乘坐绿色环保车辆前往歌剧院。在歌剧院用地环路的内侧，本工程提供了 200 辆观众停车、50 辆 VIP 停车、50 辆演职人员和后勤办公车位。

综合效益

本项目于 2016 年 10 月 27 日举办了开票仪式，向社会公布该剧院 2017 年首演季正式开票和营销启动，阐释“高贵不贵 文化惠民”的经营理念，此举意味着珠海大剧院正式开启全面运营模式。2016 年 12 月 31 日，来自俄罗斯的世界顶级乐团——俄罗斯国家交响乐团在珠海大剧院奏响了第一个音符，立项至今已达 25 年的珠海歌剧院终于拉开了首演的大幕。北京保利剧院管理有限公司与珠海城市建设集团双方出资成立合资公司，以北京保利剧院丰富的院线资源和先进完善的管理理念，结合珠海文化旅游和地方优势，合力将珠海歌剧院打造成国际知名、中国一流的剧院，融合粤港澳主流文化和高雅艺术，形成综合性的艺术空间和文化交流平台。

中国国际贸易中心三期工程 B 阶段工程

一等奖
公共建筑综合奖

获奖单位：中冶京诚工程技术有限公司
Skidmore，Owings&Merrill LLP (SOM)/ 王董国际有限公司 / 柏诚工程技术（北京）有限公司 / 奥雅纳工程咨询有限公司

获奖人员：王瑀，许大龙，尚志海，王大治，李家富，李绪华，何国娟，鞠拓文，闫思凤，王永兴，熊凯，崔明芝，曹春玲，梁兴旺，岳书良

设计理念

国贸三期 B 阶段主塔楼造型犹如一棵高耸挺拔的竹子，由玻璃幕墙构成的“竹节”建筑外皮呈阶梯状向上生长，整体造型时尚前卫，又不失沉稳大气，与三期 A 阶段塔楼相互呼应，组成“国贸双璧”，成为 CBD 核心区又一标志性建筑。本工程还与地下人行系统、轨道交通系统、机动车地下输配等实现了无缝对接，积极参与到 CBD 地下空间一体化进程之中。

项目特殊性

国贸三期 B 阶段工程是国贸地块的收官之作，其与国贸一期、二期、三期 A 阶段工程共同构成了国贸 110 万 m^2 的超大超高层城市建筑群，是目前世界最大的国际贸易中心，三期 B 阶段工程的竣工投入使用也将进一步提升中国国际贸易中心在全球世贸中心的地位。三期 B 阶段工程总建筑面积 23.29 万 m^3，包含主塔楼、酒店裙楼、商业裙楼，容纳了新国贸饭店、高档写字楼、国际精品商场等多种设施。是一处集办公、酒店、商业、娱乐、车库为一体的商业综合体，也是国贸地块的点睛之作，是国贸区域城市设计版图的最后一块拼图。

技术难点

在建筑上运用先进的设计理念和技术，力求建筑在空间、环境、功能与经济性上完美协调与统一，优化核心筒交通体系与商业流线。在结构方面，解决超高层建筑结构转换、裙房大尺度悬挑与大跨度的难题。三期 B 阶段主塔采用框架 - 核心筒结构形式，并且采用高位转换，不同的柱距较好解决了塔楼高低区域不同功能的需求。在中部和顶部设置两道加强层，南侧商业楼通过 60m 大跨度桁架跨越市政道路景茂街，将地上商业动线连接成整体，北侧酒店裙楼采用单跨钢结构，狭长的用地内解决了上部大尺度悬挑，并克服了跨层拉索幕墙的难点。本工程在机电系统设计上不仅满足本期工程使用要求，同时也为原国贸饭店区域的更新改建预留了条件，以保证整体区域的可持续发展。

技术创新与节能措施

本工程在空调、水、电设备系统设计上充分考虑系统的实用性、灵活性、经济性、模块化以及可扩展性。应用多项先进技术的组合，实现环保、节能和舒适的效果，达到国内绿色建筑标准，并取得 LEED 金奖级认证。

国贸项目于 1985 年开建，至今跨越 30 余年。在中冶京诚与国贸中心 30 年的合作过程中，公司设计团队以超高的设计水准、丰富的设计经验，在国贸中心建设过程中做出了持续的贡献。国贸是一部北京建筑业的发展史，同时也见证并推动着北京的城市化进程，它将为北京 CBD 的规划与发展打下坚实的基础，并提升北京 CBD 的国际化程度。国贸三期 B 阶段工程的竣工标志着世界最大国际贸易中心建筑群完美收官，成为真正意义上的“北京名片”乃至“国家名片”。

嘉铭东枫产业园（北京天利德机电设备有限公司一期厂房项目）

一等奖
公共建筑综合奖

获奖单位：中国建筑科学研究院有限公司
德国 gmp 国际建筑设计有限公司
获奖人员：洪菲，贾娟娟，王华辉，郑毅然，尤红杉，魏欣欣，隗立航，周吉祥，辛亚娟，刘经纬，贾健，李媛，赵琴昌，陈澜，王妍

在北京市东四环外鳞次栉比的高层建筑之间，有一群令人驻足的办公建筑，它地上五层，地下两层，由三座建筑连接而成，是一组院落式总部基地办公楼，总建筑面积 39220m^2，作为北京首家获得 LEED-CS 铂金认证的城市商务花园项目，其规划设计在北京城区可谓独树一帜，中心设有下沉式中央广场，每栋设有二层平台花园和屋顶花园，形成了立体花园式办公空间。办公区自然光覆盖率高达 87%，怡人的空间尺度、高品质的建造标准，使其在寸土寸金的东四环边成为夺目的稀缺产品，一经上市就被高价整租就是最好的例证。

LEED 铂金绿色环保、高效节能的卓越品质，为业主创造出显著的经济效益，成为这一区域的建筑亮点。大量先进技术的采用，铸造低调奢华高端办公品质。空调冷源部分负荷采用水蓄冷系统，自然分层蓄冷，蓄冷水池兼作消防水池，由此可减少空调配电容量，转移和消减空调系统的用电高峰。在办公区域变风量（VAV）空调系统，节约风机运行能耗和减少风机装机容量，在过渡季等适宜的室外条件下增加新风量，同时设置室内空气质量监测与检测。采用智能化照明，办公和公共区域均采用人员感应 + 照度探测，并充分利用自然光，实现高效节能。室外对光污染进行控制，通过所有用于园区和建筑的外部照明灯具在场地边界的最大水平和垂直初始照度控制，不超过 5% 的总灯具初始流明照射在与垂直地面成 90° 角的圆锥角或更大的角度上。在结构上应用消能减震技术，提高结构抗震性能，同时减弱对建筑平面存在的不利影响。合理设置防屈曲支撑，实现有效控制结构扭转，减小楼层层间位移，实现了建筑结构的完美统一。二层内院穿层结构柱采用清水混凝土施工，为保证最终光洁无模板印记的效果，局部采用清水混凝土涂料修补，最终效果完美。

嘉铭东枫产业园的定位不仅体现在完善的建筑设施、精致的建筑装饰等处，更重要的是体现在建筑空间体验上。项目致力于打造内向型立体空中花园式建筑，三栋办公建筑错落有致，建筑分别在地下 1 层、首层、2 层、5 层设置四种尺度的花园，地下 1 层的员工餐厅以其面宽方向面对阶梯跌落的花园展开，完全避免了地下空间的压抑感，2 层的屋顶平台花园可以将整个园区尽收眼底，5 层的屋顶花园在办公区的一角，为这里办公的人们留下一片静谧的天空。外幕墙将开启窗隐藏在建筑幕墙造型的竖向线条内，保证了外立面玻璃幕墙完整性的同时，满足了自然通风的效果。

有细节，有空间，有品质，这就是我们追求。

大栅栏北京坊一期

一等奖
公共建筑综合奖

获奖单位：北京市建筑设计研究院有限公司
获奖人员：吴晨，朱小地，崔愷，申献国，朱文一，边兰春，王世仁，齐欣，苏晨，杨帆，曾铎，赵小虎，张春旭，常为华，张健，杨国滨，张建功，曹辉，郑天，李婧

项目概况

“古坊寻幽”北京文化新地标：项目地处前门历史文化保护区，东临中轴线，距天安门约 800m，整体呈现“一主街、三广场、多胡同”的空间格局。单体楼座以空中连廊进行贯穿，形成空间叠合的多层次商业街区。成为北京老城更新与复兴的“网红打卡地”，2017 年以景名“古坊寻幽”入选为“新北京十六景”。

集群设计典范——文化传承：作为首个历史文化保护街区集群设计项目，形成以吴良镛先生为总顾问、吴晨为总建筑师的设计平台，组成了朱小地、吴晨、崔愷、朱文一、齐欣、边兰春等著名建筑师参与的集群设计团队，北京院吴晨团队具体实施，共同完成这一历史使命。提出了“和而不同”的原则和目标，被称为“中国最成功的集群设计之一”。

技术特色

1. 城市风貌的协调：基地原有几条主要胡同的走向和位置得以保留。延续本地区传统的街区型商业模式和清末民初中西混搭建筑风格，对整体风格和体量进行控制。单体建筑风格以“和而不同”的原则兼收并蓄，形成求同存异的个性化商业街区，立面设计充分尊重传统商业街区竖向分段、自然生长的随机状态。

2. 街区尺度的融合：设计中有意识地控制内街的宽度，净空 6~8m 的步行内街以木构中式门楼作为空间节点，呼应传统街巷尺度。地下商业直接接驳地铁站，地面步行系统连通大栅栏商业街区，2 层与 3 层的公共连廊串联商业店铺，形成多层次漫步体系。沿街建筑 4 层退后处理，减小体量感的同时形成了大量观景平台，提升了空间品质。

3. 商业活力的提升：设置多处公共庭院空间，激发商业活力。漫步体系延续了纵横交错的胡同街巷肌理，形成主轴清晰、层级分明、动线丰富的立体空间网络。创造出既具有老北京传统文化底蕴，又层次丰富、新颖时尚的体验式商业街区。

技术成效与深度

建筑形态塑造：单体建筑采用了分栋组合模式，并在首层形成连续开敞的商业界面。立面在材质、格调、形式和色彩上呼应前门地区的传统风貌。以灰色为主调辅以少量的红色点缀，符合老北京城的色彩逻辑。建筑形式采用了混搭、叠加、退台、节点广场、街角景观、下沉庭院、底层商街和空中商街交错形成多层级漫步体系等手法，为城市提供多种活力场所。

创新材料运用：本项目采用传统“木、石、砖、瓦”等建筑材料，精心推敲拼砌方式和纹样形态，并结合现代结构安全要求、节能标准进行创新性设计和施工，实现传统文化元素与现代建造技术的完美融合。将现状保留历史建筑劝业场、金店等通过修缮和改造利用，展现了传统中创新、创新中发展的思想。

项目组织协同平台：在项目管理上探索了以责任建筑师为主导，并整合商业策划、幕墙、古建、文物保护、夜景照明、景观、标识、BIM 等各专业团队的设计成果的工作模式，提高了协同工作的效率，保证了项目实施的最终效果。

综合效益

作为距离天安门广场最近、保留最完好、规模最大的历史文化街区的核心项目，建成伊始即被社会各界所关注，吸引各大国际品牌入驻，包括 Wework、国内最大的星巴克旗舰店、24 小时 Pageone 书店、无印良品主题酒店等。获得了各级领导、项目业主、社会各界、新闻媒体和入驻商家的高度关注与一致好评，被誉为“一片融合了历史基因与城市未来的中国式建筑集群”。大栅栏北京坊注重兼顾继承与发展、保护与更新以及连接过去与未来的历史使命，以吴良镛先生提出的“和而不同”为设计原则，探索了历史文化保护区中现代商业规划建筑设计的新范式。北京市领导在此举办过多次接待外国使节的重要活动，来自各省市和各机关团体的参观团络绎不绝，已经成为北京的文化新地标。

PAGEONE

inWE

TEAVANA
STARBUCKS RESERVE

TEAVANA

河南中医学院图书馆（图书信息中心）

一等奖
公共建筑综合奖

获奖单位：清华大学建筑设计研究院有限公司
获奖人员：刘玉龙，韩孟臻，程晓喜，王彦，姚红梅，任晓勇，王学军，徐青，吉兴亮，于丽华，任健凯，崔晓刚，徐慧影，张松

项目概况

本项目用地位于河南中医学院新校区中轴南广场的西侧、天一湖的东北角，隔路与北侧 700m 长宏大尺度的弧形主教学楼相邻。项目功能定位是图书馆与三个博物馆综合体。图书馆藏书量 115 万册，2100 座。

工程总建筑面积为 30400m^2，其中地上建筑面积为 26860m^2，地下建筑面积为 3540m^2，建筑层数为地上 8 层，地下 1 层。建筑檐口高度为 38.27m。建筑属一类高层建筑。建筑的设计使用年限为 50 年，耐火等级一级。

技术特色

设计核心理念：以现代主义建筑表达作为中医药大学内核的中国传统文化内涵。

追求当代时代精神体现的学术型图书馆，柔化阅览空间与公共空间之间的边界，塑造具有独特空间体验性的泛阅览空间。

以极简的方形建筑主体回应宏大的校园主轴线、大广场及巨构的弧形主教学楼，以强烈的形态对比，彰显图书馆的学术中心地位。

结合博物馆与学术交流功能，首层借鉴中国园林的空间布局手法，以灵活多变的小尺度体量和参差咬合的室内外边界，在平面维度营造出建筑与自然相互渗透的中式园林空间意境。

通过强化各子空间（朝向北侧校园的 1、2 层图书馆门厅、朝向西侧湖面的 2~4 层服务大厅、具有顶光的 2~7 层采光中厅）的方向性，高层的公共空间系统提供了三维的流动空间体验，与首层水平流动性相应和。

建筑立面造型抽象自传统门窗的格心图案，借助兼具功能性的水平与竖直遮阳板的平面构成，形成既直白、现代，又富有中国视觉元素联想的建筑形象。

技术成效与深度

从整体布局、平面组织到细部设计，追求中国传统文化内涵的设计理念被贯彻始终，达成了较高的完成度。

通过合理组织流线，实现了各功能分区独立运营的可能性。博物馆入口面向东侧广场设置，以自广场至湖畔的公共空间串联三个展馆；图书馆入口面向北侧校园设置，经由扶梯将读者引至 2 层服务大厅及上部各阅览空间；学术交流入口面向南侧湖面设置，环水设置大中型学术报告厅。

前述建筑首层园林化的水平流动性，与高层部分公共空间系统的三维流动性，共同营造出既具内在统一性，又层次丰富、各具特色的室内空间，为信息时代的读者提供了可明确感知的空间氛围，使本项目成为师生乐于使用的校园公共建筑。

极简的建筑体量与典雅的立面遮阳构成，共同达成了本图书馆建筑的标志性形象，与周边建成环境建立起和而不同、相得益彰的和谐关系。更重要的是，立面设计的抽象隐喻，成功地激发起每一位读者关于中国传统建筑韵味的联想，激发起对中医药大学传统文化内核的思考。

（注：照片拍摄：何震环）

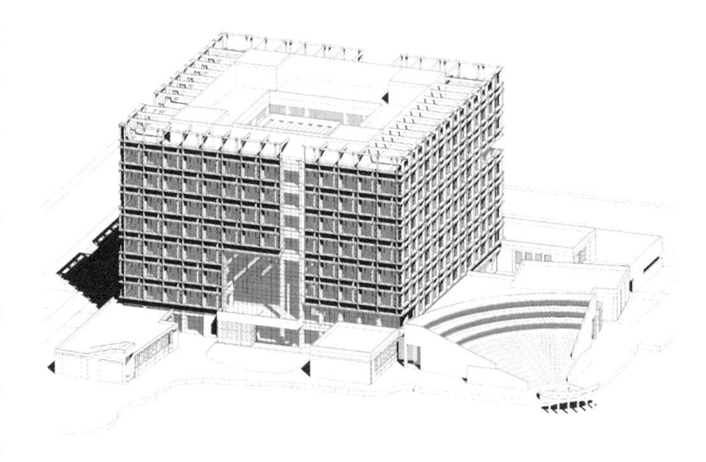

深圳市青少年活动中心

一等奖
公共建筑综合奖

获奖单位：北京市建筑设计研究院有限公司
北建院建筑设计（深圳）有限公司

获奖人员：刘杰，张浩，张葛，陈辉，高旋，王雪，薛红京，陈哲，徐宇鸣，王威，王素萍，刘春昕，袁娟娟，阴恺，李艳伟

深圳青少年活动中心改扩建项目将建设成为“与国际化创新型城市相适应的公益性、综合性、现代化，面向全市14~28岁青少年服务的社会教育绿色基地。”项目分两期建造，一期为大家乐舞台及变配电室，二期为青少年活动中心主楼。用地近似为平地，无高差。用地被基地内现状道路切割为两部分，主楼建筑位于用地较完整的东北侧，东侧和北侧均贴临城市干道。用地的西南角为大家乐舞台及变配电室。主楼建筑为规整的120.6m×87.0m的长方形，用地的人行主出入口放置在基地的东北侧，从红荔路、红岭路均可以进入，同时在红荔路靠近银盛大厦处设计有一个车行出入口，红岭路靠近银荔大厦处设计有一个车行出入口。

深圳青少年活动中心主要功能包括教育陈列、会议、培训、文体活动等用房。教育陈列用房位于建筑的西、北两侧，1~3层；会议用房位于建筑南侧1~3层；文体活动用房位于建筑东南侧1~3层；培训位于建筑4~6层。

建筑主体由一块底层架空规整的矩形体量以及在其上生长出的数个小立方体组成，矩形厚实的体量隐喻着“土壤”的主题，小立方体侧通过墙身的收分与屋面的转折起落隐喻着“绿芽”的主题，好比青少年活动中心这块肥沃的“土壤”，滋润着来自四面八方的年轻人，为青少年茁壮成长承载着重大的使命。受东北角地铁换乘通道的影响，将建筑东北角做起翘处理，相应的将建筑西南角做起翘处理，与建筑口字形布局形成的内庭院、架空层相互联系、渗透，形成一种开放的、室内外融合流动的空间形态。四通八达的内广场以一种欢迎的姿态向市民开放，供步行至此的市民驻足、休憩、交流、运动。

2~3层从建筑外墙外挑2m钢结构外挂冲孔铝板幕墙，铝板与外墙之间设竖向楼梯，解决2~3层展陈的疏散，为室内营造大空间提供了条件，铝板幕墙还起到垂直挡板遮阳和隔音的效果。

为最大限度地节约资源（节能、节地、节水、节材）、保护环境和减少污染，结合本项目特点，按照绿色建筑和循环经济的理论实施，用最少的资源建造对环境影响最小的建筑，以达到《绿色建筑评价标准》GB 50378三星级标准为目标，创造一个健康、适用的建筑环境，实现人与自然的和谐共处。

海南清水湾雅居乐莱佛士度假酒店

一等奖
公共建筑综合奖

获奖单位：北京市建筑设计研究院有限公司
WATG
获奖人员：金卫钧，解钧，赵毅强，王保国，王权，唐佳，白文娟，燕燕，冯岩，陈宇，吕紫薇，何晓东，曹明，王国君，方悦

雅居乐莱佛士酒位于清水湾，定位为超五星级度假酒店。建筑总用地面积 16.6hm^2，用地南侧拥有约 400m 的海岸线，环境优美；北侧为规划景观大道，与用地相连。酒店位于用地东南部，场地内还配备了高尔夫球场、景观别墅等高端配套。酒店及附属总建筑面积约 9.8 万 m^2，包含了 347 间全海景客房，4000m^2 宴会及会议区，1000m^2 SPA 及 1300m^2 特色餐厅。

设计理念

设计从传统文化中人与自然和谐共生的自然观念出发，通过创造人一建筑一自然之间的独特体验为核心原则，运用现代建筑的空间设计手法，表现优雅、自然的东方文化精神。总体布局采用了半围合的院落形式以及全开放式的空间设计，在顾客停留的重点部位均设计了具有东方特色的庭院景观。

项目特殊性

项目设计秉承挖掘地域文化的特征、充分利用得天独厚自然环境的原则，创造了独特的顾客体验。酒店的设计灵感来自东南亚和海南独特的民族风情，既流露出魅力无限的本土风情又兼具世界特色，是旅行者的心灵栖地。

技术难点

酒店客房采用“Y”形布局，7.3m 超大面宽设计以及奢华的配置将清水湾的海景和沙滩景色尽收眼底。客房采用单廊式设计，端部退台楼，保证客房及主要公共空间有充分的景观面。建筑的造型设计上以自然生成为原则，强调朴素、热带建筑特色，突出建筑与景观之间空间融合。

技术创新

本项目设计尊重自然地域特征，注重景观营造对建筑空间舒适性、生态性的重要作用，体现建筑的当代性的同时，也体现出了传统文化精神，为海南度假酒店设计进行了有益的探索。在实际应用中，利用建筑手段达到了良好的节能效果，也控制了投入成本。这些措施创造性的与建筑功能相结合，成为体现文化特色的重要部分，具有较高的指导意义。

新材料使用

设计采用建筑一景观一装饰一体化的设计理念，利用地域材料将设计标准化、模块化，在方案设计阶段，建筑师不仅提出建筑方案，还将景观设计、室内设计方案一体考虑，后续的景观设计、室内设计在建筑师的总体风格方案上进行发展，设计中充分发挥建筑师对项目总体控制协调的作用，为项目思想的延续和整体风格的统一起到了关键性的作用。

节能措施

在生态设计方面，注重通过建筑设计合理性达到更高层面的生态的效果，避免通过造价昂贵的高技术手段实现节能。如采用符合地域气候的布局方式，利用景观改变局部小气候，根据气候特点最大限度的利用自然通风采光，减少不必要的空调电力能耗。

北京大学南门区域教学科研综合楼群

一等奖
公共建筑综合奖

获奖单位：中国建筑设计研究院有限公司
获奖人员：张祺，刘明军，王媛，郝清，袁琨，高峰，杨向红，路娜，熊小俊，许冬梅，王峥，齐海娟，马霄鹏，贾鑫

北大南门区域教学科研楼群坐落于海淀区北京大学南门中心道路两侧，北临百周年纪念讲堂。规划用地内含教育学院、对外汉语教育学院、新闻与传播学院及学生活动中心，包括各院系的教研室、行政办公室以及接待室、学术报告厅、学生活动室及机动车停车库等，以满足学院教学、科研、办公、会议和图书阅览等综合要求。

园区总用地面积约为 4.03hm^2，建筑檐口限高 18m，工程总建筑面积 47892m^2。建筑主体 5 层，局部 3 至 4 层，采用“π”字形布局、坡屋顶的建筑形式。

设计尊重北京大学校园人文性质及文脉特征，保持北大原有格局，在建筑布局及内外空间进行整合，充分满足各学院的日常教学、研究的使用需要；保留现状古树，营造错落有致、独具特色的北大南门区域教学科研楼群。

北京大学南门教学科研楼群在尊重历史风貌的前提下，强调空间的记忆延续与多样性，丰富空间感受，充分发挥建筑的公共性和交往性。利用建筑和院落的错落布置提高建筑容量，提升使用效率。为中国校园建筑的有机更新和改造做出了新的尝试，对建筑文脉的传承与创新进行了探索与突破。

北京大学南门教学科研楼群以南门区域整体规划作为指引，结合北大校园建筑风貌，保持北大校园的原有格局，营造独具特色的校园空间，表达了对北京大学南门区域整体环境的充分尊重，并体现了在地域性及文化传承的演绎过程中的创新精神。

第 11 届 G20 峰会主会场（杭州国际博览中心改造）

一等奖
公共建筑综合奖

获奖单位：北京市建筑设计研究院有限公司
获奖人员：刘方磊，焦力，唐佳，赵璐，甄伟，张涛，王毅，余道鸿，曾源，魏长才，沈蓝，王轶，陈莹，胡宁，刘燕

项目概况

杭州国际博览中心位于浙江省杭州市萧山区，建筑功能为集展览、会议、酒店为一体的大型综合体。建设用地面积为 190246m^2，总建筑面积为 851991m^2，其中地上建筑面积 543096m^2，地下建筑面积 308895m^2。当该建筑完成 75% 的时候，经政府决定，将该建筑作为 G20 峰会的主会场，故将其进行改造升级，以满足高端峰会的办会需求。本次改造面积约 174713m^2。对建筑的六层空间进行改造梳理，分别为地面层、8m 标高层（落客层）、16m 标高层、30m 标高层、44m 标高层以及 49m 标高层。

整体设计理念

项目依据历届 G20 峰会国际办会标准及经验，强调项目体现 " 大国风范，江南特色，杭州元素 " 为核心目标。梳理现有空间体系，在尊重原有结构及功能布局的基础上，设计出入口雨廊、大堂、会见厅等一系列轴线礼仪空间。最大化的利用现有机电系统条件，并同时满足高端办会需求，实现绿色办会的目标。项目不仅结合 G20 峰会的要求，同时与项目后期运营管理单位多次探讨，以兼顾会展建筑与会议建筑在以后长期使用的面积相匹配，巧妙地将原有建筑的一部分会展功能转化为会议功能，达到了合理的面积比。改造后功能空间组织明确，分工清晰，动线明确，交通顺畅，集中彰显了中国文化的多样性，体现了文化自信、文化崛起以及文化的开放与包容。

技术难点

本改造设计考虑在原有建筑结构与功能基础上，因 G20 首次在中国召开，在功能与动线上兼顾中国国情与以往峰会经验。设计难点首先在于改造项目面临的结构现状，包括功能分区及交通组织。巧妙利用以及调整优化，体现出独具匠心的设计技巧。其次在于大国风范与江南特色的统一，将以往江南建筑精致典雅特质与国家礼仪空间气势相结合。使原有建筑在功能、流线上以及外部空间上均有较大的提升。

C9

昆山前进中路综合广场

一等奖
公共建筑综合奖

获奖单位：中国建筑设计研究院有限公司
获奖人员：崔愷，叶水清，刘恒，单立欣，王义华，胡纯炀，范重，高峰，金跃，李京沙，宋孝春，崔振辉，陈琪，贾京花，白红卫

新的昆山大戏院位于昆山市中心城区的市民文化广场地块，北侧为城市干道前进中路，东侧为珠江北路。项目是在原昆山大戏院位置进行重建，并与西侧图书馆、南侧游泳健身中心及西南侧体育公园共同组成一个集文化、商业、休闲、展览、展示等功能于一体的城市文化综合体。

空间设计中延续周边街区的规划特点，建筑边界以硬化的方式，形成街区概念。内部则以宛转流动的曲线为设计主题，结合不同部位的楼梯设计，使层层错落的室外平台形成连续贯通空间，与城市道路相接，与周边建筑相连，与整体环境景观相融，呈现一个开放的姿态。

建筑入口的斜轴线保留了原来的场地肌理，将建筑自然地分为了东西两片区，建筑之间以具有流动形态的大屋盖相连，形成面对城市街角的入口广场空间。广场顶棚采用的不锈钢穿孔板、镜面不锈钢蜂窝板、水波纹不锈钢蜂窝板是结合屋顶采光天窗组合排列的。特有的三角形镜面不锈钢顶棚与广场地面铺装相映生辉，白天可以反射静态的地面和动态的行人，夜晚则通过灯光形成绚烂的光影变化。广场 9 根混凝土柱子饰面也采用镜面和磨砂不锈钢组合，形成错落丰富渐变的空间效果。这样将城市广场和内部广场有机地连接起来成为游客驻足流连与集会活动的场所。沿轴线向南，结合建筑形态，设计下沉庭院、中心广场，并结合河边景观，设计滨水平台与大台阶。形成有秩序的、多样化的轴线序列空间处理，进而引导人流进入南侧的市民广场。

建筑装饰设计与灯光效果结合，充分表达建筑的艺术效果。建筑立面整体为象牙白铝单板幕墙，表达建筑纯净气质和立体层次。剧场休息厅墙体外侧挂不同色度和尺寸的红色铝管，在光线作用下宛若柔婉的水袖，仿佛在曼妙的昆腔下飘动起来。电影院墙体为 7 种马来漆色块通过参数化从室外红色渐变到室内蓝色调，马来漆外侧用不锈钢丝网装饰，通过灯光手段形成虚幻如织物般效果。

华都中心—酒店办公塔楼（北京宝格丽酒店）

一等奖
公共建筑综合奖

获奖单位：中国建筑设计研究院有限公司
美国 KPF 建筑事务所

获奖人员：张燕，胡水菁，杜捷，王文宇，张亚立，张恩茂，宋国清，刘永婵，王载，叶垚，武诗然，霍丽倩，贺琳，王辰，韩智华

项目概况

本项目建设单位为北京华都饭店有限责任公司。基地位于北京市新源南路 8 号，北临新源南路，西临三里屯路，南望亮马河，与使馆区隔河相望，东侧与昆仑公寓及昆仑饭店毗邻，总用地面积 2.7hm^2，规划使用功能为办公楼及酒店。其中华都中心——酒店及办公（北京宝格丽酒店）为其中子项，地上 22 层，地下 4 层。总建筑面积 69978m^2，地上 42780m^2，地下 27098m^2，包含酒店及办公功能。

功能分布

酒店办公塔楼设置独立出入口，酒店及配套功能位于楼层下部，共布置酒店客房 119 间，包括 65m^2 左右普通客房及角部 78~110m^2 豪华套间，并设有大堂、大堂吧、餐厅、宴会厅、会议等设施。上部为高端办公物业，中间设置设备转换层。

地下室共 4 层，在 B1/B2 层设有酒店服务配套的 SPA 、游泳池、员工餐厅、厨房、酒店后勤管理服务用房等，包括必要的设备机房及专属停车区域，并按各自需求分别配置卸货区域。

技术特色

项目以开放、共享、交互的理念，强调人与人、人与自然的和谐交流，创造人文、艺术、自然的独特空间品质，构建兼具人文艺术与自然情怀的现代生活社区，以宝格丽酒店低调奢华的品牌特质为基调，对于细节、材料、设备的选择精致考究，以创新设计强化典雅适宜的空间、艺术性的视觉效果。独特的空间氛围，汇集跨领域的各类人群，增进多元交流和创造，成为具有艺术气息的共享交流场所，既体现着城市文化传承，又为人们提供了全新的现代生活体验。

项目在老华都饭店旧址上重建，基地所在的北京东三环亮马桥商圈，用地十分紧张，北临亮马河，南侧已有大片住宅区。在对周边环境及现状深入分析的基础上，规划充分利用周边有利的景观资源，打造充分的观河视线，营造高品质的使用环境。建筑体量巧妙进行倾斜退让，形成标志性的立面，并有效避免对居民区的日照影响。

以金属、石灰石以及简约的线条结构共同构造了理性优雅的建筑立面，屋顶部分由北向南倾斜，为保持建筑形象的统一性，进行了第五立面的整合与美化，由于斜屋面对于形体的切削，加大了设计的难度与复杂性，通过巧妙细致的统筹与综合，较好地解决了机房、设备设施布置、进排风组织、消防疏散、排水以及幕墙、擦窗维护等问题。

项目规划及建筑由中国建筑设计研究院有限公司及 KPF 建筑事务所合作设计完成，同时融合了多个国际化顾问团队参与，包括 ACPV、PB、TT、Enzo Enea 等室内设计、机电、结构及景观设计等多家顾问单位，通过合理控制及整合，实现了项目高品质的完成度。

BVLGARI

昆山市锦溪乡祝家甸村砖厂改造

一等奖
公共建筑综合奖

获奖单位：中国建筑设计研究院有限公司
获奖人员：崔愷，郭海鞍，张笛，沈一婷，陈文渊，冯启磊，安明阳，王加，胡思宇，李可溯

项目概况

祝家甸村位于江苏省昆山市，处于昆山南部水乡区域。历史上，祝家甸村曾经是金砖的制作加工地，有着悠久的烧砖文化和历史。但近年来，随着城市化不断地发展，村民大多不再烧砖，村庄日渐凋零。 为了振兴和恢复村庄，使其继续传承原本的文化与风貌特色，我们选择将村口废弃的旧砖厂——锦溪砖瓦二厂，加以加固和改造，利用有限的资金建设一座小的砖窑文化馆，用以传承和发扬祝家甸村烧砖的历史，通过小文化馆的植入，增加村子的凝聚力与文化脉络，通过一个很小的项目启动村镇的文化与凝聚力的复兴。文化馆位于祝家甸村西头村子入口的地方，北侧临水，西侧有新修道路，东侧有空地可作停车或临时小广场。

技术特色

改造宜采用微介入、轻设计的方法，通过简单实用地处理，实现最佳的目的和效果。同时这些投入应该是开放式的、可持续的，通过使用与经营的反馈不断调整设计和工程量，从而使投资和工作量准确地落在最需要的环节。另一方面，乡村建筑改造要尊重原有的环境和机理，不能过于强调自我或强势地植入，而应当以谦虚的姿态、平和的态度融入到现有乡村环境与生活当中。建筑功能简单，三个大空间加一个亲水平台，面向长白荡一侧，制造了伸向水岸的平台，提供亲水宜人的休闲空间。从南向北依次为游客体验制砖工艺的手工作坊、古砖展示空间、咖啡休闲空间和户外观景平台。在村口、村子的方向上基本上保持原来的形象，只是在入口、楼梯等位置做一些安全方面的加固和处理。材料依旧保持原来的材料，新加的材料尽量使用轻质、简洁或者透明的材质，使之能够很快的融入原来的设计当中。

技术成效与深度

砖厂窑体部分保持良好，上面的棚架及周边棚架比较破落。故对上部棚架进行改造。将采用窑体上部清理干净后，搭建后的地板完成面高度作为基准标高。利用既有建筑作为基座，仅对基座进行一定的加固。屋顶部分拆除，在其内部植入新的结构体系。该结构体系为轻钢结构，具有很高的安全性和稳定性。并且在结构体系的钢梁上铺回原来的瓦，同时加入与原来泥瓦形状大小完全一致的透明瓦，并间隔布置，从而实现当初瓦面破落、光影斑驳的效果。建筑内部采用生态竹木、轻钢、土瓦等材料，在室内打造放松、自然、宁静的室内氛围，使得整个场所让人能够静下来，耐心的学习造砖文化、静静的品味咖啡香茗。

佛山市高明区体育中心

一等奖
公共建筑综合奖

获奖单位：中国建筑设计研究院有限公司
获奖人员：杨金鹏，范重，王喆，胡纯炀，李健宇，马丽娜，张宇，朱琳，贺琳，汪春华，吴耀懿，王玉卿，禚新伦

项目概况

佛山市高明区体育中心位于西江新城核心区内，是西江新城核心区内的标志性建筑，体育中心设置一场两馆，即一个 8000 座体育场、一个 4200 座体育馆、一个 1000 座游泳馆及大型体育健身广场。

设计理念

1. 场域：体育中心由于其建筑性质决定了将有大量的人流在地块内聚散，因此在布局上相对疏朗，使建筑间、建筑与周边道路间留有充足的聚散空间。体育馆及游泳馆建筑环绕着中心体育场布置，群体的整体性强，同时与周边的环境互相呼应。建筑与景观元素半围合形成入口广场，满足城市集会、社会活动等功能。

2. 动感：以曲线来构建建筑群围绕的中心场域，能够延续发散式的空间布局，保证整体规划建设的连贯性与一致性。

3. 多元集聚：单体建筑拥有独立的形象，整体形成沿城市主干道展开的多视点形态。即使是分期建设也可保持形象完整。

项目特点

1. 展现结构美感：以拱形单元为母体将三座场馆的形式统一，每座场馆又各具特色，单层网壳结构令建筑犹如城市中起伏的云朵。体育场馆入口平台通透明亮，比赛区上空高大宽阔，未经装饰的顶部完整展示出网状钢结构的美感。

2. 特色鲜明的场馆造型：约 30m 高 150m 长的体育场主看台罩棚形态舒展铺陈，出挑深远。底面丝竹般光洁平缓，顶面连续的波浪形结构体系，轻盈灵动，在非凡的气度中又透露出几分秀美。

3. 简洁耐久的金属屋面：金属屋面构造具有高强度、高耐久性的特点，同时具有良好的热工性能，与南方的气候相适应。室外自然光可以透过屋顶间的采光带洒在室内，得到合理的利用。

15

兰州市城市规划展览馆

一等奖
公共建筑综合奖

获奖单位：中国建筑设计研究院有限公司
获奖人员：崔愷，康凯，吴健，张淮湧，王树乐，陈越，杨东辉，董新淼，郭然，郑坤，李磊，姜海鹏，高伟，冯君，钱薇

兰州市城市规划展览馆选址于兰州市城关区北滨河东路与人民路交口位置，黄河北岸。建设用地呈不规则形，东西向沿黄河展开。

兰州市作为西部重要的中心城市，中华民族的母亲河黄河奔流而过，建筑取“黄河石”为设计意向，整体表现为被黄河水积年累月冲刷的石头，同时，体块的切削处理则更像一块被石头包裹的黄河璞玉，呈现出历史和文化的沉淀。

场地周边区域发展成熟，景观条件得天独厚。滨河绿带在基地内延伸。建筑南侧临水部分的设计作为一个重点，以自然的坡地形态，使滨河道路延伸至黄河河面，创造亲水的城市空间，使建筑与环境浑然一体。

建筑立面呈现体块切削的感觉，南侧沿河设计多处横向的玻璃嵌缝，如璞玉被冲刷之后的效果。同时，这种玻璃嵌缝更成为从建筑内部欣赏黄河美景的窗口。建筑空间顺应展陈建筑特点，采用回字形的展陈流线围绕城市总规模型展开，外部现浇清水混凝土立面在公共空间位置延伸至室内。

立面材料采用横向肌理的现浇清水混凝土，产生比较粗犷的肌理，以此表达自然化的建筑形态。为化解大面积混凝土材料带来的单调感，在表面平整基础上设计自下而上逐渐过渡的横向凹缝，加强建筑的层次感，同时在接近参观人员的凹缝内隐含黄河卵石肌理，使建筑的地方意味更加浓厚。

天竺万科中心

一等奖
公共建筑综合奖

获奖单位：北京市建筑设计研究院有限公司
获奖人员：杜佩韦，张晨肖，樊华，郑辉，王颖，申婷婷，米岚，马辉，滕志刚，田丁，李杰，支晶晶，王玥盟，马唯唯，张蔚红

本项目位于天竺保税区北门西侧用地内，总用地面积 25111.76m^2，容积率 2.6，总建筑面积 63227m^2（其中，地上 44716m^2，地下 18511m^2），建筑高度 35.75m，建筑层数地上 9 层、地下 2 层。

设计理念

项目规划启发于结合自然与办公、商业功能，制造活跃的自然宜人的开放体验，运用空间设计和景观元素连接不同用途与流线，车行与人流线分开，使公共人流享受项目的自然绿化景观和商业配套。

项目由 A、B、C、D 四栋规模不同的单体办公楼组成，其中 A、B、C 三栋楼均为东西朝向，南北朝向的 D 栋位于用地的最南侧，A 楼、C 楼分别通过多层连桥和 D 楼连通，最大限度为用地内留出足够的庭院空间，减少了与用地北侧建筑的空间压抑感，形成了开敞的城市办公空间。

技术要点

钢筋混凝土框架－剪力墙＋钢结构混合结构，装饰一体化预制外挂板和玻璃幕墙相结合的外围护系统；建筑外遮阳、低能耗外窗、光导管技术、太阳能热水系统、雨水收集再利用、透水铺装地面、下凹绿地等绿色建筑技术；智能楼宇系统技术。

技术创新

1. 突破场地规模限制，最大限度实现空间获得感

采用东、南、西半围合建筑设计，在项目北侧形成开敞空间迎接主客流，通过钢结构架空和下沉设计，带来了更加开敞的空间感受。A 楼首层部分架空、上层出挑，将人流通过灰色空间从室外自然引入场地内；D 楼前设置室外下沉广场、连廊以及雨棚，4 层露台设置空中花园，形成了丰富错落的外环境；B 楼结合景观、利用场地高差，形成花园别墅式的办公建筑。

2. 突破传统装饰技术，实现不同材质外墙效果的统一

立面采用模数化设计，彩色混凝土饰面保温一体化预制混凝土外挂板与玻璃幕墙相结合，凸出竖向线条，形成了建筑外墙的独特表现力。并提高了施工速度和质量，省去了建筑外装修，降低了维修费用。

3. 突破设计思维限制，解决混合结构安全问题

A 楼北侧首层、2 层采用 V 形钢管柱，下部铰接，承托上部钢柱，钢柱支撑范围采用钢梁、钢筋桁架楼承板，减轻该部分自重，增强其变形能力；中部及南侧设置刚度较大的混凝土筒，提高整体刚度，减小扭转不规则，同时承担了钢结构部分水平荷载。

D 楼中段下部，采用钢结构高挑空间，局部 V 形钢柱支撑；上部采用两层通高桁架连接上部楼层，钢梁加钢筋桁架楼承板，板下设支撑增加楼板刚度。

A 楼、C 楼分别采用多层连桥和 D 楼连通，连桥的结构采用滑动支座，满足结构对抗震的要求。

本项目融合应用了装配式建筑、钢结构、绿色建筑、智能化等技术，创造了宜人、节能、可持续发展的办公建筑，达到了绿色建筑三星标准。

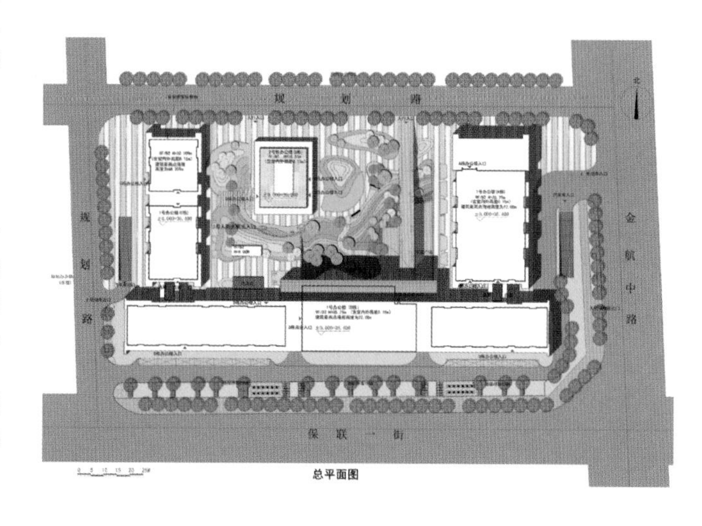

总平面图

级写字楼
6948 9999

北京东郊法国国际学校

一等奖
公共建筑综合奖

获奖单位：中国建筑设计研究院有限公司
法国 JFA 建筑师事务所
获奖人员：马琴，宋焱，杨丽家，王载，叶垚，王文宇，王耀堂，王则慧，李莹，向波，曹磊，刘征峥，高治，高伟，曹丽

法国国际学校是法国海外教育署在中国设立的教育机构，主要服务在中国及周边国家工作的法籍人士。除了基本的教学设施之外，还有必要的健身运动设施和餐厅，以及一个能用于演出的多功能厅。

与中国的教育模式不同，法国学校没有严格的幼儿园、小学、中学的概念，从学龄前儿童到进大学之前的高年级学生，都在同一个学校里上学，学校一共需要容纳 1500 名学生。学生上课没有固定的教室，而是像国内大学一样采用走班制，即学生需要去不同的教室上不同的课。

这种特殊的教学方式既带来了设计的困难，也为空间变化创造了机会。为了让不同年龄段的孩子有各自的户外活动空间，同时又能有交流的机会，我们在规则的矩形轮廓内创造了 3 个三角形的庭院，每个庭院都有一条边向校园敞开，形成了各自的入口。1 层的很多地方都处理成了架空的多功能空间，这样既解决了三个庭院之间相互联系的问题，也为学生创造了更多的室外空间。即使在雨雪天，学生们也可以在廊下嬉笑奔跑。紧凑的教学楼和彼此独立又相互连通的室外空间给孩子们提供了很好的学习和交流场所。

顺应这个空间架构，建筑主体自然而然地形成了口字形与 M 形叠加的形态。方正的口字形轮廓体现了中国建筑的平和与规矩，流畅而富有动感的 M 形线性空间凝结着法兰西的浪漫与柔情。我们开玩笑说，从空间推演出来的形态，无意中实现了中西方文化结合。

建设场地原来是北京东郊农场的一个果园，春天桃红柳绿、草木葳蕤，秋天桃李芬芳、硕果累累。因此在景观设计中有意识的选取了既有观赏性又易于栽种和维护的果树作为主要植物。在保留场地记忆的同时，也让孩子们能够体会到春华秋实的过程和乐趣。

整个建筑被木格栅包裹，形成了简洁而且识别性很强的外观。既兼顾了采光，又很好地起到了遮阳作用。木格栅的最初灵感来自于中国传统的花格窗，将其转化为了一种现代的、全新的构造方式。木砖采用天然耐腐抗虫的户外木材红雪松，用穿过木砖的钢管固定，解决了防火的问题。木砖的截面处理成了梯形，以解决清洁和排水的问题。

在城市化进程中，如何保留场地的历史记忆，以及如何在一个建筑中体现两种文化的碰撞和交融是这个项目重点思考的两个问题。我们通过空间架构、建筑造型、室内设计、景观设计各个环节把设计理念贯彻下去，为学校的师生创造一个良好的学习和交流环境，希望好的建筑能够像品德高尚的人一样，在潜移默化中影响着一个人的审美和人生观。

2
ÉLÉMENTAIRE
3e INTERNATIONAL
SCHOOL
1
MATERNELLE
ADMINISTRATION
INFIRMERIE
友谊

新广州站

二等奖
公共建筑综合奖

获奖单位：北京市建筑设计研究院有限公司
中铁第四勘察设计院集团有限公司 /TFP
获奖人员：吴晨，金卫钧，盛晖，于元伟，黄波，盛平，王保国，杨晓太，段昌莉，刘志鹏，刘方磊，甄伟，马征南，余道鸿，关效

广州铁路枢纽为国内铁路四大客运中心之一。项目选址于广州市番禺区钟村镇建成区南部，地处上涌围、双涌围和石涌围交界处，距离广州市中心 17km。北临南浦，东南有市桥，西接佛山南海区，西南为佛山顺德区，东北与大学城相通，可直接服务人口超过 400 万人。站房下部连接广州市轨道交通地铁二号线、三号线和七号线，佛山市轨道交通地铁三号线，共 4 条地铁线路。

新广州站衔接武广客运专线、广深港客运专线、广茂线和广珠城际四条铁路线。根据近远期新广州站的作业量，新广州站设计为高速、城际综合性客运站。车站设有客运专线车场、城际铁路车场。客运专线车场设旅客站台 9 座、到发线 17 条（含客运专线正线 2 条）；城际车场设旅客站台 6 座、到发线 11 条（含广珠城际正线 2 条）。预计远期日均开行列车 481 对，年旅客发送量 11600 万人。

站房总建筑面积 590396m^2（不含地铁），主站房建筑面积 338929m^2；其中地上建筑面积 221464m^2，地下建筑面积 117465m^2；无站台柱雨棚及屋面投影面积 208676m^2。建筑高度 52.4m。站房设计旅客最高聚集人数 7000 人，高峰小时旅客发送量 28400 人。建筑结构形式涵盖铁路桥梁预应力钢筋混凝土结构及钢结构索拱和索壳结构。

深圳中洲大厦

二等奖
公共建筑综合奖

获奖单位：北京市建筑设计研究院有限公司
北京市建筑设计研究院深圳院 /AS+GG 建筑设计师事务所
获奖人员：马自强，侯郁，么冉，何宁，蔡志涛，于鹏，龚旎，陈哲，胡月明，刘安，陈小青，刘蓉川，陈辉，黄小龙，张金保

中洲大厦位于深圳 CBD 东侧，是一栋总高 200m 的超高层高端商务办公楼，鉴于项目区域特征和业主需求，以建造“以人为本，可持续发展的高品质办公楼”作为主设计思想。建筑造型简洁圆滑、流线型外形，具有现代感，展示了深圳岗厦片区和整个深圳的动态形象；外墙上的水平遮阳板的穿孔和纹理排布按遮阳要求规律变化，形成极其微妙的光影效果。建筑空间着重考虑不同功能空间的特点，力求创造富有独特领域感的、高精细度的建筑空间。建筑功能重视平面及空间的利用率，提升建筑物的效率，并减少投资成本以及社会成本；主楼采用钢管混凝土钢框架 - 钢筋混凝土核心筒混合结构，采用水源变频多联机空调系统，按绿色建筑国家一星和深圳铜级进行设计。

呼伦贝尔海拉尔机场扩建工程航站楼工程

二等奖
公共建筑综合奖

获奖单位：中国建筑设计研究院有限公司
　　　　　中国民航机场建设集团公司
获奖人员：于海为，刘晏晏，靳哲夫，吕妍，高超，施泓，王超，南步涛，李双星，王蕴博，刘洁，付静，刘珂，刘春录，张昕

呼伦贝尔海拉尔机场位于内蒙古呼伦贝尔市海拉尔区，以世界最美草原、十佳冰雪城市的美誉享誉全国。原 T1 航站楼建筑面积 7600m^2，为了解决日益增长的草原旅游需求带来的旅客流量激增，需要扩建现有航站楼。

设计之初，建筑外轮廓、平面流线都已通过评审确定，如何在限定条件下打造既具有时代感，又兼具浓郁地方特色的门户航站楼建筑，成为设计最大的挑战。

设计引入独特的结构形式，框架柱在二层呈双 V 形斜撑支撑屋面。柱、吊顶、屋面结构有机结合，消融垂直界面与水平界面的界限，营造如蒙古大帐一般连绵、贯通的空间感受。金色、白色的主色调使人仿佛置身于洒满阳光的白桦林间。

形态上采取南高北低的策略，形成通高檐下空间。双向波浪式单层网壳屋面的曲面造型呼应典型的草原文化地域特征——白云、羊群，使到达机场的使用者无论从云端还是路上都能感受到 T2 航站楼连绵起伏、富有韵律及层次感的特色形态。

绵延的雨棚成为连接新老航站楼的重要元素，形成统一建筑语言，加强了新、旧航站楼前车道和等候空间的贯通性，创造了怡人尺度的室外空间。

单元设计

考虑到建造难度，将纵向 7 跨的航站楼的主体结构、屋面、内装整合成两跨的基本单元。以屋面网架结构的尺寸作为基本模数，对铝板的曲率、曲面进行分析和归类：曲率较小的简化为平面铝板，曲率略大的简化为单曲面铝板，极少数曲率较大的为双曲面铝板，进而将工艺难度和造价控制到最低。

建造控制

在后期深化设计与建造过程中，我们创新性地深化异形龙骨幕墙、TPO 屋面、双曲铝板开花柱节点，并采取异地 1：1 放样的方式调整，确保实际建造效果。

呼伦贝尔海拉尔机场作为呼伦贝尔面向世界的窗口，我们希望能赋予 T2 航站楼国际先进的机场建筑特色与地方深厚的本土意蕴，让她成为带动草原旅游业发展的枢纽工程和城市名片，成为一颗轻盈、纯洁、璀璨的草原明珠。

北京天瑞金高新技术研发中心

二等奖
公共建筑综合奖

获奖单位：中国中建设计集团有限公司
获奖人员：薛峰，唐一文，沈冠杰，杨瑞，吕昌，耿文燕，黄毅，杨晓帆，韩荣飞，王豪勇，黄俭，靳喆，李婷，凌苏扬，黄子伊

北京天瑞金高新技术研发中心项目坐落在北京市顺义区首都国际机场内，立志于创建一个具有国际水准的、能够反应天竺保税区地域特性的标志性建筑。设计力求体现出保税区日益发展的新景象，并结合世界级水平的建筑设计、施工、服务及合作等技术措施，以提供公共文化活动和提高城市生活质量的服务设施，为该区域的空间塑造发挥重要作用。

项目规划的 4 栋科研建筑呈 L 形布置在用地四角，围合出场地中央较大尺度的中心庭院，并结合非线性空间设计将下沉庭院采光顶设计成为独特的极具雕塑感的造型，既作为整个区域地面景观的视觉焦点，又可为地下车库与配套用房提供充足的自然采光通风。

在建筑形态方面，本项目突破周边常见的单一而僵硬的直线形建筑与景观构图，转而大量采取更加柔和、变化丰富的曲线元素用于建筑和景观设计之中，建筑每层均采用韵律错落的曲线外廊，形成独特的视觉冲击力；以传统的围合式布局、非线性的独特韵律、绿色生态的优美环境，为首都机场临空经济区奏响一曲柔美的旋律；在景观小品、构筑物、室外家具设计中也统一采用了类似的非线性设计手法，使整个研发中心浑然一体，形象极具未来感，成为整个临空经济区内独一无二的标志性建筑群。

中关村高端医疗器械产业园（一期）项目

二等奖
公共建筑综合奖

获奖单位：华通设计顾问工程有限公司
获奖人员：李宁，周岩，杨振杰，赵亦芳，邹焕苗，伍胜春，郎健，陈超，毛立涛，吕萌萌，邵明帅，郎咸恺，武晓，赵洪超，岳屹岩

本园区的产业定位为高端医疗器械产业，是国家战略性新兴产业之一。

园区规划三大理念：谷、中国元素、非正式交流空间

1. 汇集活力与智慧的生命智谷。谷是园区规划的主要概念，以谷流动性的形态融合渗透到整个园区，同时契合园区企业发展的动态性。以入口广场为谷的发源，以谷联系园区各大功能板块，各建筑灵活有机地布置于谷的两侧，建筑与谷良好的融为一体；园区规划在谷的整体概念下，空间婉转丰富、建筑和谐统一。

2. 体现中国传统元素的庭院式研发生产，将中国传统四合院建筑形态与现代化产业生产相结合，以企业定制方式规划设计具有较强私密性、良好领域感、相对独立性的院落式研发生产建筑群落。其建筑空间可分可合，为企业提供灵活的使用空间。

3. 打造共享开放式的非正式交流空间。在园区内设置了非正式的交流空间，激发人的创造性思维，碰撞出创新的火花。非正式交流对于科研产业人群是科技创新中的重要部分。

本项目注重绿色建筑的技术设计与实施。单体设计 100% 达到绿色建筑一星级以上，部分建筑达到绿色建筑二星级、三星级要求。通过计算机建模，对园区季风环境、地面全年日照及冬夏两季太阳辐射强度等因素进行分析。采取科学的平面布局，制定区域能源运营管理模式优化方案以及建筑节能综合策略，降低园区整体能耗。

妫河建筑创意区综合管理用房

二等奖
公共建筑综合奖

获奖单位：北京市建筑设计研究院有限公司
获奖人员：胡越，杨剑雷，赵默超，耿多，刘军，陈宇，王威，田佳驹，李志远，郭琦，逄京，徐中磊，刘凯，冯阳

本项目的主要功能是供园区使用的综合管理用房。其中地上共 3 层，主要是园区职工宿舍、职工餐厅以及物业办公用房；地下共 2 层，主要是整个园区服务的总机房（即能源中心）。

本方案从舒适、高效出发，将建筑形体以两个“L”形体量以及错动的方形体块组合起来，关系清晰明确，它们分别代表着强功能性的宿舍房间和弱功能性的办公用房，力求几何关系明确、简单、清晰，以最朴素的方式解决管理用房的功能问题。

方案创意：

1. 与园区场地周边环境和优美景观的协调和回应。
2. 提供高品质、高效率的居住、办公空间。
3. 在有限的用地内解决 400 人的住宿安置问题。
4. 符合建筑创意园区特色的建筑形象。

孔府西苑二期酒店

二等奖
公共建筑综合奖

获奖单位：中国建筑设计研究院有限公司
获奖人员：崔愷，陆静，何佳，成心宁，杨茹，徐杉，高芳华，高彦良，王炜，王世豪，王睿，朱永智，刘权熠，李维时，于天傲

“新中式”是近年来伴随着国学风和中国风浪潮而同时兴起的一种设计行业内的新兴设计风格。一方面，它是对传统文化的传承和发扬；另外一方面，它也是与现代人的生活方式和审美情趣紧密结合的一种设计现象。在今天提倡“文化自信”的大前提下，建筑设计如何在满足人们现代化生活需求的同时在内涵上挖掘传统文化的精髓，从而达到“浑然一体”，这已经成为建筑师的一大研究课题。

曲阜的孔府西苑二期酒店是比邻著名的文物保护建筑孔庙而建的园林式五星级酒店。设计遵循孔庙的轴线，参考孔府的院落形态，借鉴阙里宾舍的合院尺度，将整个建筑群有机的融入到古城的肌理当中去。这是实现我们所构想的“新中式”的第一步。

在接下去的设计中，我们对传统的材料、工艺和设计手法进行了深入的研究，并从中吸取灵感，创造出崭新的造型和构造形式，使建筑更符合现代建构的内在逻辑。新的造型和构造形式包括立体构成的独立院门、装饰多孔砖复合外墙和金属板构建双层飞椽意向等。

除此之外，建筑按全新的绿色建筑设计理念进行设计。基地内保留大量古树，在项目外缘形成许多凹进的向市民开放的公共绿地，为城市绿化及古城保护做出积极贡献。

北京大族环球科研办公楼

二等奖
公共建筑综合奖

获奖单位：北京市建筑设计研究院有限公司
获奖人员：林卫，侯新元，王云舒，刘会兴，俞振乾，张辉，赵小文，崔博敦，李万斌，吴佳彦，吕晓薇，段晓敏，周狄青，白喜录，马跃

本项目位于北京亦庄开发区核心区，西邻开发区最重要的荣华南路，北邻荣华东街，东接宏达中路，南侧为兴盛街。项目总建设用地面积65012m^2，总建筑面积316900m^2，其中地上建筑面积247000m^2，地下建筑面积69900m^2。建筑高度98.70m，地上层数28层，地下层数2层。

本项目定位为大型商业办公综合体，由6栋主楼及裙房组成。其中T1至T4楼沿荣华南路依次展开，使每一栋办公楼均有两个长边对主路形成了良好的展示面。同时四栋主楼呈舰队式排列，呼应了立面帆形设计，形成了园区的整体动势，活跃了主路街景，创造出企业舰队的宏大气势。T1、T2楼与城市绿化广场相对，又形成了一座大门的整体效果，使城市节点更加突出。沿宏达中路布置T5、T6两栋L形主楼。6栋主楼向内围合形成中央绿地及广场，打造了内向型高舒适度的办公环境。本建筑群兼有商务和商业、工作和生活的双重功能和性格的集约，形成丰富的城市风景。在搭建这样的商业空间平台的同时，通过结合有序、完备的商业发展与商务服务，以及发达完善的轨道交通，发挥出商务和商业的聚合倍增效应，构建引导潮流的时尚前卫城和北京南部娱乐生活的灯塔。

国家检察官学院香山校区体育中心

二等奖
公共建筑综合奖

获奖单位：北京市建筑设计研究院有限公司
获奖人员：李亦农，孙耀磊，马梁，段世昌，李曼，张彬彬，逄京，罗林，周忠发，周广鹤，顾晶

本项目位于国家检察官学院香山校区校园北侧，项目用地性质为教育用地，现状为自建水厂及绿化用地。学院党委决定拟自筹资金建设国家检察官学院香山校区体育中心，以弥补校区现有课外活动设施不足的需求。建筑平面沿东西向展开布置，东西两侧分别布置了篮球场与网球场两个相对独立的运动空间，两者之间布置了高达3层且包括了水厂、乒乓球室、健身空间、淋浴、更衣、休息、服务、设备用房等功能的房间。方案通过校园轴线关系的延续，建筑体量的协调，材料色彩的呼应，景观环境的共享等设计手法实现了对于既有校园空间、建筑、环境的尊重。通过对空间布局的高效利用与多层次开放空间的交流与联通，使得多种类型功能的空间得以有效组织。

对于既有校园空间、建筑、环境的尊重：①轴线关系的延续：校园内以主体建筑形成的轴线控制着广场区。设计中通过对建筑形体的有机组合，从而实现了与现状校园轴线的对应与关系，并使之成为影响建筑设计的重要因素。②建筑体量的协调：建筑体量沿东西向为长向布置，顺应了用地形状及校园现状建筑布局形式；同时将建筑体量化整为零，不仅减轻了建筑在校园中相对巨大的体量所带来的压迫感，而且尊重并呼应了校园现状空间的尺度关系。③材料色彩的呼应：设计中选用石材与金属铝板作为建筑的主要外饰面材料，呼应了现状校园建筑墙面及屋面材质的饰面质感与色彩，使新建建筑与周边校园环境和谐统一。④景观环境的共享：由于建设用地具有一定局限性，南侧公共绿地力求景观共享，既是校园绿地，又可作为建筑入口广场的一部分。

德州大剧院

二等奖
公共建筑综合奖

获奖单位：中国建筑设计研究院有限公司
获奖人员：李燕云，赵丽虹，王斌，孙海林，罗敏杰，王耀堂，刘筱屏，熊小俊，杨宇飞，任亚武，白红卫，张桂芝，马明，关帅，李嘉

德州位于古运河边，因德水而名，城内水体丰沛，四通八达。水，是这座城市的精神象征。创意之初，设计师充分汲取当地历史文脉、地域特色，使之融入建筑的内在表达。

建筑位于文体中心东南，紧邻北侧河道布置，南侧留出大面积广场绿地，向城市开放。蜿蜒曲折的台阶、矮墙、绿地，与主体融合成一体，建筑仿佛由大地而生，浑然天成。建筑造型具有强烈的雕塑感，柔美而富于变化。两个椭圆形主体，由蜿蜒变化的曲面玻璃幕墙不规则环绕，隐喻“水”的主题。钢结构支撑的曲面装饰板，沿椭圆体外侧逐一展开，仿佛片片风帆，又仿佛徐徐拉开的大幕，灵动而富于韵律感。

1500座歌剧院和600座多功能厅分别设于两个椭圆体内。观众由广场拾级而上，进入二层共享大厅，此处设有艺术展厅、休息区，拥有绝佳的视角，可俯瞰北侧美丽的河畔景色，成为完美的交流展示空间。大厅居中设有通往一层的开敞看台，可进行小型艺术演出和发布会使用。会议和商业服务设施设于平台下空间。

歌剧院观众大厅采用古典式马蹄形平面，三层环抱式楼座设计，主色调为热烈的红色，古典中蕴含现代语汇，庄重、典雅、大气。建筑外装饰材料采用晶莹剔透的玻璃幕墙、钢结构穿孔铝板，赋予建筑浓郁的艺术气质。入夜，建筑内外被灯火照亮，仿佛一座巨大的舞台，成为城市最富魅力的场所。

中国有色工程有限公司科研办公楼

二等奖
公共建筑综合奖

获奖单位：北京市建筑设计研究院有限公司
获奖人员：叶依谦，从振，李衡，康钊，李婷，杨东哲，张安明，金颖，张菊，宋泽霞，王溪莎，杨曦，刘骞，李蕊，岳一鸣

本项目位于复兴路 12 号，中国革命军事博物馆正南面，中国有色工程有限公司院区南端。由于北侧、东侧均为住宅楼，如何在严苛的条件下不影响周边住宅日照，成为设计的出发点。设计过程中，深入分析项目的限制条件，通过日照软件反推可建设范围，经过多方案比较，最终完成了造型现代、功能合理、重点空间突出的设计方案，提升了院区整体品质。建筑效果庄重大气，材料对比强烈，凹凸窗的设计使立面肌理既简洁又富于细部。新建科研办公楼在有限的空间条件下，在北侧正对 1 号主楼部分设置了一个 4 层通高的公共空间，大大强化了中轴线的意象，增强了院区内空间的仪式感，形成了与 1 号楼的退让关系，降低了原有的压迫感，并形成了多层级复合的人性化空间。

由于项目属于院区改造，无论指标控制、停车规划、外线综合，都需要从院区的总体规划及现状角度入手。在方案设计过程中，所有指标都是针对院区整体进行核算；停车规划中解决本项目自身停车问题的同时，尽量增加车位，并将恩菲大厦的地下车库连成一体，减少了车道的面积；在工程设计过程中，全专业积极了解甲方需求，摸清现状条件，通力配合解决各种问题，通过协同设计的手段完成了工程图纸。

房山区良乡高教园区 09-04-14 文化娱乐项目

二等奖
公共建筑综合奖

获奖单位：中国中建设计集团有限公司
荷兰 NEXT 设计公司
获奖人员：薛峰，王豪勇，曹传世，罗昉，靳喆，王亚立，卢永静，崔易，张德娟，马丽娟，王铭帅，王双岩，杨晓帆，律海波，房全顺

房山区良乡高教园区 09-04-14 文化娱乐项目位于北京市房山区良乡高教园区核心，周边为北京六大名校分校、房山区交通枢纽及绿化景观带，是一个由七栋创意研发智能化办公楼以及京西最大的 IMAX 3D 巨幕影院组成的，富有文化特色的城市综合文化娱乐中心。

项目采用如同水彩调色盒般的全彩玻璃幕墙，与变幻的自然环境、使用者的行为轨迹多维度融合，为静止的建筑赋予了千变万化流动的“表情”。灵动的设计打破了原有京西沉稳的城市色调，给区域注入了新的动能和活力；为使用者提供了一个精神放松、灵感碰撞、视觉冲击的全方位城市交互空间。

主入口处设计了可“多维场景互动”的巨型炫彩天幕，白天呈现镜面效果，步行其下，将形形色色的活动反射到空中，形成人与环境的有趣互动；夜晚、天幕将呈现出高清的 LED 屏幕效果，播放主题影视节目等，形成浓厚互动氛围。

未来北京的发展将向西延展，空间布局的重构也将带来京西地区的加速崛起。房山区良乡高教园区 09-04-14 文化娱乐项目应势而出，以文化交流区、时尚体验区、产业核心区三大维度，成为引领未来房山发展的旗帜和形象。这一崭新的京西中心，不仅将代言区域的发展，更是北京发展的代表与典范。

北京专利技术研发中心

二等奖
公共建筑综合奖

获奖单位：中国建筑设计研究院有限公司
获奖人员：崔愷，崔海东，李东哲，徐超，文亮，李曼，郭天焓，马玉虎，黎松，郑坤，韩武松，李俊民，陈双燕，吴耀懿，赵红

本项目位于北京市丰台区南四环中关村科技园内，是集信息专利研发、新材料专利技术研发、专利审查等功能于一体的高新技术产业用房，总建筑面积 14 万 m^2。顺应规划条件和使用要求，总体布局呈四合院式，四周为地上 7 层的板楼，檐口高度 30m；东北角为地上 10 层的方形塔楼，檐口高度 45m。建筑外立面整齐严谨，而内院呈现高低错落、形态丰富的空间构成。在周边高楼林立的城市环境中，显得清新脱俗。

办公科研建筑发展至今，内涵外延日趋多元，对建筑设计提出了更高的要求。在满足基本功能的前提下，拓展设计思维，为业主提供高效、多元、生态的空间体验，实现可持续性的理念至关重要。空间给一成不变的工作注入活力，环境时刻刷新使用者的状态，为企业带来更多的创新。建筑空间和环境品质的提升，新型工作方式的变迁，推动着设计向更加人性化发展。“榫卯空间、立体园林”，使北京专利大厦呈现科学与艺术的融合、理性与浪漫的交汇，最终达到人与自然的和谐。

鲁班锁——天工开物，
立体园——人文关心，
咫尺自然，庭中天地！

青海省图书馆（二期）、文化馆、美术馆

二等奖
公共建筑综合奖

获奖单位：中国建筑设计研究院有限公司
获奖人员：崔愷，时红，李峰，刘洋，石磊，杨婷，徐宏艳，朱炳寅，洪伟，陈宁，牟璇，何静，陈沛仁，齐海娟，顾大海

本项目位于青海省西宁市“十”字形城市带的中心部位，新宁广场的南侧。用地西侧为新宁路，南侧为西关大街，东侧为规划道路，北侧为新宁广场。用地呈梯形，东西长约 250m，南北宽 75~125m，规划占地面积 24782m^2。项目用地现状标高为北低南高，标高在 2262.60~2267.30 之间，南北之间形成约 4m 高差。项目包括图书馆二期、美术馆和文化馆、地下汽车库及地下水泵房三个新建部分，还包括图书馆一期旧馆的改造。总体新建建筑面积 33170m^2，图书馆一期旧馆 11500m^2，总建筑面积 44670m^2。地上 4 层，地下 1 层，建筑高度 23m，容积率 1.61。

本项目位于西宁市中心地段——新宁广场南侧，是重要的市民活动场所。针对这个问题，在高度和形态的设计中积极和广场东侧的青海省博物馆发生关联，采用了同样以红色方正体量为主题的形态，意图形成新旧文化建筑群共同包围广场的城市意象。在建筑的形式语言选择上，一方面是为了和广场东侧的省博物馆在形式上有所呼应，另一方面也是考虑到我国西部地区粗犷豪放的美学特征，选择了以方正体量为主，辅以切削手法的形式语言，面对广场削出建筑倾斜的立面，更是大大增强了建筑广场一侧的魄力。立面材料选取了和博物馆颜色接近的石岛红石材，结合不同的深浅变化和表面处理，通过随机拼贴组合的方式，展现出远看整体感强，近看又充满丰富的质理变化的状态，让人联想起西部广袤地区民居常用的石料叠砌的建筑手法，是一种恰当的对地域性的回应。

北京理工大学中关村国防科技园

二等奖
公共建筑综合奖

获奖单位：北京市建筑设计研究院有限公司
获奖人员：叶依谦，薛军，段伟，从振，卢清刚，石鹤，金颖，杨曦，刘智，孙梦，刘永豪，梁楠，李欣笑，张安明，张广宇

本项目用地位于北京理工大学中关村校区西北，临西三环北路。总用地规模 62402m²，总建筑面积 237995m²，主要功能是研发、办公、教学、科研用房及配套的会议等。项目总体定位是：引领区域发展，体现国防精神；打造生态园区，塑造校园文化。中关村国防科技园是我公司第一个全专业、全过程运用 BIM 设计的大型建筑群项目。采用 BIM 技术，将 Revit 模型与 Ecotect 绿色建筑计算软件结合，为绿色设计注入量化数据依据，让建筑成为真正的“绿色建筑”。项目还是我国首个采用多屈服点免断裂防屈曲耗能支撑的结构工程，有效改善了结构的整体抗震性能。

设计延续了校园整体规划的概念，在校园西区形成一条副轴，强化了校园规划的整体性。在城市设计层面完善了沿三环环线的城市界面。在总图布局上严谨对称，通过建筑围合形成较大内庭院，结合多层次的庭院空间，提升了整个园区的环境品质和环境舒适度。坚持以人为本和绿色、健康的理念，充分考虑城市生态环境因素的影响，营造典雅大方、安全便捷、尺度宜人并别具特色的场所空间与可持续发展的高校科研、研发办公环境。

南开大学津南校区一期建设工程理科组团

二等奖
公共建筑综合奖

获奖单位：清华大学建筑设计研究院有限公司
获奖人员：刘玉龙，姜娓娓，张晋芳，韩孟臻，程晓喜，王彦，关旭辉，任晓勇，刘福利，徐青，贾昭凯，韩佳宝，崔晓刚，王磊

南开大学理科组团包括学院组团和生活组团两部分。

理科学院组团位于新校区的南门西侧、校园主环路的内圈，南邻新校区主干环路，隔路与理科生活组团相望，北邻校园核心绿地空间。

理科学院组团用地大致呈矩形，由信息技术科学学院、材料学院和软件学院 3 个院系组成。院系之间沿南北方向塑造出组团的主要公共空间，并与南侧的理科生活组团的公共空间对话，形成既有分离又有联系的建筑群体。

在规划布局上既重视建筑内部功能的合理性，又关注营造宜人的室外空间。理科学院组团与理科生活组团之间以纵横轴线相串联，中部形成三个学院的公共区域，并通达三个学院的主要出入口，形成不同学科之间交往交流的、富有活力的共享空间。

建筑形态上，借鉴国内外优秀大学校园和研究机构的空间形态，以“围合院落”作为研究型大学的起源形态，塑造“和谐安宁”的交往空间。信息技术科学学院的西楼采用“日”字平面布局，东楼采用“口”字形平面布局，两座楼之间用过街楼相联系。西楼和东楼之间的围合空间，通过首层和二层的折板造型、局部窗洞口的变化、连廊的玻璃体块等形成视觉焦点，同时结合水面、绿化、小品等，成为整个理科组团的南广场。软件学院采用“C”形平面布局，材料学院采用“L”形平面布局，形成理科学院组团的北广场。南北广场的有机联系以及建筑之间的尺度不同、围合度不同的院落，为师生提供了优美、舒适的教学、科研、生活的环境。

vivo 重庆生产基地

二等奖
公共建筑综合奖

获奖单位：中国建筑设计研究院有限公司
获奖人员：徐磊，高庆磊，谢婧昕，赵迪，刘巍，张晓旭，马玉虎，朱跃云，关若曦，胡建丽，苏晓峰，许士骅，高洁，郑爱龙，张桂芝

设计理念

本项目力求创造具有国际化及现代风格的、充满科技感和人文气息的生产、生活综合工业园区。利用建筑与场地的联系布置各个功能区，形成整体协调统一的空间态势。空间上也使核心区与周边建筑形成很好的联系。园区采用层级化布置，将各厂区功能归类整合，使园区在功能内容的划分上清晰明确，整个园区具有鲜明的逻辑性和识别性。

技术难点

依据地势平整出不同标高的台地，以适应各个厂房、宿舍以及人员活动等功能需求。遵循各厂房之间的人流物流关系以及场地高差之间的变化，利用全天候的交通联络系统将各栋建筑组合成为紧密、高效的整体。空间关系张弛有度，充分体现重庆当地的地域地形特色，布置不同标高的空间、景观系统，形成高效的工业园区。

技术创新

本项目强调形态设计的一致性，以简洁、统一的风格来展现企业的性格特质。利用有效地组织方式，将不同功能合理的组织后，提取其功能共性，合理的解决了不同功能空间对布局的需求，同时针对不同功能的建筑单体，强调功能的可识别性，利用空间形态及外观设计的差异性，形成既和谐统一，又各自鲜明的整体表象。整个场地利用高差变化，创造不同的空间感受，建筑也是依势而为，既体现了对基地周边自然环境的尊重，又将现代化的工业园与重庆的地域特色相融合。

五棵松体育文化产业配套用房

二等奖
公共建筑综合奖

获奖单位：北京市建筑设计研究院有限公司
获奖人员：何荻，郭晨晨，俞文婧，白霜，张龙，张燕平，杨育臣，奚琦，崔建华，许洋，尹航，严一，陈莉，申伟，张林

五棵松体育文化产业配套用房作为长安街独一无二的下沉式特色街区，集运动休闲、餐饮、零售及展示等业态于一体，设计中整体考虑全开放花园式街区，采用大集中小分散业态布局模式，结合下沉式中心广场作为精彩商业展示活动的场所，成为汇聚人气的焦点，并且辐射周边商铺，使商业街围绕广场构成一个完整的动线。整个设计强调了商业空间与地上空间的互动，把商业、广场、活动空间、室外餐饮和景观结合成为一个有机的整体，创造令人愉悦的购物体验和丰富的空间效果。建筑造型运用石材、玻璃和金属等多种材料，形成虚实对比，打造丰富高端的建筑形象。

屋面结构与周边景观融为一体，形成柔和且有机的起伏，并为地下空间带来自然光。

空间密度高、周边功能环境复杂、景观资源稀缺、消防疏散不易组织等问题，是现代城市空间中打造自由与开放的大型商业综合体时最凸出的矛盾点。本次设计实践了“下沉”概念，在空间组织上颠覆了传统意义的地上与地下之别，以此避免了与周边医院、学校及住宅区之间的噪声干扰，顺利地融入了周围复杂的交通结构，成功调和了消防问题给空间自由度带来的限制。最终得以形成项目所呈现的具有高度流动性的空间、活跃的商业动线以及宝贵的城市景观空间。

福州海峡奥林匹克体育中心体育场

一等奖
公共建筑综合奖

获奖单位：悉地（北京）国际建筑设计顾问有限公司
获奖人员：吕强，罗铠，朱勇军，江坤生，高颖，周颖，姚小明，张淑亚，韩蓓，耿永伟，汪嘉懿，庄光发，兰海民，张诗模，李雁华

福州海峡奥林匹克体育中心为2015年第一届全国青年运动会主场馆。

体育场是一座以“海浪”为主题的建筑。从二层观众平台螺旋而上的波纹既阐述了设计的主题，同时呼应了运动的动感。罩棚没有采用6万座体育场常见的环形全罩棚形式，而是采用了两片罩棚，翻卷而上的“海浪”。从空中俯瞰，宛如一个巨大的“海螺”。绿色的草地、洁白的建筑和湛蓝的天空，让人感觉身处惬意的沙滩。为了使造型与结构完美拟合，体育场创新的采用了双向斜交斜放空间桁架折板结构体系，这是在已知的体育场类建筑的第一次应用。为了满足精致的波浪尺寸要求，体育场屋面所采用的直立锁边系统金属板的转弯半径也被限定在1.5m，这也是已知的该类材料在实际应用中的最小尺寸。

梅溪湖国际广场

二等奖
公共建筑综合奖

获奖单位：北京市建筑设计研究院有限公司
楷亚锐衡建筑设计咨询（北京）有限公司上海分公司/奥雅纳工程咨询（上海）有限公司
获奖人员：颜俊，李伟佳，徐枫，姚莉，王旭，孙亮，梁巍，高巍，叶云昭，刘赞杰，马喆，陈二燕，雷晓东，梁鹏，董栋栋

项目概况

项目位于长沙梅溪湖版块，基地南邻梅溪湖，东边紧邻Zaha hadid设计的艺术中心。

项目是集览秀城、喜达屋豪华精选（超五星）酒店、绿色豪宅以及高端写字楼的综合项目。设计力求最大限度地集合多种业态于一体，充分利用地块的景观资源优势进行规划布局，注重建筑与场所的关系，各功能体之间相互借势，提升价值。

“湘江沙砾”为概念，传承长沙的自然与历史文脉，将这一富有当地特色的元素运用于整个建筑群，对双塔如水晶一般切割手法，打破塔楼的枯燥单调，统一的细部表现手法，形成层次丰富、体量感强的建筑形象；裙房采用玻璃幕、铝板，富有流动感的体量，隐喻湘江的波浪，在此基础上进行参数化的表皮设计，进一步增加了立面的商业氛围。

技术特色

为了应对独特的地形以及城市交通动线的需要，创新性地将览秀城B1及F1打造成双首层。本项目用地为北高南低，高差3~4m。同时，考虑城市人流通过地铁到达本区域的目的性（文化中心以及梅溪湖景观区）。将西北侧地铁站出入口与本项目B1及F1直接接驳，东南侧商业B1通过下沉广场与梅溪湖滨湖路相连，东侧在F1通过广场与艺术中心对接。在人流的带动下，两条“首层”重要动线形成。F1与B1打造为双首层的设计标准为层高6.5m/6m，通过消防论证将地上与B1大空间连通，打造成从建筑空间到人流动线真正意义上的双首层。建筑内部动线通过室内室外两条商业街创造了丰富的购物体验，将多种水景引入室内和室外的场所，引导客户从项目西北角的地铁入口，直至南侧梅溪湖岸边。通过精心布局、动线组织、景观和水景结合，使览秀城突破传统购物中心的定义，成为一个综合滨水体验中心。

各专业采用协同设计，全部内容采用BIM技术。

深圳百丽大厦

二等奖
公共建筑综合奖

获奖单位：北京市建筑设计研究院有限公司
北建院建筑设计（深圳）有限公司
获奖人员：陈知龙，王戈，盛辉，屈石玉，林琳，何宁，蔡志涛，刘蓉川，陈哲，万浩林，黄智杰，肖亮民，刁芹芹，王雪，王子

百丽大厦项目位于深圳市南山区 CBD 西南部，西面临后海滨路约 150m，对面是蔚蓝海岸高尚住宅区及北师大附中，西北面距地铁 2 号线后海滨路站大约 200m，南面距东滨路约 150m，其余各面均尚处于规划建设阶段。由于本地块的特殊位置，建筑造型需要有足够的标志性和可识别性，同时还应具有一定的城市尺度和现代感，以满足后海中心区的新时代、新中心区的特殊要求。倾斜的建筑造型很好的体现出建筑的时代感与流畅感，建筑物不再是高层塔楼与低层裙房的传统关系，而是将裙房与塔楼结合在一起形成更加整体的体型关系，更好的体现高层建筑的整体感，为后海中心区增加活力。本建筑为一类超高层建筑，主要功能为甲级商务办公楼，建成后为新百丽鞋业总部办公楼。从相关开闭站引来两路 10kV 专线电源，互为备用。在地下 2 层设置高压配电室及 10kV/0.4kV 变配电室。安装 4 台低损耗、低噪声干式节能型变压器，一台 900kW 柴油发电机组供消防负荷及保障用电。采用低压侧集中补偿，设电容补偿器柜。由变配电监控系统实现变配电自动化管理。低压配电系统采用放射式与树干式相结合的方式，电气照明主要包括一般照明、应急照明，本建筑按二类防雷建筑设计，低压配电系统的接地形式采用 TN-S 系统。

乐成恭和家园

二等奖
公共建筑综合奖

获奖单位：北京市建筑设计研究院有限公司
澳大利亚 TA 建筑设计事务所
获奖人员：刘蓬，王轶楠，周轲婧，黄中杰，陈彬磊，贺阳，田进冬，王燕，赵煜，刘青，贾云超，王盼绿，谢盟，张彬彬，刘腾

本项目力求打造一个极富吸引力的、充满活力的、多彩的老年社区。希望这样的社区使老年人向养老机构的迁入不再是一种由于衰缓而造成的被动选择，而成为一种具有强烈吸引力的、令人兴奋的向往。项目以生长、活力、温暖为设计主题，以为老年人提供安全、温馨、有活力的晚年生活为目标，全力打造一个现代新模式的综合养老项目。

安全：采用流线的简易辨识、被动检测、适老化细节等特色设计手法以及共有产权的出售方式，给予老人生理与心理上的安全感。

温馨：建筑外观设计新颖，室内布局灵活，装饰风格家庭化，结合大量公共空间的设置，使建筑本身更像一个大家庭，为使用者营造温馨的生活氛围。

活力：多种不同功能活动空间的互相渗透，各个层级交流空间的穿插设置，增加了老年人之间沟通的机会，并为老人的交流活动提供了丰富的硬件支持。

项目老年公寓部分采取 95% 产权的可销售模式，使老人得到了一种经济上的安全感。公寓能满足住宅的所有功能，同时护理及公共区还提供了普通住区和养老机构所不具备的居民互动性与社会互动性。在保证老人生理安全的同时，满足了其渴望交流、学习的心理需求。项目建成以来，也得到了养老事业的业界认可，为社会养老提供了一个全新的经营模式，树立了业内标杆。

六里屯综合体（骏豪·中央公园广场）

二等奖
公共建筑综合奖

获奖单位：悉地（北京）国际建筑设计顾问有限公司
MAD 建筑设计事务所
获奖人员：初腾飞，黄楠楠，刘慧，孟可，贾雷，李向红，胡倩倩，陈超，马岩松，党群，早野洋介，刘会英，李健，傅昌瑞

本项目为集办公、商业、住宅于一体的城市新综合体项目。功能包括住宅、高层办公、企业独栋、SOHO 办公、室外总体及地下空间五大部分。

项目坐拥团结湖公园，采用"城市山水"的设计理念。力求达到中国美学的最高境界"天人合一"。A 地块 2 栋超高层写字楼形似挺拔的山峰，而写字楼之间设置通高 20 多米大堂，中心引入水景，使双塔之间形成一种山与水的对话。多层办公如同石弯一样掩映于水系绿化中的山谷。而 B 地块住宅成为山水卷轴的栾，静观东侧山水画册，为"尽享高山流水的城市佳园"。错落式、阶梯式的建筑将景观最大化，退台式露台设计使每套户型享有足够的私家庭院。

项目贯彻了绿色节能、生态科技的设计初衷，通过 LEED CS 金级预认证、绿建二星认证。

为保证项目设计理念的落地，采取以下技术手段：①通过幕墙模数化设计，在实现建筑曲面表皮的同时控制了建造成本。②结构采用斜柱支撑，合理设计核心筒形式，保证了自由曲面造型的实现以及室内空间的合理布置。③采用建筑结构机电一体化设计手段，实现了高层写字楼接待大堂的高品质。④通过 BIM 设计，确保复杂的建筑形体内各专业管线能顺利排布，保证高品质办公环境的要求。

北京外国语大学综合教学楼

二等奖
公共建筑综合奖

获奖单位：中旭建筑设计有限责任公司
获奖人员：崔愷，潘书舟，张念越，王祎，辛钰，贾卫平，许忠芹，岳彦博，李严，郭晓南，冯小军，马宁，姜晓先，李健，夏菡颖

项目概况

本项目位于北京市海淀区北京外国语大学西校区的东北部。综合教学楼东侧紧邻西三环北路，南侧为外研社办公楼，西侧隔健身广场与职工活动中心相对，北侧为西校区校园入口广场。综合教学楼为拆除原有建筑后的新建项目。根据需要整体规划，建筑集多种功能为一体，满足学校日益增长的教学使用需求。一层、二层集中布置公共性最强的礼堂、报告厅、资料室、书店，3~7 层布置各类型的教室，8 层以上全部为办公室，地下主要为车库和机房。各楼层以分布均匀的四部楼梯和七部电梯紧密联系。本项目总建筑面积为 60515m^2，其中，地上建筑面积为 41441m^2，地下建筑面积为 19074m^2。地上 11 层，地下 3 层，建筑高度为 45m。

技术特色

总平面设计上采用向校园入口广场开放的半围合平面布局，在使教学楼功能完善的同时，建立与城市空间，特别是校园环境之间的融合与渗透。

半围合的 U 形建筑使大部分房间均可以自然采光和通风，提高使用者的舒适性，并有利于节约能源。

建筑围合的中部设置屋顶绿化和绿化庭院，在争取更多自然采光通风的同时，创造出相对舒适、安静的学习环境，丰富使用者的建筑体验。

根据北外特点及学校各院系的使用需求，建筑中功能房间的种类很多。平面设计中考虑到人员疏散方便，依据人员多的房间放在下层，人员少的房间放在上层的原则布置房间。

建筑立面采用的红色面砖，与南面的外研社办公楼在设计元素、材料和颜色上相协调，体现校园的学术氛围，同时反映校园整体规划的设计思路。

中国建设银行北京生产基地一期

二等奖
公共建筑综合奖

获奖单位：中国建筑设计研究院有限公司
获奖人员：高庆磊，徐磊，李磊，李宝明，孙婧，周岩，李妍，杨东辉，黎松，朱慧宾，宋孝春，江峰，郭利群，胡建军，陈玲玲

中国建设银行北京生产基地一期项目位于北京市海淀区北清路中关村创新园内，C6-15、C6-16 两个地块。两地块建设用地约 13.62hm²，总建筑面积 28.40 万 m²，其中地上建筑面积 17.27 万 m²，地下建筑面积 11.13 万 m²，建筑高度 24m。C6-15 地块占地 10.51 万 m²，总建筑面积 20.75 万 m²，其中地上建筑面积 12.60 万 m²，地下建筑面积 8.15 万 m²，容积率 1.2，建筑密度 35%。C6-16 地块占地 3.11 万 m²，总建筑面积 7.65 万 m²，其中地上建筑面积 4.67 万 m²，地下建筑面积 2.98 万 m²，容积率 1.5，建筑密度 30%。

园区整体规划设计中将人员的日常行为模式延展，空间上使核心区与周边建筑形成很好地联系。采用模块层级化布置，将复杂功能归类整合，使园区在功能内容的划分上清晰，明确整个园区的功能逻辑和识别性。场地周边的建筑布局采用具有节奏感的手法进行布置，减少了因建筑长度过长与建筑限高带来的矛盾，在保持低调特点的同时，创造有韵律感的空间。园区空间的布置以具有中国传统“如意”意味的中心开放景观带为核心，贯穿左右两个地块，形成内聚型的场地布局方式。空间层级有效组织，在形成整体流畅的空间前提下，保持各地块空间的完整性。

北京第二实验小学兰州分校

二等奖
公共建筑综合奖

获奖单位：北京市建筑设计研究院有限公司
甘肃省建筑设计研究院有限公司
获奖人员：王小工，言语家，王铮，李楠，李中辉，邹华钧，何有胜，费正力，李荣，张薇，柴雅琴

本项目用地位于兰州市安宁区黄河北岸，东侧与城市支路相接，南侧紧邻黄河及城市景观绿化带，西侧基本为空地，北侧为正在建设的植物园。基地内部由南至北分别是土坑、地平、起坡三段自然台地，高差均在十层以上。总用地面积 33300m²。项目为 48 班规模的小学，总建筑面积为 41328m²，其中地上建筑面积 24927m²，地下建筑面积 16401m²。建筑层数为地上 1~4 层，地下 1~2 层。功能上分为教学楼、创新中心、剧场报告厅及教师生活馆、办公艺体楼、教师公寓。

创新中心：创新中心是复合化使用的素质教育楼，创新中心连接校园内各建筑单体，使得“教与学”伴随式的、创作式的展开，是学生交流共融的校园核心场所。

地形起伏：校园布局充分考虑用地内原有地形的落差，使其形成多层次、多形态的校园活动场所。地形的起伏并没有隔断校园的联通，大面积的首层架空使校园各部分均可方便到达，且形成了介于室内外之间的活动层级。校园各单体建筑间形成了尺度、形态、性格各异的院落空间，使校园成为学习和嬉戏并重的场所。

黄河文化：建筑的选材以及室内、景观设计体现了黄河文化的特征，“母亲河”同实验二小办学理念“以爱育爱”之间有着共通点，这也成为近人尺度的二级空间的设计主题。

博鳌国宾馆扩建宴会厅

二等奖
公共建筑综合奖

获奖单位：北京市建筑设计研究院有限公司
获奖人员：杜松，刘志鹏，梁燕妮，盛平，庄钧，徐福江，段钧，周小虹，张伟，赵晨，扈明，张志强，李昕，张争，孙妍

本项目用地位于海南省琼海市博鳌镇龙潭岭，为满足博鳌亚洲论坛期间“一地办会”的功能要求，拟在贵宾楼（以下简称 5 号楼）南侧新建多功能厅，除作为国事活动室内备选场地外，还可作为论坛年会分论坛场所，并满足宴会厅、展览厅、签字仪式厅等多种功能要求。

由于新建宴会厅为山地建筑，同时也是既有建筑周边的新建筑扩建，故其外部竖向设计既要考虑山地建筑原始地形的因素，也要考虑新旧建筑的结合。

用地内现状为停车场，北侧紧邻 5 号楼，南面即为原停车场挡土墙，原始山地需进行处理后方可进行相关建设。

博鳌国宾馆是五星级的山地度假接待酒店，承载了大量的政府重要接待任务。在实际运营中新建多功能厅，兼作室内阅兵场及国宴宴会厅，以及与之配套的辅助服务用房。流线上通过连廊与北侧老建筑联通，室外有两个独立的贵宾出入口及独立的车库出入口。用地位于博鳌亚洲论坛特别规划区六大山系之首的龙潭岭主峰山麓，整体规划采用了“化整为零、融建筑于环境”的手法，建筑设计结合海南的地域气候特点及场地条件，建筑同环境有机融合，整体规划一气呵成，建筑空间灵动有序，建筑风格与现有建筑匹配呼应，简洁大方，建筑性格内敛含蓄，建筑细节精致到位，彰显了国宾接待的大国风范。

天虹商场股份有限公司总部大厦

二等奖
公共建筑综合奖

获奖单位：悉地国际设计顾问（深圳）有限公司
获奖人员：王浪，田婧慧，方若慧，翟晓晖，陈静，赵勇，刘赫南，许岸程，霍燕妮，黄鑫，戴军益，黄亮，黄虹，彭洲，张震洲

天虹总部大厦是对现代百货的思考、运营模式与空间设计统筹考虑的结果。嵌入由多层次的城市广场、尺度宜人的中庭、绿化平台组成的整体流动的公共空间体系，形成了一个多元化的、绿色的、开放的、情景化的、充满城市活力的“商业魔法盒”。

设计策略如下：

1. 摒弃传统百货惯用的封闭盒子的裙房形式，将商业裙房主体架起，底层局部架空形成骑楼，打开自我封闭的私属空间，以积极开放的态度回馈城市。裙房出挑小尺度的、多彩的商业盒子，形成城市步行空间。

2. 建筑将场地的西北角退让出来，形成城市公共广场。城市广场将东西向步行通廊和北侧城市步行绿轴串联起来，形成城市公共活动节点。中庭与城市步行通廊和城市公共广场咬接，形成流动的公共空间体系，将城市人流自然地引入商场内部，为商业活动营造良好的氛围。

3. 结合天虹总部办公的需求，在不影响使用功能的前提下加入悬挑的“方盒子”，形成了丰富的空中花园体系，与屋顶花园、底层架空花园共同构筑起天虹总部的立体绿化空间体系。

4. 从塔楼到裙房，立面采用了多种幕墙系统。我们通过立面构件的标准化、隐藏式 LED、金属交叉杆件与玻璃幕墙一体化等来统筹控制各个幕墙系统，以达到统一和谐的效果。

天津大学新校区第二教学楼

二等奖
公共建筑综合奖

获奖单位：悉地（北京）国际建筑设计顾问有限公司
获奖人员：张宇，赵晨，籍成科，张柳娟，林琳，董全利，王万里，宇新，郑希传，郎健，张士花，陈是泉，王娟，王静，刘润民

天津大学新校区第二教学楼位于天津大学北洋园校区内，项目遵循新校区“以学生活动为中心”的设计理念，以教学活动为中心，合理组织流线及空间布局。建筑语言注重与相邻组团之间的对话，形成整体和谐的环境关系，同时结合自身特点，塑造富有特色的建筑形态。立面根据整体规划要求，采用页岩砖饰面，红褐色的墙面延续天津大学老校区历史建筑的特点，塑造新校区校园温暖而又具有人情味的气氛。设计方案注重采用生态设计方法，结合天津当地的气候特色，在较低的造价范围内，尽量采用绿色、生态、环保的技术与材料，创造舒适宜人的教学环境。

外檐使用页岩砖作为主要的外饰面材料，由于页岩砖不适合做过多裁切，项目平面轴网、窗洞口以及层高等控制尺寸均采用砖模数的整数倍，提高材料利用率，节约造价。模数设计为室内设计打下了良好的基础，室内各主要空间也以同样的模数为基础，空间效果简洁大方。外门窗、幕墙等均采取相同的模数，保证整体完成度。

通过合理的空间布局以及各专业的精细设计，本项目在功能上满足了业主的各项需求，总体造价控制在业主的投资额之内。设计方案从学生使用角度考虑，流线合理，功能完备，空间舒适，并采用了一系列低造价的绿色设计措施，创造了良好的经济、社会和环境效益。

中国航信高科技产业园区

二等奖
公共建筑综合奖

获奖单位：中国中元国际工程有限公司
获奖人员：齐放，赵凯，刘玉惠，王淼，王祯，张向荣，刘涛，张瑾，徐伟，刘星，杨凌，浦廷民，郭伟华，许凡，束天明

项目概况

中国民航信息集团是中国民航信息化的先行者与领导者，是中国航空信息科技解决方案的主导供应商。中国航信高科技产业园区为中国民航信息网络股份有限公司在顺义临空经济产业区建设的企业总部，为集大型数据机房、服务、办公、研发创新、后勤支撑于一体的国际化总部基地。建设用地位于北京市顺义区后沙峪镇，项目用地共分为 4 个地块：生产区、办公区、配套区、综合区，也即 4 个功能区，规划总建筑面积 368159m^2，其中地上 243235m^2，地下 124924m^2。

技术特点

中轴对称：《荀子 · 大略》：王者必居天下之中。考虑到央企的传统文化背景和园区大进深的优势，办公区和生产区采用中轴对称的布局手法，是对中国传统儒家文化的继承和对传统庭院空间的解读。

和谐构图：《周易 · 系辞》：一阴一阳之谓道。将东组群的空间轴线设计为阳 – 刚之轴，西组群的空间轴线设计为阴—柔之轴，二者呼应，和谐构图。暗合北京皇城规划之道。

院落围合：《荀子 · 儒效》：井井兮其有理也。围合的院落是对中国传统建筑组合的再现。根据功能分区，分设两条南北向轴线将 4 块用地分成东西两个组群，东组群为办公空间，西组群为后勤生活空间。东组群设垂直南北向的对称轴线将生产区和办公区串联在一起，形成两个南北透而不通的围合院落，整体布局以庄重对称为主，前广场和内轴线的院落层次有较强的仪式感，空间完整性强，符合央企稳重大气的形象。西组群通过自由轴线将综合区和配套区串联在一起，形成两个南北串联的半开放院落，空间引人入胜、灵活多变。

房山区兰花文化休闲公园主展馆

二等奖
公共建筑综合奖

获奖单位：北京市建筑设计研究院有限公司
获奖人员：徐聪艺，张耕，孙勃，韩梅梅，张良，张晨军，李俊刚，王辉，张建朋，郑帅，徐言，王爽，刘昊，马岩，袁雯雯

项目概况

公园在满足兰花大会展会期间使用功能的同时，重点考虑会后的有效合理利用。因此，将其打造成为服务于周边居民，集休闲、康体、娱乐、游赏等多功能于一体的综合性城市公园。椭圆形平面布局，建筑中部为花街及中庭空间，贯穿整个建筑南北，既呼应室外景观，形成公园的南北景观轴线，又作为展馆内部最主要的开放空间，给观众丰富的建筑空间体验。中庭两层贯通，使两层展览空间能够相互渗透。花街两侧为十个主要的建筑功能体块，南北端头的四个功能体块为商业、餐饮及办公等服务设施，中部六个体块为展厅，其中门厅左侧体块二层设置多功能厅，与办公区临近，为展会期间组织方及展商服务。体块之间的空间为休息空间，为公众服务。

技术特色

在本项目中，我们试图完成一座与城市公共空间和景观无缝对接的、多功能的且可持续利用的建筑。展馆的中心，是一处强调互动的公共空间，既可用于公共聚集、集中布展，也可被划分重组成街道店铺式的线性空间。它串联 10 个相对独立的多功能模块，既可独立使用，又可以多模块组合串联，为适应会后的多种展览和活动需求提供了多种变化的可能性。坚如磐石般的建筑形体，通过“切分”在外部完成戏剧性的虚实对比效果，在内部则构成峡谷般的空间意向。“裂开”的“空隙”与多个方向的景观道路、广场相贯通。在模糊了建筑内与外的空间界面的同时，又在内外营造出截然不同的空间体验。

技术成效与深度

工程基本实现了方案层面关于场馆灵活使用的目标，对于会后的二次利用，也充分发挥了本有的可持续发展性。建筑本身结合建筑造型需要利用高低错落的方窗及花街的天窗进行采光。并利用光导管技术使展厅内部满足了基本的光照需要。材料采用高密度增强水泥纤维石板，质轻、高强、韧性好、可弯曲，极适合本项目采用。

秦皇岛黄金海岸地中海酒店

二等奖
公共建筑综合奖

获奖单位：中国中元国际工程有限公司
法国 AS 建筑工作室
获奖人员：周超，佟一平，李相韬，韩丹，白熙，彭建明，赵佚，焦兴学，刘宁，张长红，张晨，王琛，王波，曲振佳，王海东

项目概况

本项目是由秦皇岛天行九州房地产公司与法国 Club Med 酒店管理公司共同建设的度假酒店项目，位于河北省秦皇岛市北戴河区黄金海岸，交通便利，辐射京津冀都市圈的核心区域，是北戴河滨海旅游发展带规划中的一个重要项目。地理位置优越，景观资源充足。基地原为自然保护区，内部有沙丘、树林、观鸟屋以及少量的湿地。

技术特色

1. 设计理念来自于基地本身，基地内的多重自然景观启发了设计灵感。建筑呈蛇形顺着地势展开，使建筑与多重自然景观发生共鸣。项目在创造建筑的同时，尽可能保留基地原始地形，建筑的功能布局也依据原始地貌布置，总体空间最终以“海—沙滩—建筑—草地—树林—湿地”的序列呈现在基地上。

2. 将 Club Med 简单、快乐、阳光的品牌文化与多元文化的度假理念融入“北方黄金海岸”，展现四季分明、风平浪静、沙粒匀细、草木丰盛、鸟语花香、气象万千的北方海景以及京津冀独特的人文情怀。

3. 项目研究了建筑因素、环境因素、社交因素、客户需求和活动类型，将可持续发展的因素很好地融入设计中，创造性地设计了一座节能环保型绿色建筑。在景观设计上，将现代景观与原用地自然保护区内生态景观相结合，保证了人与自然环境的亲密接触。同时采用多种有助于提高能效的策略进行分区控制及调控，降低客房及公共区的能耗。

绵阳凯德广场·涪城二期

二等奖
公共建筑综合奖

获奖单位：北京市建筑设计研究院有限公司
RSP Architects Planners &Engineers(PTE)LTD/ 北京市建筑设计研究院有限公司成都分公司

获奖人员：郑方，赵九旭，王粤之，苟晓佳，黎旭阳，郭洁，高顺，胡建云，薛沙舟，陈莉，彭鹏，杨得钊，胡又新，申伟，张轩

整个地块呈基本规则的矩形，在中间由东向西划分为两个部分，南侧主要为已建好的一期大商业建筑，紧邻一期北侧建设本项目的二期部分，建成后一期二期将形成一个完整的整体商业体，成为本区域内的标志性建筑。在建筑西侧主要为后勤交通服务区，设有车行道路通过，提供整个商业所需的货运、物流和储存场地。整个建筑四面均临道路，营造了优越的内部环境和开阔的空间效果，使视线通透，商业店招的广告效应和展示效应增强，便于开展大型超市、餐饮等项目。本项目地下 3 层，地上 6 层。地下负一层为商业，负二层和负三层均为地下停车场。一层为综合商业，二层和三层为餐饮、超市、零售部分，四层主要为电气卖场和超市，五层、六层主要是娱乐设施。

本项目定位为兼具时尚潮流、科技互动、绿色环保于一体的体验式购物中心，致力于成为绵阳中心城区最大的“时尚家庭聚集地”。在平面布置上，首先考虑了市场对于商业的要求，同时充分考虑了商业流线、购物人流对于建筑功能的影响。在满足商业需要的前提下尽量合理控制成本，满足节能和经济性的要求。立面设计概念以自然界的几何形体为灵感，二期外立面采用大面积的玻璃幕墙，与一期几何构成的封闭形体形成反差，同时，结合功能设置不同透光度的玻璃，使外立面既统一又富于变化。

安徽省肥东第一中学新校区

二等奖
公共建筑综合奖

获奖单位：北京市建筑设计研究院有限公司

获奖人员：王小工，王铮，李楠，杨晨，贾文若，陈恺蒂，丁洋，言语家，毛伟中，于猛，李阳，吴宇红，张力，王玥，韦敏燕

肥东一中新校区项目位于安徽省合肥市肥东新区，用地面积约 365 亩，其周边交通市政等条件成熟。用地东侧是一条 30 余米宽的城市河流，基地南北向地势基本平坦。项目总占地面积 243630m^2，总建筑面积约 146475m^2。

田园校园：肥东一中新校区的设计方案保留了用地上原有的一片苇塘，并以其为中心布局了教学楼、行政楼、生活楼等，传承了巢湖北岸特有的围绕池塘来组织道路和房屋的传统村落格局。

院落空间：院落空间是当地民居聚落的重要特征，也体现了地域文化的传承，将多维度院落的模式应用在校园的设计中，不仅丰富了校园的空间层级，更为师生们提供了多样的交流场所，同时也诠释了校园的文化内涵。

粗粮细作：在材料的选择上，试图通过巢湖北岸传统民居的材料来展现一种有传统地域色彩的建筑表征。诚然，这是在造价有限的前提下采取的策略性尝试。传统民居里的砖、石、瓦、木等材料非常易于取材，且价格经济。

耕读传家：校园建成后，孩子们可以在池塘芦苇边晨读，可以在田间地头上运动，也可以在藤蔓树林下休憩，穿行于一片片老墙和一条条街巷之间……田园般的校园可以使孩子体会到属于这片土地的原本的记忆，甚至可以找寻到在这片土地上延续了千百年的“耕读传家”的意味。

年级专属庭院（西侧两教学楼间）

实验楼（东南侧）和保留水域

兰州大学第二医院内科住院大楼二期工程

二等奖
公共建筑综合奖

获奖单位：中国中元国际工程有限公司
获奖人员：李辉，张晓谦，何小燕，袁白妹，杨金华，韩敬贤，李佳，孟庆华，张英鹏，李亚，谢善鹏，赵晓颖，陈兴忠，欧云峰，李纪元

项目概况

兰州大学第二医院（简称兰大二院）始建于 1932 年，是我国西北地区实力最强的大型综合性医疗机构。医院北临黄河风景线，南面市交通枢纽，地处兰州市的中心地带，院内建筑历史久远，具有深厚的文化底蕴。本项目为西北地区最大医疗单体综合楼，同时也是功能最复杂的医疗单体。内含住院部、门诊部、医技检查部、学术会议中心、甘肃省医学实验中心、妇科诊疗中心、后勤餐饮中心，同时还含有服务全院区的信息中心等功能。新增住院床位 1200 床，总建筑面积 12.4 万 m^2，项目为甘肃省重点项目，项目建设目标——鲁班奖。

技术特色

1. 传承医院历史文脉，革新百年院区布局。借建设新综合住院大楼的契机，对院内环境和区域划分进行提炼和整合，围绕“至公堂”这一百年历史文化遗存景观，南北两侧分别联系医疗区和生活区，使医院形成“两区一带”的新格局。

2. 极限用地条件下的建筑空间，建筑的优雅转身巧妙躲避了对周边建筑影响。同时，作为甘肃地区最复杂的医疗综合楼，内部通过分层、分入口的交通模式，结合各个楼层气动物流、轨道物流及楼 / 电梯形成全方位立体的人物流系统。外部人行地上、车行地下的双楼层交通模式解决了医院交通拥堵。

3. 整合新、老建筑功能，优化整体医院医疗框架。对医院的新老医技资源进行整合，医疗科室、中心位置就近布置，通过地上、地下各种人流与物流通道，实现医院内部互联互通。

4. 对院区进行整体规划（包括机电管线的规划），结合对院区的发展规划，对水、电、气、能源的消耗进行整体预测，并梳理、改造院区混乱的管网，为远期发展预留可靠条件。

上海嘉定大融城

二等奖
公共建筑综合奖

获奖单位：北京市建筑设计研究院有限公司
获奖人员：米俊仁，聂向东，李大鹏，宫新，王瑞鹏，邢丽艳，卢清刚，张爱勇，胡正平，刘沛，赵亦宁，张成，宋立立，鲁冬阳，李志远

上海嘉定大融城项目位于嘉定新城核心区，占地 4.34 万 m^2，总建筑面积 12.64 万 m^2，地上建筑面积约 8 万 m^2，地下面积约 4.64 万 m^2，总投资 12 亿元。项目 2016 年投入使用后，成为嘉定区域内规模最大的商业中心。项目以多样化的建筑空间和丰富的商业文化业态组合增强了场所行为的体验性和互动性，为城市居民提供具有持续活力的一站式综合休闲生活中心。

项目基地尺度较大，周边交通条件复杂，项目通过不同类型商业产品的策划与排布，对基地内机动车流线、地面及地下车位的科学规划，巧妙的解决了诸多设计难题。购物中心地上、地下各层的竖向及水平人流组织均经过缜密的行为学层面研究，保证了各层均拥有良好且均衡的客流量，无人流盲区与死角，保证了商铺租金的均好性。购物中心北侧外廊通过连桥与滨河步行街的二层外廊相连，使购物中心与 2 号、3 号楼之间形成立体的步行系统，实现室内外两条动线人流的交互流通。

本工程为超限高层建筑工程，为满足商业室内空间要求，进行了缜密与创造性的结构设计，整个结构体系未设永久变形缝，通过设置大悬挑梁、钢吊柱等构件，保证了室内空间的个性化与高品质需求。机电系统设计依据当地气候条件与商业运营特点选择了适用而高效的技术，同时兼顾了舒适、节能与灵活。

中国移动通信集团河北有限公司沧州分公司生产调度中心办公楼

二等奖
公共建筑综合奖

获奖单位：北京市建筑设计研究院有限公司
获奖人员：李捷，周润，朱勇，肖传昕，梁丛中，沈铮，孙凤岭，方磊，段宏博，鲍润霞，周虹，于楠，王晨光，曲罡，闫春雷

中国移动沧州分公司基地综合办公楼项目位于河北省沧州市新城区中心。整个建筑群以高层办公楼为中心，将会议厅和营业厅、业务机房和专业仓库分别沿主楼两翼布局，形成建筑北、东、西三面围合的布局。中央自然向南开敞的中心绿化庭院，使各建筑共享便捷的交通和优美的园林景观。开敞的院落使主要建筑和优美的庭院均展现在城市主干道——北京路上，使建筑在实现自身使用功能、突出自身形象的基础上，能够最大限度的为城市建设作出应有的贡献。

建筑采用石材肋幕墙，强调设计元素的多样性和统一性，塑造具有雕塑感的独特外形，简洁而不失大气，在周边建筑中独树一帜。本项目功能配套齐全，拥有沧州市城市新区最大的移动通信营业厅和手机销售店。该项目自 2017 年 10 月投入使用以来，受到当地各界关注和赞扬。

北京爱育华妇儿医院

二等奖
公共建筑综合奖

获奖单位：中国中元国际工程有限公司
美国 HKS
获奖人员：黄晓群，石诚，姜山，孙文章，许传刚，臧秋子，石鹿言，赵桐，杜贺，国强

项目概况

该项目是一所国有资本引导社会资本投资建设的三级专科医院。选址于北京市亦庄经济技术开发区，凉水河旁，与同仁医院经济技术开发区院区隔街相望。日门 / 急诊量 1500 人次，住院病床数 310 张。设有儿童诊疗中心、儿童健康管理中心以及生殖中心、妇产月子中心、产后康复中心等，将申请国际 JCI 认证，成为高端的妇女儿童医疗保健机构。运营将实行会员制，为妇女儿童提供全过程的健康咨询管理服务。

技术特色

1. 本医院将配有国际先进的设施，为妇女儿童提供先进的医疗技术服务。

2. 功能布局上，以中央共享大厅为核心，各功能紧凑布局；结合近远期规模需求合理规划，门诊、医技、病房均预留了发展空间。

3. 社会心理学和生物医学理念结合，关注不同患者，为其提供温馨舒适的医疗空间，体现“以人为本，以病人为中心”的理念。

4. 以绿色医院的科学体系引领本次院区规划及建筑设计，使之在建筑的全寿命周期内最大限度地节约资源，保护环境和减少污染。达到绿色二星级标准。

5. 通过科学合理的区域划分，使医院的各区域相对独立并紧密联系。避免院内的往返迂回和流线交叉，创造安静宜人的院区氛围。

唐山市图书馆

二等奖
公共建筑综合奖

获奖单位：中国中建设计集团有限公司
获奖人员：袁野，徐宗武，郎智颖，付中科，鲍亦林，王铁英，孙路军，魏鹏飞，郝晓磊，赵阳，韩占强，宋晓蓉，王龙

厦门金砖峰会主会场改扩建

三等奖
公共建筑综合奖

获奖单位：北京市建筑设计研究院有限公司
厦门佰地建筑设计有限公司
获奖人员：刘方磊，焦力，赵璐，徐瑾，黄迎松，甄伟，王轶，王毅，余道鸿，李达颖，张万开，张涛，沈蓝，于雯静，刘振国

市委机关幼儿园改建

三等奖
公共建筑综合奖

获奖单位：北京市建筑设计研究院有限公司
获奖人员：王晓虹，王桂云，章利君，张建功，张颖，曲博，王子若，韩巍，闫晓京，张晋，庄新燕，孙志敏，张菊

银河 SOHO 加建办公楼

三等奖
公共建筑综合奖

获奖单位：北京市建筑设计研究院有限公司
英国 ZAHA HADID 建筑师事务所
获奖人员：李淦，闵盛勇，郝一涵，杨洁，岑永义，沈逸赉，时羽，吕娟，潘辉，陈浩华，朱玲，郭金超，王振，张鸰，矫霞

东方影都大剧院项目

三等奖
公共建筑综合奖

获奖单位：中国中元国际工程有限公司
融创（北京）文化旅游规划研究院有限公司 / 华凯建筑设计（上海）有限公司
获奖人员：孙宗列，李凯，武桂艳，时宇，翟宇，王伟，李晴，辛江莲，刘涛，徐伟，张欣，崔跃伟，高山兴，郭伟华，李雪姣

海南大厦

三等奖
公共建筑综合奖

获奖单位：中旭建筑设计有限责任公司
中国建筑设计研究院有限公司
获奖人员：韩玉斌，毛英辉，孙净，王丽君，任庆英，张付奎，张雄迪，王涤平，董立，魏文宇，赵祺，罗卫东，王炜，王雅萍，刘肖波

鸿坤西红门体育公园

三等奖
公共建筑综合奖

获奖单位：北京墨臣工程咨询有限公司
获奖人员：赖军，龚欣，Aaron Arthur Pasquale，张璇，陈昕，朱英杰，赵洪刚，史艳玲，王俊英，于芮，于新，聂亚飞，文柳，王伯荣，董月洪

合肥联想研发基地

三等奖
公共建筑综合奖

获奖单位：北京市建筑设计研究院有限公司
获奖人员：金卫钧，解钧，霍立峰，王轶，陈晖，陈莹，张力，曾源，孙妍，厉娜，张慧，尹航，张争，谢一忱，燕燕

银帝艺术馆

三等奖
公共建筑综合奖

获奖单位：北京市建筑设计研究院有限公司
获奖人员：李亦农，孙耀磊，马梁，王浩，吴宇红，程春辉，赵灿，李博宇，梁江，战国嘉，孙宗齐，董晓光

中央美术学院燕郊校区教学楼

三等奖
公共建筑综合奖

获奖单位：中国电子工程设计院有限公司
中央美术学院建筑设计研究院
获奖人员：王铁华，王振军，陈珑，邓涛，孙成伟，曹量，李达，夏璐，范尔蒴，赵翀玺，李晶，王凯，刘澈，车爱明

京石铁路客运专线石家庄站

三等奖
公共建筑综合奖

获奖单位：中国建筑标准设计研究院有限公司
中国中铁二院工程集团有限责任公司
获奖人员：戴泽钧，毛晓兵，丁峰，毛灵，王立明，郁银泉，肖明，张林振，邓烜，蒋航军，龙云，周志强，吴凡，谭梅，黄玲

天津国际金融会议酒店

三等奖
公共建筑综合奖

获奖单位：中国建筑设计研究院有限公司
获奖人员：安澎，高庆磊，范重，王绍刚，李磊，高治，刘学林，袁乃荣，李京沙，胡桃，孟海港，姜红，崔振辉，安明阳，李丽

唐山市丰南区医院迁建项目

三等奖

公共建筑综合奖

获奖单位：中国中元国际工程有限公司

获奖人员：陈兴，牛住元，梁辉，陈艳辉，郑妍，李昕，狄玉辉，陈婷婷，赵桐，孙苗，李家驹，李佳，赵元昊，张海龙，王诗惠

亦庄实验学校中学（河西区 X78 地块中学项目）

三等奖

公共建筑综合奖

获奖单位：北京市住宅建筑设计研究院有限公司
上海中同建筑设计顾问有限公司

获奖人员：李俐，薛晶，尤文菁，马磊，朱瑞青，谢伟伟，袁艺，朱小红，苗维，李树仁，白学琦，赵冰，霍东林，吴奋奋，葛允斌

北京黄石科技研发中心

三等奖

公共建筑综合奖

获奖单位：北京市建筑设计研究院有限公司

获奖人员：谢强，王立新，陈晖，许群，乔利利，马丫，王铁锋，李燕平，宋丽华，尹航，曹明，赵晓瑾，方悦，李菁

北京市石景山区京西商务中心（东区）商业金融用地项目

三等奖

公共建筑综合奖

获奖单位：中国建筑设计研究院有限公司
UA 尤安设计（上海尤安建筑设计股份有限公司）

获奖人员：杨益华，周宇，陈圻，余志峰，彭永宏，孙媛媛，何海亮，王旭，钱江锋，郝雯雯，高靖华，张扬，李嘉，高学文，贾鑫

深圳龙岗区基督教布吉教堂

三等奖
公共建筑综合奖

获奖单位：北京市建筑设计研究院有限公司
北建院建筑设计（深圳）有限公司
获奖人员：蔡克，黄河，张金保，赵海景，应顺强，徐宇鸣，张宗杨，蔡志涛，司锋，刘蓉川，彭旭光，凌玲，钟文，刘晓琨，刘建辉

中关村资本大厦

三等奖
公共建筑综合奖

获奖单位：北京城建设计发展集团股份有限公司
获奖人员：沈佳，刘郁，叶飞，汤莹，曲丹，王玉杰，李俊鹏，郑昕，徐宁，金云飞，龙人凤，关达可，刘勇，穆彦冬

海南儋州海航迎宾馆

三等奖
公共建筑综合奖

获奖单位：中国建筑标准设计研究院有限公司
获奖人员：张欣，徐征，许瑛，刘霄，霍伟亮，彭玉斌，王岩，孙永霞，李锋平，胡若谷，王寒冰，曾涌涛，王官胜，陆亚娟，王雯

青岛德国企业中心

三等奖
公共建筑综合奖

获奖单位：中国建筑设计研究院有限公司
获奖人员：马琴，宋焱，王锁，谈敏，李妍，贾开，赵昕，李盈利，何海亮，李嘉，陈琪，高学文，王青，张月珍，高治

中国驻赤道几内亚经商参处馆舍翻建项目

三等奖
公共建筑综合奖

获奖单位：北京新纪元建筑工程设计有限公司
获奖人员：李阳，司世春，李结实，高世宝，徐铭

上海华电大厦

三等奖
公共建筑综合奖

获奖单位：北京市建筑设计研究院有限公司
获奖人员：费曦强，刘淼，于东晖，王新，周有娣，巫萍，吕广，马超，杨晓彤，贺旻斐，鲁广庆，刘磊，王素玉，张启蒙，徐昕

诚盈中心

三等奖
公共建筑综合奖

获奖单位：中国建筑设计研究院有限公司
获奖人员：柴培根，周志红，牛涛，李颖，李柯纬，孙洪波，罗敏杰，刘会军，张世雄，王昊，何海亮，刘溯，钱江峰，林佳，吴耀懿

北京通州张家湾智汇园

三等奖
公共建筑综合奖

获奖单位：中国建筑设计研究院有限公司
获奖人员：崔愷，郭海鞍，周力坦，冯君，付轶飞，孟杰，鲍伟丽，杨洋，金健，许士骅，石小飞，李可溯，高强，高洁，关若曦

潍坊市两岸交流中心会议酒店

三等奖
公共建筑综合奖

获奖单位：北京市建筑设计研究院有限公司
获奖人员：于波，禚伟杰，高亮，汪云峰，柯加林，高琛，张玉峰，张晓旭，布超，张琳丽，张喆，单瑞增，王春磊，张曙光，王文涛

首都师范大学南校区行政楼、教学楼

三等奖
公共建筑综合奖

获奖单位：中国建筑设计研究院有限公司
获奖人员：崔愷，吴斌，辛钰，郑虎，汪家绍，李黎明，张凌云，董立，翟瑞娟，马媛，刘筱屏，陈瑛，王雅萍，刘晓清，张彪

武清体育中心

三等奖
公共建筑综合奖

获奖单位：北京市建筑设计研究院有限公司
获奖人员：邓志伟，付毅智，廖世杰，刘洋，张茉，高鸣，冯阳，张鑫，田金，王威，杨国滨，王倩，李晓彬，徐中磊，朱海峰

张家港国泰新天地广场

三等奖
公共建筑综合奖

获奖单位：北京市建筑设计研究院有限公司
获奖人员：谢强，吴剑利，张钒，王立新，王力刚，孙妍，杨金莎，李伟峥，刘纯才，郭莉，路东雁，魏广艳，王帅，张争，孙晟浩

北京市药品检验所科研楼

三等奖
公共建筑综合奖

获奖单位：北京市建筑设计研究院有限公司
获奖人员：李亦农，孙耀磊，马梁，张俏，何鑫，吴宇红，梁江，程春辉，刘晓晨，马文丽，吴学蕾，曾若浪，战国嘉，董燕妮，董晓光

国家特种设备安全与节能技术研究实验基地

三等奖
公共建筑综合奖

获奖单位：清华大学建筑设计研究院有限公司
获奖人员：陈佳良，高国成，姜魁元，钱向成，范肃宁，郑锐鲤，潘安平，朱彤，李国栋，王素敏，胡立新，王帅，徐啸，郑波，徐华

内蒙古电力生产调度楼建设项目

三等奖
公共建筑综合奖

获奖单位：中国中建设计集团有限公司
内蒙古工大建筑设计有限责任公司
获奖人员：薛峰，黄文龙，刘胜杰，马建飞，张鑫，付中科，王志兴，周建锋，王铭帅，魏鹏飞，武瑜，张述，杜懿凡，周立新，王玉静

神木艺术中心

三等奖
公共建筑综合奖

获奖单位：中科院建筑设计研究院有限公司
获奖人员：李昕滨，薛志鹏，邹锦铭，朱继忠，孟庆宇，张晋波，刘扬文，宋丽梅，冯晓亮，王子瑜，张宏宇，池恒，李欣，彭世兴，徐宇

首都经济贸易大学学术研究中心

三等奖
公共建筑综合奖

获奖单位：北京市建筑设计研究院有限公司
获奖人员：王友礼，葛艳钢，姜延平，陈岩，师宏刚，宋晓鹏，郭娜静，曲罡，段宏博，马晶，李丛，肖博为，王荣芳，王帆，侯芳

中国移动国际信息港二期工程 B 标段

三等奖
公共建筑综合奖

获奖单位：华通设计顾问工程有限公司
LEO A. DALY COMPANY
获奖人员：杨振杰，刘吉臣，韩昌涛，胡勐，周岩，巴图，赵亦芳，吕萌萌，杨涛，王晓可，孙晓玲，陈超，邱旭东，郭建忠，武天保

北京石景山区京西商务中心（西区）商业金融用地项目

三等奖
公共建筑综合奖

获奖单位：中国建筑设计研究院有限公司
获奖人员：张燕，李衣言，章蔚，龚子竹，付婕，王载，王文宇，叶垚，李京沙，王佳，尹奎超，匡杰，张源远，胡桃，崔振辉

山东省滨州市文化中心

三等奖
公共建筑综合奖

获奖单位：北京市建筑设计研究院有限公司
滨州市规划设计研究院
获奖人员：窦志，李捷，周力大，龙亦兵，陈岩，张勇，师宏刚，宋晓鹏，朱勇，孙凤岭，赵博尧，孙磊，张爱国，刘洋，刘春锋

浙江越秀外国语学院镜湖校区图书馆

三等奖
公共建筑综合奖

获奖单位：北京市建筑设计研究院有限公司
获奖人员：谢强，吴剑利，张钒，王立新，王力刚，张瑞松，陈莹，贾建，李伟峥，路东雁，马月红，张争，孙晟浩，王帅

北京龙湖时代天街

三等奖
公共建筑综合奖

获奖单位：中国建筑设计研究院有限公司
获奖人员：柴培根，刘旻，李楠，赵国璆，王树乐，杨飞，文欣，王则慧，王世豪，张斌，贺舒，王铮，庞晓霞，张雅，李可溯

北京建筑大学大兴校区综合体育馆

三等奖
公共建筑综合奖

获奖单位：北京建工建筑设计研究院
获奖人员：边志杰，高平，陈晓光，宋国齐，李琬琪，文辉，王玮，李放，范文辉，宇文超琪，胡晓维，蒋川，李子午，黄潇潇，张晓磊

西安航天城文化生态园揽月阁

三等奖
公共建筑综合奖

获奖单位：北京市建筑设计研究院有限公司
获奖人员：朱小地，李少琨，张浩，束伟农，赵雯雯，吴迪，王丽，陈林，张弘，范士兴，唐艺丹，郭鹏亮，李堃，庞岩峰

神木产业服务中心

三等奖
公共建筑综合奖

获奖单位：中科院建筑设计研究院有限公司
获奖人员：李昕滨，潘华，邹锦铭，朱继忠，孟庆宇，付京飞，刘扬文，薛志鹏，王子瑜，徐宇，祁蒙汉张，李灿华，张先玉，陈练军，余旸

峨眉山智选假日酒店及峨眉武术文化小镇

三等奖
公共建筑综合奖

获奖单位：北京市建筑设计研究院有限公司
北京市建筑设计研究院有限公司成都分公司
获奖人员：宓宁，杨波，赵九旭，李唯，王浩，赵新宇，高顺，刘文军，朱健博，吴显坤，杨得钊，张轩，黄成科，彭鹏，李春荣

中国宣纸传习基地规划、景观、建筑设计

三等奖
公共建筑综合奖

获奖单位：北京土人城市规划设计股份有限公司
获奖人员：俞孔坚，张慧勇，曹明宇，陈晨，姜秀娟，徐桀，朱峰，李瑾，武船，林国雄，刘志辉，陈春婷，吴本，孔利民，曹玉

中国人保集团总部办公楼（西长安街 88 号改造）

三等奖
公共建筑综合奖

获奖单位：北京市建筑设计研究院有限公司
获奖人员：米俊仁，李大鹏，聂向东，王亚东，林华，张曾峰，解菲，任振华，卢清刚，詹延杰，田进冬，周青森，赵亦宁，宋立立，张菊

北京恒泰广场

三等奖
公共建筑综合奖

获奖单位：北京市建筑设计研究院有限公司
获奖人员：李晖，高颖，张建良，周钢，于震，陈卓，毕全尧，何强，吴光生，陈彦，胡晟，刘骥，周雷

中科院地球化学研究所科研新园区（A1、A2、A3、A4 栋）

三等奖
公共建筑综合奖

获奖单位：中科院建筑设计研究院有限公司
获奖人员：刘峰，刘雪梅，勾波，吕鑫，栾敬，唐捷，林虎，王川宇，王建华，张晋波，孟庆宇，李灿华，邓尚历，刘扬文，李欣

东莞市普联技术有限公司生态园产业基地

三等奖
公共建筑综合奖

获奖单位：悉地国际设计顾问（深圳）有限公司
获奖人员：王浪，金艾，翟晓晖，谢根超，王子瀛，刘云浪，丁屹，张光耀，吕季航，温小生，古仕乔，林伟钊，梁建浩，林少彬，王可湛

中国移动杭州信息技术产品生产基地一期一阶段

三等奖
公共建筑综合奖

获奖单位：华通设计顾问工程有限公司
CallisonRTKL
获奖人员：刘吉臣，周岩，刘辰，王利平，杨振杰，于阿娜，邹焕苗，王威，王志华，王芳，陈超，关宝凤，毛立涛，王晓英，许亮

电气科学研究及测试平台

三等奖
公共建筑综合奖

获奖单位：中科院建筑设计研究院有限公司
获奖人员：刘 峰，邵 建，李春雨，孟华超，刁德明，张晋波，孟庆宇，刘扬文，贺艳丽，祁蒙汉张，张宏宇，池恒，姜锐，李欣，余旸

泰康之家燕园养老社区酒店

三等奖
公共建筑综合奖

获奖单位：北京市建筑设计研究院有限公司
获奖人员：张广群，石华，王璐，杨帆，逯晔，梁江，肖旖旎，褚奕爽，付烨，房梦茜，孙宗齐，刘双，陈婷，唐强，李菁

2019
北京市优秀工程
勘察设计奖作品集

住宅与住宅小区综合奖

长阳 3 号地南侧居住 10 地块 1# 楼 ~ 6# 楼

一等奖
住宅与住宅小区综合奖

获奖单位：北京市住宅建筑设计研究院有限公司
获奖人员：李俐，赵智勇，徐天，王建，易涛，薛晶，王力红，张京军，韩朝晖，王建兵，韩陆，马文超，李晓旻，李树仁，王义贤

本项目为北京中粮万科置业有限公司房山区长阳镇云湾家园项目住宅楼。位于房山区长阳镇起步区 3# 地 10 地块，东临长韩路，西临经二南路，南临规划纬五路，北临规划南一路。

本项目为高层建筑普通中档住宅，共有 788 户。最高建筑层数 21 层，建筑高度 59.85m。耐火等级为一级。建筑合理使用年限为 50 年，抗震设防烈度为八度。

本项目满足《绿色建筑评价标准》GB/T 50378 绿色一星住宅标准。规划遵循新都市主义原则，倡导社区与自然的融合渗透，营造充满阳光和绿色的现代社区，创造丰富动人的生活场景与个性化空间。各地块内部布置较低层板楼，三个层次的布置高低错落，由视觉中心左右展开。同时形成大片开敞绿地，创造充满阳光与绿色的宜居空间。正南北的朝向布局，使每户均能获得良好的采光和视野景观。

本项目总平面采用人车分流。组织为：08# 地块设 2 个人车并行出入口：一个位于用地北侧，开向规划南一路；一个位于用地南侧，开向规划纬五路。10# 地块一个位于用地南侧，开向规划纬五路，一个位于用地西侧，开向经二南路。停车方式以组团内部地下停车为主，辅以用地周边地面停车。建立人车分流的道路交通规划体系，大部分车辆进入用地入口随即下至地下，只在小区组团外围地面布置少量车位，住宅用地内由全步行绿化道路相连，从而实现人车分流的居住环境。本工程为中档商品住宅，两室户面积控制在 $90m^2$ 以下，三室户面积略大于 $90m^2$。户型南北通透，空间布局紧凑，面宽进深恰到好处，使用功能有序而完整。户户朝阳、家家观景成为本户型的特点。

室内空间设计上，每户均设有一个可以布置自如的玄关空间，独立的洗衣空间，并妥善设计冰箱位置，营造更加舒适的居住氛围。仔细考虑住宅分户墙材质、厚度，充分满足住宅隔声要求。在住宅与电梯相邻处，特别加设隔声墙，彻底避免电梯噪声干扰。

建筑立面造型力求塑造个性的标志产品。使用现代时尚的建筑材料，通过对不同朝向开窗比例的控制，在满足节能的前提下，建筑南向尽量采用面积较大的窗、飘窗、角窗、落地窗，使用简洁流畅的线条，突出立面大气稳重的整体建筑风格。

在设计沿城市道路的建筑立面时，我们充分考虑远、中、近景不同层次的视觉要求：远景以建筑大体量形体变化形成富有时代感的城市景观，中景以墙面虚实对比，门窗韵律形成轻盈、时尚、大气的建筑特色，近景利用门窗分格、阳台护栏等细部的精致处理，体现小区建筑稳重内敛的高尚品质。

丰台区长辛店镇辛庄村（一期）农民回迁安置房项目

一等奖
住宅与住宅小区综合奖

获奖单位：中国建筑设计研究院有限公司
获奖人员：王凌云，赵钿，潘悦，陈颖，李小鹏，陈霞，郝国龙，王耀堂，李莹，向波，何静，刘迅，王春圆，王世豪，王炜

项目概况

本项目地处北京西南五环外的长辛店老镇，丰台河西区北宫山脚下，属于浅山区地貌的“河西生态发展区”。本项目定位为辛庄村民的回迁安置房，场地狭长，规划容积率低，建筑限高低，户均面积较大，村民对居住舒适度要求较高。因此规划设计更注重居住区及住宅的品质，做到与城镇发展相协调。项目周边山峦环绕，社区依托自然环境，追求田园山野意境，勾勒出错落连绵的屋脊造型，与周围起伏的群山相呼应，与自然融为一体。

本项目虽然定位为村民回迁安置房，但是在规划设计、建筑单体设计、户型设计等多方面均进行了精细化设计，最大限度提升居住环境的舒适度。设计力图营造乡土意境，创造复合共生的“新山境”。以望山、依山、居山、乐山为设计主线贯穿全园，唤起居民对自然的向往、对场地的追忆、对聚居的渴望。

技术特色

1. 规划设计：项目用地狭长，规划建筑顺应地势，依山望水，通过竖向设计和建筑层数变化，形成一种依山就势的空间形态，社区每栋建筑均充分考虑居住者的品质要求，具备良好的采光及通风条件。

2. 立面及屋顶设计：采用现代中式的设计手法，外墙采用陶土质感的仿砖涂料，体现山林之间回归自然的情怀，同时简洁的立面手法让小区呈现亲切宜人的效果。住宅采用坡屋顶的形式，深灰色水泥瓦面，与太阳能集热管整体设计，屋面呈现连续完整的效果。结合建筑造型丰富而富有韵律感与周围的山体环境相得益彰。

3. 地下空间设计：采用独立式地下车库，抬升车库顶板，减少地下埋深，局部设置采光窗井，日间采用天然采光，减少地下车库的能耗。

技术成效

本项目通过充分的前期调研及策划分析，规划仅采用两种单元、四种户型就解决了1200余户村民的回迁安置需求，并在投入使用后满足村民的使用要求，得到较好的社会反响。景观设计中，通过对场地内光照情况的分析，选择适宜的区域设置邻里交往空间、儿童活动空间、体育健身空间等，以满足不同人群在不同季节对光照的需求。

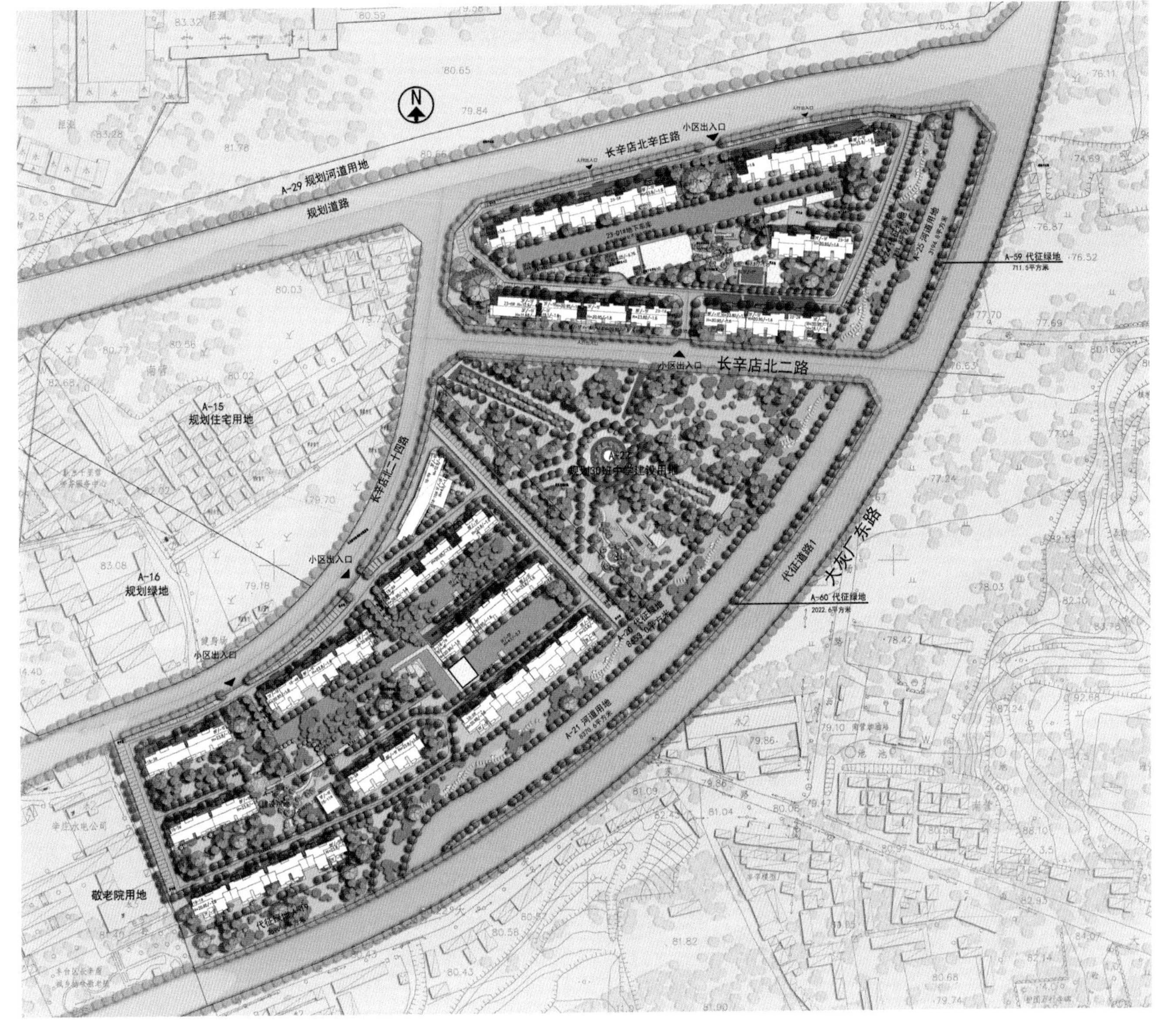

N
A-29 规划河道用地
规划道路
长辛店北辛庄路
小区出入口
长辛店北二路
小区出入口
A-15
规划住宅用地
小区出入口
A-16
规划绿地
小区出入口
A-59 代征绿地
代征道路1
A-60 代征绿地
大灰厂东路
敬老院用地

华润清河橡树湾
（海淀区清河镇住宅及配套工程）

一等奖
住宅与住宅小区综合奖

获奖单位：中国建筑科学研究院有限公司
北京中联环建文建筑设计有限公司 / 澳大利亚柏涛墨尔本建筑设计有限公司深圳代表处

获奖人员：崔彦，王双，彭迪，刘春光，吴小波，王华辉，王强，张铁军，李玉龙，王杨，卫海东，王晓荣，任燕宁，洪菲，张露秋，莎丽，车辉，郝卫清，李金刚，夏荣茂

北京“华润 · 橡树湾”位于北京市海淀区清河镇，原清河毛纺厂用地，处于上地信息产业基地、中关村商圈、亚奥商圈的黄金交界地。项目住宅分为 A1、B2、B3、C2、C1、B4 六个地块开发设计建设，从 2005 年拿地至 2018 年六个地块已全部建成并使用。

经过十多年的精心设计与建设开发，随着项目技术含量、设计品质的逐步提升与深化，整个原清河毛纺厂区城镇结合部的老、旧、乱的面貌已不复存在，新的城市区域形象逐步生成，项目以 80 万 m^2 的恢宏版图，历经十年时光雕琢，已发展成为京北海淀高校区和上地高科技产业区之间规模最大配套最完备的高品质成熟社区。

本项目以南北向板式高层住宅建筑为主，结合部分东西向短板单元，通过平面上的巧妙布局以及高度上的错落变化，营造出形态各异的半开敞式院落空间，各个组团的建筑体块形态丰富、个性迥异，展示出建筑韵律之美。户型以舒适型三居（面积 140 ㎡左右）和舒适型两居（面积 90 ㎡左右）产品为主，辅以少量提高型大三居、四居（面积 175 ㎡以上）、东西向小两居、一居户型，为消费者提供了多样化的选择。从 C2 地块开始住宅均为精装修交房，户型内的布局科学合理、平面功能完善。

本项目采用西方大学校园风格泛景观绿带概念，以历史与现代共存为主要建筑特征，造就自然与人文、时代与历史的完美结合的学院派知性风格。整个社区以一种谦逊的姿态融入北京这个大的城市肌理当中，创造出一个具有丰富内涵和浓郁人文气息的社区形象。项目不仅保留了规划区域内大部分的现存大树，利用其原有绿化的布局进行新的组织，开辟出具有文脉传承的社区景观。对于橡树湾 C2 地块内，民国时期的清水砖墙小楼，出于保护本地区历史文脉的目的，各新建建筑物边界均对其进行了保护性退让，并针对其建筑特色，进行了其周边环境的设计，使之与新建社区的园林景观相协调，使这栋民国时期的老建筑在橡树湾焕发出新的生机。

项目以人为本，通过精细化设计，把建筑技术的每一细节，精确有机的融合在一起，给予用户细致入微的关怀，同时达到实现建筑绿色、环保、可持续发展的设计方针。项目在推进住宅产业化过程中，对更贴近生活的收纳空间标准化进行研究；同时全面应用低温地板辐射采暖、新风、太阳能、软水、净水、智能化等技术，全面解决客户的功能化需求。以其精细化的设计最大限度地满足生活于其中的每个家庭成员的行为习惯，让建筑和生活的每一个细节都无可挑剔。

项目于 2012 年获中国土木工程詹天佑优秀住宅小区金奖，B4 区 1 号楼、2 号楼于 2013 年获得绿色三星认证标识。

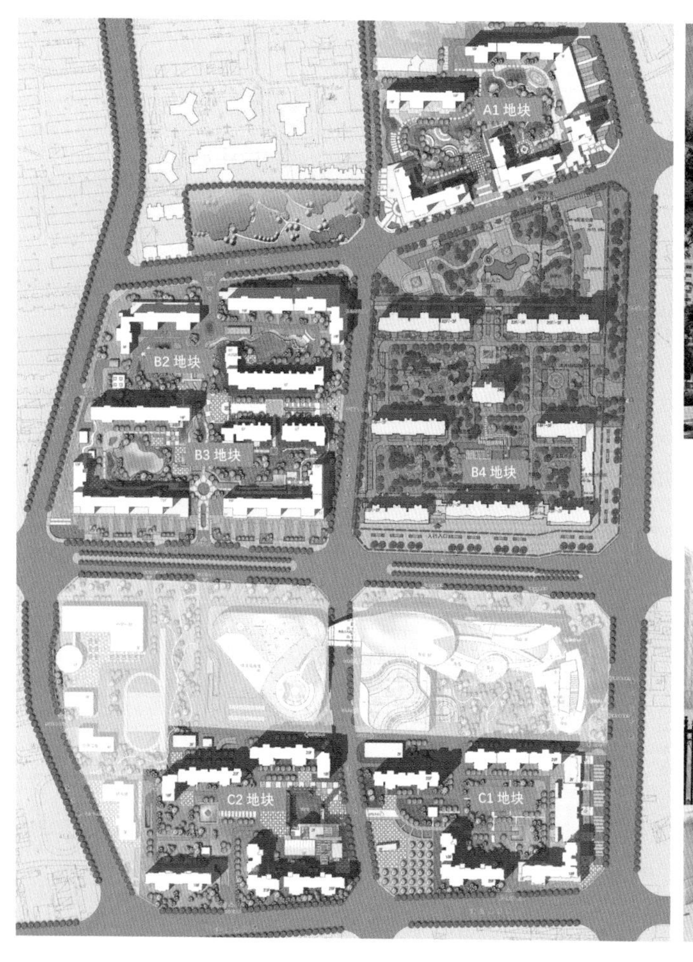

实景照片

泰康之家燕园养老社区住宅（二期）

一等奖
住宅与住宅小区综合奖

获奖单位：北京市建筑设计研究院有限公司
获奖人员：张广群，石华，王璐，杨帆，马立俊，何鑫，毛伟中，袁煌，肖旖旎，李阳，丁淼，刘立芳，马龙，谭天博，李菁

项目概况

本项目位于北京市昌平区南邵镇，建设用地面积约 14hm^2，地上总建筑面积约 30 万 m^2，是由 10 万 m^2 CCRC 老年持续照料社区与 20 万 m^2 居住社区组成的大型复合型养老社区。项目的总体规划布局分为南、北两区。北区是 CCRC 老年持续照护区，由 3 栋建筑自西向东沿街排列而成；南区是居住社区，由 14 栋住宅建筑组成，采用以十字中央景观区为轴的对称式规划布局形式，自然形成围合与半围合的居住组团，目标客户是年纪较轻的健康活力老人和其他年龄层的居住者。南、北两个区域服务配套设施通过步行街相连，交通组织采用人车分流的方式，小区的东、西、南、北均设有机动车出入口，机动车以地下停车为主。本项目位于南区居住社区中。

技术特色

本项目以“医养结合、活力养老、舒适居住”为核心，根据老人需求进行全方位规划，营造舒适、安全、积极的建筑环境，形成可持续发展的活力养老社区。

总体规划根据不同养老模式的需求和特点分区布局，每个区域既可独立运营管理，又能有机融合，形成丰富互动的活力养老社区。

突破建筑常规的南北向行列式布局，通过围合与半围合的建筑布局，形成不同尺度的院落空间，为老人营造具有安全感和归属感的邻里交往场所。

规划了三级漫步系统，打造适合老年人的健康漫步系统。第一级由设在建筑周围的环路系统组成，可直接到达建筑入口；第二级环形健康步道体系环绕中央绿地区域，路径通过建筑底层的架空空间相连；环形步道之间由第三级支路相连，使老人在社区的任何地方都可以便捷地回家。

技术成效与深度

南北区分别设置了不同类型的配套设施，北区设置有医疗、餐饮、健身等为老人服务的公共配套设施，南区布置社区卫生服务站、文体中心、快餐店、花店、洗衣店等居家生活服务配套设施，住宅底层分散设有无障碍卫生间和咖啡厅、茶室等社区活动用房，南北两个区域服务配套设施通过步行街相连，形成了贯穿整个社区的综合服务体系。

建立适用于本项目的适老化通用性设计体系，如采用南北通透、大面宽、小进深的户型平面以及设置弹性空间、深轿厢担架电梯、室内紧急呼救系统等，同时提高设计的适应性和通用性。

建立多层次景观体系，为老人们提供丰富的共享交往场所。中央景观区空间呈十字形，纵向景观带贯穿南北，为社区的礼仪空间；东西向的景观带位于社区中心地带，在其中设置休闲娱乐、体育健身场地，是社区的公共生活空间。在院落空间内则主要考虑老年人日常室外活动的各类需求，在组团绿地中营造可供老人交流的邻里场所。

综合效益

泰康人寿保险公司是国内最早申请投资建设养老社区的保险公司，并首创了将保险产品与养老社区相结合的产品模式，泰康之家燕园是泰康养老社区蓝图中第一个落地实施的项目。自投入使用后运营情况良好，入住率已达 90%。本项目的设计实践对研究我国日益严重的人口老龄化问题有着积极重要的社会意义。项目不仅获得了入住社区的老人的好评，也在养老行业有着较高的影响力。本项目在 2018 年度中国土木工程詹天佑优秀小区评选中获得金奖，在北京市建筑设计研究院有限公司 2018 年度优秀工程评选中获得居住类项目一等奖，并入选由中国建筑学会及《建筑学报》杂志社编著的《中国建筑设计作品选（2013~2017）》。

山东东营金湖新城住宅小区项目

一等奖
住宅与住宅小区综合奖

获奖单位：中国建筑设计研究院有限公司
东营众成建筑设计有限公司
获奖人员：陈一峰，李铭，杨光，吕强，张恒岩，崔轶群，谭雯，武昕，尚佳，刘晶，蒙鹏辉，王秀丽，邹兴瑞，桓宪国，徐伟

金湖新城位于东营市东营区永定河路以北，伊犁河路以南，郑州路以东，东三路以西。规划用地面积 177279.4m^2。用地较为平坦，北临西湖，东临园博园，周边环境及景观条件优越。项目可规划用地面积 177279.4m^2，规划总建筑面积 187793m^2，其中地上总建筑面积 186143m^2，地下总建筑面积 1650m^2。本住宅单体由 3 栋 17 层高层，37 栋 4+1 层多层住宅，25 栋 3 层低层住宅，3 栋 2~3 层独立配套设施组成。

由于场地现状有多个油井，其中个别油井仍处于生产状态，这些油井将原本方整的用地划分成不规则地块，因此如何将看似杂乱无章的油井转化为积极因素是解决问题的关键。规划将小区主入口设在用地东南侧，通过小区会所进入小区内部，入口正对一条南北向的纵向景观带，景观带两侧以低层住宅为主，尺度宜人，给人良好的第一印象；纵向景观带端部与一条贯穿东西的绿化景观轴相连形成主线，将入口景观带及用地内的各个组团串联起来，形成了一横一纵、收放有序的活力景观带。同时针对地块内的油井采用了“一避、二隔、三利用”的策略，首先在交通、建筑对景等的规划中尽量避开现有油井，弱化其负面影响，其次对于仍在运行中的油井采用种植高大乔木的景观手法隔绝视线上的影响，最后利用已废弃的油井，通过改造变成既有历史记忆又具归属感的活动场地，形成优良的空间品质。

住宅户型设计充分结合当地生活习惯，户型方正，动静分离，同时采用最短行走距离，杜绝了过道浪费实际使用空间，增强了空间的完整性、独立性和实用性。超大客厅，阳光明卫，首层架空车位等。卧室均采用低窗设计，使视野更加开阔，增加了居住的舒适度和提高了居住的品质。立面利用现代简练的手法，通过建筑体块的变化与穿插突出现代气息，暖褐色和米黄色的面砖、灰色涂料、简洁的坡屋顶与块瓦的组合使整个建筑充满生活气息，营造出温馨舒适的居住体验。

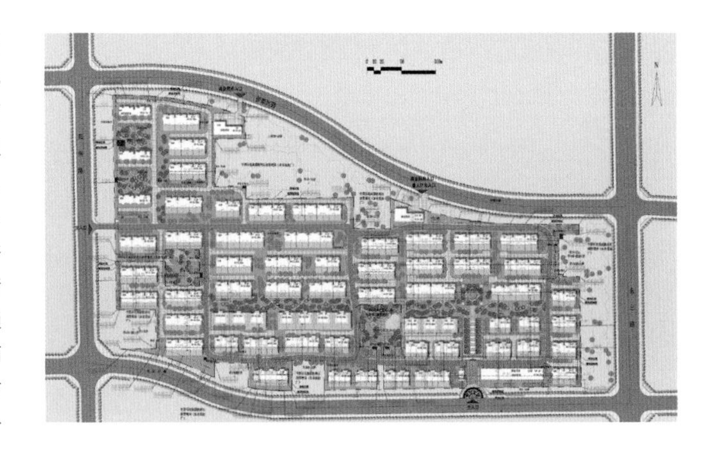

鸟瞰图

深圳华为杨美员工宿舍

一等奖
住宅与住宅小区综合奖

获奖单位：北京市建筑设计研究院有限公司
获奖人员：王亦知，马悦，金霞，杨洁，王威，杨明轲，何一达，岳光，刘芳，池鑫，欧阳蔚，田晶，许刚，李大玮，杜立军

本项目位于深圳市坂田区，主要功能为员工宿舍及相关配套设施。规划总用地 $6.98hm^2$，总建筑面积 $175614m^2$。基地内部分为南北两个部分，北区为短租宿舍，由 1 栋板式高层建筑及其裙房组成，南区为长租宿舍，由 8 栋板式高层建筑组成，各栋建筑在地下连成一体。

总体规划思路有以下几点：在充分利用容积率和合理层数的情况下尽可能降低建筑覆盖率，以提供最充分的室外绿化空间，营造丰富开阔的内部园林；最大限度地取得户型的朝向、景观、通风的均好性；采用自然园林式布局，地形高低错落，变化丰富；停车方式以地下停车为主、地面停车为辅，在周边市政路分别设置机动车出入口，并结合场地周边的消防道路进入地下车库，形成各自独立的车行系统与人行系统。

本项目场地高差较大，北高南低，西高东低，在项目总体规划上，南区所占场地面积较大，故在设计时充分考虑了场地特性，南区地下室西侧部分设计为地下一层车库，南区地下室东侧部分设计为地下二层地下室。南区将地下车库顶板抬高，通过建筑单体和车行道标高的综合组织将地下停车和建筑有机结合在一起，在人车分流的同时形成良好的户外环境。地下车库的屋面形成绿化大平台，作为第二地面层用于组织各栋宿舍单体的人行交通，采用错落有致的布局，营造了低密度、高绿化的生态园区。在单体设计上，结合南方气候条件和使用者实际需求提出了架空层的概念，将建筑底层架空，规避了首层潮湿、私密性差的问题，形成了集休闲、健身、会客于一体的多功能空间。

由于南区地下室西侧为裙房底商，无地下室外墙（无抗侧力构件），结构形式为框架结构，且地下室地面标高为室外地面标高，为满足西侧裙房以上主楼地下嵌固要求，西侧主楼均下挖一层，以达到嵌固要求，由此形成的结构地下空间增加为业主的适用空间。北区裙房交通通道、绿化、泳池、景观较为复杂，结构相应采用厚板、上翻梁、宽扁梁、架空层、拖柱转换、斜支撑等措施，保证建筑效果及使用功能，并取得了很好的实际效果。

本项目采用了大量的节能措施，做到真正的节能。采用了电制冷冷水机组，机组 COP 达到国家节能标准，与其他形式的冷源相比较，效率提升较多。南北区因为输送距离的差异，采用了二级泵系统，大大提高了空调水系统的运行效率。锅炉采用真空热水锅炉，效率更高，排放更环保，运行更安全。宿舍的生活热水采用了太阳能预热、锅炉辅助加热的热水系统，充分利用当地的太阳能资源，达到绿色建筑的要求。

THE AMBER PRIME

北京市房山区长阳西站六号地01-09-09 地块项目

二等奖
住宅与住宅小区综合奖

获奖单位：北京市住宅建筑设计研究院有限公司
获奖人员：钱嘉宏，赵智勇，徐连柱，杜庆，胡丛薇，慈斌斌，彭彦，袁苑，刘敏敏，马哲良，果海凤，韩陆，王义贤，王佳，徐天

本项目对于绿色建筑技术的选择侧重合理性与经济性。在人为舒适性的前提下最大限度地实现节能，通过采用高效节能设备、节能照明、中水利用、太阳能热水技术等绿色生态技术，达到绿色建筑三星的设计和运营标准，具有很强的推广借鉴价值。

在节地方面，充分融入海绵城市的设计理念，绿化采用乔、灌、草及层间植物相结合的复层绿化，加大乔木种植量和植物种类，营造不同的植物群落景观。非机动车道路、地面停车场和其他硬质铺地采用透水地面，并利用园林绿化提供遮阳，室外透水地面面积比为 65.92%。

在节能方面，采用地板辐射采暖系统，分集水器设置温度自动调控装置，起居室设置温度传感器，与集水器供水主管上的电动阀连通，进行温度自动控制。屋面设置了太阳能热水系统，充分利用可再生能源。

在节材方面，本项目为北京市第一个采用装配式施工技术体系的住宅项目，充分发挥了预制混凝土结构住宅体系施工速度快、节能环保等优点，缩短住宅开发建设的周期，降低建筑全寿命能耗，提高建筑产品质量，是公认的可持续发展技术，也成为北京市装配式项目的标杆。

本项目以“被动优先，主动优化”的技术原则，力争打造适宜、舒适的节能健康居住建筑，体现了项目团队坚持开发绿色建筑和积极响应国家号召的坚定决心和信念。

芳锦园 7-13 号住宅楼

二等奖
住宅与住宅小区综合奖

获奖单位：北京市建筑设计研究院有限公司
获奖人员：胡越，郜方晴，林东利，马洪步，葛昕，吴威，奚琦，陈莉，赵洁，李国强，孙林，张林

本项目位于平谷马坊，京平高速与密三路的交叉口。用地紧邻小龙河和森林公园，南面为人口比较密集的高新产业区，东北方向为马坊镇中心区。项目共两块住宅用地（B09-01 和 B10-01 地块），功能为商品住宅及相应的配套公建。小区总体布局为北侧 13 栋 13~18 层的单元式板楼，南侧 48 栋 3 层的低密度联排别墅。配套公建设在最北侧住宅的首层，沿街布置。板楼区的主要出入口设在北侧，联排别墅区的主要入口设在两块用地之间的金平东路。本项目是 B10-01 地块的 7~13 号楼，均为单元式板楼。立面造型力求住宅立面公寓化，将空调机位作为丰富立面的重要元素，采用较鲜亮的橙色作出深浅不一的变化。

国韵村

二等奖
住宅与住宅小区综合奖

获奖单位：北京天鸿圆方建筑设计有限责任公司
获奖人员：陈海丰，王灵然，张宏玮，陈弘晔，金娜，柴宁宁，龚鹏，刘利平，李思，张幼丹，钱一鸣

项目概况

国韵村坐落在北京市南四环。

三大公园群绕——旺兴湖公园、宣颐公园、碧海公园，为四环边的公园大宅。用地西侧邻近德贤路，交通便利。主要产品为一梯两户和三户的住宅。用地内南侧有代征绿地、小龙河，西侧有代征绿地、凉凤灌渠等景观资源。

技术特色

1. 规划层面。住宅全南向板式布局，具有便捷的交通组织、合理的停车系统、丰富的景观空间、完善的配套设施、精心的竖向设计、良好的日照条件、节约高效的地下车库。

2. 单体设计。住宅户型功能分区明确，设计紧凑，得房率高；采用同层排水技术，卫生间局部降板；家具布置与电器定位达到精装标准。

3. 立面设计。采用现代中式风格，结合区域文化特征，赋予建筑独到人文特性，使得立面典雅、富有韵味。

4. 健康会所。配置健康会所，设有健康远程监测中心，会所内设有恒温游泳池及其他康体健身项目，会所地下一层采用下沉式设计，由几个庭院组成，空间变化丰富，且冬暖夏凉、节能环保。

5. 教育配套。配套有 18 班的北师大幼儿园，布局纯南向，充分考虑到孩子的健康，立面设计新颖别致，符合儿童身心的健康成长。超过 1 万平方米的中学配套紧邻幼儿园用地，平面布局合理，运动设施健全。

嘉都 · 嘉茂苑一期及嘉都 · 嘉和苑二期项目

二等奖
住宅与住宅小区综合奖

获奖单位：中国建筑设计研究院有限公司
获奖人员：陈敬思，白宇，张守峰，唐致文，李梅，邢光辉，李旋，崔敏行，刘克，陈伟豪，孙强

本项目根据用地条件，结合分期开发原则，将用地划分为“一绿轴六组团”的规划布局形态，中央景观带贯穿用地东西，六大组团沿中央景观带两侧对称布置，各组团住宅楼高低错落形成多变的天际线，同时采用围合方式形成中心绿地。小区主要道路呈外环布置，解决人车分流的问题，保证中心绿地的完整。营造安静、私密的生活环境以及具有安全感、专属感的空间氛围。

基于用地水渠现状，结合防洪规划，利用较大规模的下凹式绿地实现大部分雨水下渗收集、小部分汇入泄洪渠。泄洪渠与中央景观带水系相结合，既承担着净化滞蓄雨水的功能，又满足人们休憩及活动需求，实现生态绿色景观社区。

立面设计以现代风格为主。整体上体量划分简明，细节上利用材料的不同质感产生对比，形成现代、雅致的立面效果。

本项目在施工图设计阶段试验性地采用了“二维协同”的方式，在提高了设计效率的同时提升了设计质量。除此之外还对典型住宅楼使用了 BIM 技术，优化屋顶造型，对重点、难点部位进行了全专业的管线综合以及碰撞检查，为后期施工扫除了障碍。

该项目在“二维协同”的思想指导下，在各方面积极大胆地尝试，为设计单位《二维协同技术指导手册》的编制提供了实践基础，充分体现了综合团队的优势。

融科天津 · 伍仟岛

二等奖
住宅与住宅小区综合奖

获奖单位：北京墨臣工程咨询有限公司
获奖人员：武勇，林亚娜，王哲，薛昆，李晓峰，于新，野光明，周波，王新亚，张超，张驰宇，王维义，姜传华，赵宏山，汪卉

融科天津 · 伍仟岛位于天津市静海县团泊新城团泊水库东岸，四面临水。项目以生态环境的保护与培育作为设计的基本前提与主要目标，充分利用地块水系资源，结合"亲水性"进行规划布局；处理好动与静、开放与私密、繁华与休闲的关系，在规划中体现特色的居住理念，形成私密安静的低密度住宅社区。

在规划布局上，项目遵循构建人们向往的理想家园的规划设计思想，强调居住、行为与环境融合，并通过物质、空间、形态的结合努力营造自然环境优美、人文环境愉悦的人居环境。利用周边水系形成公共岸线和私家岸线，在沿水系周围的单体设计上更好地结合现有场地，充分利用外围水系优势。

住宅建筑单体设计力求空间丰富，造型美观优雅，户型实用，并拥有独特的场所精神，与整体规划相得益彰。户型空间与周围景观环境密切相关，户型布局设计要最大限度地利用景观环境的价值。

项目立面表现为法式风格，推崇优雅、高贵和浪漫，庄重大方。整个建筑多采用对称造型，营造恢宏的气势与豪华舒适的居住空间。屋顶上精致的老虎窗和山花造型，呈现出浪漫、典雅的风格。不同材料的穿插应用，传递出项目稳重、华丽的建筑气质。

沈阳万科春河里装配式住宅4、7、10号楼

二等奖
住宅与住宅小区综合奖

获奖单位：北京市建筑设计研究院有限公司
获奖人员：王炜，郭惠琴，马涛，王颖，蒋楠，田东，陈彤，段世昌，李杰，张沂，刘畅，任烨

本项目位于沈阳市沈河区，总用地面积约 8.1 万 m^2，容积率 4.62，总建筑面积约 43.2 万 m^2，其中 4 号、7 号、10 号实施装配式建筑，约 5.34 万 m^2，建筑高度 99.7m，建筑层数地上 31 层、地下 3 层。

采用装配式剪力墙结构体系，在整个建筑行业尚未形成完善的装配式建筑规范体系情况下，通过专家认可后得以实施。对项目方案合理性、户型通用性、构件厂的位置及生产能力、施工组织能力等进行整体评价，采用了建筑、结构及节能一体化设计。充分发挥保温装饰一体化装配式外墙的技术优势，采用简约现代的立面，突出住宅立面公建化的风格，简洁而精致；将立面设计与构件设计同步进行，利用混凝土的可塑性，在预制外墙外叶墙板上反打横向凹凸效果，通过预埋连接件固定层间水平铝板装饰带，实现了装饰与外墙的同寿命，提高了建筑产品整体品质，获得了较好的经济利益。

本项目为沈阳市首个装配式住宅试点项目，全国首个七度区、100m的装配整体式剪力墙结构项目。项目的实施，为制定和颁布国家和行业标准《装配式混凝土结构技术规程》提供了重要参考，对带动建筑行业设计方式和建造方式的整体转型升级发挥了积极作用。

万通北京天竺新新家园

二等奖
住宅与住宅小区综合奖

获奖单位：北京墨臣工程咨询有限公司
获奖人员：张璐，常阔，孙达，李炜娜，吴科，武曦，李晓峰，李志军，柴佳鹏，岳艳刚，聂亚飞，贾晓婧，付瑞雪，王伯荣，汪卉

天竺新新家园的设计理念归根结底围绕四个字——以人为本。正如路易斯·芒福德在《城市发展史——起源、演变和前景》中写道："城市是爱的器官，规划应该以人为中心，城市最好的经济模式是关心人、陶冶人"。本项目从居民生活和心理要求出发，在创造自然风光的前提下，运用当代技术手段，体现新型高尚生态住宅小区特色，创造安静、优美、宜人的居住环境。

本项目规划的核心特色是将整个社区通过主干道划分成三个规划分区，分别放置两种住宅产品。一、二区日照条件较好，形状独立完整，放置联排住宅；北侧三区放置 15 层的板式高层电梯住宅，并成为低密社区遮挡北风的天然屏障和景观视觉底景。

建筑立面上，项目低层住宅的立面设计为典雅的地中海式风格，通过柔和的色彩变化、不同材质交错、体量凸凹起伏、古朴的彩瓦坡顶、木架和拱廊丰富的落影、精巧细腻的各种细部构件，共同编织在一起，形成浓郁的生活气息，传递出极强的品质感。

而高层住宅的立面设计形成新古典主义风格。坡屋顶与横向线脚呼应古典风格，传递品质感；凸窗与金属装饰构件凸显现代气息，与商务公寓及府前一街的气质相呼应。

中新天津生态城万拓住宅项目（二期）

二等奖
住宅与住宅小区综合奖

获奖单位：北京市住宅建筑设计研究院有限公司
北京墨臣建筑设计事务所（普通合伙）
获奖人员：王建，唐佳佳，李跃，黄勉，李树仁，李初霖，曹爽，赵智勇，易涛，王力红，李俐，王泽余，高哲，刘郁林，徐天

本项目位于中新天津生态城内，建筑类型由住宅、车库、小区配套等部分组成。整体设计采用了花园洋房的设计风格。景观设计错落有致，注重细节与代入感，给人舒适惬意的居住体验。

本项目倡导绿色建筑理念，获得天津中新生态城绿色三星设计标识。通过低温热水型地板辐射采暖、下凹式绿地、微灌灌溉方式、有机垃圾处理系统等绿色建筑技术措施，每年可节电约 141.4 万度（相对于节能 65%），节水约 3.4 万吨。

本项目住宅类型采用板式多层花园洋房与点式高层相结合的布局方式。板式多层花园洋房布置于基地外侧，在满足日照基本要求的前提下，围合成具有可识别性和归属感的社区庭院。将点式高层沿中央慢行系统布置，形成高低错落的建筑轮廓天际线。充分利用小区的景观系统，做到户户有景可观。

整个小区内基本实现了人车分流，用一条休闲景观路将多层与高层联结在一起。以垂直的慢行系统为主要景观轴，同时设置标志景观区及重要的空间节点，并在慢行系统交叉处设置细胞级公共绿化。我们通过建筑的围合，划分出若干个组团景观庭院绿地，秉承"以人为本"理念，按不同的功能需求布置社区休闲设施及邻里活动场地，促进了社区内部的交流与互动。

东山墅西区公寓

二等奖
住宅与住宅小区综合奖

获奖单位：北京市建筑设计研究院有限公司
获奖人员：吴凡，刘均，杨洁，郭京琴，白喜录，李晓冉，俞振乾，张辉，闫洁，段晓敏，张少玉，李旎，孙传波，朱丹丹

东山墅西区公寓，位于朝阳区东四环路7号，朝阳公园东侧，南侧为已建成的别墅区，项目环境优越，交通位置突出。项目功能定位为老别墅区中的大平层公寓，力求打造内外精装一体化，注重品质与工艺，创造舒适、环保的高科技住宅精品。

本项目为1栋6层、2栋12层的高层住宅，住宅沿用地北侧——东风南路一字排开，形成错落有致的天际线；南侧俯瞰已建成的别墅区和公园绿地，为住户创造了极其优越的景观资源。

项目沿3栋住宅设置环路，与别墅区东侧入口及用地西北侧的出口相连，地库出入口采用沿建筑东进西出的方式，做到了人车分流。项目建筑总体功能布局简洁，交通流线清晰，在充分利用景观资源的前提下，达到与周边建筑的交流与融合。

项目在户型及建筑形象设计方面，以“回归生活本源、探寻初心”为建筑理想；以“less is more”为设计核心，尊重业主的居住感受，从生活所需出发，达到居住无所不在的舒适性与便利性，强调品质与工艺，为业主提供舒适、环保的家居空间。

本项目充分利用周边舒缓、开阔的景观环境优势，力图打造与众不同的“新都市生活主义”的建筑特色。远望，三栋白色建筑如起伏的山峦融合在都市绿洲之中，简洁经典，较之当下其他高端住宅，有着与众不同的新世纪简约主义风格。

天津嘉海花园8-21号楼

二等奖
住宅与住宅小区综合奖

获奖单位：北京市建筑设计研究院有限公司
获奖人员：林卫，徐通达，韩薇，刘均，徐东，李万斌，俞振乾，张辉，吴佳彦，罗明，李庆双，闫洁，张磊，吴凡，白喜录

1. 建筑物体现典雅、简洁和协调一致的风格，与周围环境相适应，创造一个庄重、大方、舒适、方便的环境。

2. 体现新的规划设计理念，突出环境的均好性、多样性和协调性。

3. 塑造雄浑大气的建筑风格，创造积极向上的建筑形象，打造大都市的新地标，通过展示性、群体性、标志性的面貌迎接新时代的机遇与挑战。

4. 平面设计中住宅平面以营造舒适健康的生活为目标，形成适应天津居住习惯的平面布局，并使观景效果最佳。立面设计中采用了端庄典雅的欧式古典风格，尊重了历史风貌区域肌理，延续了城市建筑尺度，整体形象在采用经典欧式语言符号形成主体风格的同时又不乏创新，形成了丰富的城市街景，体现了天津“大气、洋气、清新、靓丽”的城市形象的要求。

北京龙湖滟澜新宸西区

三等奖
住宅与住宅小区综合奖

获奖单位：中国建筑设计研究院有限公司
获奖人员：潘磊，赵钿，韩风磊，白皓，潘婧，刘晓琳，张守峰，孙强，梅玲，李梅，刘高忠，邢光辉，张雅，高爱云

昌平区回龙观镇居住及公共设施项目——D1 区

三等奖
住宅与住宅小区综合奖

获奖单位：北京新纪元建筑工程设计有限公司
获奖人员：丁克斌，沈珏，张旭，张健，刘梦迪，王琳涛，刘庆，孔令男，周利克，姜笑，李万俟，徐健，刘智宏，金东婷

郭公庄车辆段一体化开发

三等奖
住宅与住宅小区综合奖

获奖单位：北京城建设计发展集团股份有限公司
中国建筑设计研究院有限公司 / 华通设计顾问工程有限公司
获奖人员：刘佳，周媛，张萌，梁文杰，徐轶男，夏梦丽，祁永娟，周云，龚智雄，马惠敏，郝冰，祝栋年，魏乃永，李黎，郑明初

金域东郡

三等奖
住宅与住宅小区综合奖

获奖单位：北京市住宅建筑设计研究院有限公司
超元建筑设计咨询（北京）有限公司
获奖人员：高雪松，高佳亮，王硕，金东娜，高品满，刘耀东，苏玥，王杰，陈波，李世伟，康晋，杨蕊，张婧，赵智勇，李俐

龙湖·天璞

三等奖
住宅与住宅小区综合奖

获奖单位：北京维拓时代建筑设计股份有限公司
获奖人员：靳天倚，王红，谢龙宝，张少凯，龚丽娟，李春敏，马茜，孙宝红，王高，华显阳，刘东艳

天津滨海新都市御海东苑

三等奖
住宅与住宅小区综合奖

获奖单位：北京中外建建筑设计有限公司
获奖人员：任伟，张涛，李建兵，蔡星光，蒋海川，张茂龙，刘颖，朱宏森，左春姬，孙莉莉

通州区宋庄镇居住工程项目

三等奖
住宅与住宅小区综合奖

获奖单位：北京新纪元建筑工程设计有限公司
获奖人员：李阳，司世春，李结实，高世宝，徐铭

丰台区长辛店棚户区辛庄 D 地块安置房项目

三等奖
住宅与住宅小区综合奖

获奖单位：中国建筑设计研究院有限公司
获奖人员：王凌云，潘悦，陈颖，周瑞雪，赵钿，孙强，刘克，张守峰，王炜，申静，王耀堂，何海亮，徐征，马霄鹏，李俊民

廊坊新世界家园三区

三等奖
住宅与住宅小区综合奖

获奖单位：北京市建筑设计研究院有限公司
获奖人员：刘晓钟，高羚耀，张凤，张建荣，许涛，孟欣，韩起勋，叶左群，张连河，黄涛，马龙，张妍，王晖，候涛，谭天博

新奥固安酒店式公寓

三等奖
住宅与住宅小区综合奖

获奖单位：中国建筑设计研究院有限公司
获奖人员：陈一峰，李铭，尚佳，谭雯，张恒岩，龚洺，许庆，袁乃荣，李京沙，贾京花，刘晓琳，周昕，范改娜，姜红，陈游

工程勘察与岩土工程
综合奖（岩土）

Z11 地块、Z12 地块和 Z13 地块一体化项目基坑支护及地下水控制设计

一等奖

工程勘察与岩土工程综合奖（岩土）

获奖单位：北京市勘察设计研究院有限公司

获奖人员：冯红超，罗文林，李永东，高美玲，王鑫，王坚，周宏磊，杨素春，韩煊，郭义先，张宾杰，韩陆洋，孟庆晨

项目概况

本项目位于北京市朝阳区 CBD 核心区，其中 Z11 地块为预留地块，Z12 地块为泰康大厦，Z13 地块为人寿大厦，均为超高层建筑。本基坑周边环境非常复杂，南侧和北侧管廊已完工，西侧为现状堆土，地形高差大，东侧为针织路，地下有大量市政管线。本基坑设计考虑三个地块一体化施工，整体开挖深度 6~28.75m。多个地块一体化设计需综合考虑各地块的条件以及制约因素，设计范围大、难度高，如何保障建设项目地基基础及基坑工程安全极为重要。

工程问题和技术难点

1. 基坑北侧紧邻的地下管廊先施工，基坑后施工，打破了常规基坑“先深后浅”的设计施工模式，在基坑开挖过程中对邻近地下管廊整体稳定性的影响需要重点关注。

2. 基坑东北角有现状管廊及护坡桩，局部有预留通道，基坑支护结构体系无法封闭，如何充分利用既有结构，采用合理的设计确保基坑安全稳定是一个难题。

3. 本项目西侧的 Z12 地块基坑深度达 25~28m，现场情况比较复杂，需考虑对预留场地的重复利用并为分期开挖留出作业条件，如此大深度的分期开挖在北京实属罕见，另外需同时考虑临时支护结构后期拆除的难题。

技术创新和特色

1. 通过翔实的计算分析与工程经验相结合，确定基坑北侧采用护坡桩与管廊基础桩“一桩两用”的设计方案，解决了北侧无挡土结构设置空间的困难。

2. 因地制宜地采用“两级支护桩体系”的支护形式解决基坑东北角护坡桩无法实施、支护体系不封闭的难题。

3. 西侧基坑深达 28m，突破传统设计思路，采用复合土钉墙多级放坡方案，此设计方法及复合土钉墙用法尚属首次。

4. 采用钢筋混凝土腰梁围檩替换传统的钢结构腰梁，解决了防腐、大吨位锚拉力、预留工作面狭小的困难，取得了很好的实用效果。

实施效果

本工程基坑从 2014 年 3 月开工，至 2016 年 3 月竣工，历经开挖、结构施工、基坑回填等阶段，历时 24 个月，施工过程中进行了全过程的监测，采用信息化施工，基坑施工未对周边环境产生不良影响，围护结构以及周边环境的变形均在可控范围之内。

整体效益

本项目作为北京市 CBD 地区重点的地标性建筑群，工程重要性等级高，地质条件及周边环境复杂多变，设计时综合考虑了不同区域及控制要求，进行差异化设计，设计方案科学合理，并大大缩短了基坑开挖的工期，显著加快了塔楼施工效率和结构回筑速度，确保了工程施工顺利实施，在兼顾安全可靠和经济合理的同时，取得了显著的经济、社会、环境、效益。

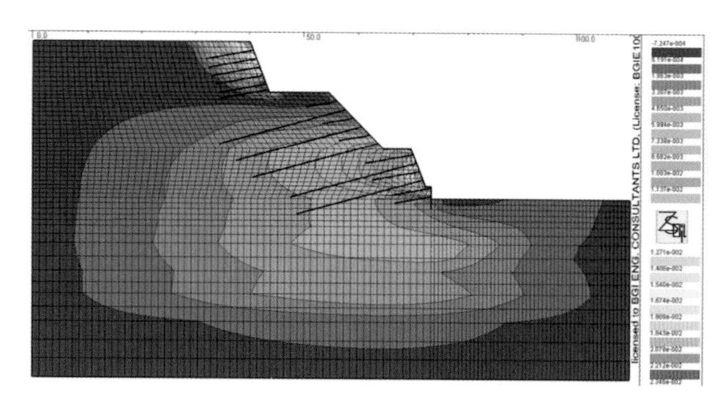

出口
EXIT

北京市中低速磁浮交通示范线（S1线）西段工程勘察

一等奖
工程勘察与岩土工程综合奖（岩土）

获奖单位：北京城建勘测设计研究院有限责任公司
获奖人员：高文新，周玉凤，王宇博，逯鹏宇，徐永亮，刘丹，董岩岩，裴旭，周默，郑春柳，孙常青，刘一强，孙世坤，谢峰，吴黎辉

项目概况

北京市中低速磁浮交通示范线（S1线）是北京首条中低速磁浮线。起于石门营站，止于苹果园站。磁浮线是一种低噪声绿色环保公共交通线路，具有广阔的推广前景。

项目难点及创新点

1. 桩基参数优化

巨厚卵、漂石层桩基设计力学参数一般靠经验确定，其合理性极大地影响桩基变形设计和工程造价，故如何合理确定和优化卵漂石层桩基设计参数是本项目的难点。

根据单桩竖向抗压静载试验对桩基设计参数进行了较大幅度优化，深度15m以上、以下地层分别优化提高约10%、25%，桩长普遍缩短4~6m，运营一年实测桩基沉降变形量一般在2.5mm以内。

2. 卵石粒径、取芯问题

沿路穿越巨厚卵、漂石地层，漏浆、塌孔问题突出，钻进、取芯困难。常用钻探工艺难以采取完整卵漂石样本，查明卵漂石地层的粒径分布、级配等特征。

最早在北京地区引入植物胶护壁和硫铝酸盐地质水泥+木屑混合膏状泥浆护壁以及双管单动钻进工艺技术，并采用金刚石钻头钻进，有效解决了卵石层钻探塌孔、采芯率及颗粒完整问题。

3. 建构筑物调查

线路穿越首钢厂区，因年代久远，地下设施频繁改建，部分图纸缺失，给构筑物调查带来了极大困难，严重影响桩基布设和施工。

采用实地调查、测量、高密度电法等手段，并布设钻孔进行勘探验证，探明了地下建构筑物的空间分布范围，保证了设计桩位的及时合理调整和桩基成孔施工设备工艺的合理选择。

4. 车辆段抗浮水位

S1线车辆段位于山间洼谷中，地形差异较大，是地表、地下水的汇水区，水力条件复杂，不同地形区域抗浮设防水位的差异化确定是本项目的难点。

基于多种水文地质勘查技术手段，引入山坡水文学与地下水动力学理论，构建了特殊地貌和水文地质条件下最高水位预测方法体系，计算得出S1线车辆段抗浮设防水位。

5. 基岩性状探查问题

车辆段——小园站段基岩起伏剧烈、风化差异大，很大程度影响相邻桩基的差异变形；石景山山岭隧道段围岩中存在构造破碎带等不良地质现象，严重影响隧道围岩稳定，查明以上不利地质现象难度较大。

将地震折射波层析法和高密度电阻率法联合应用到山岭隧道基岩性状和不良地质探查中，全面清晰地查明了基岩风化状态和破碎带的位置和产状。

6. RQD修正

考虑钻进方向与岩体节理裂隙的方向关系问题如何更加合理地确定RQD指标、提高围岩等级划分的准确性是本工程隧道段面对的难点。

首次在轨道交通建设领域引进Abdolazim Azimian修正公式，根据修正后的RQD值对围岩等级划分进行了调整细化，更精准地指导了设计与施工。

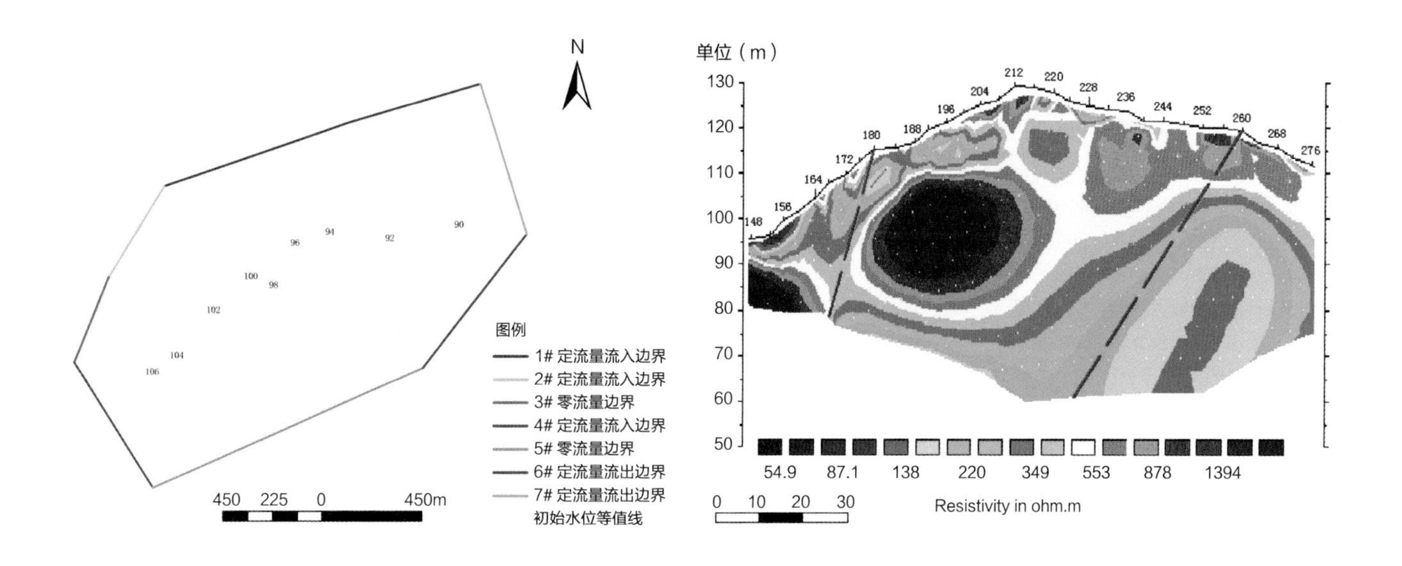
N
图例
1# 定流量流入边界
2# 定流量流入边界
3# 零流量边界
4# 定流量流入边界
5# 零流量边界
6# 定流量流出边界
7# 定流量流出边界
初始水位等值线
450 225 0 450m
单位（m）
Resistivity in ohm.m
54.9 87.1 138 220 349 553 878 1394

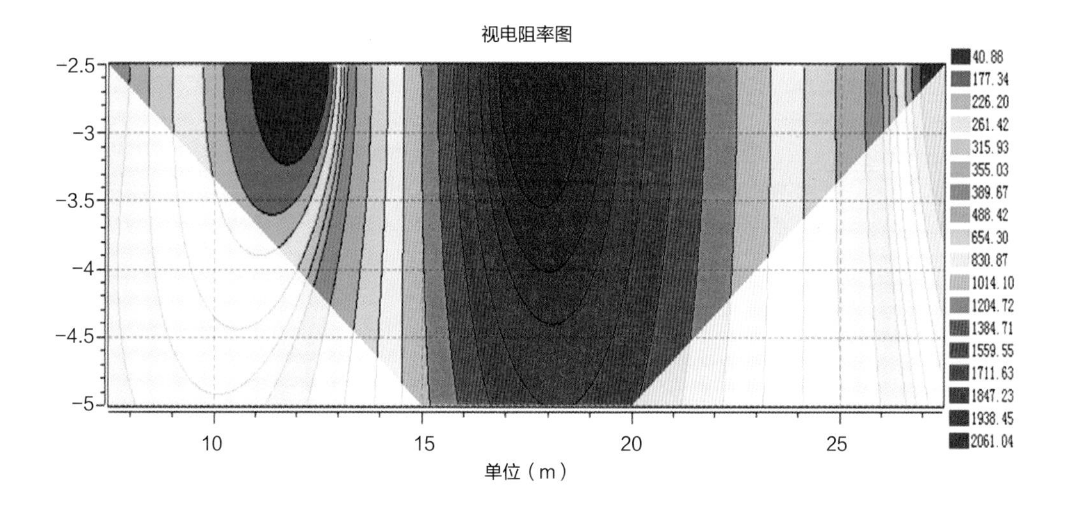
视电阻率图
单位（m）
40.88
177.34
226.20
261.42
315.93
355.03
389.67
488.42
654.30
830.87
1014.10
1204.72
1384.71
1559.55
1711.63
1847.23
1938.45
2061.04

第九届中国（北京）国际园林博览会园区绿化景观及相关设施建设场地勘察设计施工一体化

一等奖
工程勘察与岩土工程综合奖（岩土）

获奖单位：航天建筑设计研究院有限公司
获奖人员：闫德刚，郭密文，谢剑，张辉，鞠炳乾，郭晓光，郭中泽，吴生权，李淑杰，贾军辉，陈德军，王炜，严磊磊，丁颖颖，邵磊

北京园博园位于丰台区永定河西岸，展区占地267hm^2，园博湖占地246hm^2，是市、区两级政府重点关注的建设项目。北京园博园秉承“文化传承、生态优先、服务民生、永续发展”的理念，利用绿色科技在建筑垃圾填埋场上进行生态修复建园，是一个集园林艺术、文化景观、生态休闲、科普教育于一体的大型公益性城市公园。

航天建筑设计研究院有限公司秉承“精心设计、绿色建造、科学管理、至诚服务”的方针理念，圆满完成地质灾害危险评估、岩土工程勘察设计及治理任务，为生态园区建设奠定了良好基础。

地质灾害评估

1. 对原生、次生的地质灾害进行危险性评估工作。重点解决岩质边坡稳定性分析，滑坡、崩塌地质灾害危险性评估，准确划分地质灾害等级和分区，提出防治措施建议。

2. 调查场区内活动断裂、地裂缝、砂土液化及不稳定斜坡等，对有危险性的区域进行圈定并进行合理分区，准确预判可能出现危险的位置并对危险性进行评估。

3. 对场地内局部石灰垃圾产生的高温地段进行气体和温度检测，结合钻探取样的物理成分表观分析，为后期高温区的处理提供相关参数。

岩土工程勘察

1. 对填土进行针对性勘察，准确掌握填土埋深规律。重点关注复杂地质条件的区域，绘制填土埋深等高线图，进行分区，为地基处理设计方案提供有针对性的参数。

2. 确定分区界线：建设场地横跨两个不同工程地质单元，通过对区域地质资料分析、研究，综合考虑拟建场区地貌单元部位、地层分布规律、岩土特性及物理力学性质、浅层地下水分布规律及地震液化等影响因素，综合判定分区界限位于鹰山脚下的黄庄—高丽营断裂。

3. 采用了重型动力触探试验、面波测试和地基静载荷试验，建立强夯能级与加固深度的直观联系。运用探地雷达、CET等技术手段，准确定位永定塔基础下伏空洞位置及尺寸，分析其影响并为地基基础设计提供相关建议。

岩土工程设计和治理

1. 多元设计、综合治理。根据勘察、地灾评估成果，对场地处理提出多种设计施工方案，如强夯、碎石桩复合地基、换填、加筋土边坡治理等，综合修复垃圾填埋场地。

2. 岩质边坡和土岩结合高边坡支护设计。永定塔区域边坡属于岩质高边坡，根据不同地段整体稳定性和失稳破坏类型，采用不同的计算模型和加固形式。观景台区域临近京原铁路，采用三级抗滑桩结合锚索、注浆加固进行防护。附近山体因暴雨引起的滑塌区域，采用成熟的主动防护网设计方案，防止发生次生灾害。

3. 运用先进设计理念，化解高温区难题。在高温区域，距离地面一定深度，设计一定厚度的隔热通风层，布设管道和抽风井，将土壤中散发的热量经隔热通风层汇聚，在通风的作用下经抽风井排到大气中，从而实现隔热通风层上部的土壤温度接近正常土壤温度，完美解决高温处理难题。

本项目堪称为“岩土工程的百科”，将一块原本环境恶劣、利用率极低的垃圾填埋场建设改造为精品园林，做到了“化腐朽为神奇”的创举，造就了城乡环境“脱胎换骨”、建设生态文明的优秀范例，同时也证明了设计单位应对高难度综合性岩土工程勘察、设计以及治理的能力！

锦绣谷全景

北京园

挖填方

强夯

2013
第九届中国（北京）国际园林博览会
The 9th China (Beijing) International Garden Expo

正门

京台高速公路（北京段）工程（勘察第 1 标段）岩土工程勘察、桩基检测、沉降观测

一等奖

工程勘察与岩土工程综合奖（岩土）

获奖单位：北京市勘察设计研究院有限公司

获奖人员：李军，薛祥，张志强，梁争光，刘国，谭雪，马艳军，马秉务，张辉，侯东利，李立，陈昌彦，周宏磊，周晓红，姜磊

京台高速公路是国家高速公路网的重要组成部分，其中北京段是联系京、津地区的第三条高速公路，是国家“7918”高速公路规划确定的 7 条首都放射线之一——京台高速（G3）（北京至台北）的起始段。京台高速公路（北京段）全长 26.6km，全线采用双向八车道，最高设计速度 120km/h。线路涉及多座分离式立交桥、互通式立交桥、通道桥、跨线桥等桥梁，并包含高填方路基、挡墙、排水管涵及附属房建、收费站等。

北京市勘察设计研究院有限公司承担了该项目的岩土工程勘察、桩基检测及沉降观测任务，为项目提供了高质量的全过程技术咨询服务。

1. 岩土工程勘察

针对不同工程的特点与要求，有的放矢，采取不同的勘察手段。如，针对桥梁工程，桩端持力层的选择、液化土层分布、是否存在填土坑是关键，因此，采用一墩一孔以地质钻探为主的勘察手段，同时结合试桩试验结果，对桩基设计参数进行充分优化。针对管涵、收费站及附属房建工程，基础往往埋深较浅，基础直接持力层的均匀性与承载力是关键，以机械钻探为主，局部基础持力层变化较大区域辅以搬运方便的人工小钻查清地层。针对局部发现的已掩埋填土坑，重视走访调查与资料搜集工作，同时适时调整勘察方案，加密钻孔，结合历史地形图、历史卫星航片、对比早期地形图等查明填土坑的分布范围、深度、填土性质等，为地基处理提供准确可靠的地质资料及岩土工程参数。

2. 桩基检测

本工程各桥梁基本采用桩基础，而钻孔桩桩侧土的摩阻力标准值是桩基设计时的重要岩土参数。为了更合理地确定沿线典型土层的摩阻力标准值，选取典型地层进行了试桩试验，并对钻孔桩桩侧土的摩阻力标准值进行了适当优化，使部分基桩桩长优化 10% 左右，初步统计节约费用约 390 万元，既降低了工程成本，又节约了工期。

3. 沉降观测

为了评价桩基优化对桥梁沉降的影响，开展了对典型部位的桥墩沉降观测，旨在通过观测获得不同桩长的桩基沉降量，进而获得基础桩桩长优化后的沉降特性。根据桥墩沉降观测数据及其发展情况，通过对比评价优化前、后桩基工程的变形特征，验证桩基工程设计的有效性，同时为该区域桥梁桩基工程优化设计提供了技术依据。

京台高速公路（北京段）于 2016 年 12 月 9 日全线顺利通车，不仅加强了北京南城地区与市中心的交通联系，还提高了北京与河北、天津、山东等地的运输能力。同时对完善全国公路网、促进北京南部地区的经济发展，有着重要的意义。

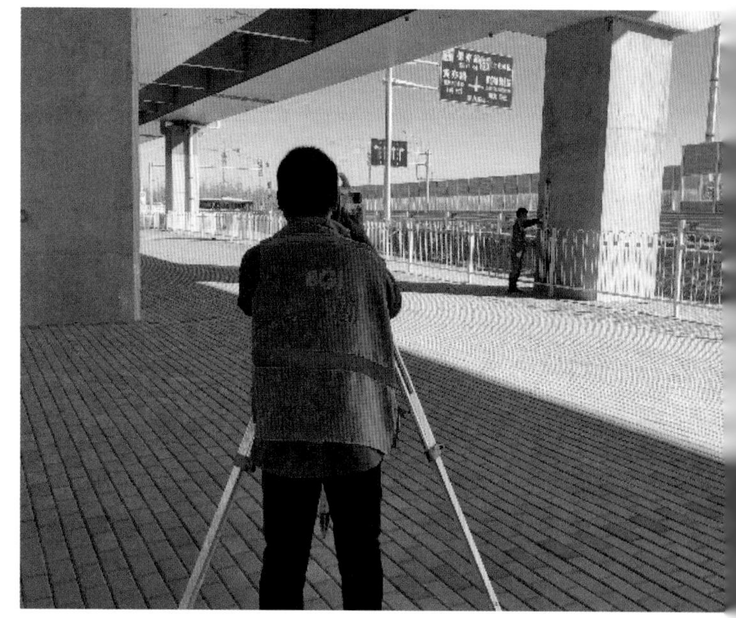

沉降观测作业照片

京台高速静载试验照片

水上勘察作业照片

现场勘察作业照片

南水北调来水调入密云水库调蓄工程

一等奖
工程勘察与岩土工程综合奖（岩土）

获奖单位：北京市水利规划设计研究院
获奖人员：张如满，张琦伟，姚旭初，刘光华，林万顺，程凌鹏，袁鸿鹄，栾明龙，赵志江，宫晓明，孙宇臣，孙洪升，李惊春，晋凤明，单博阳

项目概况

南水北调来水调入密云水库调蓄工程，旨在加强北京水资源战略储备，解决南水北调来水与用水不匹配问题，解决密云水库蓄水量少不能满足补偿调节的问题，为昌平、怀柔等新城使用南水水源创造条件。项目运行发挥了巨大的经济、社会、生态环境效益。

工程位于北京市北部及东部，由团城湖调节池取水，通过新建 9 级泵站，利用京密引水渠反向输水(81km)和新建DN2600PCCP管道(22km)，将江水输至密云水库，并为密怀顺地下水源地回补地下水，调水线路总长103km，总扬程 133m，年最大调水 5 亿 m^3。工程规模属水利大 (2) 型，团城湖至怀柔水库段 (6 级泵站、73km) 设计流量 $20m^3/s$，通过怀柔水库回补密怀顺水源地，怀柔水库至密云水库段 (3 级泵站、30km) 设计流量 $10m^3/s$。项目同时改造加固京引渠系建筑物山洪桥、节制闸、倒虹吸及穿渠涵等 27 座，新建调度中心 1 座、管理所 3 座，加固密云水库白河发电隧洞及走马庄隧洞 2 座。

勘察难点及技术创新

工程勘察及施工配合历时近 5 年，完成综合技术成果 41 册，涵盖岩土勘察、岩土设计、水文地质、工程物探、工程测试检测、工程监测、地下管线探测以及地灾评估、地震安评、交叉建筑物安全评估等专项研究成果。

工程引水线路长，建筑物类型多，岩土环境复杂。技术创新主要有四方面：

1. 采取单动双管金刚石钻进工艺，解决了浅埋基岩全强风化带取芯质量差的难题；采取专门软土取土器解决了湖相淤泥质软土取样易受扰动的难题；标准贯入测试孔采取膨润土压浆回转钻进工艺，解决了高地下水位细砂层因涌砂而影响测试数据的难题，保证液化评价可靠性。

2. 针对密怀顺水源地潮白河段回补能力分析的难点，上部包气带不同岩性采取大样本双环注水试验划分包气带渗透性分区；中部疏干卵砾石层采取大渗坑长时间注水试验，获得渗漏量随时间变化规律及地下水抬升与恢复规律；下部卵砾石含水层采取抽水试验加井灌试验，获得井灌单位入渗量参数等，为大面积回补效果预测奠定基础。

3. 针对工程运行后评价难点，编制京引渠高水位段监测报告，开展重点渗漏段的专项检测监测、防渗岩土设计工作，为运行管理决策提供翔实依据。开展地下管线探测、地震安评、下穿交叉建筑物安全评估等各类专项研究工作。

4. 针对京引渠早期资料快速电子化的难点，研发了自主知识产权EngeoCAD 工程地质勘察绘图软件专用模块，达到国际先进水平。

天堂河（北京段）新机场改线（一期）工程

一等奖
工程勘察与岩土工程综合奖（岩土）

获奖单位：北京市水利规划设计研究院
获奖人员：吴广平，黄卫红，魏红，晋凤明，姚旭初，林万顺，杨良权，王魏东，刘策，赵志龙，蒋少熠，李惊春，刘爱友，孙雪松，宫晓明

天堂河（北京段）新机场改线（一期）工程为北京市少见的大型新挖河道工程，并且紧邻新机场，工程等别为Ⅰ等。勘察工作针对水利工程建设周期长、工程范围大、岩土及水文地质条件复杂的特点，严格控制质量，紧扣各阶段设计重点逐步深入，历经3年，提交了满足项目建设全过程的岩土勘察、水文地质、物探地质等技术成果。主要勘察工作介绍如下：

1. 运用BIM技术三维地质建模进行浸没计算：由于天堂河新机场改线段紧邻新机场，通水后对新机场的浸没影响计算至关重要，利用河道、桥梁、闸等建筑物地质资料，运用GeoStation软件对本段含水层底板进行三维地质建模，采用宾德曼理论计算并分析场区的浸没问题，分析新挖河道通水后地下水渗流场变化对机场的影响。

2. 开展水文地质专项研究，计算砂土堤渗漏及渗透稳定：河道场区含水层主要是粉砂、粉土层，下部相对隔水层为粉质黏土，本次在新挖河道范围内挖探坑进行野外单（双）环注水试验和室内渗透试验，取得场区主要含水层水文地质参数值，利用高等地下水动力学理论对蓄水后河道两侧的渗漏量、渗透变形等进行计算与分析评价。

3. 利用高密度地震映像探明垃圾坑的空间分布特征：本次围绕本工程起点处垃圾坑开展物探工作，采用高密度地震映象技术，结合地质编录资料、周边的勘探资料进行垃圾坑勘查。

4. 开展多种试验方法评价砂土筑堤料的效果：新开挖河道范围内地层主要为粉砂，筑堤料是否满足堤防要求成为难点问题，本次对可能的筑堤土料开展击实试验及击实后制样的快剪试验、固结试验、渗透试验等物理力学性质试验，通过击实试验得出的最优含水率、最大干密度、天然密度等指标，并在施工现场同步进行现场密度试验，对堤防压实度及相对密度等筑堤料技术指标和筑堤施工起到积极的指导作用。

5. 通过EngeoCAD软件利用断面法进行储量计算：利用北京市水利规划设计研究院自主研发的EngeoCAD软件，采用三棱柱模型计算，对河道场区开挖线以上的不同地层通过断面法构建三角网，算出每层土的体积和开挖混合料的体积，为河道土方平衡计算提供地层依据，对筑堤施工分层起到指导作用。

本次勘察在筑堤材料、砂土液化、浸没、砂土堤渗漏及渗透稳定等问题处理方面，从总体工作思路、技术路线、利用创新技术、先进手段等方面具有实践推广经验价值，特别是在北京新挖河道工程中具有借鉴作用。

通州区运河核心区北环环隧岩土工程勘察、水文地质勘察、协同作用分析、区域地面沉降影响评估及主体沉降观测综合顾问咨询项目

一等奖

工程勘察与岩土工程综合奖（岩土）

获奖单位：北京市勘察设计研究院有限公司

获奖人员：于玮，李军，孙玉辉，罗文林，刘赫炜，来潇，闫娜，沈滨，侯东利，王金明，王峰，韩煊，周宏磊，胡喆，方君

通州区运河核心区北环环隧项目是北京市首个涵盖城市道路交通与市政职能于一体的地下三层环廊。作为北京通州城市副中心地下交通大动脉建设的重要组成部分，本项目投入使用后串联了周边 16 个地块，在运河核心区北区形成深达 19m 的“地下城”，行车道、停车场、市政管线都在地下，并与地铁线路、地下商业设施交会贯通，通过绿色建造、智慧管理的模式推动“大城市病”的治理。

北京市勘察设计研究院有限公司在本项目中，秉承岩土工程全过程顾问咨询服务理念，为其提供了包括岩土工程勘察、水文地质勘察、协同作用分析、区域地面沉降影响评估、主体沉降观测等一系列工程技术服务，取得了很好的技术、经济、社会效益。

本项目建设场地位于北京东部区域地面沉降区，对工程建设和安全运营产生的影响需要进行科学评价。同时，本工程隧道结构埋深变化近 18m，基底直接持力层土质随沿线和埋深变化大，地基条件复杂，结构自身的变形协调问题均非常突出；沿线多处存在构筑物在隧道结构之上或之下交叉通过，与隧道产生相互变形影响，提出合理的设计及施工措施建议具有重大的技术挑战。

在服务过程中，针对本项目复杂的工程地质与水文地质条件、地面沉降灾害地质背景以及项目结构特点，北京市勘察设计研究院有限公司以卓越的技术能力、有针对性的岩土工程勘察和水文地质勘察工作，为工程提出了安全、经济的地基方案和全面的基坑支护、地下水控制、变形监测等完整的技术建议与措施。通过有针对性的抗浮设防水位分析工作，充分保障了重点工程长期运营的结构安全。运用基于自主研发的地面沉降预测 ALSES 计算分析技术与评价体系，分析评价了区域地面沉降对本工程的影响，最大限度地规避了工程运营期由于地面沉降造成结构损害、轨道变形等带来的巨大的修复、维护费用。通过系列研发与技术创新，将独有的高低层建筑变形分析预测 SFIA 方法拓展于线状复杂结构工程的顾问咨询服务中，取得了良好的分析效果，为设计方决策地基方案提供直接设计依据，确保了工程的安全和质量。

本项目现已竣工，北京市勘察设计研究院有限公司提交的各项成果的安全性、经济性均得到工程实测及监测数据的验证，确保了后续运营的安全；同时通过项目获得的关于区域沉降对基础设施影响的分析关键技术、线状地下结构沉降分析技术，有力提升了岩土工程风险分析与优化设计咨询水平，对类似工程有重要的示范意义，充分体现了高水平专业技术在节能、环保、绿色建设中的重要作用。

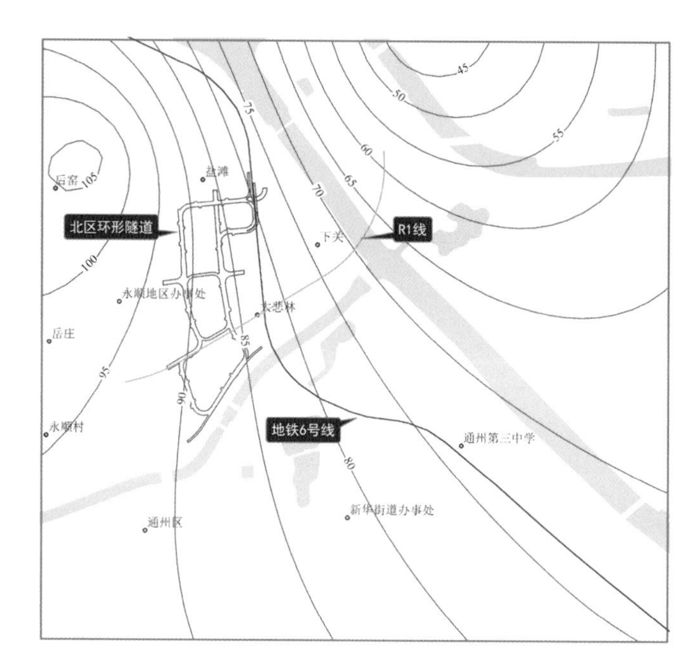

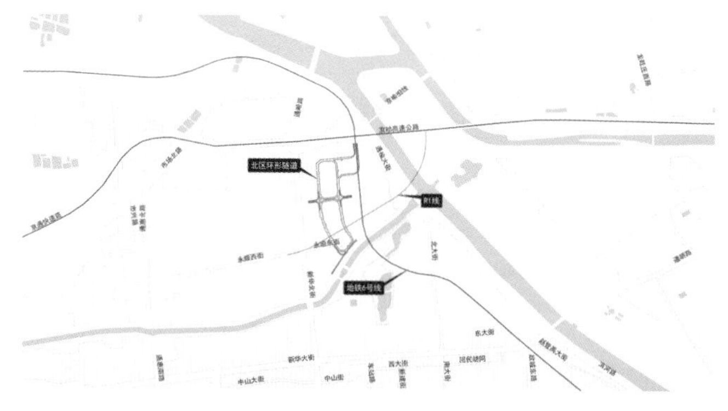

烟台万华 PO/AE 一体化项目 LPG 洞库工程

一等奖

工程勘察与岩土工程综合奖（岩土）

获奖单位：北京东方新星勘察设计有限公司

获奖人员：宋矿银，梁佳佳，魏超锋，李世银，任奎印，季惠彬，王柳，王伟，王伟一，王立强，翟玉斌，王帝，曲彦君，梁旭宇，郭广献

项目概况

烟台万华 PO/AE 一体化项目 LPG 洞库工程，是烟台万华 PO/AE 一体化项目的配套原料库，为地下水封洞库工程，其是在地下百米深的花岗岩体中挖掘成隧洞，在洞库周围岩体和原有地下水的基础上借助水幕系统使洞室周围被水完全覆盖，同时通过洞室埋深与场地设计地下水位之间的水压力来实现储存介质的液态密封存储，该储存方式经济环保、安全、储量大且不占土地，但对场地要求高。

本洞库工程设计库容 100 万 m^3，主要包含一个 50 万 m^3 的液化丙烷库，一个 25 万 m^3 的液化丁烷库和一个 25 万 m^3 的液化 LPG 库，是当时世界上库容最大的 LPG 地下水封洞库，也是世界上同时储存介质最多的地下水封洞库工程，同时其地面为重要的化工装置区，工程建设条件极为复杂。

由于项目建设需要在指定的工业园范围内进行地下水封洞库建设，项目场地可选范围限制非常大，再加之地下水封洞库项目对场地工程地质、水文地质条件的特殊要求，对本项目的工程勘察和岩土工程工作提出了非常高的要求。

本项目建设时，地下水封洞库工程建设在国内刚起步，该领域的选址和勘察技术在国外属保密范围，本项目是当时国内自主技术力量建设的第一座百万级 LPG 地下水封洞库工程。

技术难点

本项目的技术难点是如何选定适宜的建库区域，主要钻孔具体位置如何布设，施工开挖时造成地下水位下降、洞室掉块及滑塌等问题，如何控制地下水的流失，如何保障洞库的水封性等。在勘察过程中大多工艺、技术在国内无相关规范标准可循。①针对如何选定适宜的建库区域问题，我公司需要在 5.0km^2 范围的场地选出可建设 100 万 m^3 液化烃地下水封洞库的 600 × 600m^2 区块。前期进行了大量的资料收集及分析研究工作，在给定范围选出 3 处预选库址，分别针对 3 处库址进行详细的工程及水文地质勘察对比，综合分析后提出适宜库址范围。②针对钻孔具体位置如何布设问题，我公司采用人工地质调查，同时运用综合工程物探技术（包括高密度电法、地震法等），根据地质调查及物探成果有针对性地布置斜孔和垂直钻孔。③地下洞室在开挖时会造成周围岩体的地下水大量流失，从而引起地下水位的下降，对洞库水封的有效性造成巨大影响。在施工勘察阶段，我公司要求在施工开挖前先施打超前探水孔，根据超前探水孔的出水量进行预注浆处理，注浆堵水完成后才可以继续开挖，以防止开挖后出现地下水大量流失情况。对于洞室开挖后未知原因的地下水急剧下降情况，采用示踪试验，查找具体渗漏点，采用后注浆方式进行封堵。以保证地下水的稳定性及水幕系统水封的有效性。④地下水封洞库工程的关键在于如何保证水封性，我公司根据区域内岩体露头节理统计、钻孔岩心节理统计、钻孔内采用钻孔数字式全景摄像技术节理统计及区域内构造统计，采用 ANSYS 软件或 3Dec 软件进行洞室围岩模拟分析，确定洞室布设方向，优化水幕系统，充分保证了地下水封洞库工程水封的有效性。同时最大限度地确保洞室开挖后围岩稳定性，减少了开挖后洞室掉块、滑塌问题。

项目技术创新

①除采用专业的钻探及物探方法外，在对钻孔节理裂隙分析上，率先采用国内先进的钻孔智能成像技术，更准确地掌握钻孔内裂隙的真实情况，有效地查清了钻孔内深部节理裂隙的分布情况，弥补了由于钻孔局部采芯率低丢失的大量深部地质信息，勘察质量得到了有效保障。分析建设场地破碎带与主要节理走向，对洞库的展布方向起到了至关重要的作用。②利用了我公司自行研制的压水试验仪，为后期洞库内岩体压水试验提供了精确的水文地质参数。③施工勘察阶段岩体质量分级工作，主要采用国标岩体质量分级标准同时结合目前世界上应用最广的岩体质量分类法之一的 Q 系统法。Q 系统法主要考虑了岩体完整性、节理特征、地下水和地应力对岩体稳定性的影响，针对性强，符合本工程不衬砌或者基本不衬砌的施工特点，实现既安全又经济的设计。

实施效果与成果指标

本工程先后解决了查清勘察各阶段深部岩体的结构构造情况与低渗透岩体的渗透性情况。施工阶段地质编录的效率与精度均较高，同时结合国际上通行的岩体分类方法，准确地判定了岩体质量等级。斜孔内智能电视成像技术在国内尚未有先例，我公司自行改造设备并完善解析软件，以达到设计要求。同时要求在斜孔内进行吕荣试验，压力段大小和数量均高于国内规范要求，且不得使用国内普遍采用的机械式封塞，国内目前没有相关设备，我公司克服国内没有先例的困难，与国内设备厂商一起改进研发了适合地下水封洞库水文试验的 LB-8 水压式双塞钻孔智能压水测试仪，不但达到国际公司的要求而且试验更为灵活与数据更为精确。我公司还按照国际规范完成了孔内电视智能成像测试、波速测试、常压注水试验和抽水干扰试验等高标准的孔内原位测试及试验。在勘察过程中大多工艺、技术、方法在国内无相关规范、标准可循，目前成果处于国内领先水平。

五矿金融华南大厦项目基坑支护工程

一等奖
工程勘察与岩土工程综合奖（岩土）

获奖单位：建设综合勘察研究设计院有限公司
获奖人员：李耀刚，周学良，简万成，高翔，韩骏，高陶，刘峻龙，卢亮，葛少亭

项目概况

项目位于深圳市南山后海中心区滨海大道与后海滨路交汇处东南角。占地面积为 4197.4m^2，设 5 层地下室。基坑零退线，基坑周长约 263m，挖深 24.7m 和 25.7m。填石层最厚近 15m，周边环境复杂。

采用地连墙 + 椭圆形内支撑支护，安全等级一级。地下连续墙不仅作为临时支护结构，兼作地下室外墙，还承担上部塔楼（高 146m）结构荷载，成为“三墙合一”。

主要技术特点

1. 高承载力“三合一”T 形地下连续墙设计

目前地下连续墙作为临时围护、地下室外墙、竖向承重“三合一”结构，其兼作承重结构时，主要承担单柱或裙房竖向荷载，单幅承载力设计值较小，普遍为 3000~6000kN。其中两幅双 T 形地下连续墙深度 74.5m，单幅竖向承载力分别为 68000kN 和 80000kN，对基坑设计提出了更高的要求。

2. “三墙合一”的设计构造

采取“三墙合一”形式，面对设计与主体结构构件连接、墙体在正常使用阶段的整体性能、与主体结构的沉降协调等一系列问题，采用一整套的设计构造措施，以满足正常使用阶段的受力和构造要求。

3. 基坑椭圆环内支撑设计

基坑面积小，挖深大，出土坡道设置困难，出土效率低。为了最大程度提供敞开空间出土且兼顾两侧两个核心筒施工便利，支撑采用椭圆环形式。

4. 地下连续墙预埋型钢的定位及连接设计

设计优化施工方案，选用定型可调节支架辅助施工，使得施工操作简便、施工效率提高、控制精度提升，在下放地墙钢筋笼之后，利用架设限位调直架对相应预埋的钢构件进行定位导向及调直，一方面，通过限位调直架限制钢柱位置，提高施工精度；另一方面，定型化调直架安装速度快，调节操作简单，可重复利用。

5. 超深地下连续墙施工方法

本项目东侧 4 副地下连续墙最大深度 74.5m，填石层厚约 12m，槽段较深，成槽、下笼时间较长，塌孔概率大，槽段垂直度要求高，施工难度之高，国内尚无此先例。设计通过多方考察调研，认真严谨地论证了超深地下连续墙的施工可行性。

6. BIM 应用

采用 BIM 作为交互手段，对接建筑、结构、排水等专项设计，辅助全项目 BIM 正向设计，建立基坑支护三维模型，进行结构碰撞检查、施工过程模拟及节点深化设计。

整体效益

1. 社会效益

2017 年 3 月基坑竣工验收并顺利移交给主体施工单位，各项参数指标都在原设计控制值以内。设计阶段精益求精，施工过程中仅有一次配合主体结构设计单位调整立柱桩位置，工期、造价控制精准，取得了良好的社会效益。

2. 经济效益

本项目设计取消了原结构地下室外墙与主要承载结构柱下的大直径灌注桩，减少了施工场地的空间占用，节省工程造价约 3000 万元，经济效益明显。

3. 绿色节能

在设计过程中，充分利用了土地资源，减少大量的钢筋混凝土用量；在施工过程中，泥浆通过除砂循环利用，项目绿色节能显著。

工地 2016 年 4 月施工全景

工地 2016 年 12 月施工全景

工地 2017 年 7 月施工全景

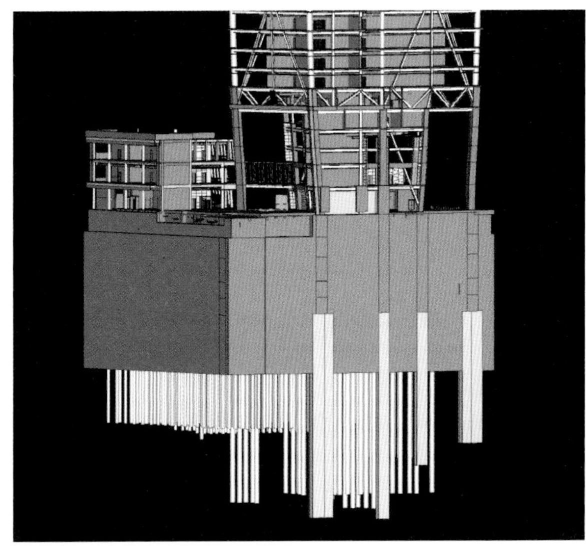
BIM 模型截图

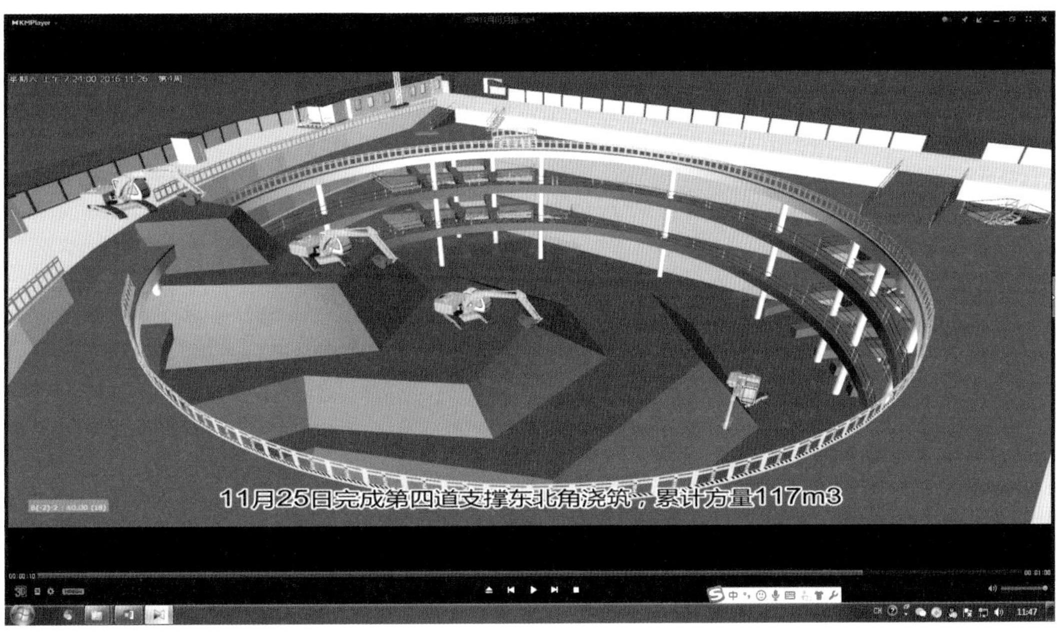

BIM 施工过程支撑浇筑进度模拟

BIM 施工过程支撑拆卸模拟

郑州市南四环至郑州南站城郊铁路一期岩土工程勘察

一等奖

工程勘察与岩土工程综合奖（岩土）

获奖单位：北京城建勘测设计研究院有限责任公司

获奖人员：张建全，任磊，周默，王伟，周玉凤，朱韶彬，刘满林，朱颖，吴炳涛，董书健，徐永亮，张海涛，苏智慧，王宇博，李国涛

工程概况

本项目位于河南省郑州市，起止范围为郑州南四环站至机场站，线路长 31.73km，共设车站 14 座。项目总投资 138.6 亿元。

项目难点与解决方法

1. 本工程环境风险突出，多处穿越高速公路、铁路

下穿既有线路势必会引起既有线路的沉降，形成严重的安全风险，因此采用何种设计方案和措施来控制沉降和差异沉降是本工程的重要问题。

解决办法：

在勘察的基础上建立模型，通过数值模拟预测和量化了本工程中穿越既有结构的安全风险、变形趋势和岩土工程问题，为工法选择提供了重要依据，评估了设计方案的可行性，也明确指导了日后的监控量测工作，加强了勘察的技术咨询力度。

2. 本项目地下水动态难以预测，抗浮设防水位如何准确取值

勘察期间南水北调即将投入使用，郑州市已经开始禁采地下水，提供准确可靠的抗浮水位是本工程的重点和难点。

解决办法：

在准确得到场地地下水参数的基础上，收集了近 10 年场地地下水变化、地下水开采及超采、地下水降落漏斗情况等大量水文资料，对全线建立了准确的地质模型和情景设计，模拟出各工点未来的最高水位。

3. 拟建场地深部连续分布有胶结层，对高架工程影响较大，但当地对其无工程经验，参数保守

本线路高架段深部地层胶结程度较高，胶结程度不一，分布规律性差，力学性质差异大，如何研究胶结层的力学性质及提供科学的岩土参数也是本工程的重难点。

解决办法：

根据不同胶结层形成原因进行了定名。

通过多种现场试验和室内试验进行研究并将其分类，归纳岩土参数，对设计方案进行了有效指导和优化，为郑州钙质胶结层积累了宝贵的经验。

4. 杂填土坑的多手段勘察及处理建议

本工程场地内分布多个冲沟，多数已被随意回填形成杂填土坑，巨厚层的填土对工程沉降控制非常不利，在敷设方式变换处引起的不均匀沉降将可能影响运营安全。

解决办法：

在常规钻探调查的基础上，做好地质调查与测绘工作，通过走访、收集历史资料、地形测量等手段分析判断杂填土坑形成时间、空间范围和回填情况。

此外，采用物探手段进行探测，再通过少量的钻探验证，准确查明填土坑的情况，以此深入分析填土对工程的影响，综合选择地基处理方案，为设计提供科学、可行、合理的设计建议。

综上所述，我院针对本项目特点，精心策划、缜密实施技术方案，严格控制过程质量，密切配合建设单位、设计单位的工作，仅用 5 个月时间即高水平完成了初详勘工作，且未出现任何工程事故。

2016年门头沟区G108、G109沿线地质灾害防治工程工程地质勘查及设计

二等奖
工程勘察与岩土工程综合奖（岩土）

获奖单位：北京市勘察设计研究院有限公司
获奖人员：范铁强，李永东，刘力阳，李伟，冯红超，杨素春，陈爱新，王立彬，曹国强，崔艳杰，霍冰

G108、G109国道常发生崩塌落石等地质灾害。受北京市交通委员会委托，我院于2016年对其进行了地质灾害治理勘察设计工作。

项目实施内容：

1. 对高陡边坡采用传统测量、三维激光扫描、物探等先进测量和勘查手段，快速、准确地查明边坡危岩特征，识别破坏类型，分析影响因素，对隐患点稳定性及危害性进行评价。

2. 采用落石分析软件计算落石运动轨迹，研究落石的落点分布、运动速度、弹跳高度及动能分布，为隐患点治理提供依据。

3. 针对不同类型隐患点的特性，综合多种治理工法的优势，摸索出一套组合式防护方法的选用标准，实现了毛石混凝土挡墙、主动防护网、被动防护网、张口式帘式网、围护绞索网、覆盖式帘式网、刚性格栅网、危岩体加固、锚杆承托梁、岩石锚杆等多种处理措施的搭配应用。

4. 传统主动网常出现块石脱落后悬挂在崖壁上的情况，形成新的危险源。通过引进多种国内外先进的围护型防护网，拦截、引导落石到坡底部位，为崩塌治理提供了新思路，保证了安全，节约了资金。

5. 借助工程实践，完成“一种拦截型围护装置”发明专利。

本项目防护体系运行三年以来，最大限度地消除了崩塌、坠石隐患，防护网经受住了考验，本防护设计也成为北京山区灾害治理典型案例。

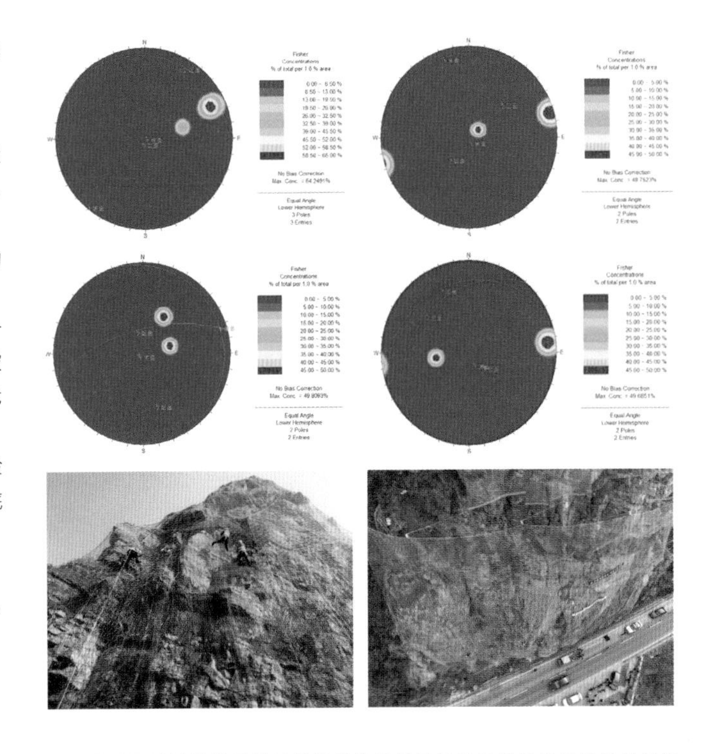

北京大成饭店项目基坑支护及地下水控制设计

二等奖
工程勘察与岩土工程综合奖（岩土）

获奖单位：北京市勘察设计研究院有限公司
获奖人员：冯红超，周子舟，程剑，吴民利，矫伟刚，王坚，杨素春，周宏磊，张勇，张略，韩朋飞，徐海龙

北京大成饭店位于北京市朝阳区酒仙桥，由一栋27层办公楼和4层商业裙房组成，总建筑面积约10万m^2。主体结构采用劲性钢筋混凝土框架－核心筒结构体系，裙房采用框架剪结构，两者均采用桩基＋筏板基础。基坑占地约9700m^2，深度23.05～24.05m。

本基坑工程影响范围内地层及地下水条件复杂多变，局部存在巨厚层回填土，场地内存在复杂既有地下结构及基坑围护体系，基坑周边环境复杂，存在涉外建筑、在建基坑及多类型市政管线等环境风险源，基坑变形控制严苛。

设计单位通过深入技术分析和准确工程判断，采用多项创新技术进行了基坑方案优化设计。利用“多排短预应力锚杆＋既有锚杆对拉互锁”创新技术解决了临近在施基坑锚杆与本基坑相互制约难题；利用原有结构位置与新建建筑结构位置重叠交错的特点，突破规范计算模型，成功将本应作为废弃障碍物处理的原有桩锚体系“变废为宝”加以利用，极大提升了本项目的经济效益和环境效益。

同时，设计单位提供岩土工程全过程一体化服务，针对项目推进过程中遇到的关键问题，完成了锚索对中改良、新型锚杆注浆材料应用、锚杆张拉技术改进以及帷幕漏点封堵装置发明等多项技术改进和创新。基坑使用期间一直保持安全稳定状态。

北京市清河再生水厂二期及再生水利用工程岩土工程勘察、设防水位咨询、地基处理设计、复合地基检测及沉降观测

二等奖
工程勘察与岩土工程综合奖（岩土）

获奖单位：北京市勘察设计研究院有限公司
获奖人员：马秉务，廖俊展，周子舟，路永平，孙猛，张学平，刘国，王慧玲，张辉，吴亚丽，李立，侯东利，王坚，王金明，周宏磊

北京市清河再生水厂二期及再生水利用工程位于海淀区清河污水处理厂的北侧和东侧，占地总面积为 17.56hm^2，设计日处理能力 32 万 m^3，建设内容包含综合楼、粗格栅间、曝气沉砂池、污泥浓缩脱水机房、污泥储运间等多个单体，总建筑面积约 2.94 万 m^2。建成后将实现污水的再生利用，有助于改善生态环境，实现水生态的良性循环，是北京市污水处理和资源化的重要工程项目。

本工程综合了岩土勘察、抗浮设防专项咨询、复杂填土区地基处理设计、沉降观测等咨询技术服务，为项目的建设和运营提供了充分的技术支持与保障。

1. 高质量高水准的岩土工程勘察成果，查明了填土坑的分布范围及填土的工程性状，全面准确揭示了场区多层地下水的分布规律，为工程设计和施工提供了优质高效的支撑服务。

2. 基于对多层地下水动态规律的深入研究和非均质 FEM 渗流计算模型分析，提供了高技术含量的抗浮设防专项咨询成果，缩短了施工周期，降低了工程造价。

3. 针对复杂填土区域地基处理，先进行前期适应性试验，再完成设计，并采取科学合理手段进行处理效果的检验，保证兼顾地基处理方法的经济性、可行性、可靠性。

4. 本工程针对各建构筑物制定并实施了合理、可行的沉降观测方案，有效地指导了科学施工，为工程建设全过程的安全保驾护航。

成都地铁 10 号线一期岩土工程勘察

二等奖
工程勘察与岩土工程综合奖（岩土）

获奖单位：中铁第五勘察设计院集团有限公司
获奖人员：焦清杰，东进，唐沛，党峰荣，姚增林，谭云龙，付新明，王永国，刘柏林，郑林春，毛星，李高勇，李磊，胡传家，崔帅

成都地铁 10 号线一期工程为成都双流国际机场专线，路线全长 10.937km，采用全地下敷设，勘察工作把握住岩土工程勘察的重难点，合理选用地质调绘、钻探、物探、原位测试（动力触探、标准贯入试验等）、水文地质试验、室内试验等综合勘探手段和方法。

1. 为保证砂、卵石层的勘察质量，在本项目中开展卵石地层钻探技术的专项研究，采用双管单动钻进 + 植物胶护壁的钻探工艺，保证了砂卵石层钻探的采芯率在 95% 以上，准确地划分了岩土分层，鉴定了砂层透镜体的分布。

2. 对石质岩芯采用还原分析法，计算漂石的粒径和含量；利用点荷载试验确定卵石、飘石的抗压强度。

3. 对个别基岩面起伏较大段落采用对称四极测深法确定了基岩面的埋深，与钻探揭露的基岩面埋深相互印证，提高了勘察成果的准确性，同时也取得了较好的经济效益。

4. 开展水文地质试验工作，以分层抽水试验为主，注水试验、提水试验为辅，采用大口径、有观测孔的水文地质试验，准确测定地下水的水文地质参数。

本工程勘察详细、全面，岩土工程分析深入，对与地基基础方案有关的地质情况进行了专项研究，反映出勘察单位从事岩土工程勘察工作的丰富经验，也对勘察技术领域的技术进步有重要借鉴和促进作用。

成渝高速公路复线（重庆境）详细工程地质勘察

二等奖
工程勘察与岩土工程综合奖（岩土）

获奖单位：中铁第五勘察设计院集团有限公司
获奖人员：姚德华，唐沛，王永国，富志根，胡长宏，齐佳兴，刘柏林，程传军，陈晓广，白雪源，杜巍，刘剑飞，王凯，程联伟，王学荣

成渝高速公路复线（重庆境）是重庆市和四川省高速公路规划网中连接成渝经济双核的最便捷通道。起于重庆沙坪坝区青木关镇陈家桥，向西横穿越缙云山、云雾山、巴岳山，途径璧山县、铜梁县、大足县，止于川渝交界的观音桥。正线全长78.629km，按双向六车道高速公路标准进行建设，设计速度120km/h，路基宽度34.5m，隧道洞高8.2m，单洞底宽16.24m。全线特大桥（1220m）1座，大桥（6195m）19座，特长隧道（6624m）2座，长隧道（4081.5m）2座，桥隧占路线比例达23.76%，是国内设计标准最高的山岭重丘高速公路。

项目地处西南岩溶发育区，沿线地形、地貌和地层种类多样。线路经过区域主体构造为北北东向，构造线与线路走向大角度相交，以华蓥山基底断裂为界，以东为华蓥山穹褶束，主要有北碚向斜、温塘峡背斜、璧山向斜、沥鼻峡背斜，以西为自贡台凹，主要有六赢山向斜、河包场背斜，线形特征明显。

勘察区沿线隧道存在煤矿采空区、瓦斯等有害气体、岩溶、顺层边坡等不良地质发育，路基段山间沟谷软弱土等特殊岩土分布段落多、分布不均匀，沿线工程地质条件极为复杂，为勘察难度较大的一条山区高速公路。

沿线工程地质、水文地质条件特别复杂，我们采用了区域地质资料分析、区域地质调查、遥感判译、带状地质测绘、综合物探（高密度电法、大地电磁法、综合测井、井下彩色电视）、瓦斯检测、钻探、室内试验相结合的综合勘察方法，积极开展技术攻关，优质高效地进行地质选线及工程地质条件评价，为设计、施工提供了可靠的技术支持，取得了显著的技术、经济和社会效益。

单店西区自住商品房项目A、B、C、D、E地块勘察、基坑、地基处理工程

二等奖
工程勘察与岩土工程综合奖（岩土）

获奖单位：航天建筑设计研究院有限公司
获奖人员：郭密文，沈伊晔，梁涛，闫德刚，魏国堂，赵晓东，郭晓光，王炜，王书行，张辉，刘彬，高艳卫，熊月，金旭，赵永强

项目概况

本项目（又名:金隅汇景苑项目）位于朝阳区东坝单店，东至单店中路，南至朝阳区农科所，西至单店建材厂，北至东坝南三街。本项目为北京市自住型商品房项目，项目分A~E五个地块，主要由13栋高层建筑及其配套设施组成，高层建筑17~29层，地下1~2层，楼高47.15~78.90m，配套设施为1~4层。该项目包括工程测绘、岩土工程勘察、岩土工程设计、基坑监测、岩土工程施工、沉降观测、竣工测量等内容，为业主方重点项目，从前期立项测绘、勘察开始至基坑开挖、地基处理完工历经3年（2014~2017年）。

项目特点

单店西区自住商品房项目A、B、C、D、E地块基坑工程根据地质情况及周边环境情况，合理选型，反复论证计算，现场实地查勘走访，最终采用自然放坡支护、土钉墙支护、复合土钉墙支护、桩锚支护、双排悬臂桩永久支护等各种基坑支护方法相结合的方案，基坑降水采用明排抽水结合管井抽水方案。实际基坑在开挖及使用时期，未发生重大安全质量事故，为后期主体结构的施工创造了有利条件。地基处理工程经反复选型、论证、计算，根据场区不同建筑物特点协同计算、分析，按照现场实际情况及建筑物特点与荷载，针对不同建筑，拟建场地采用多种地基处理方案，合理选型、节省造价。最终设计采用天然地基、换填地基、CFG桩复合地基、CFG桩长短桩复合地基、碎石桩、CFG桩多桩型复合地基、干硬性混凝土桩、碎石桩等各种地基处理方法，为后期主体结构的施工创造了有利条件。经实际施工现场检验结果，设计方案满足主体结构对地基处理的要求，建筑在施工及使用期间，根据实测的测绘成果，满足设计及规范要求。虽然场地位于同一沉积地质单元，但也需根据各个不同的单位工程主体特点及单体楼的地质情况合理选型。地基及基坑施工中对局部出现的淤泥质土进行换填，根据建筑物荷载及基础埋深采用多种地基处理方案相结合及多种基坑支护手段相结合的方案。采用多种基坑支护方案及多种复合地基方案进行优化设计，最终处理结果满足规范及设计要求。

整体效益

本项目从前期方案选型、基坑开挖、地基处理、验槽、验收工作全过程服务，对基坑及地基处理方案进行全过程跟踪，配合开工先后顺序不同，先难后易，比预期节省造价约20%，总工期缩短20天，工程质量及沉降均满足设计要求，受到业主方的高度好评。同时，此项目为朝阳单店地区类似的勘察及设计方向开拓了新的设计思路，为提高复杂条件下的勘察及地基设计、地基处理提供了良好的范例。

福成国际大酒店有限公司地热井钻井工程

二等奖
工程勘察与岩土工程综合奖（岩土）

获奖单位：航天建筑设计研究院有限公司
获奖人员：林叶，闫德刚，郭密文，鞠凤萍，郭中泽，常铁森，郭晓光，王炜，李春宝，曾海柏，钱开铸，韩有星，袁慎志，陈孝刚，李彬

项目概况

地热资源是清洁能源，地热水是集水、热、矿于一体的不可代替的可再生资源，具有无污染的特征，蕴含巨大的环境和社会效益。本项目合理开发利用河北省三河市燕郊镇的地热资源，促进地区经济增长，减少环境污染，改善投资环境。地热井位于三河市燕郊镇双井东，利用元古界蓟县系雾迷山组热储层，钻孔设计深度3200m，采用四开变径套管施工方案。

项目特色

地热井处于中朝准地台（Ⅰ级）华北断坳（Ⅱ级）冀中台陷（Ⅲ级）大兴断凸（Ⅳ级构造单元）之上。根据实际钻探录井岩屑及测井曲线综合分析结果，本井所钻遇的地层由上而下有：新生界第四系，新近系明化镇组、古近系沙河街组、中生界、古生界寒武一奥陶系、元古界蓟县系雾迷山组。

本区地热资源以热传导为主，具有较理想的盖层和热储层。其盖层由第四系地层构成，分布广泛，结构松散，孔隙发育，导热性差，具有良好的隔热保温作用，是理想的区域盖层。本井利用元古界蓟县系雾迷山组岩溶裂隙热储，含水层岩性为白云岩。

技术创新与实施效果

本地热井采用四开变径套管施工方案。地热井工程属于全隐蔽工程，且井深相对一般供水井较深，钻井施工风险大。复杂多变的地质条件更使工程的风险性非同一般，一旦不出水或水温达不到要求，所有投资与努力都将付之东流。本地热井处于中朝准地台（Ⅰ级）华北断坳（Ⅱ级）冀中台陷（Ⅲ级）大兴断凸（Ⅳ级构造单元）之上。大兴断凸呈北东向延伸，以夏垫断裂带为界，东为大厂断凹。下伏基岩古潜山地形复杂，山峰林立，沟壑纵横，地形相对高差达640~730m。基岩地层以中上元古界、下古生界碳酸盐岩地层为主，区内碳酸盐岩地层构成的古潜山地质构造复杂，岩溶裂隙发育，最大溶洞直径达9m以上。经反复分析论证，认为新近系明化镇组既是热储层又是下伏热储层的良好盖层，具有双重性质，通过计算得出本井新生界地温梯度为3.483℃ /100m，因此较好地利用其作为热储层将会为本井增加10~15℃的水温，可确保完成有基础依据的高质量地热井工程。为解决坚硬地层的钻进问题，发明了扩孔钻头实用新型专利，有效地节省人力、物力及财力，缩短施工工期。

本工程所处地质情况复杂，施工过程困难重重，并且遇到罕见的3.8m高的大型溶洞，最终完井深度2765.00m，涌水量55.30m^3/h，井口水温52.5℃，属低温地热资源之温热水。项目获得两个实用新型专利授权：级联式扩孔钻头（授权号CN205713985U）；扩孔钻头（授权号CN205422544U）。本井的成功钻凿为大兴断凸构造单元的地热开发起到巨大的借鉴作用，为廊坊市的地热开发起到了重要的指导和研发作用。提取地热水的“热”可以作为燃煤、燃气及燃油等能源的有益补充，减少一氧化碳、二氧化碳、二氧化氮、二氧化硫等有害气体的排放，降低环境污染。按照目前估算实际用水量335m^3/d、提水水温52℃、排水温度25℃计算，每年可以提取利用的热量约为13562.05GJ。依据《地热资源地质勘查规范》GB/T 11615—2010，换算为燃煤量约463.50t/年，二氧化碳1105.91t/年，二氧化硫7.88t/年，氮氧化物2.78t/年，悬浮质粉尘3.71t/年，煤灰渣0.46t/年。

南宁市轨道交通2号线工程（建设路站—南宁剧场站段）岩土工程勘察

二等奖
工程勘察与岩土工程综合奖（岩土）

获奖单位：北京城建勘测设计研究院有限责任公司
获奖人员：王献明，高涛，周玉凤，王伟，刘永勤，刘付海，廖鹏，付磊，吴金彪，梁戚丹，潘洪义，蓝龙廷，张海涛，宋春刚，韦芳妮

本工程线路风险点众多，其中特级环境风险2处，一级环境风险8处，环境条件极其复杂；施工方法涉及明挖法、暗挖法、盾构法和矿山法等多种；工程建造主要在填土、膨胀性岩土、风化岩、岩溶等特殊性岩土中进行，工程地质与水文地质条件复杂。针对以上问题和技术难点，北京城建勘测设计研究院有限责任公司采用了综合勘察手段结合专项研究的方法，解决了相关技术难题，并取得了多种技术创新：①查明岩溶发育规律及规模，创新性地提出了岩溶处理及岩溶水控制的措施建议，为后续线路建设提供指导性建议。②查明岩层的矿物成分，为盾构刀盘的选型、管片受力分析、盾构施工工艺的选择提供重要依据。③查明沿线膨胀性岩土的胀缩性等级、大气影响深度和大气急剧层影响深度，进行膨胀性等级划分，为膨胀性岩土地区地铁设计和施工提供了指导性意见。④测定了泥岩、粉砂质泥岩的黏性含量，为盾构刀盘选型及渣土改良提供了指导性的数据。⑤建立了半成岩深基坑坑外降水技术指南。经过长达4年技术研究，解决了南宁市城市轨道交通车站基坑及隧道设计、施工、降水等关键技术难题，确保了南宁市轨道交通2号线的安全顺利建造。

未来科技城北区 A21 地块岩土工程勘察，基坑和地基处理设计，抗浮设防水位咨询，地基基础沉降协同分析

二等奖
工程勘察与岩土工程综合奖（岩土）

获奖单位：建设综合勘察研究设计院有限公司
北京综建科技有限公司
获奖人员：傅志斌，李耀刚，温海成，袁长生，王柱宏，李婷，苏强，徐前，刘志伟，马赛，王文哲，徐有娜，魏峰先，武威，辛肖

未来科技城北区 A21 地块项目位于北京昌平区北七家，京承高速西侧、温榆河北岸，地块东临北区六路，南邻温榆河北滨河路，西邻科技城路，交通便利，项目建成后将为未来科技城（现改为未来科学城）北区地标性建筑群。高度、荷载大小差异显著的各栋建筑物采用一块整体大筏板基础，上部结构采用框架－剪力墙（核心筒）结构体系。

项目场地紧邻温榆河，地下水位较高，代表北京市北部山前平原区受温榆河冲洪积作用形成的富水区地貌单元。基坑西侧紧邻 3 条北京市水源九厂大直径输水主干管线，边坡失稳会产生较大影响，需严格控制边坡变形及施工可能对管线造成的破坏；现场地渣土堆填和无控制开挖后地形高差较大，基坑边坡安全等级为一级；基坑南侧临近建筑红线，红线外紧邻施工道路，现场几无放坡空间；同一基础底板上分布的上部结构荷载差异较大，底板下设计有天然地基、CFG 桩复合地基、抗拔桩等不同的地基和基础形式，同一底板上不同荷载、不同反力下的结构不均匀沉降控制及结构设计优化是突出的技术难题；同一筏板基础上有 6 栋高低不一的建筑，能否实现早日浇筑沉降后浇带是突出的技术问题，在差异沉降存在情况下的后浇带浇筑时间的控制、提前停止降水的时间控制是创新技术的难点。

为克服以上工程难题，本项目采用的技术创新关键点、实施效果与成果指标如下：

1. 将天然源面波勘察技术应用于实践并获得京北山前平原区波速与地层解译图谱，首次探索采用天然源面波微振动测试方法 SWS 勘探场区地层分布。

2. 确定京北山前平原区温榆河冲洪积扇抗浮设防水位，采用单因素独立分析和多因素相关分析等综合分析方法，解决了该复杂场地的抗浮设防水位确定问题，有力支持了最优的抗浮设计方案。

3. 地基－基础－上部结构协同沉降分析基础上的沉降控制地基基础设计优化，最终选择适合沉降变形协调的布桩设计方案，实现了以沉降控制的天然地基、CFG 桩复合地基、抗拔桩基础于一个筏板底下的复杂地基基础组合最优模式。

4. 复杂环境条件下深基坑工程优化设计。

5. 本项目采用地基－基础－上部结构协同分析，利用 GTS NX 大型有限元分析软件，将整个筏板基础、抗拔桩以及 CFG 桩复合地基置于同一计算模型中，进行地基－基础－上部结构协同沉降分析，计算分析结果协助优化地基基础设计、后浇带浇筑时间确定、停止降水时间确定等。

未来科技城北区 A21 地块所处的特殊地理位置、复杂的周边环境及工程本身技术复杂程度，决定了本工程具有重要的技术意义和社会意义。首次建立了天然源面波与钻探地层的对比关系，为天然源面波勘探技术手段的应用奠定了基础，通过系统翔实的资料收集和相关性研究，尤其是多种因素相互影响下的地下水位变化相关模型分析、基坑支护设计因地制宜、大型有限元地基－基础－上部结构协同分析成果等技术创新，精简了部分复合地基工程量，经济效益显著，对行业技术进步的促进作用明显。

西郊砂石坑蓄洪工程

二等奖
工程勘察与岩土工程综合奖（岩土）

获奖单位：北京市水利规划设计研究院
获奖人员：范子训，张如满，杨良权，姚旭初，张琦伟，袁鸿鹄，栾明龙，李玉臣，程凌鹏，赵志江，孙宇臣，孙洪升，刘爱友，李惊春，刘增

西郊砂石坑蓄洪工程的建设主要为落实北京城市总体规划，实现中心城防洪标准的需要；解决因城市建设发展迅速而带来的日益严峻的洪水问题的需要；把生态文明建设与民生改善紧密结合起来，减少积水对城市生活的影响，建设宜居城市的需要。

场地建设环境条件复杂，分布多个非正规深埋垃圾坑，地层结构分布及组合多样，水文地质条件复杂，引发诸多工程地质问题及难题：①复杂岩土环境条件下工程地质问题与难点突出；②工程建设穿越大型建筑物的地面沉降分析与评价；③近距离穿越既有建 / 构筑物结构安全影响；④土壤中有害、危险气体对环境及工程施工影响研究；⑤土层物理力学参数可靠性分析研究。

针对水利工程建设周期长、工程范围大、岩土及水文地质条件复杂等特点，严格控制过程质量，紧扣各阶段设计重点逐步深入，历经 2 年，提交了满足项目建设全过程的岩土勘察、水文地质、岩土设计、安全评估等技术成果。勘察总体工作思路清晰，技术路线合理，利用创新技术、先进手段突出。前期勘察资料准确详细、技术成果丰硕，后续全方位提供施工配合服务，满足各参与建设单位的需求，为工程顺利竣工、正常运行提供坚实的基础。

延庆区白河堡水库安全评价

二等奖
工程勘察与岩土工程综合奖（岩土）

获奖单位：北京市水利规划设计研究院
获奖人员：魏定勇，魏红，栾明龙，林万顺，刘爱友，刘增，孙雪松，晋凤明，袁鸿鹄，李惊春，王魏东，蒋少熠，王宗刚，汪琪，赵志江

延庆区白河堡水库安全评价以历史资料与运行监测资料为依托，综合利用地质测绘、钻探、坑探、压水试验、孔内电视等勘察手段，全面系统地复查了影响水库安全的工程地质和水文地质条件。利用瞬态瑞雷面波和高密度电法综合物探技术，解决坝体密实度与浸润线两大难题，为大坝工程质量评级及渗流安全评价提供了可靠的物探依据；利用混凝土无损检测技术与地质雷达技术结合，查明输水洞是否存在脱空情况，两种方法互相补充验证，克服了单一检测方法存在异常、难以判断的问题，为输水洞安全评价提供可靠的检测结果；利用地质雷达技术具有高分辨率、高效率、无损检测的特点，对溢洪道进行检测，从而判断测区是否存在空洞，为溢洪道安全评价提供了重要的依据。

通过进行水库安全评价，不但能够消除存在的安全隐患，为白河堡水库供水安全作出了极大贡献，也为2022年冬奥会延庆赛区雪上项目的顺利举行提供水源保障；同时也能提高水库的运行能力，使白河堡水库附近人居环境得到有效改善，促进绿色产业发展，提高水库生态环境质量。本次安全评价从总体工作思路、技术路线、利用创新技术、先进手段等方面具有实践推广经验价值，特别是对北京市水库安全评价工程具有借鉴作用。

中国石油云南石化1000万吨/年炼油项目工程抗浮水位专题研究

二等奖
工程勘察与岩土工程综合奖（岩土）

获奖单位：建设综合勘察研究设计院有限公司
获奖人员：李海坤，武威，苏志刚，周载阳，卢麾，赵艳龙，王健，毕向林，张卓燕，刘亚平，苏婷，邓小卫，李静坡，聂永亮，魏峰先

项目概况

中国石油云南1000万吨/年炼油项目定址于云南省安宁市草铺镇权甫村，基于中国21世纪“石油战略总体框架”——“建立国家石油安全保障体制，优化中国炼油业的区域”进行布局。项目对我国的石油安全保障体制建设及对西南地区的经济发展都有重要意义。场区位于山口冲积盆地，工程地质条件极其复杂，第四系覆盖层种类多且分布差异性大、厚度6~24m不等，下伏基岩种类多，差异性大，且有溶洞、土洞分布；场区水文地质条件复杂，地下水类型多，包括孔隙水、裂隙水、岩溶裂隙水，且周边存在水库等大型水体；工程建设的“削山填谷”处理导致场区的水文地质条件发生巨变，场区内地下水的运移规律也随之改变；项目为超大型工业园区，建筑种类多，差异性大，对建筑设防水位要求也各不相同；地下水位变化对建筑结构的安全性具有重要的影响。

技术难点、技术创新、实施效果与成果指标

本项目为大型水文地质专题研究项目，其实质为工程建设活动对区域工程地质条件的改变而引起地下水运移规律改变的问题研究。本项目工程地质条件和水文地质条件极其复杂，项目组首次使用FEFLOW模拟系统构建三维地下水运动模型，根据不同的补给情况，模拟建设区的地下水位分布情况，并对场区的最高地下水位进行了预测分析，取得了较好的咨询成果，主要包括如下几个方面：

1.“查调”结合，抓住“关键点”，查明工程地质与水文地质条件，概化场区水文地质模型。

2. 构建流域分布式水文模型，建立场区三维非稳定流地下水水流概念模型和数值模型。

3. 依据实测数据和当地气象资料对模型进行参数率定和精度检验，模型的识别结果表明，建立的模型能够较好地重现场区的地下水流场，能够用于预测未来场区内地下水水位的变化动态。

4. 基于率定模型，根据不同的地下水补给条件，开展不同情境下建设区地下水位模拟，为抗浮设防水位选择提供数据支持。

整体效益

中国石油云南1000万吨/年炼油项目，建设地形、工程地质条件及水文地质极其复杂，水位预计难度很大。通过现场试验、模型建立及参数优化研究，形成岩土工程咨询成果，有力地促进了项目建设和行业技术进步，解决了复杂地质条件的模型建立问题，研发了项目场区的分布式水文模型，实现流域下渗量和地下水位的精确模拟等，对岩土工程行业技术发展起到了明显的推动作用，经济、社会、环境效益明显。

中国铁物大厦项目基坑工程安全评估、加固设计及抽水试验

二等奖

工程勘察与岩土工程综合奖（岩土）

获奖单位：北京市勘察设计研究院有限公司

获奖人员：冯红超，王慧玲，张建坤，周子舟，张龙，张学平，刘函仲，王坚，杨素春，王金明，吴亚丽，张金浩，邱思宇，王子健

本项目位于北京市丰台区丽泽金融商务区，基坑面积约为 1.69 万 m^2，槽深约 21.63 ~ 23.63m。通过本项目通过全面分析，系统性地构建了一套超期服务基坑安全评估、加固技术路线和流程体系。

1. 明确提出了基坑安全性评估应涉及的具体内容：基坑支护结构及周边地表外观鉴定；桩锚支护结构检测；基坑监测记录整理、分析及验证。

2. 明确提出具体评估时采用的工作方法和检验手段：采取观察判断法鉴定基坑支护结构及周边地表外观；对基坑支护体系的构件强度进行检测；对现场预应力锚杆进行抽样张拉试验。

3. 全面整理分析基坑监测数据，并与基坑历史环境变化建立匹配关联，回溯基坑历史运行状态。

4. 针对基坑支护结构的薄弱环节，提出安全合理、可实施的方案：支护结构上部复合土钉墙采用增设锚杆、地锚的方式进行针对性补强；支护结构下部桩锚体系采用增设锚杆的方式加固；全面修复场地硬化与截排水体系、坡顶空洞、桩间土脱落面等；重新确定基坑支护结构监测控制值指标。

5. 针对场地水文地质条件发生的重大变化，通过专项抽水试验确定水文地质参数以完成高渗透性地层地下水控制设计。

通过加固处理，基坑后期使用期间整体始终处于安全稳定状态，加固方案达到预期效果。

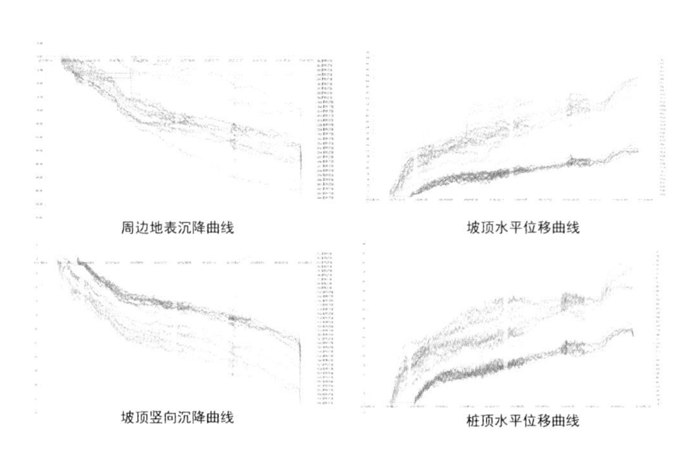

周边地表沉降曲线　坡顶水平位移曲线

坡顶竖向沉降曲线　桩顶水平位移曲线

“退城搬迁入园建厂技术改造项目”一期建设工程地块一

三等奖
工程勘察与岩土工程综合奖（岩土）

获奖单位：中铁华铁工程设计集团有限公司
山西晋冶岩土工程测试有限公司
获奖人员：刘智勇，刘红卫，徐文冬，刘劲柏，王惠，武亚东

6.20 二斜井安全隐患处置应急工程岩土工程勘察

三等奖
工程勘察与岩土工程综合奖（岩土）

获奖单位：北京市地质工程勘察院
获奖人员：周立，邹新悦，王文霞，刘永刚，高拓，赵爱晨，刘文龙

S206 线博湖至库尔勒公路项目

三等奖
工程勘察与岩土工程综合奖（岩土）

获奖单位：中交一公局公路勘察设计院有限公司
获奖人员：赵辉，张少杰，李志科，田建雄，张琦，林贵满，王峰

北京地铁 6 号线一期 02、二期 04 合同段岩土工程勘察、东小营车辆段液化土层地基处理

三等奖
工程勘察与岩土工程综合奖（岩土）

获奖单位：北京城建勘测设计研究院有限责任公司
获奖人员：王伟，梁晓辉，郭红梅，刘瑞，崔晶，宋克英，罗烈日，谢霖，谢峰，牛得平，王小东，马丹，任奥博，张亚华，侯高飞

北京市南水北调配套工程通州支线工程

三等奖
工程勘察与岩土工程综合奖（岩土）

获奖单位：北京市水利规划设计研究院
获奖人员：辛小春，李惊春，张琦伟，袁鸿鹄，蒋少熠，王魏东，林万顺，栾明龙，晋凤明，刘爱友，刘增，杨良权，孙雪松，魏定勇，宫晓明

昌平绿地中央广场项目 B04、B05 地块土方、护坡及降水工程

三等奖
工程勘察与岩土工程综合奖（岩土）

获奖单位：航天建筑设计研究院有限公司
获奖人员：闫德刚，王书行，魏国堂，郭晓光，刘彬，张辉，郭密文，梁涛，高艳卫，赵晓东，沈伊晔，吴敏，岳维杰，刘晓红，熊月

长阳半岛中央城项目（03-09-10、13、15、16 地块）

三等奖
工程勘察与岩土工程综合奖（岩土）

获奖单位：北京京岩工程有限公司
获奖人员：贾志远，吴言军，刘建立，谢飞，窦传奇，董超，张勇，陈剑雄，王聚鹏，吴维伦，许傲冬，曾松春，高万军，李佳

承德上板城热电厂基坑降水工程

三等奖
工程勘察与岩土工程综合奖（岩土）

获奖单位：中国电力工程顾问集团华北电力设计院有限公司
获奖人员：李彦利，贾宁，孟庆辉，高鹏，王洪播，雷磊，徐晓青，张杰，燕慧晓，闫晓君，赖海林，陈鹏，张代国，富长城，危欢欢

大兴区瀛海镇瑞合二村屈庄西非正规垃圾填埋场治理勘查与评估

三等奖
工程勘察与岩土工程综合奖（岩土）

获奖单位：北京市勘察设计研究院有限公司
获奖人员：韩华，王慧玲，陈强，刘晓娜，康敏娟，张曦，李厚恩，刘雅可，甄振，杜川，王峰

解放军总医院门急诊综合楼基坑护坡桩工程设计

三等奖
工程勘察与岩土工程综合奖（岩土）

获奖单位：建设综合勘察研究设计院有限公司
北京综建科技有限公司
获奖人员：周振鸿，李耀刚，武威，孙华波，吕果，朱爱农

京开高速公路（辛立村—市界段）岩土工程勘察

三等奖
工程勘察与岩土工程综合奖（岩土）

获奖单位：北京城建勘测设计研究院有限责任公司
获奖人员：周玉凤，孙常青，任奥博，马丹，梁晓辉，李飞飞，刘丹，刘瑞，吴黎辉，秦磊，宋春刚，牛得平，朱杭琦，冯海龙，曹飞

新建衡茶吉铁路衡阳至井冈山段有机质土（泥炭质土）地基处理工程

三等奖
工程勘察与岩土工程综合奖（岩土）

获奖单位：中铁第五勘察设计院集团有限公司
获奖人员：毛忠良，雷正敏，张成钢，杨岳勤，王永国，陈晓莉，孙蕾蕾，郭绍影，姜佑明，苏文杰，丁新红，胡佳伟，邱凌，张潇，林必强

中铁五院研发楼岩土工程勘察、基坑支护设计及复合土钉墙专题研究

三等奖
工程勘察与岩土工程综合奖（岩土）

获奖单位：中铁第五勘察设计院集团有限公司
获奖人员：胡传家，刘柏林，刘俊飞，党峰荣，焦清杰，东进，唐沛，姚增林，张成钢，王永国，李磊，肖海峰，李高勇，高国灿，崔帅

万寿寺甲 27 号公寓区翻扩建工程

三等奖
工程勘察与岩土工程综合奖（岩土）

获奖单位：航天建筑设计研究院有限公司
获奖人员：郭密文，闫德刚，梁涛，王书行，魏国堂，郭晓光，沈伊晔，赵晓东，刘晓红，吴敏，岳维杰，刘国华，熊月，王炜，李彬

中国国际贸易中心三期发展项目 B 阶段工程岩土工程勘察、水文地质勘察

三等奖
工程勘察与岩土工程综合奖（岩土）

获奖单位：北京市勘察设计研究院有限公司
获奖人员：马秉务，薛祥，迟云峰，李斌，朱春杰，吴晓芳，刘晓娜，甄振，王慧玲，朱辉云，李立，王峰，周宏磊，李正平，王善儒

工程勘察与岩土工程
综合奖（测量）

北京市城六区和新城区域地下管线基础信息普查

一等奖
工程勘察与岩土工程综合奖（测量）

获奖单位：北京市测绘设计研究院
北京市勘察设计研究院有限公司
建设综合勘察研究设计院有限公司
获奖人员：杨伯钢，王丹，高文明，宣兆新，刘志祥，李金刚，王树东，张劲松，顾娟，王宏涛，刘英杰，张凤录，马宁，龙家恒，田文革

项目概况

根据国务院办公厅和住房城乡建设部的要求，北京市开展城六区及11个新城地区的地下管线普查，全面覆盖城六区1378km^2、新城区域2927km^{2}范围。项目包括普查总体方案和标准制定、地下管线外业普查、工作底图制作、长输管线普查、监理检验、整合入库、三维建模以及信息化系统建设，总投入达4.45亿元。我院作为项目牵头单位，承担项目总额1.5亿元，建设综合勘察研究设计院有限公司、北京市勘察设计研究院有限公司承担项目总额3074万元，三家单位项目总额1.8亿元。项目共编写地下管线地方标准4个；制作工作底图35685张；普查管线总长度3.3万km；普查全市过境长输管线1322km；完成普查作业监理检验；实现管线成果权属确权、整合入库、三维建模；研发了地下管线数据管理维护系统、地下管线共享应用系统、地下管线质量监理软件、地下管线移动采集软件和竣工测量数据采集软件。

项目全面提升北京市地下管线精细化管理水平，研发的全流程信息化系统提高了地下管线普查工作效率，在全国具有示范作用，为北京市地下管线及地下空间科学规划、合理调整提供了可靠依据，为建立北京市地下空间动态监测体系奠定了坚实基础。

项目特色

地下管线是保障城市运行的重要基础设施和"生命线"，在城市规划建设管理中发挥重要作用，与城市安全和百姓衣食住行息息相关。根据国务院办公厅与住房和城乡建设部的要求，北京市成立了北京市地下管线基础信息普查领导小组，北京市规划和自然资源委为牵头单位。该项目成果均已通过北京市规划国土委组织的第三方质检验收和专家验收。

本次北京市地下管线基础信息普查采用了地下管线探测技术、全球导航卫星系统、地理信息系统等技术，在充分利用北京市规划国土委、市市政市容委、区县市政市容委、专业管线公司等相关单位现有地下管线和基础测绘成果的基础上，通过信息提取、数据整合、外业调查、数据建库、统计分析等技术手段，查清北京市地下管线的空间位置、基本属性和数量特征，建立数据库和应用平台，形成城六区和新城地下管线基础信息普查成果。

1. 技术内容与成果

完成了4个地下管线地方标准的撰写。针对北京市地下管线普查工作需要，编写了《地下管线探测技术规程》DB11/T316、《地下管线数据库建设标准》DB11/T1452、《地下管线信息管理技术规程》DB11/T1453和《地下管线现状及竣工数据汇交标准》DB11/T1451 4个地方标准，还编制了行业标准《管线制图技术规范》。

开展了地下管线外业调查测绘。①普查工作底图制作。将北京城六区管线普查工作区划分为126个片区，共制作并提供了外业普查和监理1:500工作底图35685张。②外业普查。完成城六区和9个新城区域地下管线外业普查，共采集八大类管线3.3万km，普查基础信息包括种类、数量、功能属性、材质等35个属性项。完成全市过境的、有危害的涉密长输管线普查共计27条，总长度1322.68km。③管线监理。完成了7个作业单位约1.7万km^{2}地下管线的外业普查监理检验。④建立了项目生产、质量、安全和保密等方面的管理制度，确保了普查时间进度、成果质量和生产数据安全。普查工作历时2年3个月，组织各类技术培训、交流和协调会22次，工作例会62次，各层级培训各类培训达2000余人次。

地下管线普查成果整合与建库，完成城六区和新城区域8.17万km地下管线外业普查成果整合入库。完成城六区3.9万km管线权属确认，权属确认率达94.7%。

地下管线三维建模完成8.17万km地下管线的三维建模，实现地下管线与道路、地形、建筑物等地上三维模型的集成。

地下管线信息系统开发了"地下管线数据管理维护系统"，实现了数据入库、成果查询、成果统计、成果检查、管线编辑、成果导出、三维建模和系统管理等功能，为地下管线普查数据的编辑入库、管线三维建模、数据更新维护提供工作平台。

开发了"地下管线共享应用系统"，实现了管线查询定位、管线统计、三维应用、管线通用分析、辅助规划分析和应急保障等七大功能，为各委办局、管线主管部门及专业管线公司提供地下管线共享应用平台。开发了"地下管线质量监理软件"，利用程序自动查找地下管线普查数据中的错误，为地下管线普查成果质量检查验收工作提供辅助工具。

开发了"北京市地下管线移动采集软件"，实现了所见即所采和作业现场部分过程检验。

开发了"地下管线竣工数据采集软件"，辅助管线竣工测量单位实现管线数据采集，规范成果质量，实现地下管线数据动态更新与入库一体化衔接。

2. 关键技术与特色

（1）关键技术

1）加强工艺创新，实现了标准、准备、作业、成果、入库、展示、共享、更新等一体化的工艺流程，充分利用自主研发采集软件和质检软件、多种基础管线数据源，实现内外业全流程的技术路线。

2）研发地下管线移动采集及数据处理技术，实现所见即所采，将外业采集效率提高了30%以上。

3）研发地下管井摄影测量系统，通过影像采集测量地下管井的相关信息，减小了劳动强度、降低了测量人员工作的危险程度。

4）研发了地下管线规则知识库构建技术，可通过规则的自由组合来对数据进行自动质量检查，提高了数据检查效率。

5）面向不同需求构建了有效的地下管线Web服务，开发不同的应用功能，实现了跨部门、跨区域共享应用。通过匹配规则实现了地下管线大规模自动三维建模，面向规划需求，研发了三维分析功能。

6）研发了海量空间数据索引构建技术，可以快速地获取管线的位置信息，解决了海量管线数据查询统计的效率瓶颈。

（2）建设特色

1）统筹规划，分步实施，标准方案先行，编制地下管线普查系列标准；统筹规划，制定项目总体工作方案；分步实施，先城六区，后远郊区，先外业普查，再内业处理建库；充分利旧，收集已有管线资料，统一制作管线普查工作地图。最终建立全面覆盖城六区 1378km^2、新城区域 2927km^2 范围全市 8.17 万 km 二维、三维地下管线普查成果数据库。

2）建立了全过程的质量监管体系和标准体系，建立了从项目设计到最后地下管线信息化应用全过程的质量监管体系，包括设计评审、两级检查一级验收、第三方质检测试，采用了全过程监理机制进行成果验收，确保作业安全、工作质量及工作进度。撰写地方标准 4 个，全面规范了北京市地下管线普查、数据建库、信息化建设及竣工数据汇交等标准。

3）在采用或自主研发国内最先进的技术完成普查工作的同时，开展技术创新。自主研发了地下管线移动采集系统，将外业采集效率提高了 30% 以上；研发了地下空间摄影测量系统，避免了下井调查带来的安全隐患；采用三维仿真技术提高了地下管线的可视化；研发了地下管线质量检查软件有效保障了普查成果的质量；建设了管理维护及入库、共享应用平台。

4）北京市首次实现大规模地上地下一体化应用，实现了 8.17 万 km 地下管线普查成果的三维建模，并与地形三维、建筑物三维以及三环内的道路三维精细模型集成，形成了北京市地上地下一体化三维场景和应用，研发了三维剖面分析、挖坑等三维分析功能。

5）本项目是中华人民共和国成立以来北京市规模最大、最全的一次地下管线普查，本次普查涉及了城六区和新城区的 8 大类管线，30 多个属性项，三家单位共完成 3.3 万 km。普查成果全面提升北京市地下管线城市精细化管理水平，为地下管线及地下空间科学规划、合理调整提供了可靠依据，为建立全市地下空间动态监测体系奠定了坚实基础。

3. 应用效果

（1）为城市灾害应急分析提供服务。为北京市城市规划设计研究院提供排水管线普查成果，用于城市雨水管道能力评估、模拟中心城积水内涝情况和积水点影响分析。

（2）为编制管线综合规划提供数据基础。为北京市规划国土委提供长输管线普查成果，用于京津冀地区油气管线走廊规划。

（3）服务市政建设规划审批。将项目成果接入市规划审批系统，提高市政建设规划审批的科学性。

（4）为管线消隐提供依据。将项目成果共享给城市管理委，辅助查找老旧管线与存在安全隐患的管线，为开展消隐工作提供科学依据。

（5）为开展规划核验奠定基础。将新建管线与普查成果进行关系分析，辅助规划执法大队的规划核验，避免不符合要求的管线进入运行状态。

（6）为地下管线管理提供支撑。项目软件在城六区和新城地下管线中得到应用，普查成果实现同市应急办、市城市管理委数据共享应用。

整体效益

1. 经济效益

①通过项目成果产生的直接经济效益超过 1.8 亿元。②该工程成果在洪涝灾害分析、油气管线走廊规划、管线规划审批与核验以及地下管线普查中使用，有效节省财政投资。③已同热力集团等权属单位、管线普查作业单位开展合作，将项目成果应用到行业单位的地下管线管理和普查作业中。

2. 社会效益

①该项目成果有效填补了北京市智慧城市建设中缺少地下管线精细化管理的空缺，全面提升了北京市城市精细化管理水平。②研发了从地下管线外业普查到内业质量检查、整理入库、三维建模和共享应用的全流程的信息化系统，提高了地下管线普查工作效率，在全国具有示范作用。③第一次全面规范了北京市地下管线基础信息普查、数据建库、信息化建设及竣工数据汇交等标准。④为地下管线及地下空间科学规划、合理调整提供了可靠的依据。⑤为下一步建立全市地下空间动态监测体系奠定了坚实基础。 通过一系列管线普查工作的开展，北京市进一步建成完善的北京城市地下管线建设管理体系，大幅提升北京城市地下管线应急防灾能力和安全运行水平，为北京城市地下空间的合理开发利用、综合管理、城市数字化、智慧城市建设等奠定坚实的基础。

东莞市城乡规划局东莞市第二批中心城镇地下管线普查包 O

一等奖

工程勘察与岩土工程综合奖（测量）

获奖单位：北京市勘察设计研究院有限公司

获奖人员：王珍，张志伟，王羽，王宏涛，张庚涛，赵立峰，殷文彦，肖超群，冯子坤，石锐，付仲花，殷甫东，张立伟，高文明，敖平平

项目概况

为更好地了解和管理地下管线情况，为建设“数字东莞”和可持续发展提供必要的基础数据，满足城市规划、建设、运行和应急工作需要，北京市勘察设计研究院有限公司在东莞市城乡规划局组织的竞标工作中脱颖而出，中标承接了东莞市樟木头镇普查 O 包的管线普查工作。

东莞市樟木头镇以石马河为界，西侧为 N 包，东侧为 O 包。O 包的普查面积约 12.03km^2，探测管线长度达到 910km，带状地形图测量总图幅达到 287 幅。

项目特色

1. 优化作业流程和组织架构，保证项目高效、有序开展

根据项目特点，搭建高效项目管理组织架构，制定科学的作业流程管控，促进项目开展高效、有序、有追溯、有监管、有效果。

建立管线联络员制度，作业单位和线权属单位建立管线联络员，对资料、调绘工作、普查现场指认以及成果图纸进行联合审查。

实施管线普查例会制度，促进解决疑难问题，协调工作关系，部署工作计划，强调工作纪律及探测质量安全注意事项，对项目推进起到至关重要的作用。

采用小测区滚动和互动竞争机制进行管线普查工作，降低作业人员疲惫感，增强竞争激励氛围。

2. 充分利用井盖探测仪、管道潜望镜等先进设备和技术手段，提高明显管线点的识别能力

采用井盖探测仪查找埋在沥青、覆土、建筑垃圾下的阀门井盖和检修井及近地面的埋地金属管道和埋地信标，可提升管线点的识别。

对不具备井下调查条件的窨井，采用管道潜望镜结合探钎的调查技术和方法，保障管线调查的准确性。

3. 建立不同问题的解决方案，提高成果的可靠性

以重复探测作业模式，验证不同班组的探测成果能力和仪器设备的可靠性，辅助探地雷达探测方法，提高管线探测成果的可靠性。

建立应对相邻管线干扰、非金属管道探测（UPVC 管等）、地面和浅部干扰的避免和压制等难点的解决方案。

4. 标段间统一布设控制网，保证项目整体控制精度

为保证全镇 N 包、O 包管线普查成果精度的一致性，两标段共同对公共控制点进行组网和平差，为全镇提供一套内部相对精度较高的基础测量起算依据。

5. 创新自由设站法，提高沟道折点的位置精度

创新和改进全站仪自由设站法及无定向导线观测法，方便快捷且满足精度要求地获取沟道的位置信息。

6. 研发地下管网综合管理系统平台，提升质检效率

充分利用自我研发的地下管网二维和三维综合管理系统平台，实现直观、准确描述管线间的空间关系，解决包含地下管线碰撞等问题的检查与分析。

中华人民共和国国家版权局

计算机软件著作权登记证书

证书号：软著登字第2294639号

软件名称：地下管网三维综合管理系统 V1.0

著作权人：北京市勘察设计研究院有限公司

开发完成日期：2017年10月31日

首次发表日期：未发表

权利取得方式：原始取得

权利范围：全部权利

登记号：2017SR709355

根据《计算机软件保护条例》和《计算机软件著作权登记办法》的规定，经中国版权保护中心审核，对以上事项予以登记。

中华人民共和国国家版权局 计算机软件著作权登记专用章

No. 02164844

2017年12月20日

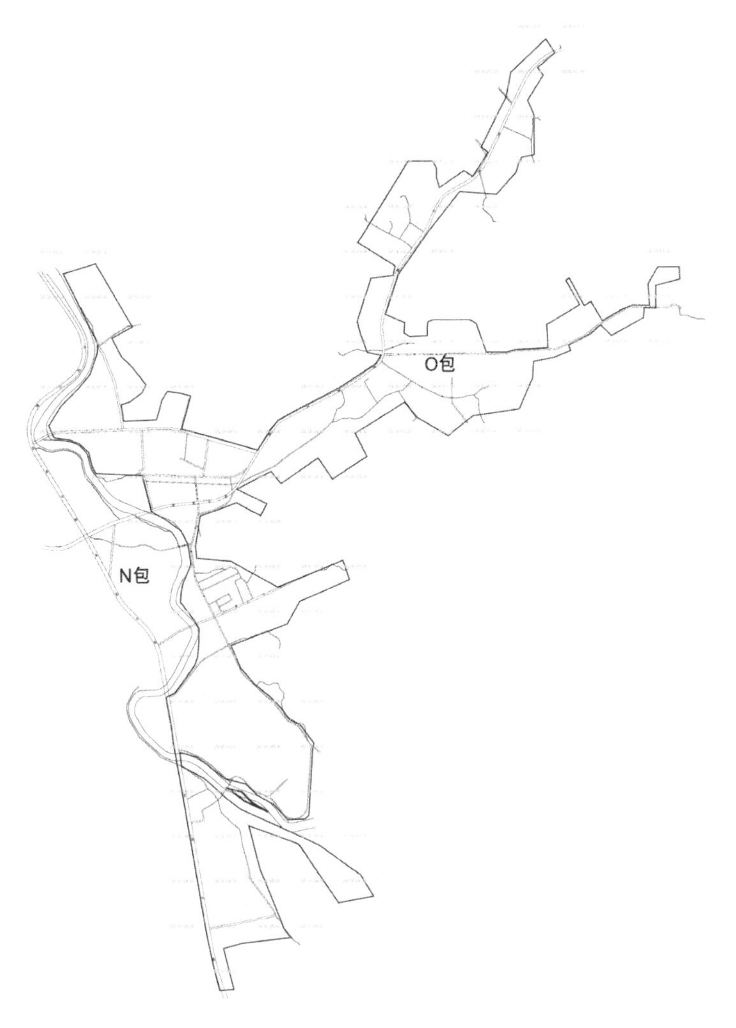
O包
N包

关于穿越软土地质的城市轨道交通全生命周期测量与监测信息化管理应用技术研究

一等奖
工程勘察与岩土工程综合奖（测量）

获奖单位：北京城建勘测设计研究院有限责任公司
获奖人员：马海志，张志宏，李鹏，周小波，潘海浪，李仁高，施秋劼，丘少宝，王维林，高勇，张殿，金鑫，陈臣，龚选波，苗大勇

项目特色

本项目最大的特色就是全线位于软土地层，控制网的维护及隧道的高精度贯通均存在较大难度，我公司采用新技术和管理方法，投入高端设备和技术人才，实现预期目的：全线贯通面上贯通中误差横向不超过±50mm，竖向不超过±25mm；隧道衬砌不侵入建筑限界，设备不侵入设备限界；保证了全线按照设计顺利贯通并完成铺轨。同时对线路范围内的建（构）筑物进行了全面及时的监测，从而发现风险并及时处理，避免了软土地质带来的施工风险。

技术难点及技术创新

1. 采取多种测量措施保障大断面隧道的顺利贯通。5 标中间风井—南沙客运港站区间为广州市首条单洞双线地铁隧道。设计内径 10300mm，为提高贯通精度我们做了如下工作：使用多组近井点，并且采用强制对中装置，优化两井定向图形，采用多组观测数据的均值确定钢丝及基线点的成果，隧道内采用双导线形成闭合线路的测量方案等，使该区间顺利贯通。

2. 自主研发了“MCPS- 轨道交通 CP Ⅲ控制网处理系统”并投入使用。我公司研发了“MCPS- 轨道交通 CP Ⅲ控制网处理系统”软件，该软件以严密测量平差理论为基础，具备处理海量数据、无人值守、自动纠错、平差方法合理规范等优点，保障了广州轨道交通四号线南延段工期。应用实践显示该软件的数据处理方案以及纠错机制合理科学，对铺轨的精度和平顺度有很大的指导意义，完全满足广州地铁 CP Ⅲ测量的技术要求。

3. CP Ⅲ测量杆件的标准化。在四号线南延段 CP Ⅲ测量的过程中，我们通过不断地摸索实践，经过多次改良与测试，形成了一套完备的 CP Ⅲ测量杆件与预埋件的制作标准及测量方式方法，该成果可用于指导铺轨、运营维护等工作，可重复安装使用，具有精度高、操作简便、成本低廉等优点，实现了由传统的铺轨基标测量转换到轨检小车全方位测量双轨绝对几何参数方式的转变，目前该成果已应用于整个广州地铁，成为甲方认可的标准化元器件。

4. 首次在广州地铁应用三维激光扫描技术进行矿山法隧道超欠挖分析。该技术的优越性，保证了其能够进行隧道的断面检测工作。其主要工作流程分别为外业数据采集、数据预处理、三角网模型建立、隧道断面截取、成果输出、对比分析等。

5. 矿山法隧道采用自动化监测技术。为提高监测精度、及时反馈监测数据指导施工，该项目采用了二维面阵激光位移计实现对隧道拱顶挠度及收敛进行自动化实时监测，及时反馈矿山法围岩的受力情况，信息化指导施工。

三维激光扫描技术生成的隧道超欠挖分析表

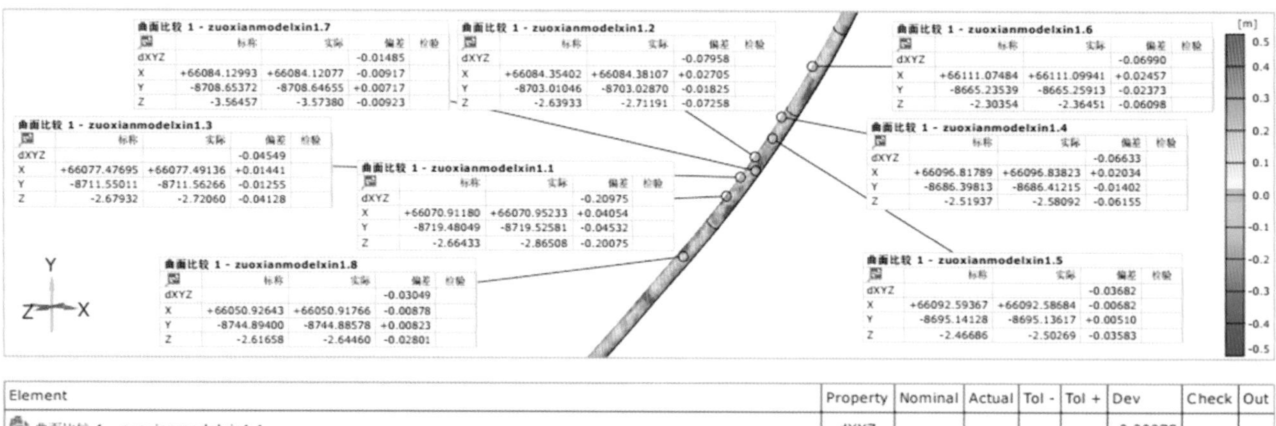

曲面比较 1 - zuoxianmodelxin1.7

	标称	实际	偏差	检验
dXYZ			-0.01485	
X	+66084.12993	+66084.12077	-0.00917	
Y	-8708.65372	-8708.64655	+0.00717	
Z	-3.56457	-3.57380	-0.00923	

曲面比较 1 - zuoxianmodelxin1.2

	标称	实际	偏差	检验
dXYZ			-0.07958	
X	+66084.35402	+66084.38107	+0.02705	
Y	-8703.01046	-8703.02870	-0.01825	
Z	-2.63933	-2.71191	-0.07258	

曲面比较 1 - zuoxianmodelxin1.6

	标称	实际	偏差	检验
dXYZ			-0.06990	
X	+66111.07484	+66111.09941	+0.02457	
Y	-8665.23539	-8665.25913	-0.02373	
Z	-2.30354	-2.36451	-0.06098	

曲面比较 1 - zuoxianmodelxin1.3

	标称	实际	偏差	检验
dXYZ			-0.04549	
X	+66077.47695	+66077.49136	+0.01441	
Y	-8711.55011	-8711.56266	-0.01255	
Z	-2.67932	-2.72060	-0.04128	

曲面比较 1 - zuoxianmodelxin1.4

	标称	实际	偏差	检验
dXYZ			-0.06633	
X	+66096.81789	+66096.83823	+0.02034	
Y	-8686.39813	-8686.41215	-0.01402	
Z	-2.51937	-2.58092	-0.06155	

曲面比较 1 - zuoxianmodelxin1.1

	标称	实际	偏差	检验
dXYZ			-0.20975	
X	+66070.91180	+66070.95233	+0.04054	
Y	-8719.48049	-8719.52581	-0.04532	
Z	-2.66433	-2.86508	-0.20075	

曲面比较 1 - zuoxianmodelxin1.8

	标称	实际	偏差	检验
dXYZ			-0.03049	
X	+66050.92643	+66050.91766	-0.00878	
Y	-8744.89400	-8744.88578	+0.00823	
Z	-2.61658	-2.64460	-0.02801	

曲面比较 1 - zuoxianmodelxin1.5

	标称	实际	偏差	检验
dXYZ			-0.03682	
X	+66092.59367	+66092.58684	-0.00682	
Y	-8695.14128	-8695.13617	+0.00510	
Z	-2.46686	-2.50269	-0.03583	

Element	Property	Nominal	Actual	Tol -	Tol +	Dev	Check	Out
曲面比较 1 - zuoxianmodelxin1.1	dXYZ					-0.20975		
曲面比较 1 - zuoxianmodelxin1.2	dXYZ					-0.07958		
曲面比较 1 - zuoxianmodelxin1.3	dXYZ					-0.04549		
曲面比较 1 - zuoxianmodelxin1.4	dXYZ					-0.06633		
曲面比较 1 - zuoxianmodelxin1.5	dXYZ					-0.03682		
曲面比较 1 - zuoxianmodelxin1.6	dXYZ					-0.06990		
曲面比较 1 - zuoxianmodelxin1.7	dXYZ					-0.01485		
曲面比较 1 - zuoxianmodelxin1.8	dXYZ					-0.03049		

已对齐 1　　长度单位：m

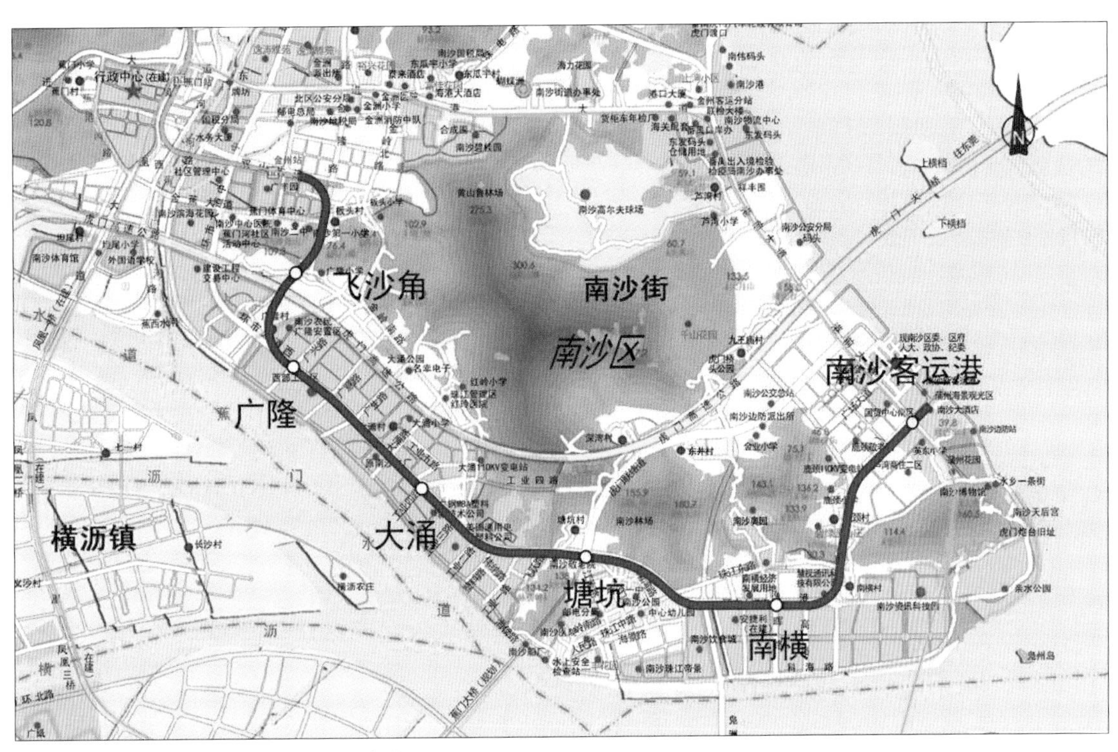

广州市轨道交通四号线南延段线路平面示意图

“MCPS- 轨道交通 CPⅢ 控制网处理系统”软件运行界面

北京市地面沉降监测年运行费（GPS 测量）

二等奖
工程勘察与岩土工程综合奖（测量）

获奖单位：北京市地质工程勘察院
获奖人员：鲁泽宇，简程航，曹炳强，刘智强，马静，何运晏，罗勇，练建鑫，原涛，贺一可，宋秉庚，宋子超，郭聪楠，程祥，安栋

随着首都经济的持续高速发展以及城市规模的不断扩大，由于过量开采地下水带来的地面沉降灾害日益严重。地面沉降造成交通和地下管线受损、水准点高程失准、河流防洪能力降低，同时也给城市建设的布局与规划带来困难，已发展成北京平原地区的主要地质灾害。为全面掌握北京市地面沉降的分布特点与发展规律，科学评估地面沉降带来的影响，将其危害降到最低，北京市建成由 110 个 GPS 点组成的地面沉降监测网络。

作为首都，北京是我国政治、经济和文化中心，也是交通枢纽中心。北京地区人口密度大，交通拥挤，而部分 GPS 监测点位于郊区、河道等偏僻处，这给外业作业时站点的搬迁工作带来不便。GPS 外业观测需 24 小时连续观测，监测人员需在野外连续值守，外业作业的饮食、休息等活动得不到保障。作业所用仪器价钱昂贵，需各个作业小组成员严格按照规定操作仪器，避免因磕碰或操作不当损坏仪器。

北京市地面沉降 GPS 监测获取的沉降现状及沉降趋势结果已经广泛应用于地面沉降防控工作中，是相关部门分析沉降规律、制定改善地面沉降的方针政策、防止地质灾害发生的重要基础性材料，对人民生活质量的提高和经济建设的可持续发展具有重要意义。

暨南大学地下管网综合管理系统工程项目

二等奖
工程勘察与岩土工程综合奖（测量）

获奖单位：北京市市政工程设计研究总院有限公司
广州城市信息研究所有限公司
获奖人员：向贵山，张木增，易俊，林春秀，吴著群，陈鹏，余晓春，付冬平，黄浩，张弘，潘才艺，罗春华，姚汉华，周斌，蔡鸿光

地下管线是校区赖以生存和发展的重要基础设施，是校区的“生命线”。暨南大学为百年老校，随着学校不断发展建设，逐渐形成了新老管道并存、错综复杂的地下管网。之前学校没有一套完整的地下管网图纸资料，完全依靠人工经验，管理效率极低；同时因管线老旧，时常出现漏水、爆管等现象，造成极大损失；开挖建设过程中时常出现误挖、错挖等事故，影响学校正常工作和生活，因此对校区内地下设施进行摸查，建立数据库，并在重要管线节点上布设监测设备，实现管网智能化管理意义重大。

暨南大学地下管网综合管理系统工程实施范围为暨南大学石牌及华文校区，总面积约 1350 亩，实施内容分为外业数据采集建库及系统建设两大部分，共完成 GPS 控制 35 点，500 地形图 0.9km^2，综合管线探测 222km，排水管道检测 19km，给水漏点检测 37km，在线监测设备安装 30 点及地下管网综合管理系统一套。

本项目综合性较强，涉及测绘、物探、检测、计算机、电气等多个专业，且校区历史悠久，管网密度极大且错综复杂，造成基础数据的获取难度大；本项目要求建立在线监控系统，同时将数据实时接入系统，对数据传输及系统要求较高；综上所述，项目作业内容复杂，整体实施难度大。

南水北调配套工程大兴支线工程测量

二等奖
工程勘察与岩土工程综合奖（测量）

获奖单位：北京市水利规划设计研究院
获奖人员：高铜祥，石维新，陈海兵，刘玉忠，李慧，郭胜利，王建民，刘策，李文格，肖洲，崔海涛，韩帅，李志，石贵新，鹿新壮

南水北调大兴支线工程将北京市南水北调配套工程与河北省南水北调配套工程纵向连通，通过调节池及加压泵站，实现供水线路双向输水，在京津冀协同发展的背景下，达到北京与河北两省市的南水北调工程互联互通、提高供水安全性的目的，同时亦为北京新机场水厂提供双水源通道。新建南干渠与廊涿干渠连通管线长约 46km，其中北京段长约 33.4km，管线路由从西南五环路西侧的中申物流开始，沿永定河灌渠向南至辛庄村后，向西至永定河结束。其中主线测量范围为线路两侧外延 200m，测量面积约 23.5km^2，新机场水厂连接线长 14km，宽约 250m，面积 3.9km^2。

沿设计线路布设四等 GPS 平面控制网、四等高程控制网；采用 RTK 技术进行图根控制测量；按照设计的导线桩号，测量纵断面图以及横断面图。采用机载激光雷达系统和数字航摄仪，对测区进行 LiDAR 点云数据和数字影像采集。采用航空摄影测量方法生产 1 ： 2000 比例尺的数字地形图（DLG）、数字高程模型（DEM）和数字正射影像图（DOM）产品，其主要工作内容包括：航摄准备、航空摄影、数据处理（点云数据预处理、点云分类、解析空中三角测量）以及 DEM、DOM、DLG 生产。

2017 年度北京市地理国情常态化监测项目

三等奖
工程勘察与岩土工程综合奖（测量）

获奖单位：北京市测绘设计研究院
获奖人员：杨伯钢，刘博文，王淼，杨旭东，龚芸，秦飞，黄迎春，陈娟，张海涛，郭燕宾，林静静，谢燕峰，屈艾晶，郑学康，马常亮

关于广州市轨道交通六号线工程长周期、大跨度第三方监测技术研究

三等奖
工程勘察与岩土工程综合奖（测量）

获奖单位：北京城建勘测设计研究院有限责任公司
获奖人员：马海志，苗大勇，金鑫，冯健贤，李伟龙，王志京，李政威，周小波，占有名，吴光标，张志宏，曾德尚，李仁高，潘海浪，龚选波

柳南客专精密测量控制网复测及线路平纵断面复测拟合

三等奖
工程勘察与岩土工程综合奖（测量）

获奖单位：中铁第五勘察设计院集团有限公司
获奖人员：高磊，邹文静，周云，金国清，杜兆宇，姜浩，钟源明，韦永录，乔淑荣，李祖来，陈华芳，王晓凯，宋帆，桑明智，耿中利

三峡新能源曲阳光伏项目测量

三等奖
工程勘察与岩土工程综合奖（测量）

获奖单位：中国电力工程顾问集团华北电力设计院有限公司
获奖人员：乔晓星，李奎强，任要学，孙国洋，杨奎生，高学谦，周余红，曹玉明，杨成坡，单维营，郝宝诚，胡明刚，李法礼，尹浩，任军科

市政公用工程
（道路桥隧）综合奖

北京市广渠路（东四环—通州区怡乐西路）市政工程

一等奖
市政公用工程
（道路桥隧）综合奖

获奖单位：北京市市政工程设计研究总院有限公司
获奖人员：秦大航，王越，李家琛，崔学民，张楠，张建华，罗飞，张宏远，汪相征，姚晓励，郝标，许延祺，张俊波，孟敏，田雪婷

广渠路（四环—怡乐西路）全长 12km，技术等级为城市快速路，主路设计速度 80km/h，四环路—五环路为双向 6 车道加连续停车带，五环路—怡乐西路为双向 8 车道。辅路设计速度 40km/h，双向 4~6 车道。全线设置 4 座互通式立交，分别为四环路、五环路、茶家东路、怡乐西路立交；新建 2 座高架桥，即第一段高架（百子湾至高碑店）、第二段高架（东五环至通州怡乐西路高架桥）；2 座跨河桥（跨通惠河灌渠）；2 座人行天桥；4 处高架桥公交换乘系统；1 座人行通道桥改造；新建 2 座通道桥；桥梁总面积 43.5 万 m^2。建排水泵站 1 座。全线铺设市政公用管线，同步实施绿化、照明、交通工程等。

工程中贯彻绿色、创新、服务共享的设计理念，在路面结构、桥梁结构、排水设计中都有其特点。

充分利用桥下空间，节约利用土地资源。广渠路方案设计有 2 座高架桥，为节省土地资源，合理布设管线，将两侧辅路置于高架桥下，尽量增大桥梁盖梁悬臂长度，盖梁悬臂长度 9.85m。下部墩柱采用集约型，尽量少占用桥下空间，下部结构采用 π 形墩设计，既满足桥梁受力的要求，又增加桥下通透的视觉效果，造型美观。

局部路段采用 DTC 道路相变调温材料。DTC 相变调温材料提供高炉材料的热熔性和延展性，可有效防止及减轻路面结冰，降低温缩裂缝的发生率，延长道路使用寿命。DTC 掺加在道路表面层，利用相变储能调温机理，可以提高路面对极端低温、大温差等的适应能力，减少冰冻层对道路行车的危害，提高冬季沥青路面的行车安全性。

小半径钢混凝土组合曲线梁无支架拼装技术：常规钢－混凝土组合梁设计需要搭设临时支架，长时间占用道路资源，影响现况交通。本工程设计采用一种新型的设计方案——曲线梁无支架悬臂拼装技术，钢梁吊装施工过程仅关闭现况交通 5 个小时，将桥梁施工对现况交通的影响降至最低。

新型三岔双向挤扩桩（DX 柱）基础设计：DX 桩是一种变截面桩，是在钻孔灌注桩的基础上，使用 DX 液压旋挖挤扩设备在直孔桩不同部位旋挖挤扩成上下对称的空腔，形成桩身、承力盘、桩底共同承力的桩型，DX 桩在桥梁工程中应用较少，在北京地区桥梁建设中尚无应用先例。设计过程中，将桩基理论计算与现场试桩相结合，确定桩基设计方案，经济效益明显。

与地铁共线，预应力混凝土承台设计：局部与地铁共线，桥梁基础采用预应力承台形式跨越地铁区间，地铁施工过程及初期运营阶段，会产生对桥梁基础不利的沉降，经多次论证，基础与地铁按一定先后顺序施工，可将安全风险降至最低。

以人为本，提倡公共交通，合理接驳换乘：广渠路承担过境交通和区域集散交通双重功能，集公共交通和社会交通于一体，并与地铁 7 号线局部共线。为配合广渠路建设，北京市政府确定地铁 7 号线首开段（大郊亭—百子湾段）需与广渠路二期同步实施。在优先发展公共交通的战略思想下，充分利用快速路的资源，设置主、辅路两套公共交通系统，并设置配套设施实现各种交通工具间的方便换乘。

五环互通结合立交形式与绿化形成雨水回用系统，利用降水浇灌互通区绿植，多余雨水经过边沟及雨水管道排入下游。

大厦
金泰国际大厦

京台高速公路（北京段）工程

一等奖
市政公用工程
（道路桥隧）综合奖

获奖单位：北京市市政工程设计研究总院有限公司
获奖人员：汤弘，许志宏，潘京，潘可明，何维利，祝晓冬，肖永铭，尹吉州，冷锋，王京，赵璞，李非桃，蔡力，曲魁，张海波，李俊彩，徐安宁，王航，赵东松，徐德标

设计技术内容

京台高速是北京市通往山东、福建、台湾等地的国家级干线公路网的组成部分，是国家“7918”高速公路网规划确定的 7 条首都放射线之一 ——京台高速（北京至台北高速公路）的起始段。道路设计起点位于 104 国道与南五环路相交点东侧，与蒲黄榆快速路相接，道路设计终点在市界处与京台高速河北段衔接，路线全长约 26.6km。道路等级为高速公路，全线为双向 8 车道，其中起点至主线收费站段设计速度为 100km/h，标准路基宽度为 41m；主线收费站至终点设计速度为 120km/h，标准路基宽度为 42m。全线桥梁总长度 10.357km，共设有特大桥 1 座、大桥 1 座、中桥 1 座、互通式立交桥 6 座、分离式立交桥 9 座、通道桥 17 座，桥隧比约为 40%，全线桥梁总面积 41.4 万 m^2。

创新要点

1. 道路工程

（1）沥青混合料温拌技术。本工程所用沥青混合料采用表面活性温拌技术，可降低沥青混合料的生产及摊铺温度，减少有害气体排放，体现绿色、环保的设计理念。

（2）不粘轮类乳化沥青粘层。采用不粘轮类乳化沥青，其高温条件下抗剪能力强，固化后对车辆轮胎不粘附，从而避免出现施工车辆对粘层的破坏现象，保证层间粘结状态，杜绝了施工车辆粘附沥青污染周边道路、标线等的现象。

（3）低成本环氧沥青应用技术。基于环氧沥青固化原理的基础，以成本为控制原则进行了低成本环氧沥青应用技术研究，并在六环路匝道桥铺筑了试验路段。

2. 桥梁工程

（1）无支座自复位桥梁抗震、减震新技术的应用是针对北京地处高烈度区的京台高速高架桥梁结构的抗震问题，在以往工程经验和国内外抗震减震技术研究的基础上，开发出的性能稳定、减隔震效果良好的新型抗震、减震技术。该研究内容作为北京市交通行业科技项目课题，于 2016 年 12 月顺利结题。期间先后针对无支座自复位桥梁受力体系和破坏机理进行深入研究，并分别用单墩拟静力推覆试验和全桥缩尺振动台试验对理论研究成果进行验证，最后将研究成果应用于黄徐路跨线桥中并编写《无支座自复位桥梁设计施工技术指南》。该项究成果达到国际领先水平，可实现桥梁震后功能快速恢复，推广应用前景广阔。该项研究成果获北京公路学会科学技术奖一等奖，并获得一项发明专利“无支座自复位的抗震、减震现浇桥梁”和三项实用新型专利“无支座自复位桥梁双界面摇摆墩”“无支座自复位桥梁可更换耗能装置”“无支座自复位桥梁墩柱抗剪装置”，发表论文两篇。

（2）钢 - 混凝土组合梁桥无支架施工技术的应用。本项目采用钢 - 混凝土组合梁桥无支架施工技术以减少施工对桥下交通的影响。无支架施工技术，通过在预制钢箱上设置牛腿、传力工字钢、临时体外预应力钢束等措施，结合调整钢箱安装顺序，优化临时墩位置，把施工对现况路交通的影响降到最小。

洪士庄桥

洛阳市新区拓展区开拓大道、希望路（或协和路）跨伊河大桥工程 开拓大道跨伊河特大桥

一等奖
市政公用工程
（道路桥隧）综合奖

获奖单位：北京市市政工程设计研究总院有限公司
洛阳城市建设勘察设计院有限公司
获奖人员：秦大航，李东，李盼到，徐艳玲，刘一平，杨明，路峰，姚嘉墨，钏瑜，许欣，马利君，王军锋，王建钦，胡松松，李丹

伊河作为洛阳市的母亲河，自西向东蜿蜒流淌，承载着“伊洛文明”。近年来，随着城市的发展，伊河上建起了一座又一座形态各异的桥梁，使古老的伊河焕发了新的魅力。2017 年 6 月，一座雄伟而美丽的桥梁出现在伊河上，因独特的造型在众多桥梁中脱颖而出，这就是开拓大桥。

开拓大桥位于伊河下游，洛阳新区中部，是一座连接古代与未来的桥梁，桥梁的设计灵感来源于“龙”的形态，雄伟的桥塔犹如四条出水腾飞的巨龙，盘旋而上，既彰显了千年帝都深厚的文化底蕴，也体现出当今洛阳“锐意进取”的城市精神。

开拓大桥全宽 45m，主桥设计为双塔双索面自锚式悬索桥，主跨跨径 175m。

开拓大桥的桥塔全高 52.5m，独柱桥塔在主缆巨大的轴压力作用下，易出现受压失稳的情况。在桥塔结构设计时，结合“盘龙而上”的造型将桥塔设计为“主塔 + 辅塔”的组合型式，主塔延用造型简洁的矩形断面竖直向上，辅塔呈“龙”形的曲线造型依附于主塔，在塔顶与主塔汇合，两个桥塔组合受力，大大提升了结构的稳定性，实现结构力学与视觉美学的和谐统一。

在大桥缆索系统设计中，根据现场情况，设计团队提出基于无应力状态法的吊索张拉方案，通过分步、分批调整吊索的无应力长度，保障主缆精准实现由空缆线形至设计成桥状态的体系转换，建设周期短，投入小，容易控制。

开拓大桥的主梁采用分离式双边箱钢结构，由双箱单室截面的主纵梁、横联、次纵梁和桥面板共同组成，这种主梁布置形式与桥梁整体传力途径一致，自重轻，在施工时还可“化整为零”，较小的节段更易于运输、安装，保证钢结构的施工质量。

开拓大桥是一座会动的桥梁，通过减震橡胶支座和阻尼器的布置，即满足主梁在常态荷载作用下的变形需求，当地震来临时，桥跨结构通过变形和阻尼器消耗吸收地震能量，调节受力状态，保证使用安全，即使遭遇 2000 年一遇的强震，大桥也可“泰然自若”。

开拓大桥建成后，缓解了城区的交通压力，作为洛阳市的首座悬索桥，其新颖、独特的造型成为城市的地标性建筑，吸引了众多摄影爱好者前来拍照打卡。开拓大桥既承载着厚重的历史文化，又具有鲜明的时代特点，为洛阳这座以“千年帝都”而文明的城市增添了一处新景观。

梅岭公园跨龙王港河步行桥

一等奖
市政公用工程
（道路桥隧）综合奖

获奖单位：中冶京诚工程技术有限公司
获奖人员：卢理杰，万晓峰，余海群，李家富，贾凡，李绪华，谭晋鹏，何国娟，崔明芝，鞠拓文，余文华，梁兴旺，赵艳霞，沈万湘，汪明

设计理念

梅岭公园跨龙王港河步行桥的设计理念新颖独特，将中西方文化融合在一起。其相互交织而又蜿蜒盘旋的设计灵感，源于西方经典的“莫比乌斯环”和中国古老民间艺术“中国结”的有机结合，象征着好运与繁华。三条路径相互穿插，高低错落有致，可循环的路线给人营造出一种无尽的路径感，丰富了游客的步行与视觉体验。桥身砖红穿孔铝板表皮内设置点光源若隐若现、随机变化，神秘而又极富现代感，夜晚灯光亮起时，桥体在灯光的映衬下更加婀娜多姿、惊艳夺目。2014 年被美国 CNN 评选为十大“世界最性感建筑”之一。

项目特殊性

步行桥整体桥长 183.95m，总宽 11.5m，高约 24m。步行桥的设计充分利用地形，连接河道两侧及沿河景观带。本工程位于梅溪湖北岸，梅岭公园和体育公园绿轴与龙王港河交汇的关键节点位置，连接梅岭公园与银杏公园，横跨支路九、龙王港河、沿河景观步行道、梅溪湖路；步行桥共设有 3 条步行道、5 个节点。设计中充分考虑并尊重了龙王港河南北两个公园之间的复杂地形，通过桥身起伏连接两岸不同高差的地形，在桥身交错处设置休息平台，让两个公园有机衔接。两条步道路线，一条坡度平缓适于通行，一条高低起伏适于锻炼，同时满足了市民出行和休闲娱乐的需要。

技术难点

步行桥造型独特，其主体结构采用随桥形同步变化的钢桁架结构，在穿插交错设置的水平通道处，采用大梁将荷载向主受力结构传递，同时在大梁附近利用桥体之间的间隙设置一定的拉结杆件，以便整个桥体共同受力，加强整体结构竖向振动特性并增大竖向刚度。桥体两端支座采用固接，其余支座均采用铰接，以减少温度变化对桥体产生的影响，设计时考虑竖向地震作用和温度作用。对结构进行了模态风险、弹性屈曲分析和施工阶段风险预测。对于半穿式桥梁桁架结构，通过竖腹杆和横梁刚性连接组成的槽形框架来确定不设支撑系统的桁架受压弦杆的计算长度。

作为长沙梅溪湖新区的标志性步行桥，该项目在满足保障龙王港河两岸的居民通行的基本功能基础上，最大限度地将实际功用与景观融为一体，达到了功能与风格的完美统一。同时其独特的造型也在全国乃至全球对梅溪湖新区起到了良好的宣传作用。整个设计过程中，结构、建筑、机电各专业之间相互配合，做到精心设计，保证安全。在各部门协作设计方面，积极主动，赢得协作方和业主方的好评。在项目正式投入使用后，得到市民良好反馈，建设单位非常满意。

SEP.2016/PHOTO BY HENRY

深圳市坪西公路坪山至葵涌段扩建工程

一等奖
市政公用工程
（道路桥隧）综合奖

获奖单位：北京市市政工程设计研究总院有限公司
获奖人员：马杰，刘飞，黄兢祥，黄枫，陈兵，刘明高，熊建辉，肖杰，谢金华，叶晔，田鹏，李张卿，芦建军，常军，刘海卫

坪西公路坪山至葵涌段扩建工程项目位于深圳东部，是连接坪山新区和大鹏新区的主要通道。项目起于坪山石井村与荔景南路，由北往南布线，终于葵涌街道盐坝高速公路入口处，路线全长 8.05km。项目为现状道路扩建，由原来的双向 4 车道的一级公路，分段扩建为快速路、主干路标准的双向 6 车道道路，设计车速 50~80km/h。

本项目道路主要承担深圳市东部地区南北向的中长距离交通联系，沿线区域内部短距离交通及区域对外交通联系及旅游交通集散功能。项目与绿梓快速路和环城西路组成快速路网体系，它的建设有利于完善大龙岗片区快速路网，对促进区域经济发展和城市化进程有着十分重要的意义。本项目主要设计特点如下：

1. 道路工程

（1）合理定位道路功能

项目沿线经过居民区、工业区、山地等不同性质用地，经对规划路网进行分析论证，定义本项目为生活性服务交通和通过性交通功能的定位，分段采取不同的技术标准。

（2）交通事故多发路段的平纵创造性设计

项目控制点较多，工程复杂，为贯彻安全最大化的理念，创造性地提出了采用左右幅分离、路基与隧道叠置、设置油罐车大货车专用道等方式，优化了现状连续长陡坡路段的纵坡，解决了交通安全问题。

（3）完善交通设施，体现人性化设计

本次设计充分考虑沿线城市生活的需求，曾设全线贯通的非机动车道和人口密集区人行系统，实现机动车、非机动车、人行三种交通方式分离，方便沿线居民的安全出行；合理设计平面交叉口，完善交叉路口交通组织，交通量较大的平交口设置灯控与二次人行过街系统，保证路口人车交通安全、有序畅通。

2. 隧道工程

（1）工程概况

本工程设长度 780m 单洞隧道一座，属于中隧道。隧道为单向 3 车道隧道，暗洞毛洞开挖宽度为 17m，高度为 11.7m，按跨度划分属于大跨度隧道。

（2）工程特点

1）金龟隧道从现况坪西公路下穿越，属于超浅埋隧道。隧道两侧为现状路基二至六级高边坡。通过采用对高边坡预进行加固处理措施而后开挖隧道，顺利通过危险区段。

2）明洞段深基坑

隧道南、北端两段为深基坑。基坑受外侧人工回填土多变的地下水位影响，失稳风险较大。深基坑段的工程安全是本工程的重难点。

3）现况 LNG 管保护

隧道暗挖段段与现况 LNG 管有约 180m 的并行段，两者平面投影最小净距为 7.1m。施工时以控制爆破为主，局部辅以机械开挖。

3. 排水工程

项目经过二级水源保护区路段，设置封闭的路面雨水收集系统，将路面径流排出水源保护区，另外通过设置混凝土防撞墙、加强型 SA 级防撞波形梁护栏，防止车辆发生事故翻越从而对水源造成污染。

您已进入赤坳水库
水源二级保护区
全长3.69km

60
50m
金龟隧道 长780m

2016年三环主路（三元桥西—丽泽桥北）大修工程

二等奖
市政公用工程
（道路桥隧）综合奖

获奖单位：北京市市政工程设计研究总院有限公司
获奖人员：张恺，叶远春，何萌，曲乐永，荀阳阳，袁辉，苑广友，王泽宁，杜斌，周武，肖翔，吴睿麒，陆洋，田国伟，陈奕仁

在我们生活的城市中，道路和人一样，每天都承担着繁重的压力，就像我们在“996”的工作状态之余需要休息、养生一样，道路也需要保养。北京三环主路从20世纪90年代建成通车使用以来，长期承担着繁重的交通压力，一些“部件”已经疲劳损坏，一些功能已经不适应现在的使用需要，因此2016年对北京三环主路进行了一次彻底的大修保养。

本次大修本着突出“安全耐久、节能环保、绿色交通、景观靓化”的设计理念，将多项创新融入设计当中。

1. 湖沥青+SBS双改性沥青材料

目前路面最常见的病害是开裂，为此我公司通过工程试验研究确认后在三环主路表层使用了两类既耐久又抗裂的添加剂（湖沥青+SBS），相当于给路面穿上了一件坚固的防护服，近三年的运营实践表明，其高温稳定性、低温抗裂性、抗水损害及抗疲劳性表现优异，大大延长了路面的使用寿命。

2. 首次采用温拌改性技术

三环路地处北京城市中心区，沿线商业、高教、文体产业众多，高品质的周边环境对材料设计的环保性提出了更高的要求。因此我们首次采用了温拌改性技术进行沥青摊铺，大大降低了之前由于高温施工造成的有害物质排放。施工环境得到显著改善，对周边市民生活环境影响亦显著减小。

3. 设置公交专用道系统

道路拥堵是国际公认的大城市病，北京三环路也深受其害。要解决拥堵问题，重要的一项措施就是把出行需求向公共交通引导，节约有限的道路空间资源。因此，为缓解拥堵，响应北京市“保证公交优先，倡导绿色出行”号召，本次大修利用现有道路资源构建快速通勤走廊，在三环路全线增设公交专用道。从三年的使用情况看，效果日益显现。

北京轨道交通燕房线（主线）工程工点设计04合同段

二等奖
市政公用工程
（道路桥隧）综合奖

获奖单位：北京市市政工程设计研究总院有限公司
获奖人员：李东，崔哲，许欣，李盼到，马利君，徐艳玲，刘一平，历莉，胡松松，钏瑜，王鑫，姚嘉墨，王军锋，彭勃阳，庄年

燕房线是我国首条自主化全自动运行线路，列为国家战略性新兴产业示范工程。设计最高车速100km/h，B型车，6节编组。区间均为高架桥结构形式。工程设计实现了上部小箱梁、墩柱、疏散平台、栏板等附属结构标准化、工厂化；跨越节点结构类型统一化，钢结构工厂化。构件模块化，现场吊装、架设采用机械化施工工艺。

上部小箱梁引入精细化分析，优化腹板、底板厚度，降低自重，节省材料。在桥面不均匀荷载作用下，箱梁存在扭转效应，使支座受力很不均匀，通过增加支承间距有效降低了上述效应。同时增加施工阶段小箱梁的抗倾覆能力。

应用延性构件的性能化设计方法，实现“小震不坏、中震可修、大震不倒”三级设防目标，同时达到节省材料、降低工程造价的目的。

燕房线采用线形轻盈流畅、美观大方的“花瓶墩”。墩柱两侧沿竖向设置装饰凹槽，可有效减轻墩柱顺桥向的体量，达到轻盈纤细的视觉效果，同时此装饰凹槽与主梁、栏板的断缝在桥梁侧立面构成连续顺滑的线条，使主梁与墩柱上下呼应、浑然一体；墩柱正立面亦设置装饰凹槽，凹槽沿墩柱曲线绽放打开，槽内放置雨水管。雨水管穿过主梁预埋钢套管与桥面排水管相连。这一设计使雨水管隐蔽在凹槽内，避免破坏高架结构整体景观。

长沙市望城区湘江西岸防洪保安工程（腾飞路防汛通道拓延工程香炉洲路—旺旺东路段）

二等奖
市政公用工程
（道路桥隧）综合奖

获奖单位：北京市市政工程设计研究总院有限公司
北京市市政工程科学技术设计研究院有限公司
获奖人员：金涛，张建军，袁倩倩，张冰，张路，于洋，李晨曦，蒋大振，陈丹，陈祥云，蓝晴，王阳，赵岩，张伟，赵强

长沙市望城区湘江西岸防洪保安工程［腾飞路防汛通道拓延工程（永通大道—旺旺东路）］项目位于长沙市望城区滨水新城核心区，路线呈南北走向，南起吴家冲路，北至旺旺东路，路线全长约5.3km，道路等级为城市主干路，主路设计车速60km/h，辅路设计车速40km/h，道路红线宽度60m，采用主路双向6车道，辅路双向4车道断面形式；连接线香炉洲路段长度440m，道路等级为城市主干路，设计车速60km/h，红线宽度46m。本工程设计内容涵盖道路、交通、桥梁、排水、景观绿化、照明及海绵城市等多个专业。工程实施总长度约5.7km，总投资约4.41亿元。

本工程属于道路改扩建工程，为湘江西岸防洪保安提供保障，为滨水新城核心区市政设施提升品质。项目实施范围情况复杂，包含有道路新建、老路改扩建以及既有路基拓宽等三种情况，路基路面处理情况多样。本着“用户至上，安全第一”的设计原则，遵循海绵城市“渗、蓄、滞、净、排”的设计理念，采用低影响开发设施与传统的管网系统相结合的方法解决涝水出路，控制进入望城区滨水新城核心区水系的污染物浓度，打造与周边环境相融合的优美、宜居的生态环境，同时结合项目所处的空间区位、交通区位、周边的用地开发等情况，对道路的横断面构成进行详细的分析论证，最终采用慢行一体化的设计方法，在满足非机动车和人行交通通行需求的基础上，合理利用道路空间，极大地提高了道路工程的经济合理性及整体系统景观效果。

密云县西统路（云西三街—河北路）道路工程

二等奖
市政公用工程
（道路桥隧）综合奖

获奖单位：北京国道通公路设计研究院股份有限公司
获奖人员：孙建林，王晶晶，燕斌，唐超，李小东，梁兆学，钟弘，郭祎，于婷，张莉，苑鹏宇，曲跃丰，李超，顾大鹏，许金玉

①“绿色环保”。选线阶段加强生态环境保护，贯彻低碳发展理念，避让环境敏感区和生态脆弱区。②因地制宜。近郊区段采用市政设计标准，在原有道路线由上进行改扩建，同时完善相应的城市设计设施。进山段采用一级公路标准。③提前预测，预测近远期结合。项目设计风格与现状顺接，之后向北从城市郊区向山前区延伸，设计风格和沿线景观逐步变化。④工程结构物、服务设施、管理设施、安全设施等功能系统匹配，考虑充分远景扩展需求。

桥梁工程：①管线要求高：路线与南水北调管线斜交角为84°，桥梁采用一跨跨越方式。②河道要求高：京密引水渠为饮用水源河道，桥梁采用一跨跨越方式。③地震烈度高：桥址处设计基本地震动峰值加速度为0.2g，地震作用强烈，本工程采用延性设计，注重抗震构造措施等细节设计。④斜交角度大：卸甲山大桥斜交角为40°，斜桥效应明显，通过空间有限元模型分析与合理配置钢筋等方式增强了斜桥的力学性能。

排水工程：现状管线较多，可用路由位置有限，管线的平面布置应结合新建道路情况、现状管线情况以及周边环境等因素综合考虑。公路段过京密引水渠和水源地，设计通过生态沟将雨水收集至调蓄蒸发池，避免了对水源地的污染。

顺平辅线俸伯桥改建工程

二等奖
市政公用工程
(道路桥隧)综合奖

获奖单位：北京市市政工程设计研究总院有限公司
获奖人员：李巍，和坤玲，聂长文，崔哲，安邦，李琪，汪岩，王美，程京伟，王紫玉，袁蕾，刘铭，张鸿燚，李博阳，庄绪君

府前街是顺义区一条重要街道，是顺义区的“长安街”，俸伯桥改建工程位于府前街上跨潮白河处，现况俸伯桥北侧、地铁 15 号线南侧。改建工程新建道路 3 条、桥梁 1 座。其中府前街规划为城市主干路，道路全宽 40m，设计车速 40km/h，改造范围长度约 1.04km，横断面采用一幅路形式，双向六车道，外侧为非机动车道，车行道全宽 32m，两侧人行道各宽 4m。新建桥梁全长 450m，总面积为 1.8 万 m^2。

本工程地理位置特殊、现况条件复杂、工程预算有限，制约因素较多。工程场区内有大面积河道漫滩、地质条件复杂；且紧邻地铁 15 号线，桥桩距地铁隧道最近处仅 3.9m，河东侧 300m 路段还位于地铁线路上方，施工对地铁影响较大。设计时综合考虑场区现况因素，选择了美观大方、古朴沉稳的变截面连续梁桥方案，并通过精细化设计，提升了桥梁品质，使方案的合理性、安全性和建设的经济性、美观性达到较好平衡；路基段利用水泥搅拌桩和气泡轻质土结合的地基处理方案，有效降低了填方荷载。最后确定的工程方案经济合理，有效提高了通行效率，升华了街道功能，提升了区域景观品质，同时有效保证了地铁的运营安全。工程建成后，新建俸伯桥已成为顺义新老城区之间的地标性建筑，盘活了新城地区，促进了顺义地区的发展。

天堂河(北京段)新机场改线(一期)工程下穿京九铁路工程

二等奖
市政公用工程
(道路桥隧)综合奖

获奖单位：中铁第五勘察设计院集团有限公司
获奖人员：续宗宝，庞元志，刘金国，胡明，孟国清，肖玉民，王合希，马华东，张静，田丰，卢岛，梁红燕，薛红云，王心顺，朱勇战

京九铁路为双线电气化铁路，是我国一级铁路繁忙干线。本框架桥总宽度 86m，而相邻接触网最大跨度为仅 60m，接触网杆拆改过渡工作不可避免。接触网改造分为过渡工程和恢复正式工程两部分内容进行：过渡工程通过在线路加固横梁上组立临时支柱，新建电气化设备，将相应的接触悬挂和装配均倒接其上，邻近电气化设备相应调整。恢复正式工程通过在框架桥上预留接触网钢柱基础组立正式接触网支柱。接触网杆变形值、位置偏差须严格满足规范要求。实际施工后，支柱在顺线路方向保持铅垂状态，其倾斜率不超过 0.1%，腕臂柱、隔离开关支柱、硬横跨支柱倾斜率不超过 0.3%，完全满足铁路供电相关规范的要求。

项目充分考虑了施工纠偏外力对大跨框架桥梁内力产生的影响。本桥为五孔超静定结构，由于桥梁跨度大，受力复杂，顶进过程需精心组织，稍有不慎，巨大的顶力将导致桥体受力不均产生开裂。根据经验，设计中计入了不均匀顶力为总顶力的 10%，采用 Midas 软件模拟，底板深度 2m 范围内需要加强配筋，即按照局部拉力由加强钢筋承担的原则进行加强。

铁路采用超长的纵横梁体系。本项目采用纵横梁体系，纵梁长度达 125m，属于超长加固，无类似使用案例，需对其进行详细研究。根据本工程实际施工中的监测结果，横梁应力及钢轨位移均满足规范要求。

国内首次在顶进框架桥体系中引入实时监控系统，有效控制框架桥顶进误差。本项目作为亚洲最大顶桥式排水框架桥，实际操作中需要对纵横梁加固系统及轨道进行监控，对框架桥顶进姿态及应力进行监测，对后背桩进行实时监测。

本工程为排水框架桥，对框架桥裂缝控制极为严格，根据调查，项目采取的主要措施如下：①参考既有竣工框架桥裂缝实例及有关资料，我们发现桥体纵向构造配筋不足是框架桥裂缝产生的一个主要内在原因。因此，本项目中加强了纵向构造配筋，由 $\Phi16@125$ 加密为 $\Phi18@100$ 钢筋。②原材料宜选用高标号、低水化热、较小干缩性的粉煤灰硅酸盐水泥。同时适当增加微膨胀剂，以部分补偿混凝土收缩，改善骨料级配，尽量提高粗骨料用量，选用无反应性和吸水性小的骨料。③从施工角度，对粗骨料预冷降温，以降低混凝土的入模温度，纵向分段浇筑，分段长度不大于 15m。混凝土浇筑采用分层浇筑，厚度不大于 50cm，便于及时散热。混凝土浇筑完毕后，及时覆盖养护。采用长时间养护，规定合理的拆模时间，做好保湿保温处理，混凝土内外温差不超过 25℃。

本项目为亚洲最大的既有线下顶进框架桥工程，其具有顶力超大(23935t)、跨度超宽(85.6m)等特点，在运营中的京九铁路下方实施顶进操作极为复杂，顶进误差控制难度史无前例。本工程在顶进过程中采用了大型液压油泵智能分流系统，辅以红外线中线对准系统，以实现超高精度顶进，通过设置多点观测站随顶随测等多种手段与措施，使得桥体顶进就位处与预设桥位的水平偏差为 40mm(规范限值 200mm)，高程偏差为 -20mm(规范限值 +150mm，-200mm)，远小于规范控制值，顶进偏差控制极为精准，在同类型工程中处于国际领先水平。

万寿路南延工程（金星路—南四环）

二等奖
市政公用工程
（道路桥隧）综合奖

获奖单位：北京市市政专业设计院股份公司
获奖人员：尚颖，马国雄，蒋陆壹，刘勇，唐功林，赵珂，谢青，王连红，李颖娜，卢琳，薛峥，刘美霞，李长伟，梁栋，杨洋

工程规模

万寿路南延（金星路—南四环）项目位于北京市丰台区、大兴区，道路全长7.62km。规划为城市主干路，道路红线宽50~70m，设计速度50~60km/h。新建道路面积362200m^2；新建桥梁面积11530.8m^2。项目总投资约7亿元。

设计理念

万寿路南延是北京西南部的过境通道，位于四环外，是连接市中心区与大兴城区的南北向城市主干路，兼顾区域内周边地块的集散交通作用。远期向北打通三环半，连接丰台区火车站枢纽，完善西南规划路网，体现北京市总体规划要求。

技术创新要点

1. 综合性较强

万寿路南延为城市主干路，长7.62km，含立交2座、跨线桥4座、跨河桥3座、铁路箱涵1座、泵站1座、天桥2座。建设内容含道路、立交、交通、桥梁、天桥、泵站、雨水、铁路箱涵、绿化、照明多个专业。

2. 交通节点多，交通组织复杂

道路全线与24条规划路（2条快速路、5条主干路、7条次干路及10条支路）、3处河道（新凤河、黄土岗灌渠、马草河）及1处铁路编组站相交。其中与北京铁路动车段编组站相交节点，占地1024.6亩，设走行线5条，存车线70条。采用312m的三箱四室铁路箱涵衔接，下穿铁路编组站，设置下拉槽共计620m，并设置泵站解决下拉槽排水。

3. 慢行的精细化设计，以人为本

道路全线人行道无障碍通行考虑与车站换乘连续、天桥构筑物换乘连续。道路与周边环境相结合，设置隔音屏，减少对周边居民干扰。

延庆区黑艾路提级改造工程

二等奖
市政公用工程
（道路桥隧）综合奖

获奖单位：北京国道通公路设计研究院股份有限公司
获奖人员：孙建林，李超，钟弘，梁兆学，单长江，赵正阳，魏增智，李英杰，王莹莉，李晓伟，董雪婷，黑智涛，闫婧铱，牛晨，郁通

道路沿线地形陡峭，植被发育不充分，基岩裸露，道路设计以与地形相适为主，同时在功能上兼顾防灾、防火，遵循绿色、环保理念，尽量减少对自然环境的破坏。

建设过程中，对产生的弃渣进行筛选与循环再利用，用于混凝土骨料、路面结构找平层、路堤填筑和挡渣墙的砌筑等。

边坡地质灾害形式主要为岩体崩塌、碎落和碎石土覆盖层的滑塌、落石等。设计以绿色防护、柔性防护等措施为主，通过采用清理浮石、危石、SNS主动防护网、帘式网、削坡卸载和挡渣墙等措施进行防治。

新型路面结构路面面层采用热再生面层，旧料来源为沥青厂收购的本区域大修项目产生的沥青旧料，做到因地制宜，既能保证工程质量，又能节能环保。

排水设计中结合雨洪利用，在坚持经济性与适用性，充分利用现况排水设施的前提下，尽可能降低工程造价，并对局部进行完善。

根据山区公路的特点，增加防护设施的使用率，在急弯、陡坡等危险路段设置横向减速振动标线，增加提示作用。临崖等填方高的路段，提高护栏防护等级，增加注意落石等标志的设置次数。

绿化设计与道路沿线的景观相融合，通过绿化措施的修复作用，恢复原有的生态群落，实现景观的可持续发展，使人、路与自然三者相和谐，达到“天人合一”的最高境界。

浙江省衢州市信安湖景观桥工程（礼贤桥）

二等奖
市政公用工程
（道路桥隧）综合奖

获奖单位：北京土人城市规划设计股份有限公司
浙江工业大学工程设计集团有限公司
获奖人员：俞孔坚，陈梦，黄锦宜，陈璐，高正敏，李圣慧，林初杰，孙挺翼，王梅俊，邓佳承，韦斯港，陈伟，李保招，王冬，李波

浙江省衢州市信安湖景观桥位于衢江大桥至西安门大桥段，东接衢江中路，穿严家淤半岛，上跨衢江，西连紫薇中路。桥梁主线全长580m，桥梁标准宽10m，跨越Ⅳ级航道，为连接衢州新区与老城区的人行及非机动车通道。

场地特征与挑战为解决衢州西区与和老城区慢行系统不完整问题，缓解西安门大桥和衢江大桥的交通压力，确保桥下满足Ⅳ级航道的通航标准。

桥形代表着新城与旧城的连接，将一条代表人行拱桥的曲线叠加在自行车道的拱桥上，两道曲线上下交错，除了增加拱形的视觉效果外，交集空间也为行人预留了赏景停留的节点。当行人进行在曲线形的拱桥上时，随着桥身高度变化能获得不同的视野与观景感受。本设计同时将中国拱桥的文化内涵运用到现代桥梁工程之中。

在现代工程科学技术的解决手段上，采用上下错落曲线钢桁架形式，最长跨度70m，符合单向通航Ⅳ级航道标准，做到结构形式与功能的完美结合，并与衢州城墙、大南门等古迹遥相呼应，表达对历史文化的尊重与传承。本项目综合考虑了城市形象打造及慢行游憩网络构建。项目完工后，受到当地居民的热爱，称其为网红桥，对于提升信安湖旅游品质与城市形象有显著的成效。

2017年市管城市道路步行自行车系统整治工程

三等奖
市政公用工程（道路桥隧）综合奖

获奖单位：北京市市政工程设计研究总院有限公司
获奖人员：郭沛亮，叶远春，袁海燕，荀阳阳，苑广友，李晓宇

朝阳北路增设步道前后对比

马家堡西路增设步道前后对比

昌平区京银路德胜口桥 大修工程

三等奖
市政公用工程（道路桥隧）综合奖

获奖单位：北京国道通公路设计研究院股份有限公司
获奖人员：朱军，国祥明，周怡，高尚，燕文鹏，张晓雷，陈作银，贾尚林，袁旭斌，高进博，王春芝，赵萌，牛宇曦，李晓辉

长安街综合整治工程（复兴门—天安门东地下通道）——道路工程

三等奖
市政公用工程（道路桥隧）综合奖

获奖单位：北京市市政专业设计院股份公司
获奖人员：梁燕，刘东芳，李文月，王京京，张玉轻，郭明洋，蒋大鹏，王之怡，牛晨，张鑫，刘卉，田亚磊，张姗姗，唐功林

国道321阳朔至桂林段扩建工程No.2标段

三等奖
市政公用工程（道路桥隧）综合奖

获奖单位：北京市市政工程设计研究总院有限公司
北京市市政工程科学技术设计研究院有限公司
获奖人员：金涛，张建军，张伟，陈建豪，陈祥云，袁倩倩，肖永铭，于洋，劳尔平，崔德利，张路，臧玉婷，郭智欣，蓝晴，徐安宁

蚝乡路（环镇路—中心路）市政工程

三等奖
市政公用工程（道路桥隧）综合奖

获奖单位：泛华建设集团有限公司
获奖人员：丁二忠，陈红庆，刘惠娟，李冬更，吴典章，易国胜，陈浩，杨姝琨，周丕杨，彭国华，张毅，刘达华，何瑞鸿，袁荣春，陈佩欣

京哈线 K206+565.8 滦县滦河站连接线框架地道桥

三等奖
市政公用工程（道路桥隧）综合奖

获奖单位：中铁工程设计咨询集团有限公司
获奖人员：于晨昀，吕 刚，王 聪，王 磊，陈五二，王德福，高玉兰，岳 岭，马福东，杨克文，田翔宇，刘 方，张 斌，凌云鹏，高志荣

旧小路（旧县—小鲁庄）道路工程

三等奖
市政公用工程（道路桥隧）综合奖

获奖单位：北京国道通公路设计研究院股份有限公司
获奖人员：张莉，王娟，钟弘，梁兆学，赵燃，王军，曲跃丰，王海涛，李海洋，彭光达，赵正阳，王春芝，王晶晶，顾大鹏，魏增智

滦赤路（红石湾—河西段）应急改造工程

三等奖
市政公用工程（道路桥隧）综合奖

获奖单位：北京国道通公路设计研究院股份有限公司
获奖人员：张莉，刘少华，陈颂，梁兆学，钟弘，赵燃，李海洋，王海涛，李超，田晓霞，卢文才，王军，彭光达，董雪婷，魏增智

浦口区城运路改造及市民中心人行景观桥方案及施工图设计

三等奖
市政公用工程（道路桥隧）综合奖

获奖单位：泛华建设集团有限公司
获奖人员：冯学俊，徐伟，孟天昌，吴玉标，曹明旭，杨婷，左远洋，樊彦雷，潘忠全，赵博，朱江，刘芳，王艳梅，刘响玲，陈建局

漳浦县金浦教育园区配套项目工程

三等奖
市政公用工程（道路桥隧）综合奖

获奖单位：北京市市政专业设计院股份公司
获奖人员：蒋大鹏，胡冬梅，张姗姗，张玉轻，刘勇，王京京，郭明洋，梁燕，王之怡，牛晨，李芳，郑升翔，韩箫，唐功林，张鑫

郑东新区龙湖区龙吟桥（如意西路跨龙湖桥）工程

三等奖
市政公用工程（道路桥隧）综合奖

获奖单位：北京城建设计发展集团股份有限公司
获奖人员：田志渊，常学力，游昱昱，史亚峰，许浩，彭岳，闫静，刘乐天，周志亮

郑州市南四环至郑州南站城郊铁路工程高架区间及车站工程

三等奖
市政公用工程（道路桥隧）综合奖

获奖单位：北京城建设计发展集团股份有限公司
获奖人员：朱君卿，李文会，阙孜，刘冰飞，杨独，王华，杨明虎，郭娜，郑海霞，陈轶鹏，刘乐天，周志亮，黄建靖，吴丽艳，张晓林

市政公用工程
（给排水水利工程）综合奖

北京市高安屯污泥处理中心工程

一等奖

市政公用工程（给排水水利工程）综合奖

获奖单位：北京市市政工程设计研究总院有限公司

获奖人员：黄鸥，刘议安，戴明华，李子萌，潘正义，于文俊，徐欢，王进民，杨磊，刘硕，杜强强，杨宁，周大勇，郭智欣，谢敬革

高安屯污泥处理中心工程处理规模约 1850t/d，占地约 11.5hm^2（172.5 亩），采用"热水解 + 厌氧消化 + 板框脱水"工艺，是目前亚洲采用该工艺的最大污泥处理中心。

设计单位为北京市市政工程设计研究总院有限公司，建设单位为北京城市排水集团有限责任公司，施工单位为北京市建工集团有限责任公司。

该工程设计充分体现了"低碳、生态、高效、先进"的设计理念，设计技术特点、创新点如下：

1. 实现污泥"稳定化、减量化、无害化、资源化"的"四化"处理要求

（1）稳定化：有机物分解率高达到 50%，使污泥性质稳定，处理后的污泥可用于堆肥、移动式森林营养土。

（2）减量化：通过热水解、污泥厌氧消化、板框脱水后，污泥由 1850t 降至 600t 左右，减量约 67%。

（3）无害化：污泥经热水解 180℃高温后，杀死病原菌以及其他有害微生物，卫生学指标达到欧盟 A 级标准。

（4）资源化：产气率提高 30% 左右，每天可产生约 10 万 m^3 沼气。沼气作为燃料用来烧锅炉、发电等，回收了资源。

2. 本工程创造了 3 个之最

（1）该中心是亚洲的采用热水解厌氧消化工艺的最大污泥集中处理中心。

（2）圆柱形钢制厌氧消化罐单罐容积 11500m^3，在国际为最大钢制消化罐，同时本工程很好地解决了大容积污泥搅拌不均的难题。

（3）双膜沼气储柜单个容积 8500m^3，在世界上与巴西的最大双膜沼气储柜并列第一。

3. 对国外热水解技术进行了技术转化，实现该技术国产化

通过本工程设计及近两年的运行，成功将热水解技术转化为北京排水集团产品，实现热水解技术国产化。

4. 开展课题研究，解决了热水解污泥脱水滤液集中处理的难题，并获得了国家专利，专利号 ZL 2018 2 0805982.5

热水解产生的污泥脱水滤液 COD 难降解，针对此问题，提出多级"电动系统 + 高级氧化池 + 生物活性炭"工艺，进行了两年的课题研究及中试，COD 由 3000mg/L 降至 100mg/L 左右。

5. 结合先进工艺，确定北京五大污泥厂污泥处理标准

根据现有标准，并参考今后污泥土地利用的要求，确定污泥处理标准：pH 值：5.5~8.5，含水率：60%，粪大肠菌群值：> 0.01，蠕虫卵死亡率：> 95%，细菌总数：< 108。

6. 本工程的创新设计及成功运行经验，已在核心期刊《给水排水》上发表论文，题为"北京高安屯污泥处理中心工程设计及优化"。

7. 海绵城市的理念在高安屯污泥处理中心工程中得到充分应用，实现雨洪利用。

设计采用下凹式绿地，起到雨水蓄水池的作用，蓄水容量约 7500m^3。

8. 本工程所在区域地下生活垃圾最深达 15m。项目通过进行设计创新，取得了技术突破，很好地解决了复杂场地条件下的地基处理问题。

高安屯污泥处理中心工程设计团队

高安屯污泥处理中心工程热水解

高安屯污泥处理中心工程处理后污泥

高安屯污泥处理中心工程移动式森林营养土

高安屯污泥处理中心工程鸟瞰图

北京市门头沟区第二再生水厂工程

一等奖
市政公用工程（给排水水利工程）综合奖

获奖单位：北京市市政工程设计研究总院有限公司
获奖人员：刘议安，冯凯，王平，冯凌溪，潘正义，陈丽温，王娅娜，周泉，王进民，杨磊，刘玲，周大勇，谭福平，赵治超，张亦昕

本工程建设规模为 8.0 万 m^3/d，地下水厂占地 $2.56hm^2$（约 38.4 亩），采用"MBR+ 臭氧催化氧化"工艺，出水水质执行《城镇污水处理厂水污染物排放标准》DB11/T890—2012 的 A 标准，达到北京地标的最高排放要求，对于实现污水资源化有着重要的意义。

设计单位为北京市市政工程设计研究总院有限公司，建设单位为北京碧水源环境科技有限公司，施工单位为北京久安建设投资集团有限公司。

本工程是在高要求下建成一个出水水质好、环境友好型、节约占地的地下式再生水厂。工程主要特点、创新点如下：

1. 定位高远，空间融合具有国内领先性和示范性，"邻避效应"变"带动效应"。全厂绿化包含地面和综合楼屋顶绿化，体现了绿色建筑；北侧为某生活小区，环境敏感度高，通过对异味的有效控制，体现绿色环保理念；水厂各系统采用全封闭方式收集、除臭，杜绝气味对厂区及周边大气环境的影响。

2. 对工艺进行技术创新，采用"多级 AO"工艺，优化微生物处理，充分利用活性污泥降解污染物，体现了"低碳、高效、先进"的设计理念。

3. 设计发明"臭氧催化氧化滤池"

本工程发明设计臭氧催化氧化滤池，用于去除无法被生物分解的有机污染物，为处理厂提供最终的出水水质保障。该技术首次在大规模市政污水工程中得到应用，并获得国家实用新型专利和发明专利（专利号 ZL 2018 2 1050137.8）。

4. 再生水资源得到综合利用

日处理污水 8 万 m^3，全部转变为洁净的再生水资源，为周边街区提供景观水并为河道提供补水；通过雨水处理系统为厂区景观提供生态补水 $500m^3$；利用再生水作为热源或冷源，采用水源热泵为全厂冬季供暖，夏季制冷，无需天然气等天然能源。

5. 地下空间利用安全、合理

污水处理区采用全地埋方式建设，攻克了地下空间防火、采光、通风、除臭、结构、防水等建筑设计难点，通过"瘦身、隐藏、系统化、精细化"等绿色建筑设计策略补齐了传统城市再生水处理厂在噪声、臭气和景观上的短板。

6. 自控系统智能化

工程自控系统将设置的自动化控制系统、大屏幕显示系统、生产视频监控系统、报警系统、设备管理等系统统一到一个管理平台，实现再生水厂各个环节集中监测控制和管理的"水厂智能化控制系统"。

北京市门头沟区第二再生水厂工程

北京市门头沟区第二再生水厂工程地面层篮球场

北京市南水北调配套工程亦庄调节池（一期）工程

一等奖
市政公用工程（给排水水利工程）综合奖

获奖单位：北京市水利规划设计研究院
获奖人员：石维新，王东黎，刘进，史文彪，郭宏，李萌，何奇峰，邢石磊，李凤翀，崔嘉，翟明杰，张玉阳，陆清华，马晓嵩，张建涛

亦庄调节池一期工程主要作用是存储南水北调中线水源，事故工况时为第十水厂、通州水厂和亦庄水厂调蓄，保证北京东南部地区和城市副中心的供水安全。本工程的技术难点主要体现在以下五大方面：①如何解决各项规划尚未落地与重要水利枢纽总体布局的矛盾；②如何解决局部建筑垃圾地层条件下的地下水污控问题；③如何解决调节池大水面、低流速情况下的水质不降低问题；④如何解决全封闭防渗设施的抗浮问题；⑤亦庄调节池地处皇家猎苑，如何实现传统文化与自然景观的高度融合。

针对以上技术难点，本项目设计过程中逐个攻破，主要技术创新点如下：①总体布局统筹兼顾，枢纽布置近远期结合，为分期实施提供有力保障；②创新性地提出了土工膜与改性土防渗层相结合的复合防渗结构，从根本上解决了局部建筑垃圾和生活垃圾地层条件下的地下水污控问题；③综合采用数值模拟和物理模型试验两种手段相结合的方式优化建筑物布置，解决调节池大水面、低流速情况下的水质不降低问题；④通过优化调度运行方案巧妙解决了调节池抗浮设计问题；⑤场区建筑景观设计从单一水利工程向水源保护、生态涵养、文化展示、科普宣教的综合性基础设施工程转变，实现了水利工程与园林景观的高度融合。

本工程至今已安全运行 5 年，实现了既定的多功能目标，成为东南部地区供水枢纽。工程采用的土工膜与改性土相结合复合防渗结构，实测每天蒸发渗漏 0.1~4.5mm，是常规土工膜防渗漏量的 10% 以下，每年节约水资源 170 万方，经济效益显著。工程建成后，增加水面面积 12hm^2，带动周边地区的加速改造，与一路之隔的南海子公园遥相呼应，提高城市品质，提升市民宜居环境和幸福指数，社会效益和生态效益显著。工程实施在疏解北京市中心城功能、促进京津冀协同发展等方面起到了积极作用。工程通水后，为北京城市副中心和东南部地区供水安全提供有力的水源保障，政治意义重大。

槐房再生水厂

一等奖
市政公用工程（给排水水利工程）综合奖

获奖单位：北京市市政工程设计研究总院有限公司
获奖人员：李艺，黄鸥，李振川，温爱东，王海波，戴明华，高兴军，王进民，潘正义，王娅娜，周泉，赵捷，王海龙，王迪，齐好，周楠，张光华，崔毅，冯硕，刘森彦

北京城南公益西桥东南，在一大片绿草茵茵、小桥流水的湿地下面，隐藏着一座庞大的工程。这就是由北京市市政工程设计研究总院有限公司负责设计、北京城市排水集团有限责任公司负责建设及运营、北京城建集团负责施工的槐房再生水厂。

这座技术先进、功能齐全、绿色节能、自然友好的全地下再生水生态水厂，日处理能力 60 万 m^3，服务面积 137km^2，采用“MBR”污水处理工艺及“热水解 + 消化 + 板框脱水”污泥处理工艺，出水水质达到接近国家地表环境 IV 标准的北京市地标 B 标准，实现污泥无害化处置。

秉承创新、协调、绿色、开放、共享的发展理念，在设计中注重环境协调、节能降耗、能量回收的原则，工程具有“环境影响小、节省土地、美观性好”等特点。

设计采用了具有世界先进水平的超滤膜技术。这种膜由 1‰发丝细的膜丝组成，从而有效清除污水中的各类细菌、悬浮物，再经臭氧接触池和紫外消毒间的消毒及脱色，出水指标达到北京市地标 B 标准。

地下空间面积 16.2 万 km^2，深度达 19.5m，为地下两层、局部（管廊）地下三层。地下一层为工艺设备操作检修平台及附属生产区，配有贯穿整个地下空间的车行道，汽车可畅行于内。这种全地下集中布置形式，相比于在地面上建设，用地量减少近 1/3。为在超大型的地下结构顶板之上修建人工湿地，设计采用设置结构双墙、变形缝、后浇带、外掺剂等综合措施解决了超长混凝土结构温度裂缝难题。顶板之上的 8 层共 17cm 厚的保护层和防水层，为顶板之上建造湿地景观提供可靠保障。

为保障地下再生水厂运行安全及操作人员的生命安全，设计重点考虑了防淹泡、消防和通风除臭等措施。形成了以防淹泡设计和消防设计为核心的安全设计技术体系。

槐房再生水厂每年提供高品质再生水约 2 亿 t，可用于环境景观用水、工业用水、农业用水、市政杂用。热水解厌氧消化系统年产沼气约 2100 万 m^3，可用于厂区发电、供暖，实现部分能源自给。通过水源热泵系统提取再生水中的能量，被用于厂区的制冷与供暖，在减少碳排放的同时实现了资源的循环利用。

走进槐房再生水厂，清水环绕，绿荫掩映。除了鸟语花香，听不到机器的轰鸣，闻不到污水的异味。人工湿地通过对自然群落结构的模拟，有效恢复了该地区在 18 世纪 30 年代“一亩泉”的湿地景观，实现了水的再生利用及水生态修复。

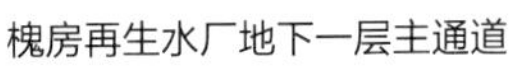

槐房再生水厂地下一层主通道

槐房再生水厂生物池（除臭）

南宁市竹排江上游植物园段（那考河）流域治理 PPP 项目

一等奖

市政公用工程（给排水水利工程）综合奖

获奖单位：北京市市政工程设计研究总院有限公司

获奖人员：黄鸥，翟伟奇，龙照现，莫银锦，魏本宝，唐河丽，王敏，王敏吉，宁冠翔，刘尧，王文沛，徐浩宇，何翔，赵捷，谭福平

项目概况

"南宁市竹排江上游植物园段（那考河）流域治理 PPP 项目工程"是 2014 年以来广西壮族自治区首个政府和社会资本合作模式 (PPP 模式）项目，也是南宁市作为国家首批 16 个"海绵城市"建设试点城市实施的示范项目。

那考河位于作为南宁市城区内 18 条主要内河之一的南湖—竹排冲水系的上游，承担着防洪、排涝、景观等多种功能。项目于 2015 年 9 月开工建设，2016 年 11 月完工，于 2017 年 3 月进入正式运行期。项目运营效果良好，在海绵城市建设取得显著示范效应，作为典型案例收录于住房和城乡建设部第一批"海绵城市建设典型案例"中，并于 2017 年 10 月获得"中国人居环境奖"范例奖。本项目正式运行后，成为国内首个集海绵城市建设、黑臭水体治理和 PPP 投融资模式并成功投入运营的流域水环境综合治理工程。

设计理念及技术路线

针对那考河项目实施前存在的环境凌乱、行洪不畅、污水直排、内源污染、生态丧失等问题，围绕实现河道水质 IV 类（TN ≤ 10mg/L）及各项运营考核指标为基本设计目标进行推演、筛选并应用经济有效的技术手段；将恢复水生态确立为更高目标，实现"水清岸绿、鱼翔浅底"的河流水生态环境；注重项目的公共艺术效果，除满足技术功能以外，着力满足城市区域规划功能定位，呈现与城市有机融合的显著效果。

项目因地制宜地制定了"行洪安全、控源截污，内源治理、内水补给、生态修复、公共艺术"的技术路线。水的污染归因于外源污染和内源污染两个主体因素。在外源污染整治措施方面，那考河河道起端设置拦污坝并在沿河流两侧敷设截污管网以收集污水至水质净化厂处理，出水再经人工湿地深度净化后补充到经过清淤疏浚和拓宽的河道中，稳定出水的污水处理技术（MBR 工艺、良好的补给水源）、人工湿地系统技术（进一步提升水质）和活水流动技术（补水工程、持续保障水质）对于河道外源污染控制发挥着基本保障作用。内源污染方面，为巩固外源污染控制成果，尽量避免上述水质处理措施出水进入河道后水质考核指标因内源污染释放而反弹，影响项目水质指标考核，河道河床采用底泥结构改良措施处理内源污染，泥体经过结构改良后具备阻断泥体底部有害物质、悬浮物的上移等功能。

项目沿岸植物景观工程打造的滨水香花植物观赏区、科普植物观赏区、湿地植物观赏区，利用河道和场地的高差形成了层级跌水、流水潺潺的效果，与海绵城市工程建设的净水梯田、湿塘、生物滞留塘、植草沟和调蓄湖等设施相得益彰，使治理后的那考河成为南宁市的湿地公园和科普公园，与城市有机融为一体。

建设效果

通过采取河道治理、截污治污、河道补水、景观环境、海绵建设、信息化管理等系统化措施，彻底改变了项目周边的环境状况，使河道达到 50 年一遇行洪标准，河道水质还清，实现两岸环境"水畅、水清、岸绿、景美"的工程目标，水生态得以恢复。同时，通过本项目的实施，践行投融资体制新举措，在海绵城市建设示范区率先建设示范工程，收到显著社会效益。2017 年 4 月 20 日，习近平主席考察那考河时给予了高度赞赏。

西郊砂石坑蓄洪工程

一等奖
市政公用工程（给排水水利工程）综合奖

获奖单位：北京市水利规划设计研究院
获奖人员：付云升，许士晨，刘向阳，刘军梅，冯雁，胡嘉，张志伟，杨连生，刘月刚，王惠萍，杨玉锋，朱荔，刘继利，张雪明，王君凤

项目概况

北京西郊砂石坑蓄洪工程是为确保北京中心城的防洪安全，不让八大处沟流域及北八排沟、琅黄沟流域 $27km^2$ 的 100 年一遇洪水下泄入城，解决其洪水出路的工程，是北京“西蓄、东排、南北分洪”的城市防洪体系中的重要部分。

本工程是在永引渠杏石口节制闸上游右岸新建分洪闸，闸下新建分洪暗涵，将洪水一路就近接入西黄村砂石坑，一路沿永引渠南侧、西五环东侧绿化带接入阜石路砂石坑。

设计目标

在设计之初按照“大视野、多目标”的原则，落实北京生态文明建设，体现尊重自然、顺应自然、保护自然的理念，对阜石路砂石坑建设提出了三大目标：① 蓄滞洪水，防洪减灾；②回补地下水资源，实现可持续发展；③ 主题公园建设，为群众提供休闲场所。

设计创新及特点

1. 设计方案具有可实施性、经济合理性

早期原规划分洪暗涵路由位置为全线明挖施工，但随着城市建设的发展，地下管线有 25 多条与分洪暗涵垂直交叉，明挖施工投资巨大，因此分洪暗涵采用浅埋暗挖法施工，大大降低了工程投资。

2. 为回补地下水提供多处水源

阜石路砂石坑回补地下水有 3 处水源：①南水北调来水；②永定河三家店水库上游雨洪水；③本工程流域范围内雨洪水。

3. 景观环境设计

在保证蓄洪库容的前提下，阜石路砂石坑坑坡度尽可能放缓，在坑底、坑坡、坑顶设有 5 圈步道，便于游人漫步；坑底湖新增水面 $10hm^2$；为了实现整体环境的优美，减少水工建筑物与公园的不协调感，将分洪暗涵的出口闸的闸室布置在地下，将外露的启闭机室设计成观景台，成为公园的一景；阜石路砂石坑具有生态、景观、娱乐等公园功能，改善了周边的环境。

4. 彻底清除坑边有害工业固体废物，消除其对地下水的影响

在进行环境影响评价过程中，发现在阜石路砂石坑的岸坡中存在以苯并 (a) 芘污染为主的第 Ⅱ 类一般工业固体废物约 $145m^3$，为消除其对工程周边环境及当地地下水的危害及影响，本工程对其全部进行挖除及无害化处置，修复了生态环境。

5. 控制渗透设计

设计将阜石路砂石坑雨水渗入地下的速度由原每天 29.52 万 m^3 降低到了每天 8.64 万 m^3，对回补地下水的渗透速度进行限制，避免对地下水质造成负面影响。

环境效益

本工程的实施有效地控制了雨水径流，实现了自然积存、自然渗透、自然净化的城市发展方式。自 2016 年开始蓄水，累计蓄水量已经超过 1500 多万 m^3，成为北京最大的一块“海绵”。

北京市朝阳区广华新城居住区市政工程综合管廊工程

二等奖
市政公用工程（给排水水利工程）综合奖

获奖单位：北京市市政工程设计研究总院有限公司
获奖人员：宋文波，李浩，李慧颖，刘斌，侯良洁，李晨曦，张巍，杜超，杨浩文，芦建军，赵申，邱叶林，隋婧，梁晗

为打造“和谐高效、人文生态、阳光宜居”社区，北京市朝阳区广华新城在规划阶段就确立了综合管廊的建设模式，支线全部以支管廊方式连接到各个地块。较好地诠释了“和谐、生态、宜居”的社区生活理念。

管廊内收纳有给水、再生水、通信、热力等管线。管廊断面追求紧凑布置，采用以双舱（水信舱和热力舱）为主的布局。设有 3 座四通节点、1 座三通节点、21 座水信分支口和 11 座热力分支口。方案初期，鉴于电力电缆入廊会增加综合管廊的技术复杂性、消防系统设计标准和工程造价等，电力电缆采用了管井单独敷设方案。

本项目在 2012 年版管廊规范的基础上，创新性提出水信舱、热力舱结合通风分区设置防火分隔的理念，促进通风系统及风亭优化，力求减少地面构筑物数量以及有针对性进行美化和遮挡。强调精细化，将管廊变电所全部设置在地下；开展针对性研究，将风亭与地块设计相结合并采取隐蔽设计；整合吊装口和逃生口，优化节点和井盖数量，较好地优化了管廊附属设施占用地面道路空间的常规做法。

监控中心与公建地下空间合建。通过计算机网络，融合通信、环境与设备监控等技术，实现管廊智能化管理。

广华新城综合管廊的建成和运行，为新型、高品质社区建设综合管廊模式提供了良好示范。

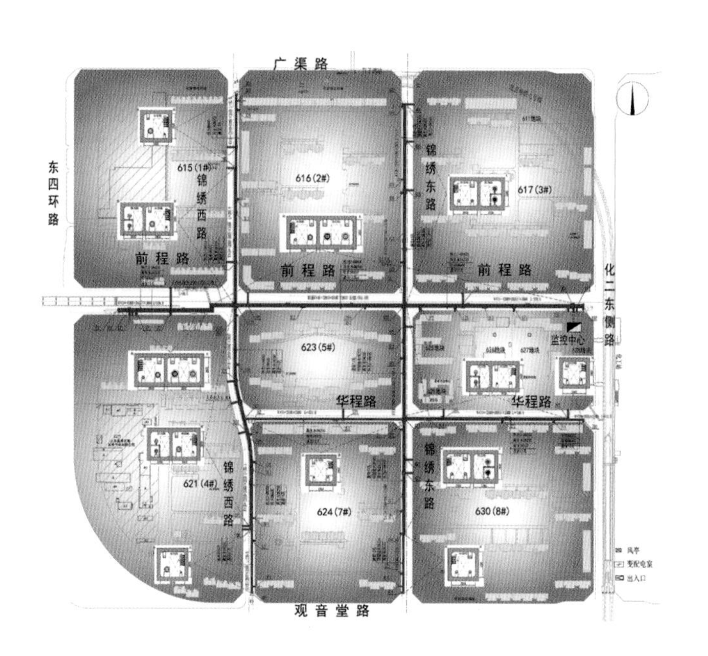

贵安新区小寨水厂工程

二等奖
市政公用工程（给排水水利工程）综合奖

获奖单位：北京市市政工程设计研究总院有限公司
贵州省建筑设计研究院有限责任公司
获奖人员：高守有，刘森彦，建峥嵘，程明亮，王海龙，杨力，宋奇叵，刘明高，苗昀鹏，陈虎，冯晓昱，刘军，周泉，郭智欣，陶慕翔

贵安新区小寨水厂工程为配套服务国家级新区——贵州贵安新区的重要市政基础设施项目。本项目由湖泊水下固定式取水工程、输水工程、净水工程和配水工程等全工艺流程组成，处理规模为 20 万 m^3/d 供水厂工程，竣工决算约 7.0 亿元。针对原水低温、低浊的特点，供水厂采用“气浮 + 过滤”的主体工艺；根据供水区域的地形特点和用水需求分设高位水池，实现高区和低区分区供水。

贵安新区小寨水厂工程克服了复杂多变的地质情况，是涉及多处水下施工、穿越山体的隧道工程以及跨越湖区的桥梁工程等多专业交叉协同的综合性大型供水项目，在贵州及我国西南喀斯特地貌地区具有典型的示范作用。

项目于 2016 年 3 月开始通水试运行至今，日常监测数据正常。根据国家供水水质监测网贵阳监测站于 2017 年 3 月、5 月、8 月和 12 月分别对小寨水厂出厂水按照《生活饮用水卫生标准》GB5749—2006 标准检测 35 项，所检测各项指标均符合标准的限值要求，出水压力正常。

和田市水厂提标升级改造工程项目

二等奖
市政公用工程（给排水水利工程）综合奖

获奖单位：北京市市政工程设计研究总院有限公司
获奖人员：王洋，鲍磊，闫京涛，李亚东，林欣欣，梁晗，杨力，宋奇叵，吴彬，强百祥，常军，薛广进，张博，胡田力，田萌

新疆和田市中心城区水源为地下水，供水水质主要存在氟超标、硬度等指标偏高的问题，为彻底解决长期以来困扰和田人民的供水安全问题，实现“改善人民生活品质、保障人民身体健康”的目标，充分体现北京援建的首善标准和技术先进性，北京市援疆和田指挥部投入援疆资金近亿元用于和田市水厂提标升级改造工程。和田一水厂规模 5 万 t/d，和田二水厂规模 2 万 t/d，主要建设内容包括：水质提标改造、自动化控制系统和安防系统升级改造、水质检测升级改造等。

项目采用国内外先进的“预处理＋纳滤”水处理工艺，利用纳滤膜对高氟高硬苦咸水进行处理，同步除氟降硬。设计中通过设置缓冲水池及跨越管道等，充分考虑运行灵活、安全可靠，在满足出水达标的前提下，保障连续供水，节约能耗，降低制水成本。结合当地气候特点，滤池冲洗废水和纳滤尾水水质较好，收集后用于市政杂用等，以节约水资源。

本工程为设计牵头引领的 EPC 项目，设计中更加关注施工及投资因素。两个水厂已运行近 2 年，工程质量优良，实际运行效果良好，出水水质达到设计要求。作为我国西北地区高氟高硬苦咸地下水提标改造工程，工艺路线具有处理效果稳定、工艺控制灵活、施工周期短等特点，可为类似工程的设计和应用提供示范。

凉水河水环境综合治理工程

二等奖
市政公用工程（给排水水利工程）综合奖

获奖单位：北京市水利规划设计研究院
获奖人员：李宝元，任杰，马慧娟，徐爱霞，唐伟明，王圣文，苏宇，褚伟鹏，朱荔，赵子杰，邢石磊，王赟，石刚，孙向杰，李亚伟

凉水河干流发源于北京市石景山区首钢污水处理厂尾渠，流经海淀、西城、丰台、大兴、朝阳、北京市亦庄经济技术开发区和通州区，在通州区榆林庄闸上游汇入北运河。玉泉路石槽桥以上称人民渠，石槽桥至莲花池暗涵出口称新开渠，莲花池暗涵（西客站暗涵）出口至万泉寺铁路桥称莲花河，万泉寺铁路桥以下称凉水河，全长 67.2km。2002~2006 年，凉水河干流经过了几次综合治理。2014 年北京市对凉水河进行了综合治理，旨在通过生态修复工程，实现“一溪水、一条路、满河花”的效果。工程实施的内容有：①洋桥景观标准段 770m；②河道清淤 32.49 万 m^3；③生态护岸 54km；④过河汀步 22 处；⑤暗涵出口及排水口除臭设施 6 处；⑥暗涵加固补强 6.4km。工程采用了增绿促流净水技术、渗滤连锁砌块＋扦插柳枝护岸技术、硬质边坡生态修复、土质陡坡防护＋植生技术等多项新技术。项目 2016 年竣工，经过近 4 年的运行，并通过走访调查，周边居民给予了很好的评价。现有设计将河道融入周边居民的生活，是一个有生命的工程。

南水北调中线京石段应急供水工程（北京段）北拒马河暗渠穿河段防护加固工程

二等奖

市政公用工程（给排水水利工程）综合奖

获奖单位：北京市水利规划设计研究院

获奖人员：龚俊伟，王雷，史文彪，李启升，翟明杰，张弢，吕玉峰，高森，曾宪利，李凤翀，李惊春，刘烨华，陆清华，毕然，张建涛

北拒马河暗渠是南水北调中线穿越北拒马河的大型交叉建筑物，工程建成后由于河道内砂石无序开采导致暗渠附近遍布深坑，坑深30m，最近处距建筑物仅距130m。2012年北京发生“7·21”暴雨洪水，受砂石坑溯源冲刷影响，输水暗渠出现了结构外露面临失稳的重大险情，由此而实施穿河段防护加固工程。

近年来砂石深坑影响穿河建筑物的安全运行问题虽然也频繁出现，但在其防护处理措施方面仍没有成熟的经验。本次工程设计采用高密度地震映象、多道瞬态面波和地质雷达等多种新型无损检测技术，快速有效确定地基安全状况，成果互相校验，可靠度高，克服了传统原位测试方法适应性差、存在破坏性、效率低等缺点；同时，设计创新采用透水防冲墙垂直防护结构，具有防冲能力强、防护效果好、工程投资低的优点，尤其适用于距建筑物近且深时的砂石坑处理；另外，通过现场生产性试验选用砂卵石地层旋挖钻孔钢筒护壁成孔工艺，具有成孔能力强、质量好、速度快、工效高、污染少等优点。新型无损检测技术、透水防冲墙垂直防护结构以及砂卵石地层旋挖钻孔钢筒护壁成孔工艺有效解决了工程安全隐患，保障了总干渠输水安全，在南水北调中线工程中的首次成功应用为后续类似工程提供了重要的借鉴作用。

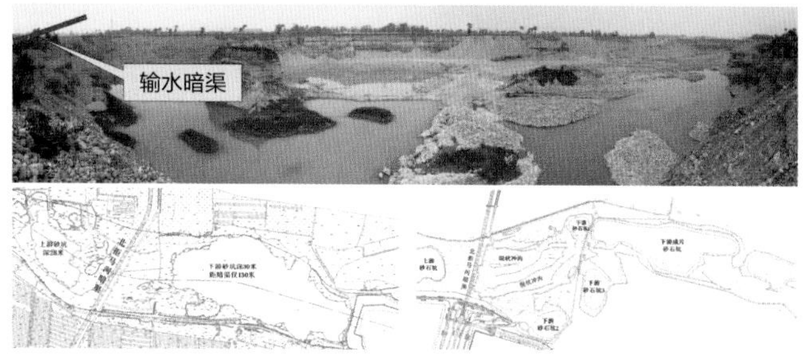

宁海县垃圾渗滤液处理技术改造

二等奖

市政公用工程（给排水水利工程）综合奖

获奖单位：中国城市建设研究院有限公司

获奖人员：蔡辉，陈刚，熊向阳，国瑞峰，袁涛，张庆，苗春，赵晓阳，李爱玲，崔开放，朱海燕，李强，陆广萍，闫向峰，郑海鹏

本项目的技术难点及重点主要体现在以下三方面：① 渗滤液处理项目工艺较复杂，必须兼顾场地条件，保证渗滤液得到正常处理等涉及的各方面影响因素，作好相应对策。②本项目出水达到《生活垃圾填埋场污染控制标准》GB16889—2008中表2的标准，对氨氮、总氮要求高，工艺设计难度较大。③多种污染副产物，如浓缩液、污泥、臭气等，其中大规模的浓缩液处理为行业处理难题。

本项目的创新设计要点，主要包括以下几个方面：①针对混合水质的高氨氮问题，采用目前先进的两级硝化反硝化工艺，对污水中的氮进行生物处理，实现污染物消减，生物处理后，采用膜工艺进行深度处理，确保出水能够稳定的达标。②针对污水深度处理产生的浓缩液，采用了当时相对成熟的高级氧化处理工艺，确保浓缩液能够有效达标处理。避免浓缩液回灌/回喷带来的负面影响，一定程度上解决了浓缩液的行业处理难题。③针对生化过程中产生的剩余污泥，采用机械脱水后外运合理处置。针对臭气和沼气，配备了收集和处理系统，污染防治措施得当。④本项目在当时的技术发展条件下，有效解决了厂区的渗滤液处理问题，工艺设计完整、合理，污染防治措施得当，体现了整个行业的发展水平。

天堂河（北京段）新机场改线（一期）工程

二等奖
市政公用工程（给排水水利工程）综合奖

获奖单位：北京市水利规划设计研究院
获奖人员：刘勇，俞锋，刘玉忠，忽惠卿，魏陆宏，娄运平，张君伟，张雪明，张冬梅，闫玉波，刘凯，周雷，丁玉，杨扬，吴东敏

本工程是北京大兴国际机场及临空经济区防洪体系重点项目之一，其设计理念与创新如下：

1. 设计理念先进。按照“流域协调、全面统筹、系统规划”的思想，以新机场防护为中心，着眼于全局并协同京冀，确立了“一河两网一滞蓄”的立体式防洪排涝格局。

2. 近远期兼顾，预留未来拓展条件。对跨河桥竖曲线、未来加跨拼幅均进行了精细设计预留，便于远期工程建设实施；将蓄滞洪区的分洪渠、退水渠与区域排水渠合而为一，末端一闸多用，工程布置简洁大方，运行管理简便，同时大大节省工程投资。

3. 防洪与自然生态完美结合。河道内采用兼顾防冲和景观效果的生态防护材料，实现河水纵向、横向、竖向三向连通，大力促进“海绵城市”建设。

4. 运行管理安全便捷。设计系统地调整河道及十余条排渠的竖向要素，将区域内排水全部优化为重力自流排放方式，取代已运行数十年的泵站排涝方式，达到运行安全、管理方便、节省使用费用的目的。

5.“智慧水务”确保防洪体系精确调度。多手段并举，精确监测上游来流量和下游泄流量，从而精准控制水工建筑物的使用，实现防洪调度的智慧化管理。

6. 国内首次使用 PET 土笼袋作为新型护岸材料，并已获得国家颁发的实用新型专利证书。

永定河晓月湖（规划梅市口桥—卢沟桥橡胶坝河段）

二等奖
市政公用工程（给排水水利工程）综合奖

获奖单位：北京市水利规划设计研究院
获奖人员：邓卓智，张敏秋，杨琼，周志华，张晶波，王超，杨毅，郭慧黎，李启升，冯巧，徐爱霞，胡嘉，丛晓红，黄勇，霍铮

工程概况

永定河晓月湖是永定河绿色生态走廊建设的首批实施并完成的项目，位于永定河卢沟桥拦河闸上、下游。生态治理河道长度 1.85km。

设计成果特点及创新点

1. 设计理念先进，赋予河道多元化功能，采用了以河流廊道为对象的统筹多功能、多目标的生态文明治河思想，提出了“以水带绿，量水治河”的生态修复模式，提出全新的生态河道空间布局。

2. 将北京市治河经验、关键技术研究、现场监测相结合。充分开展河床原位生态减渗技术研究、河床减渗对地下水回补影响研究、再生水补水对地下环境影响研究、河流水质净化与维护技术研究、河流生态建设与防洪关系研究、河滨带植被群落结构构建技术研究、永定河生态服务价值研究、永定河水文化研究等关键技术研究，为工程设计提供了强大的理论支撑。

工程效益

1. 生态效益显著，通过建设湖泊，形成生动的水景观；通过多树种、多层次、乔灌草相结合的区系植物群落，使河道沿线的景观具有整体性及完整性。彻底遏制了盗采砂石，消除了扬沙扬尘，对于净化空气、提供动植物生存环境、维护生物多样性、回补地下水等具有重要作用。

2. 工程建成后，彻底改变了永定河昔日风沙弥漫、沙坑密布的面貌，建成了开阔大气、错落有致、水绿交融的景观特色，形成鱼潜深水、鸟栖浅滩、人走花间的生态和谐环境。最大限度地发挥了永定河服务价值。

通州区北运河甘棠橡胶坝改建工程

二等奖
市政公用工程（给排水水利工程）综合奖

获奖单位：北京市水利规划设计研究院
获奖人员：巩媚，周志华，邵艳妮，李泽敏，张思林，张晶波，李君超，郭子彪，康军强，苏宇，褚伟鹏，林晨，李萌，贾文斌，丛晓红

甘棠闸位于北京市通州区，是北运河上的重要建筑物，承担着维持城市副中心景观水面以及安全下泄上游洪水的双重任务。工程共含水闸两座，分别为甘棠闸及子河闸，两闸均采用液压启闭钢坝闸形式。

工程总体布置巧妙合理，功能明确，相互备用。甘棠闸用于营造河道景观水面以及汛期宣泄洪水；子河闸用于小流量过流或主河道导流。甘棠闸规模创华北地区之最，为华北地区最大的多孔大跨度钢坝闸。北京市内首次将检修廊道应用于钢坝闸设计中，布置合理、简单巧妙。甘棠闸采用液压启闭钢坝闸，其液压设备等均位于中墩内部，为了满足管理人员日常通行及检修使用，在水闸底板以下布置了检修廊道。既满足了管理人员日常通行使用功能，又不占用上部结构空间，同时解决了本工程所需自动化光缆、电缆等线路过河问题，廊道布置简单巧妙。项目将风景水利、人文水利融于设计当中，工程的景观设计理念源自“天圆地方”的含义。管理用房为圆形的造型，屋顶为碟形飞檐，隐含“天圆地方”中的“天圆”，主“动”，由控制室的“动”来调度甘棠闸的启闭机。中墩方正，位于北运河上，隐含“天圆地方”中的“地方”，主“静”，有收敛的含义。借景于右岸的北运河森林公园的景观建筑，形成“如诗如画”的河道景观。

北京市南水北调配套工程东水西调改造工程

三等奖
市政公用工程（给排水水利工程）综合奖

获奖单位：北京市水利规划设计研究院
获奖人员：王雷，杨玲，周志华，李启升，王亮，王惠萍，耿立华，王勇，谢明利，李大可，赵元寿，徐爱霞，杨玉锋，丁玉，丛晓红

北京市南水北调配套工程通州支线工程

三等奖
市政公用工程（给排水水利工程）综合奖

获奖单位：北京市水利规划设计研究院
获奖人员：王东黎，史文彪，李德文，韩蕊，于心悦，张鹏，蒋瑞，王君凤，刘宝运，张弢，王海霞，杨玉锋，陈峰，李国庆，何占峰

房山区夹括河治理工程

三等奖
市政公用工程（给排水水利工程）综合奖

获奖单位：北京市水利规划设计研究院
获奖人员：付帮磊，钱铁柱，冯雁，李宝元，潘海林，王超，刘烨华，郑伯乐，石刚，李恒义，吴东敏，钱新磊，张东辉，周雷，褚伟鹏

平谷区洳河（周村橡胶坝—入河口）治理工程

三等奖
市政公用工程（给排水水利工程）综合奖

获奖单位：北京市水利规划设计研究院
获奖人员：付云升，许光义，杨进新，徐静蓉，张志伟，吴东敏，唐红伟，张文平，魏红，谢迪，杨扬，范海洋，朱荔，吴西，卢金伟

顺义区西牤牛治理工程

三等奖
市政公用工程（给排水水利工程）综合奖

获奖单位：北京市水利规划设计研究院
获奖人员：付帮磊，娄运平，关金良，李万智，王正攀，翟文欣，贾士光，谭书琴，赵子杰，何赢，范海洋，李保宽，唐颖，刘志国，万涛

小汤山镇再生水厂一期工程

三等奖
市政公用工程（给排水水利工程）综合奖

获奖单位：北京市市政工程设计研究总院有限公司
获奖人员：程树辉，张炯，韩宝平，王青，卜飞飞，刘娜，李亚东，董威，隋婧，纪海霞，王洋，杨浩文，贾淑娅，王慧津，钱宏亮

新凤河上段（永定河灌渠—京九铁路）治理工程

三等奖
市政公用工程（给排水水利工程）综合奖

获奖单位：北京市水利规划设计研究院
获奖人员：汤万龙，穆永梅，张亭，陈伟，侯玉玲，刘向阳，林晨，张雪明，冷悦霞，徐晓，付帮磊，巩媚，周雷，石刚，孟琳琳

房山新城滨河森林公园（水利工程）

三等奖
市政公用工程（给排水水利工程）综合奖

获奖单位：北京市水利规划设计研究院
获奖人员：周志华，庞慧霞，孙雨虹，李萌，叶冬冬，杨晓蕾，穆然，宁宇，吴东敏，林晨，丁峰，冯巧，李大可，徐爱霞，王勇

南京市浦口区南门泵站建设工程

三等奖
市政公用工程（给排水水利工程）综合奖

获奖单位：泛华建设集团有限公司
获奖人员：樊彦雷，潘忠全，陈晓燕，黄合，朱江，赵博，刘晶晶，高飞，陈霞，单增宇，唐燕，孙汉珍，刘响玲，陈雨桐，王晶晶

北京市城区自备井供水水质改善二期工程

三等奖
市政公用工程（给排水水利工程）综合奖

获奖单位：北京市水利规划设计研究院
获奖人员：杨永义，王明光，侯玉玲，杨梅，姚宁，谢正威，陈伟，康军强，谢迪，刘亮，赵志龙，李晓彤，马晓嵩，洪中达，冷悦霞

市政公用工程
（轨道交通）综合奖

北京地铁 16 号线二期工程

一等奖
市政公用工程
（轨道交通）综合奖

获奖单位：北京市市政工程设计研究总院有限公司
天津中铁电气化设计研究院有限公司 / 中铁第五勘察设计院集团有限公司 / 中铁通信信号勘测设计院有限公司 / 北京市建筑设计研究院有限公司

获奖人员：高辛财，白智强，冯燕宁，谢洁，冀程，李科，朱云飞，王京峰，苌华强，杜博，卢桂英，聂金锋，李凭雨，陈伟，张勍，谢晓波，邹彪，翁红，李永洁，申樟虹

工程概况

北京地铁 16 号线二期工程线路起自西六环外北安河，沿北清路、永丰路、圆明园西路、苏州街敷设，线路全长 23.7km，采用 8A 列车编组，共设车站 12 座，换乘站 2 座，全部为地下车站，起点设置北安河车辆基地 1 座，终点位于苏州街站南侧与北京地铁 16 号线相接，两线建成后贯通运营，共同构成城市轨道交通线网中的南北向干线线路，形成南北向大运量交通走廊，缓解中心城区道路交通的压力。

设计理念贯彻

2011 年 2 月，设计团队创新性地提出了"高服务水平定标准、标准化设计增高效、精细化设计控投资、研究型设计解难题、城市化设计铸精品"设计理念，用于指导 16 号线二期工程全过程设计，一切从工程实际出发，多站在城市的角度、乘客的角度以及运营的角度思考问题，寻找解决方案，不断完善，循序渐进地做到精品设计，充分体现"以人为本"的服务理念。2016 年 12 月底，北安河—西苑段 19.7km、10 座车站开通试运营，在西苑站同既有 4 号线换乘，8A 编组地铁第一次进入首都市民的生活。

主要技术特点

1. 北京第一条建成的大运量 8A 编组地铁线，系统运能显著提高

8A 编组列车载客量为 2480 人，较北京地铁 4 号线、5 号线、10 号线等 6B 编组列车多载客 72%，较北京地铁 6 号线、7 号线等 8B 编组列车多载客 30%，较北京地铁 14 号线 6A 编组列车多载客 33%。

2. 中国国内地第一次达到 30 对 /h 折返能力的 8A 编组地铁线路

北安河站站后现场实测折返时间不大于 118s，实现了 30 对 /h 折返能力，可提高发车频次，缩短乘客候车时间，为远期客流增长提供技术保障。

3. 车站站厅至站台公共区设置 4 组楼扶梯和 1 组 1.6t 大运量垂直电梯，方便乘客快速进出站台。

4. 车站首次采用棚顶综合管廊技术，采取无顶棚装修，净空增高 1.0m，经久耐用。

5. 车站客服中心创新设计"Z"形售票台，高台面距地面 0.95m，便于正常乘客使用，低台面距地面 0.8m，方便放置个人物品和轮椅乘客使用。

6. 车站采用清水混凝土出入口地面亭，绿色环保，融合城市环境、自然通透、耐久性好。

7. 北京首条全高清 1080P 的 IP 摄像机视频监控系统线路，清晰度高，覆盖范围广，可实现视频监控智能化。

8. 北安河车辆基地盖上一体化综合开发利用，可实现"看不见的车辆基地，看得见的城市景观"；在稻香湖路站应用双层滑轨式人防门，实现了大空间无缝对接一体化设计，带动区域整体发展。

9. 研发"联独法"暗挖区间结构与施工方法，率先在起点至北安河站区间采用机械化施工，提高施工效率、降低工程风险、改善施工环境、提高防水质量，推动了城市轨道交通行业技术进步。

10. 万泉河桥站为国内首次利用单层导洞大直径中桩暗挖车站上层导洞作为施工作业面向下机械化施作超高压喷射注浆止水帷幕，为暗挖车站止水施工首开先河，减少了大量的地下水抽排，保护了宝贵的地下水资源。

长春市地铁 1 号线一期工程

一等奖
市政公用工程
（轨道交通）综合奖

获奖单位：北京城建设计发展集团股份有限公司
吉林省装饰工程设计院有限公司 / 中水东北勘测设计研究有限责任公司 / 沈阳铁道勘察设计院有限公司 / 深圳广田集团股份有限公司

获奖人员：王臣，李文波，黄美群，程鑫，宋伟，郭泽阔，徐健，李梅，杨明，逄锦宏，刘学波，陈克松，马崴，黄彬，王斗

工程概况

长春市地铁 1 号线为吉林省第一条开通的地铁线路，为轨道交通线网中一条贯通南北的骨干线。线路全长 18.142km，设车站 15 座，综合检修基地 1 座，占地 25.856 万 m^2。线路沿城市发展轴及交通大动脉——人民大街敷设，沿线密布省市政府机构、居民小区，贯穿火车站站前等五大商圈。1 号线为沿线各功能区之间建立起了高效快捷的客运走廊，有效加强了各区域间的联系，促进了沿线商业的繁荣和城市环境的提升。

工程特色

1. 国内首创盾构侧向始发和接收技术，该技术结合城市核心区域在连续 5 座暗挖车站应用，避免了施工对路面交通的影响，大幅降低了噪声、粉尘污染，保持延续了人民大街历史风貌和两侧的珍稀树种，同时也开创了我国地铁暗挖车站直接对接盾构隧道的先河。

2. 结合地铁建设，在火车站南、北广场形成两大交通枢纽，枢纽内汇集了国铁、轨道交通、公交、出租车及私家车等多种交通方式，实现换乘无缝对接，提高乘客出行效率和寒冷冬季出行的舒适性。

3. 采用盖挖逆作法解决南广场交通枢纽建设中面临的交通繁忙、场地狭小、环境保护要求高、工期紧张等难题，使工程得以实施，并将施工对地面交通的影响降至最低。依托该项目，我院完成了北京市规划和自然资源委员会立项课题——“城市地下盖挖逆作法结构设计指南”的编制。

4. 长春冬季寒冷且漫长，在设计上充分考虑了北方的气候特点：车站内采用我院专利产品——可调通风型站台门系统，风亭采用分体有盖形式，在风井、出入口等位置增设保温墙、电保温等措施，在出入段线敞口段设置防寒门，采用风力道岔除雪设备。多项措施并举，兼顾节能降耗，确保了运营的稳定，提升了乘车舒适性。

5. 作为长春市第一条地铁，线路穿越城市中轴线，建设场地周边环境复杂，沿线下穿老旧住宅、高铁股道、人防工程、文保建筑、市政工程等建筑和设施，共穿越一级风险源 7 处，二级风险源 150 处。项目采取了多项针对性的保护措施，如工法转换、隔离桩、袖阀管注浆、冷冻法、托换、扣轨、实时自动化监测等，实现重大风险源的全部安全穿越。

6. 地铁与规划市政下穿路立交节点处采用同步设计、同步施工的形式，有效规避了施工风险、缩短了总工期，实现了市政下穿路与地铁同步加入城市交通网，快速提升城市骨干交通运输效率。

7. 充分考虑运营服务需求，在车站公共区预留人性化设施空间，为 ATM 机、售卖机等便民设施预留安装、运营条件，出入口采用上下行扶梯，增设无障碍电梯地面候梯厅，为提升运营服务标准提供硬件保障。

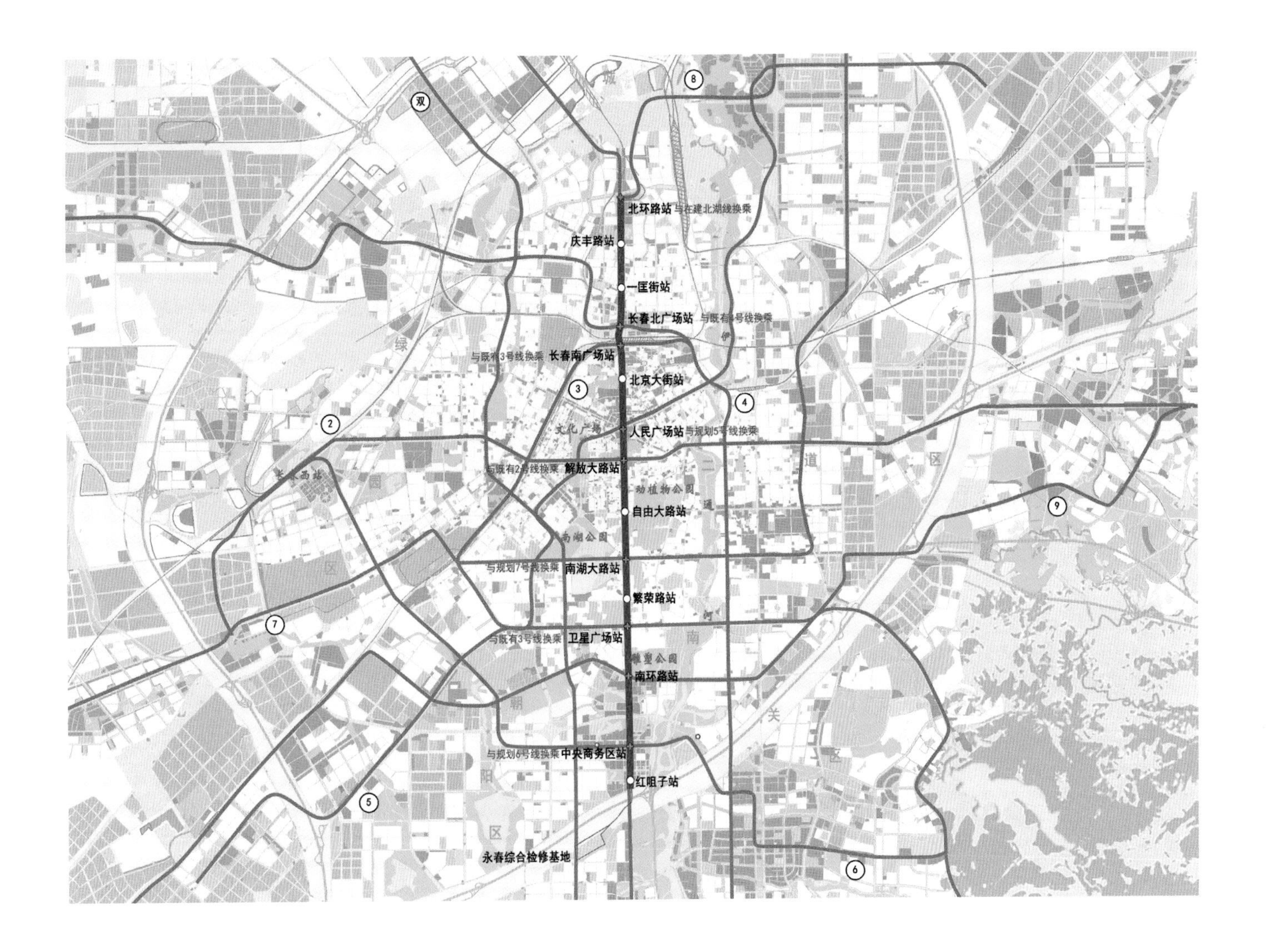

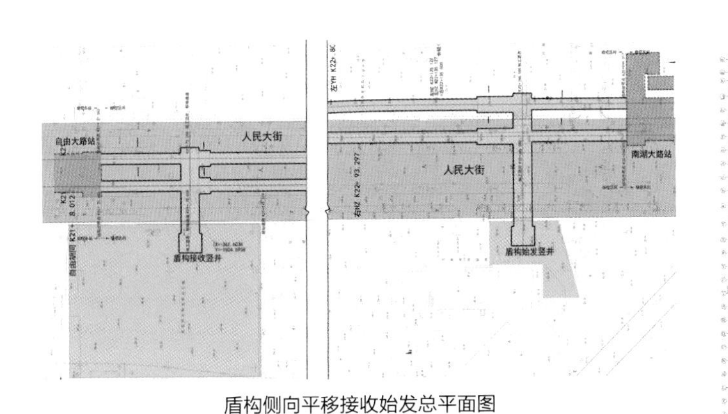

盾构侧向平移接收始发总平面图

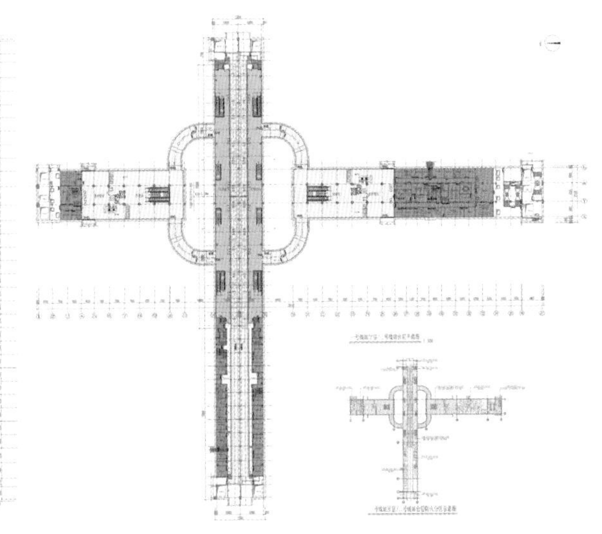

解放大路站站台层平面图

合肥市轨道交通 1 号线一期、二期工程

一等奖
市政公用工程
（轨道交通）综合奖

获奖单位：北京城建设计发展集团股份有限公司
获奖人员：闫阳，胡显鹏，刘海波，尹从峰，王金山，胡玉超，章尧，张鹏，张振宇，周群立，赵志斌，弓剑，叶海权，冯振国，孙名刚，刘露超，孙磊，李岩，吴春光，高鑫

项目概况

合肥市轨道交通 1 号线一期、二期工程线路北起合肥站，南至徽州大道站，线路全长 24.58km，共设地下车站 23 座，车辆段 1 座、主变电站 2 座、控制中心 1 座，项目概算 165 亿。

项目特点、难点、亮点

1. 首次在大面积弱膨胀土地层修建地铁隧道，国内外罕见，设计结合科研和试验对各种工法均提出了针对性的应对措施。

2. 首个全盖挖逆做法施工的地下三层、地下四层换乘车站——大东门站。解决了大东门站基坑超深、异形、临河、偏载、紧邻高层、地质复杂、与市政工程和物业开发结合、施工风险大、施工场地狭小、地面市政交通繁忙等难题。该创新已获天津市科技进步二等奖。

3. 首创通过“站桥合一”的创新设计，解决了规划市政高架与地铁路由共线建设问题。该创新已获河南省科技进步二等奖。

4. 首创通过“站隧合一”的创新设计，解决了市政下穿路与地铁车站共线问题。

5. 首创利用路侧绿化带，设计“浅埋明挖端厅结构”车站方案和浅埋明挖区间方案，避免破复新建道路和管线。同时车站和区间埋深较传统方案减小 6m，工程费用节约 30%。运营期间站厅层充分利用自然通风和采光，节约运营成本。

6. 首创将廉政文化引入地铁车站装修，提出了地铁装修设计新理念，获得中纪委网站高度评价。

7. 国内首条采用了消防电源监控系统的地铁线路。

8. 首次在控制中心采用雨水回收利用技术，力行节能减排、节水政策和海绵城市建设理念。

9. 首次采用了减振扣件与减振垫组合的减振组合道床设计方案。解决了局部地段轨道结构高度不足无法铺设钢弹簧浮置板道床的难题。

10. 首次批量采用了分体嵌套式减振扣件，经实测，比同类别的双层非线性减振扣件提高减振能力 3dB 左右，同时造价低于同类别的双层非线性减振扣件。

11. 首次在信号设备集中站配置了 PCU 安全计算机，解决了列车丢失通信及降级模式下与站台门联动和闯红灯防护功能。

12. 首次通过 TCMS 信息点位采集、PIS 无线通道采用 UDP 协议实现新规范要求的列车火灾部位信息无线上传功能。

13. 采用了最新的互联网支付方式，实现了乘客多样支付选择及便捷快速进出站。

14. 建设了多线集中的指挥控制中心设计，合理规划功能区域，根据使用划分功能分区，为便捷性提供强大保证。

15. 本线为合肥城市骨干客流通道，联系合肥两大铁路枢纽——合肥南站及合肥火车站。通过一体化统筹设计，形成了地铁与大铁无缝接驳的两大综合交通枢纽，同时解决了国铁车站外围的交通流线问题。

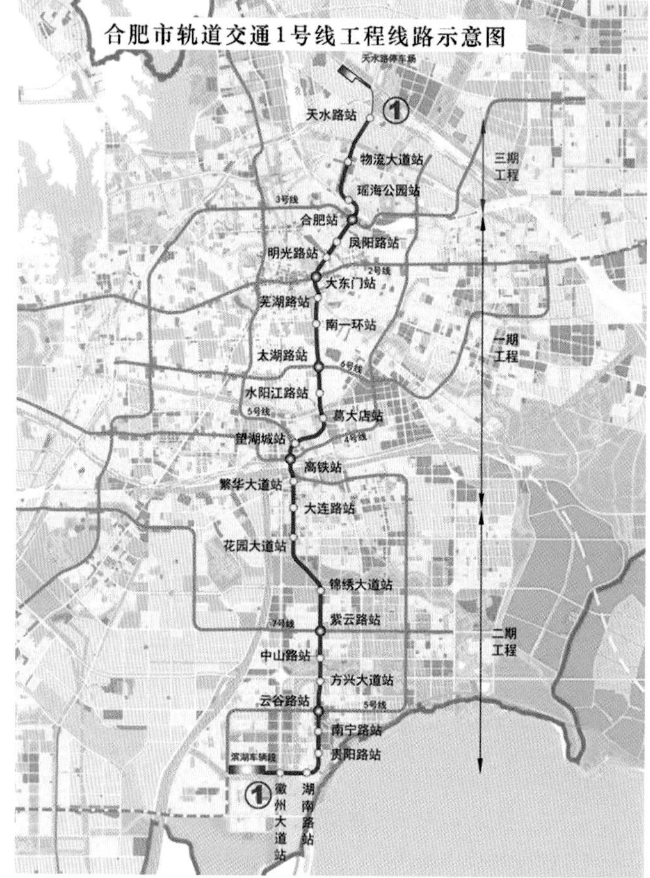

青岛市轨道交通 3 号线工程

一等奖
市政公用工程
（轨道交通）综合奖

获奖单位：北京城建设计发展集团股份有限公司
获奖人员：于松伟，华福才，雷刚，王凯建，周婷婷，朱智勇，芦睿泉，黄启友，冯东亮，张宏亮，李宁宁，胡春新，周菁，袁凤东，郑广亮

工程概况

青岛市轨道交通 3 号线工程线路全长约 24.8km，全部为地下线。设车站 22 座、安顺路车辆基地 1 座、控制中心 1 座。本工程共有换乘车站 6 座，其中双岛四线换乘车站 2 座。全线明挖车站 14 座，暗挖车站 7 座，明暗挖结合车站 1 座，全线设区间 21 个，暗挖工程全部采用矿山法施工。

3 号线在建设过程中面临着诸多困难和挑战：青岛市是典型的土岩二元组合地层结构，地质结构复杂，既有强度较高的硬质基岩地层，也有第四系软弱土层，如何处理好共存的两种工程性质截然不同的地质，以及岩土分界面（强风化性质近似于土）上下两部分的关系，对于车站及隧道结构的安全至关重要。线路浅埋下穿大量国家或省市级文保建筑、房屋及年代久远的历史建筑物，在硬岩地质条件下，需要大量采用钻爆法施工，如何控制爆破振速，安全、经济、和谐、有序地完成爆破作业具有相当重要的意义。青岛地铁 3 号线工程处在滨海地区综合复杂的腐蚀环境中，混凝土结构要满足使用年限 100 年的需要，耐久性要求高于其他城市地铁工程。本工程是一项综合性的特大系统工程，机电设施设备多，运营管理复杂，如何设计使得资源共享，达到绿色节能环保的目的，是设备系统的一大挑战。

工程于 2010 年 6 月开工建设，2015 年 11 月竣工，总投资 152 亿元。

科技创新与新技术应用

1. 首创“复杂土岩二元地质条件下地铁建筑综合成套建造技术”，成功解决了复杂土岩组合地层中地铁结构安全施工及变形控制等技术难题，该项技术国际领先。

2. 全国地铁首创单层喷锚衬砌隧道。为了充分发挥青岛地区硬质岩层的突出优势，在 3 号线大胆创新，采用了单层喷锚衬砌永久支护（即没有二衬），为国内首例采用此类型支护的地铁隧道，填补了国内地铁行业的空白。

3. 全国首创“富水砂层地铁隧道新意大利法设计关键技术”，在地铁领域首次采用新意法的设计理念，采用水平旋喷桩工艺加固富水砂层，此法在控制沉降和防止隧道坍塌方面具有明显的优势，可实现非降水条件下砂层隧道的全断面开挖，兼顾了施工安全和效率。

4. 首创“硬岩地质条件下地铁工程无感稳态钻爆法施工技术”，破解了硬岩地区地铁施工下穿零距离建（构）筑物、文保建筑、人防硐室裸洞群等诸多难题，同时填补了本领域施工技术空白。

5. 研发“近海强腐蚀环境下地铁混凝土结构服役性能设计”，有针对性地解决了强腐蚀条件下混凝土结构的耐久性问题，并在国内首次应用地铁施工弃渣取代天然骨料，取得了很好的应用效果。

6. 以青岛地域特点为出发点，率先提出地铁行业全寿命期能源服役性能化设计，开创了地铁能源设计的先河，使地铁各个系统能源利用的方案均达到高效节能的效果。

7. 研发“地铁建设全过程智能动态风险管控系统”，研发风险手机 APP，实现安全风险的移动式管理；引入自动化监测技术及 GIS 地图，实现对风险监数据的实时采集分析和风险的可视化管理，成为全国地铁行业风险管理的典范。

8. 国内首条 35kV 分散供电方式的地铁线路，采用分散式供电方式直接从城市电网 220kV 高压变电站引入 35kV 电源至地铁车站内，再通过 35kV 电源开闭所进行分配，具有较高的可靠性，同时节约了主所建设用地、投资及运营维护费用。

获奖情况

1.“硬岩地层地铁车站紧贴构筑物分区组合爆破和区间穿古建筑群微振爆破技术研究”获 2016 年度中国爆破行业协会科技进步一等奖。

2.“青岛市地铁运营控制中心工程”获 2016~2017 年度国家优质工程奖。

3.《青岛市地铁 3 号线可行性研究报告》获 2015 年度全国优秀咨询成果一等奖。

4.“下穿文保建筑物及紧贴既有地下构筑物地铁施工关键技术研究”获 2016 年度中国铁路工程总公司科技进步一等奖。

5.“青岛地铁高性能衬砌混凝土开发与耐久性监测评估”获 2016 年度山东省青岛市科技进步二等奖。

6.“青岛地铁多维地理信息管理系统”获 2015 年度中国地理信息产业协会地理信息科技进步二等奖。

7.“复杂地质环境下浅埋暗挖大跨地铁车站施工力学行为及变形控制研究”获 2013 年度中国施工企业管理协会科技创新成果二等奖。

8.“软弱围岩大断面隧道综合施工技术研究”获 2013 年度中国铁路工程总公司科技进步二等奖。

9.“青岛市地铁运营控制中心工程”获 2016 年度山东省优秀设计二等奖。

10.“地铁暗挖隧道下穿建筑物安全施工关键技术研究”获 2014 年度中国铁道建筑总公司科技进步三等奖。

李村站
3号线

武汉市轨道交通 6 号线一期工程

一等奖
市政公用工程
（轨道交通）综合奖

获奖单位：北京城建设计发展集团股份有限公司
获奖人员：梁立刚，黄美群，陈梁，张刚，曹繁荣，殷阳春，苏尚旭，陆平，王怀，陈洁，吴新宇，黄代青，刘文东，马秀成，江冬飞，郭磊，张维，张迪颖，郝好敏，陈园园

武汉轨道交通 6 号线一期是武汉市沌口经济开发区、汉阳区、汉口区和东西湖区客流联系的主通道，其定位为大运量等级的线路；线路全长 35.96km，全部为地下线，最高设计速度为 80km/h；全线设站 27 座，其中换乘站 14 座，平均站间距为 1367m；设车辆段、停车场各 1 座；主变电所 2 座。

6 号线一期工程沿线周边环境复杂，控制因素较多，分布有既有线、湖泊、河流、铁路、市政桥梁、过江隧道、人防工程、优秀历史建筑等，工程特点突出，作为武汉市首条连接汉阳和汉口的过汉江轨道交通 A 型车骨干线路，秉承“以人为本”的建筑设计理念，设计施工中，运用多项工程创新及关键技术措施，包含：

①国内首次针对岩溶不良地质作用进行了深入系统地研究，形成了一套完整的岩溶塌陷分析及处理技术，为武汉乃至全国地下工程岩溶处理提供了强有力的技术支撑，且被中国土木工程学会轨道交通分会授予“城市轨道交通新技术推广项目”。②国内首次采用 LTE-M 承载 CBTC 的信号系统，提高了运营安全保障系数，填补 LTE 技术在轨道交通通信领域应用的空白，使我国轨道交通信号 CBTC 车 - 地无线通信技术达到了国际先进水平。③国内首例盾构区间连续小半径、长距离、大 V 坡下穿汉江获得成功。琴台站—武胜路站越汉江区间，受两端车站站位及周边建构筑物影响，线路平面采用了连续 3 个 350m 的最小曲线半径；同时，受汉江冲刷线及两端车站埋深控制，采用了最大纵坡为 29.5‰的长距离大 V 坡。如此困难的空间线路条件，在国内尚属首次。通过采取有效的技术措施，成功克服了上述困难，对后续线路的设计具有极大的借鉴意义。④国内首座“在室内模仿室外实景”的高挑空大跨度无柱中庭地下车站——汉正街站。⑤国内首次在地下轨道交通线路中采用分体式和模块式蒸发冷凝冷水机组，全线实施装配式冷冻站。⑥武汉首次采用矿山法与盾构法相结合、“U 形落底素地连墙 + 旋喷加固 + 接缝旋喷止水 + 封闭降水”的设计理念，有效解决盾构区间内截桩与接收等技术难题。⑦通过专家论证，采取有针对性的专项保护措施，安全穿越文物保护走廊、京广铁路及高架桥、2 号线运营区间及 1 号线运营区间，解决交叠隧道及桩基托换难题。⑧首次在武汉地区采用低净空双轮铣地下连续墙施工技术。⑨采用站内钢环延长、水土平衡接收方案，成功解决高承压水层盾构到达问题。

“古韵新风，璀璨地铁”为轨道交通 6 号线一期工程整体装修设计理念。项目打造出传承古典与现代文化交融的艺术空间，展示了武汉作为历史名城焕发出的新时代气象，11 个特色站结合各个站点的人文历史背景，打造出令人惊艳的一站一景。其中汉正街站采用古建的构成方式模拟街景，顶部设置巨幅蓝天白云天幕，侧墙辅以长江远景长卷，乘客自站台上至站厅仿佛置身于浩渺江景与昔日繁华街市之间。打造出高达十多米的开阔大气的地下艺术宫殿，是国内首例模拟室外场景的地铁车站，成为全国最美的车站之一。

重庆轨道交通十号线（建新东路—王家庄段）工程

一等奖
市政公用工程
（轨道交通）综合奖

获奖单位：北京城建设计发展集团股份有限公司
重庆市轨道交通设计研究院有限责任公司
获奖人员：郭海龙，张明川，易立，陈娣，刘攀，曾令宏，郭宏飞，张型为，龚平，冯文丹，张钊，黄启友，吴韬，潘金平，温江丰，项永杰，黎娅琴，黄伟，张荣，翟黎明

重庆轨道交通十号线一期工程线路全长33.42km，设19座车站（其中1座为高架站），段、场各1处，其中地下车站站台埋深约16m至85m不等。给水排水及消防系统主要技术特色及创新设计如下：

1. 消防给水系统

重庆地区单水源车站较为普遍，同时地下车站站台层公共区设置有自动喷水灭火系统，这是与其他城市地铁消防给水设计不同之处。本工程地下车站消防时设计流量为80L/s，一般城市管网末端较难实现80L/s的消防供水能力，所以地下车站普遍需要设计消防泵房及水池。本工程给水排水系统针对每一类车站的特点，选用不同的消防给水方案，创新地将消防水池直供的常高压给水系统引出地下车站消防给水系统。部分车站减少了水池及泵房的占地面积，节约了土地资源，降低了投资费用。

（1）单水源深埋车站：地面消防水池静压满足车站主体内消防给水系统压力需求时，车站主体内消防给水系统采用消防水池直供的常高压给水系统，出入口及室外采用消防水池及消防泵加压的临高压给水系统；双水源深埋车站，地面消防水池静压满足车站站台层喷淋系统压力需求时，喷淋系统采用消防水池直供的常高压给水系统，消火栓系统采用市政直供的常高压给水系统。

（2）双水源车站：市政供水压力满足出入口最不利点消火栓系统压力需求时，车站消火栓系统采用市政直接供水的常高压系统，喷淋系统采用消防水池及消防泵加压的临高压给水系统。

（3）综合交通枢纽站：本工程共有重庆北站南广场站、重庆北站北广场站、T2航站楼、T3航站楼4个综合交通枢纽站。现以重庆北站南广场站为例说明，该站为大型综合交通换乘枢纽，地下一层为地铁三号线、十号线及环线的站厅层并与城铁换乘。结合项目消防性能化报告，该站消防给水系统采取了以下加强措施：

①车站按照地下建筑标准选取消火栓系统设计流量。

②车站站厅、站台公共区设计自动喷水灭火系统。

③地下五层环线站台及地下四层交通厅设置移动式高压细水雾灭火设备。

2. 区间排水设计

十号线区间排水创新性地采用了双拼排水泵房设计方案。该方案在集水池中部设置不到顶的溢流隔墙，将线路排水沟排水分别接入隔墙两侧的集水池。

（1）在正常工况时，每个排水泵站独立运行。单侧排水泵出现故障时，集水池可通过溢流隔墙连通，通过相邻的排水泵站排水。区间排水安全性得到大大提高。

（2）当需要清理集水池、进行单侧排水泵故障分析时，只需要将相应的集水池进水管封闭，该集水池即可处于无水状态，便于清淤、检查以及提高排水泵故障分析效率等。

手中按钮重千斤
错误按下悔终生
微型消防站
自动扶梯
中央公园站

15 号线与 5 号线换乘大屯路东站改扩建工程

二等奖
市政公用工程
（轨道交通）综合奖

获奖单位：中铁第五勘察设计院集团有限公司
中国京冶工程技术有限公司
获奖人员：刘力，卞晓芳，李平定，吴昌栋，国斌，崔志强，张志勇，余盼晴，周文慧，陈水荣，刘鹏，李长安，许柏山，王周扬，谢亚勇

项目概况

大屯路东站为北京地铁 15 号线和 5 号线换乘站，15 号线大屯路东站位于北苑路与大屯路交叉路口东侧，沿北关庄路呈东西向布设，为地下二层岛式车站，须对 5 号线大屯路东站站厅、站台进行扩容设计，以满足换乘客流的需要。

项目主要特点

1. 运营线路改造对安全要求高

北京地铁 5 号线是贯通北京市区南北向的轨道交通大动脉，日均客流超过 100 万人次，整个运行过程对安全都提出了极高的要求。

2. 运营线路改造要求对运营影响小

改造期间大屯路东站要求正常运营，在长达一年的改造期间，对运营影响极小，方案乘客出行，社会效益显著。

3. 国内首例，无可参考借鉴的先例

在既有线上大规模改造扩建既有高架车站，在全国是首例，没有可以参考借鉴的工程实例，目前本工程结构设计方案已获两项国家发明专利。

4. 施工作业时间短，难度大，施工风险高

本工程技术最复杂的部分是在运营线的车站内吊装中梁，整个中梁施工需在轨行区上方进行，安全风险极高。设计采用防护措施，在满足消防要求的前提下尽量靠近加油站设置换乘通道，避免拆迁加油站。

新建换乘厅、管理用房等均利用道路中间绿化带，节约了用地。

5. 立面造型简单实用，与周边环境完美结合

对于改造扩建后的外立面方案设计中也进行了多方案比选，考虑到与周边环境协调，并且在建筑风格上与原有 5 号线车站立面风格协调，最终的建筑设计方案以简洁、明确的形体，通过凹凸、虚实变化，充分体现车站内部功能，铝板幕墙、玻璃幕墙、铝镁锰合金复合屋面板等建筑材料及线条分格与原大屯路东站立面完美融合，同时项目利用人行天桥、换乘通道的轻快处理，增添车站的现代交通观感。

大连地铁张前路车辆段与综合基地

二等奖
市政公用工程
（轨道交通）综合奖

获奖单位：中铁华铁工程设计集团有限公司
获奖人员：党立国，李兴海，宋树军，刘磊，张群仲，徐洪球，李益华，许岩，张超，章斌，苗铁林，周波，王兆旺，尹喆，邢玉奇

大连地铁张前路车辆段与综合基地，占地 9.7hm^2，停车列检 54 列位、周月检查 4 列位、定修 1 列位、临修 1 列位、洗车 1 列位，建筑面积 80450m^2，承担大连市地铁 2 号线全部配属列车运用、停放、检修任务。该段是国内第一座具备立体存车、功能高度集中的运用检修综合体，采用了全新的设计理念和先进技术。车辆段将生产、办公、生活等 16 项功能区有机整合为一个 5 层的运用检修综合体，各功能区高度集中，同时通过各种设计技术减少用地，车场线路采用“剪刀”式布置，充分利用爬升、下降线路的极限坡度，实现上下层轨顶高差 9.1m，解决了本项目立体存放列车的关键问题，并有效缩短了咽喉区线路长度，减少场地纵向长度，突破了平面停车的传统模式。综合体及二层咽喉区平台，采用纵向受力的框架结构；通过多工况的荷载组合分析计算，有效地降低梁高，保证净空；咽喉区平台采用不规则柱网，既保证了本工程的安全合理，又满足了列车的限界要求，为大跨度框架和不规则咽喉区框架结构设计提供了成功经验。工艺布置合理流畅，衔接紧凑。采用 BIM 技术，建立数据模型，提前发现工程中经常存在的管线综合、吊顶层高等方面的隐患和问题，减少设计施工的返工与变更，节约成本。本项目的成功设计取得了巨大的经济效益：节约土地 19.50hm^2；减少拆迁 7300m^2；减少土石方量 106 万 m^3；综合节约投资近 1.6 亿元。大连地铁张前路车辆段与综合基地在节约用地和集约化利用土地方面取得了巨大的成功，在城市建设用地匮乏的背景下，运用检修综合体模式同地铁上盖物业开发模式结合，成为地铁建设的可持续发展的新典范。

东湖国家自主创新示范区有轨电车 T2 试验线工程

二等奖
市政公用工程
（轨道交通）综合奖

获奖单位：北京城建设计发展集团股份有限公司
获奖人员：梁立刚，陈园园，曹繁荣，张刚，陈梁，苏尚旭，兰宏，王鹏博，罗建松，李超群，庄建杰，张维，何晶，张维，刘文东，王丽君，杨博静，刘加成，李鸿旭，郭志奇

东湖国家自主创新示范区有轨电车 T2 试验线工程线路全长 16.2km，其中高架段长 1.9km，U 形槽段长 0.6km，其他均为地面段。共设车站 22 座，其中高架站 2 座，其他为地面站。设停车场 1 座。于 2018 年 4 月 1 日通车试运营。

主要设计特点

1.“光谷”特色车站设计，城市亮丽风景线；武汉首次实现有轨电车与地铁无缝换乘。

2. 武汉首次使用曲线道岔，武汉首例生态停车场。

3. 与市政桥、高速收费站改造协同设计，同步实施；智能交通系统高度集成且实时共享。

主要技术创新

1. 国际上有轨电车首次使用能量型超级电容牵引供电。

2. 国内有轨电车首次实现隔站设置充电桩。

3. 国内有轨电车首次通过在共轨段设置三通立交，实现 2 线变 6 交路运营。

4. 国内轨道交通首例小半径（150m）、S 曲线、大跨度钢混结合梁。

5. 国内首次在有轨电车工程采用下承式预应力混凝土槽型梁。

6. 国内首次在有轨电车牵引网（接触轨）安装中采用槽道方案。

7. 国内首次采用 wlan 技术方案实现车地无线综合承载，承载车载 ATS、AFC、PIS 以及车辆检测、乘客上网等业务。

8. 实现了国内安全性、完整性最高等级道岔控制子系统（SIL4）的应用。

9. 智能交通系统应用了“基于离线协调的有条件主动式信号优先策略”。

10. 创新性采用信标装置的车辆进出站检测系统。

青岛地铁 2、3 号线李村站

二等奖
市政公用工程
（轨道交通）综合奖

获奖单位：中铁第五勘察设计院集团有限公司
获奖人员：李明元，赵文强，臧红昊，崔志强，高煌，张仕杰，刘庆国，张林雁，裴晓颖，李平定，董丽丽，梁园，罗章波，田春晖，刘京杭

交通一体化设计，各类交通无缝衔接。李村站既是地铁 2、3 号线的交汇点，又是青岛李沧区的商贸中心，地面人流密度大且集中，公交线路较多，项目采用了环境一体化、交通一体化、零距离换乘、交通无缝衔接等设计理念。空间综合设计，周边商业互连互通。做好换乘设计，有序组织人流。根据平面地形条件，两站因地制宜设计为“V”字形布置，两站主体节点处设计了台－台换乘楼梯，两线车站在站厅层设计了换乘大厅，做到了换乘客流单向组织，流线清晰，各行其道，互不干扰。充分利用空间，做好商业开发。立体组织空间，做好地面绿化景观设计。做好资源共享设计，降低工程造价。做好消防设计，保证人员安全。

李村站为两线换乘车站，两线车站站台宽度及站厅到站台的楼扶梯设计，均满足疏散计算要求。站厅层在公共区面积不大于 5000m^2，在同时保证车站进出站客流流线顺畅的前提下，将更多的空间留给换乘客流集中的部位，使得换乘厅视野开阔，既满足设计规范又提高了乘客的使用舒适度。抓住重难点，做好施工设计。李村站位于李沧商业中心，车站处于京口路、夏庄路、书院路路口，地面交通繁忙，是李沧区早晚高峰最主要的拥堵点，外加维客地下商业空间同期施工，管线迁改路由、临时交通疏解等都是车站实施的主要难题，整体施工组织设计就显得尤为重要。设计团队提出了分块、分区域、多次倒边的实施方案并得以实现。同时就本工程而言，本工程规模庞大，占地面积 50000m^2，支护工程涵盖了钻放坡、孔灌注桩＋内撑、吊脚桩＋内撑＋微型钢管桩、灌注桩＋锚索、微型桩＋锚索等多种支护形式，堪称青岛地区基坑支护的“百科全书”。

深圳市城市轨道交通 9 号线工程 9104-3 标设计

二等奖
市政公用工程（轨道交通）综合奖

获奖单位：中铁工程设计咨询集团有限公司
获奖人员：周钦，邬泽，刘立军，刘冰，潘元欣，赵巧兰，王瑾，李锴，张蕊君，邵建霖，王若敏，曹永刚，周金录，王靖华，朱文辰

设计概况

深圳市城市轨道交通 9 号线工程线路全长约 25.33km，共设 22 座车站，其中 10 座换乘站，全部为地下线。我院承担了红岭北站、园岭站、红岭站、泥岗站—红岭北站区间、红岭北站—园岭站区间、园岭站—红岭站区间 3 站 3 区间工点设计任务，其中红岭北站为 7 号线、9 号线同期建设换乘站，红岭站为 3 号线、9 号线换乘站。

设计技术

①城市核心区“地铁＋物业”综合开发设计理念，红岭北站、红岭北站—园岭站区间、园岭站及其周边物业开发接驳等强关联性一体化设计。②地下车站换乘布局多方位比选。通过仿真模拟比选分析，对地下车站换乘量、换乘空间的规模等进行了充分论证，力求实现换乘的安全、便捷、舒适。③复杂环境下超大型不规则深基坑受力分析和围护结构设计。④繁华市区地铁车站深基坑微振动爆破施工工法。结合传统爆破技术并进行创新，在距建筑物超近距离（最近建筑不足 5m）处进行爆破施工，成功摸索出了一套繁华市区基坑开挖爆破微震动控制施工工法。⑤红岭站设计采用了半幅倒边盖挖逆作法施工，在国内工程应用中属于前列。⑥红岭站 4 号出入口通道上跨既有运营 3 号线盾构区间，交叉角度约为 60°，最近间距仅为 1.33m，通道距上方管线仅 0.98m，采用平顶直墙断面形式的暗挖工法。同时，为控制下方既有区间隧道上浮，创造性地设计底部管棚。⑦泥岗站—红岭北站区间下穿密集建筑物群桩基础，采取了桩基托换和盾构机截桩方案。⑧园岭站—红岭站区间在上软下硬地层中近距离仅 1.55m 下穿既有运营地铁 3 号线盾构区间。设计中对下穿过程的风险进行了深入的分析和评估，并进行了相关模拟计算，制定了相关的地层加固措施。⑨空调系统采用集中冷站设置及站外冷水管敷设方式，在园岭站设有集中冷站，负担包括园岭站并以此站为中心前后各两座车站的供冷负荷，解决了园岭站前后各两座车站无法设置冷却塔的难题。⑩换乘车站供、配电系统一体化设计实现资源共享，多方案组合实现节能设计、智能化设计。

深圳市城市轨道交通网络运营控制中心（NOCC）工程

二等奖
市政公用工程（轨道交通）综合奖

获奖单位：北京城建设计发展集团股份有限公司
深圳市市政设计研究院有限公司
获奖人员：宋毅，白雪梅，邹亚平，王瑞文，郑飞霞，曲鸣川，张义鑫，张静，吴金然，谢良贵，郑安垚，杜晓秋，马恒，王朝福，曹俊龙

深圳轨道交通运营控制中心（NOCC）是深圳市轨道交通网络运营管理的指挥中心。主要有以下功能：轨道交通线网指挥中心（NCC）、各线路运营控制中心（OCC）、自动售检票系统清分中心（ACC）。NOCC 项目按远期 25 条轨道交通线路的规模进行规划建设，主要建设内容包括建筑主体工程和系统工程两部分。NOCC 位于深圳市南山区，总用地面积 15785m^2，建筑基底占地面积 10237m^2，总建筑面积约 116375.1m^2，地上 16 层，地下 3 层，建筑高度 78.9m。控制中心与深圳轨道交通已经运营线路、在建和未来新建线路均有接口，预留土建和系统接入条件，总投资约 16 亿元。

NOCC 建筑方案设计突破性地采用了“分散与融合”的理念，将传统需要大体量的调度大厅、系统机房在满足功能的前提下，尽可能降解体量，并利用坡地地形，将调度大厅及相关设施设置于底层，融入坡地的过度环境中。同时分解上部建筑体量，将 3 座体量适度、经典的正方立方体塔楼设置在地势的变化转折成点上，与周边的群山相融合。本工程打破了轨道交通控制中心采用大体量一体建筑的格局，以“最不像运营控制中心的运营控制中心”的评价诠释了功能建筑与周边环境的完美结合。设计成为国内规模最大的，采用模块化、一体化创新设计，功能齐全的线网运营指挥中心；项目建立了轨道交通线网指挥（NCC）系统，引领了轨道交通行业网络化与智慧化发展。

深圳市龙华区现代有轨电车示范线工程

二等奖
市政公用工程
（轨道交通）综合奖

获奖单位：北京城建设计发展集团股份有限公司
获奖人员：丁强，郝小亮，孙晓，张静，郑安垚，王丽君，赵雷，陈冲，李明阳，赵娟娟，杨锐，焦雷，李彬，王丽君，曹俊龙，杜蕾，陈衡，黄德明，潘霄波，唐云

龙华有轨电车示范线为深圳市首个现代有轨电车工程，线路全长11.724km，设站20座，其中主线全长8.590km，设站15座；支线全长3.134 km，设站5座；设置车辆场1座，预留上盖空间开发条件；全线采用超级电容供电与综合智能集成平台智能控制系统。

1. 线路布设创新：国内首条在客流密集新老繁华商业街、居住、学校、企业区域附近敷设的有轨电车线路，与地铁、公交紧密接驳衔接。

2. 车站布设创新：结合每个站的客流组织特点研究车站布设形式，通过减少有轨电车路口等待时间，坚持以人为本、优先通过公交服务理念，提高列车通行效率。

3. 路口交通组织：国内首条有轨电车实现与机动车过路口智能集成联控，对于车流及人流量大的路口采取人车分离的创新设计。

4. 轨行区绿化设计：全线（除路口段外）绿化覆盖，轨行区中间预留绿化空间条件，绿化种植自助浇灌系统统一布设，保障有轨电车绿化管养保洁运营安全达标。

5. 车辆供电制式创新：2013年国内率先提出车载超级电容供电，解决了传统架空接触网破坏城市景观的问题。

6. 智能集成控制系统：国内首个综合智能集成平台及大数据智能控制系统。

7. 投融资模式研究：国内首条采用政府招标社会运营（BOT）投资建造商模式的有轨电车线路。

厦门市轨道交通1号线一期工程厦门北车辆基地与高崎停车场

二等奖
市政公用工程
（轨道交通）综合奖

获奖单位：北京城建设计发展集团股份有限公司
获奖人员：闫雪燕，王绍勇，刘 皓，郝连波，赵伟，赵雷，唐武，黄雪峰，焦雷，崔屹，张宇明，郭云涓，张生平，杨彩玲，林耀

本项目为厦门第一座城市轨道交通车辆综合基地，确立了轨道交通线网车辆维保技术标准，项目承担本线及后续共1、2、6号线的大架修功能、综合维修功能及停车列检功能。

本项目为厦门第一个带有上盖住宅开发的轨道交通综合体，实践了“地铁 + 物业”的建设模式。运用库及咽喉区上部进行上盖物业开发，上盖开发平台7.2万 m^2，上盖开发住宅19.9万 m^2，一座12班幼儿园。

厦门第一个地铁上盖与公交场站结合的交通综合体，开创了“地铁 + 公交”的开发业态。高崎停车场考虑未来的城市轨道交通、高铁、公共交通“三位一体”的组合，在高崎停车场运用库上盖设置公交停车场及维修基地，上盖兼顾停车与维修功能。作为厦门第一个、国内少见的组合为后续城市轨道交通上盖物业开发探索奠定了基础。

厦门第一个应用BIM技术设计的城市轨道交通车辆基地项目，为探索车辆基地BIM应用标准积累了经验。本项目从设计之初定位BIM技术的应用，采用BIM技术指导施工，初期采用BIM建模验证施工图，并应用BIM指导管线综合的应用。其在城市轨道交通领域内BIM应用进行了初步探索并积累了相关的经验。同时该项目获得2017年北京市勘察设计BIM优秀奖。

郑州南四环至郑州南站城郊铁路一期工程

二等奖
市政公用工程
（轨道交通）综合奖

获奖单位：北京城建设计发展集团股份有限公司
获奖人员：张学军，陶宇龙，路璐，白君杰，盛杰，朱君卿，赵德全，梁玉娟，朱彦，张雄，汪鹏，任磊，何伟，朱韶彬，李鸿旭

郑州市南四环至郑州南站城郊铁路工程线路全长 40.841km，共设车站 18 座，平均站间距为 2.27km，全线设车辆段、停车场各一座。本工程分为两期进行建设。其中，一期工程起止范围为南四环至机场站，线路长 31.725km，共设车站 14 座，设置孟庄车辆基地 1 座。一期工程与建成的 2 号线贯通运营。

本工程功能定位准确、系统制式合理，与机场、郑州南站实现无缝衔接，本工程前瞻性强、预留灵活。本工程创新设计成果丰硕，多项技术为河南地区乃至全国首次采用。本项目首次在郑州提出快慢线运营模式，提供差异化出行服务。

本项目对高架桥面系布置进行了创新：国内首次在预制 U 梁中间设置接触网同时兼顾中间疏散的功能；首次在 U 梁上成功采用了槽道技术，实现了电缆支架工业化预埋作业；首次在横跨两片 U 梁上设置全封闭声屏障，实现了全封闭声屏障和接触网立柱的完美结合。

本项目通信系统研发了 TD-LTE 综合承载技术，该技术在城市轨道交通领域达到国际先进水平并，被住房和城乡建设部列为 2019 年全国建设行业科技成果推广项目。供电系统首次在国内轨道交通工程中开发应用了中压能馈型再生能量利用装置的无功补偿功能，提高了城市电网变电站出口处的功率因数。

本工程共申请国家专利 43 项，其中授权发明专利 8 项、授权实用新型专利 35 项；主持或参与编写规范标准 4 本。同时本工程也获得了诸多奖项，其中工程类奖项 21 项、技术成果类奖项 13 项、工法类奖项 10 项。

武汉市轨道交通 6 号线一期工程特色站点建筑设计

二等奖
市政公用工程
（轨道交通）综合奖

获奖单位：北京城建设计发展集团股份有限公司
获奖人员：梁立刚，张刚，吴新宇，曹繁荣，陈梁，郭磊，殷阳春，刘文东，殷超师，郝好敏，赵亮，宋雯琳，陈林，罗建松，李放

武汉市轨道交通 6 号线一期工程全长 35.96km，均为地下线，全线共设车站 27 座，其中特色站 11 座。本工程于 2016 年 12 月 28 日通车试运营，目前已安全运营 2 年。

1. 汉正街站为国内首个高挑空大跨度无柱中庭车站，也是全国首个在室内模仿室外实景的地铁站。

2. 全线设置 14 座换乘，涵盖多种换乘方式。合理选择换乘形式，解决三线换乘客流组织、新建线路与既有线路的换乘改造等换乘难题。

3. 采用武汉地铁设计首创“T”字形楼梯和无障碍电梯合建方案；优化传统站台公共区的空间布局。

4. 充分考虑车站人性化设计、“地铁 + 物业”可持续发展模式及站点市政配套工程设计。

5. 全线通过对楚风古韵的充分发掘和艺术优化，形成 11 座特色站点。

6. 结合各个站点人文历史背景，打造出令人惊艳的一站一景。

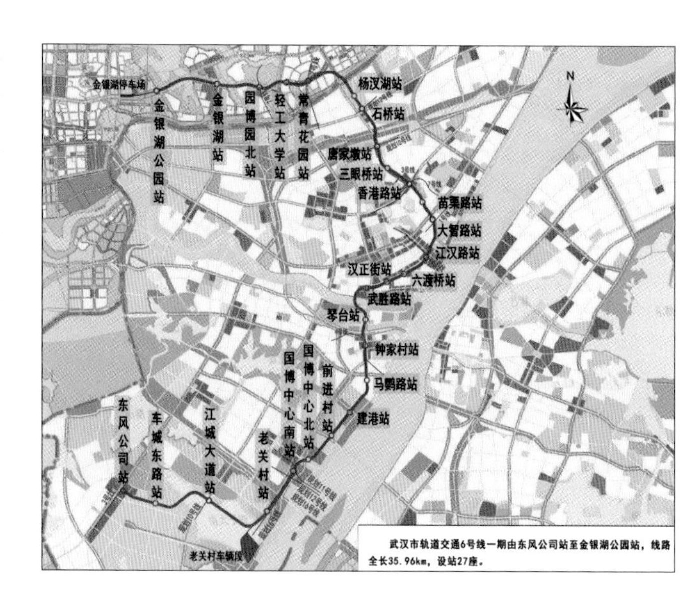

武汉市轨道交通6号线一期由东风公司站至金银湖公园站，线路全长35.96km，设站27座。

重庆轨道交通十号线（建新东路—王家庄段）工程给排水及消防系统

三等奖
市政公用工程（轨道交通）综合奖

获奖单位：北京城建设计发展集团股份有限公司
获奖人员：陈淑培，魏英华，江琴，田鹏，郑超，吴春光，黄代青，穆育红

北京地铁 16 号线二期工程（北安河—西苑段）西苑站

三等奖
市政公用工程（轨道交通）综合奖

获奖单位：北京市市政工程设计研究总院有限公司
获奖人员：赵越，乔峰，管诚，鲍凯，冯鑫，李威，朱云飞，白智强，赵新华，易建伟，陈鹤，惠丽萍，杜博，胡晓娟，张君君

北京地铁 16 号线二期工程“无吊顶”装修设计

三等奖
市政公用工程（轨道交通）综合奖

获奖单位：北京市市政工程设计研究总院有限公司
北京建工建筑设计研究院 / 中央美术学院
获奖人员：谢晓波，白智强，朱云飞，李科，高辛财，苌华强，赵越，李志阳，王政涛，王鑫，郭立明，禄龙，王哲

北京地铁 16 号线二期工程北安河车辆基地

三等奖
市政公用工程（轨道交通）综合奖

获奖单位：北京市市政工程设计研究总院有限公司
北京市建筑设计研究院有限公司
获奖人员：卢桂英，李科，李晖，白智强，贺月元，李妙迪，申樟虹，周钢，陈卓，戴春阳，高辛财，束伟农，朱云飞，何强，董骥

北京地铁 16 号线二期工程附属地面建筑设施融入城市、描绘地铁绿色之美

三等奖
市政公用工程（轨道交通）综合奖

获奖单位：北京市市政工程设计研究总院有限公司
获奖人员：冀程，杜博，白智强，高辛财，赵越，胡晓娟，邹彪，王淑芬，郝倩倩，李科，苌华强，谢洁，朱云飞，李永洁，翁红

北京地铁十六号线北安河车辆段综合减振轨道设计

三等奖
市政公用工程（轨道交通）综合奖

获奖单位：北京市市政工程设计研究总院有限公司
获奖人员：郭建平，张艳军，戴春阳，安彦坤，张梦楠，赵磊，韩波，贾晶，周永，李四春，赵泽鹏，邢行

合肥市轨道交通 1、2 号线大东门站

三等奖
市政公用工程（轨道交通）综合奖

获奖单位：北京城建设计发展集团股份有限公司
获奖人员：胡显鹏，闫阳，刘海波，李岩，吴春光，李心悦，高福华，任晓东，荣冰，谢鑫波，张晨龙，王玉英，胡海迪，张正国，余兴

武汉市轨道交通 3 号线一期工程车站装修设计

三等奖
市政公用工程（轨道交通）综合奖

获奖单位：北京城建设计发展集团股份有限公司
获奖人员：梁立刚，董万慧，张萌，曹繁荣，吴新宇，孟艳华，郝好敏，姜玥，殷超师，章智，赵亮，佘剑，张维，王怀，陈粱

武汉市轨道交通 6 号线一期工程前进村站—红建路站—马鹦路站区段岩溶处理

三等奖
市政公用工程（轨道交通）综合奖

获奖单位：北京城建设计发展集团股份有限公司
获奖人员：梁立刚，黄美群，陈梁，陆平，江冬飞，曹繁荣，李刚，张威，任伟明，周禾，刘御刚，叶卫，胡利宝，马秀成，黄辉

厦门轨道交通 1 号线一期工程运营控制中心

三等奖
市政公用工程（轨道交通）综合奖

获奖单位：北京城建设计发展集团股份有限公司
中国建筑科学研究院有限公司
获奖人员：孙静，王绍勇，李永红，林鹏鸿，李博，赵伟，郝连波，韩伟，倪瑞文，李宝雄，龚智雄，封宗兴，周杰，黄雪峰，陈由超

重庆轨道交通十号线（建新东路—王家庄段）工程地下车站 通风空调系统

三等奖
市政公用工程（轨道交通）综合奖

获奖单位：北京城建设计发展集团股份有限公司
获奖人员：吴益，王奕然，龚平，郭爱东，赵礼正，罗雪莹，向梅，付斐，王怀良，孟鑫，冯文丹，高峰

车站鸟瞰图

合建市政下穿道

出入口照片

非付费区照片

重庆轨道交通十号线（建新东路—王家庄段）工程红土地站

三等奖
市政公用工程（轨道交通）综合奖

获奖单位：北京城建设计发展集团股份有限公司
获奖人员：郭海龙，程小虎，周书培，赵礼正，郭爱东，刘攀，易立，陈淑培，扈世民，刘俭，贺新，刘凌曦，罗奎，叶飞，田华安

从站厅公共区闸机处看大拱断面接小拱断面

站厅公共区下站台公共区楼扶梯口

站厅中部下站台扶梯口及厅台换乘通道接口

站厅中部分离岛透视

重庆轨道交通十号线（建新东路—王家庄段）工程王家庄站

三等奖

市政公用工程（轨道交通）综合奖

获奖单位：北京城建设计发展集团股份有限公司

获奖人员：郭海龙，温江丰，朱剑，罗雪莹，邹志林，朱佳秋，刘攀，易立，郭爱东，汪方方，刘金礼，陈书培，项永杰，牛佳俊，朱红峰

车站鸟瞰图

合建市政下穿道

出入口照片

非付费区照片

2019
北京市优秀工程
勘察设计奖作品集

市政公用工程（燃气热力）综合奖

东北热电中心配套热网北线盾构段工程

一等奖
市政公用工程
（燃气热力）综合奖

获奖单位：北京特泽热力工程设计有限责任公司
获奖人员：牛小化，耿海洋，田立顺，董淑棉，王莉莉，阎岩，项婉，董恩钊，牛玉琴，赵新璞，杨冬秋，石英，崔井龙，朱彦飞，周可

设计理念

采用自主研发的热力盾构隧道用固定支架、导向支架和基于太阳能供电方式的供热管网检查室在线检测系统等 3 项国家发明专利技术，同时结合在供热行业非开挖技术方面多年积累的研究成果，成功解决了盾构工艺在热力工程应用中遇到的特殊问题。该工艺能适应热力工程特点，克服地下水位高以及流沙等恶劣地下环境，保证施工安全和施工速度。结合工程实际条件，优化管网布置，降低施工难度，提高管网的安全性和经济性。

项目特殊性

国内热力工程首次采用盾构施工工艺，填补国内热力工程应用的空白。世界首条大断面热力盾构技术的应用获得成功，为热力盾构技术的推广、进一步探索采用盾构法实施热力为主的综合管廊奠定了坚实的基础。

技术难点

工程周边环境复杂，沿线穿越多处高速、河流、房屋，地下水位高，地质条件差。盾构技术应用于热力工程中，受输送介质的高温高压影响，在长距离检查室设置、弧形段受力、大位移补偿、工艺荷载大、管片受力复杂、结构防水等方面无例可循。

技术创新

首次将盾构技术引入热力领域，九大设计创新打造世界首条大断面盾构热力隧道。

1. 国内第一次在热力隧道中引入强制通风、自动排水设备，检查室间距突破 400m 规范要求，检查室最大设计间距 500m。

2. 建立超常规的三维管道应力计算模型，解决弧形段盾构隧道内管道应力问题，转弯最大处曲率半径为 300m，角度 13°。

3. 采用铰链型补偿器组合工艺解决大管径的超大位移补偿，设计最大补偿能力 1000mm。

4. 采用聚四氟乙烯滑动支架、优化管道支架布置减小盾构隧道内支架受力，保障工艺管道和隧道结构的长期安全运行。

5. 提出国内首条热力盾构隧道结构荷载作用的力学模型。

6. 发明了热力盾构隧道特有的固定、导向支架的结构设计方法。

7. 成功解决了先盾后井影响盾构隧道端部受力和防水的难题。

8. 在热力隧道内引入在线监测系统设计，为健全管网信息化管理创造条件。

9. 结合运行管理部门现场实际操作方式进行动力配电系统设计，为管网巡检、抢修和安全操作等打下良好的基础。

建设地点

北京市朝阳区东坝南二街。

建设规模

管线全长 6423m。干线管径为 *DN*1400，长 6194m，通行地沟敷设，采用盾构法施工。分支有 4 处，分支管径为 *DN*500~*DN*1000，长 229m，通行地沟敷设，采用暗挖法施工。

竣工时间

2016 年 9 月 9 日。

热力盾构初试锋芒成就惠民

石河子开发区化工新材料产业园天富发电厂一期 2×660 兆瓦工程配套厂外热网工程

一等奖
市政公用工程
（燃气热力）综合奖

获奖单位：北京市煤气热力工程设计院有限公司
获奖人员：贾震，陆景慧，梁玉辉，刘芃，朱正，李慧梅，刘京城，李靖，安俊达，王冠童，李秋平，徐鹏，高明旭，王琼

本项目热力管道管径为 *DN*1400，设计压力 2.5MPa，设计供回水温度 130/70℃；全线桩长约 14km，其中架空段长度约 7.5km，直埋段长度约 6.5km；管线穿越市政道路、机耕路、企业大门共计 18 处，穿越铁路及灌渠各 1 处。

本项目是新疆维吾尔自治区内首个 *DN*1400 热水管道项目；是国内管径最大、设计压力最高的热网项目之一，也是国内近年最大管径的热力管道架空敷设项目。

本项目热力管道设计压力高、设计及施工周期短，为缩短施工周期及保证施工质量，设计阶段即考虑架空段高支架采用钢结构，并对钢梁、钢柱所采用的型钢规格进行了优化统一归类，在前期土建施工过程中可同期加工钢结构构件，待土建施工完成后即可吊装工厂预制完成的钢结构组件，大大缩短了施工周期。

本项目设计阶段经与甲方协商，为降低项目投资，热力管道架空敷设段补偿器采用套筒补偿器，由于本项目热力管道管径为 *DN*1400、设计压力 2.5MPa，套筒补偿器产生的内压不平衡力较大，造成架空段主固定支架土建投资较大。因此在设计阶段设计组即根据规划路由位置，结合架空段穿越市政道路位置，尽可能采用自然补偿，避免设置主固定支架，以降低项目投资。

由于本项目受规划路由限制，低架空直线段在过路位置需设置高架空段，此处出现低架空大推力固定支架和高架空大推力固定支架。设计组在该处将高低两个大推力固定支架基础共用，上部结构通过斜梁连接，利用对推方式减小大推力固定支架基础尺寸（缩减主管固定支架基础 62% 混凝土用量），最终降低了项目投资。

本项目穿越灌渠处受制于灌渠两侧保护区范围，热力管道跨距需达到 29m，远超设计初期阶段根据项目钢管材质、壁厚计算确定的 22m 的热力管道最大跨距。由于施工周期短，选用桁架设计已无设计及施工时间。考虑种种受制因素，设计方案最终确定为采用高支架大跨距架空形式，支架上部结构沿管道轴向方向各悬挑出 1.5m 以缩短热力管道跨距，同时穿越灌渠处采用许用应力更高的 Q345B 钢材并适当增加管道壁厚以增加热力管道自身可承受的最大跨距，两种措施相互结合，避免了使用桁架，缩短了施工周期。

本项目 *DN*1400 热力管道末端需与现状 2 处 *DN*1000、1 处 *DN*800 现状管线衔接，同时实现由 *DN*1400、*DN*1000 热力管道向 *DN*1000、*DN*800 热力管道注水的功能。为实现这一功能，设计组在收集现状热力管道资料的基础上，结合现场实际情况，考虑直埋敷设自然补偿、直埋管道分支点干管的热位移满足规范要求以及变径管设置等一系列因素，成功解决了这一难题。

SANY

中国人民大学锅炉房工程

一等奖
市政公用工程
（燃气热力）综合奖

获奖单位：中国中元国际工程有限公司
获奖人员：江绍辉，张伟，雷鑫，裴志文，张顺宇，邢岷峰，朱江，冯国钰，黄颐，李放，李春林，才振刚，雷佳莉，王皓，张涛

项目概况

中国人民大学位于北京市海淀区中关村大街59号，交通，出行顺畅便捷。原锅炉房位于校园东北区，结合人民大学图书馆新馆建设位置考虑，现有锅炉房严重影响图书馆新馆南立面的整体效果和周围环境。为适应校园总体规划发展需要，将现有锅炉房及附属用房拆除后位置南移并下沉到地下建设。项目用地现为临时停车场及草坪。

本工程安装规模为4台14MW燃气热水锅炉及2台4t/h燃气蒸汽锅炉，供暖面积为737570m^2。锅炉房建筑面积2929.5m^2，地上局部1层，地下3层，钢筋混凝土结构。

设计特点

1. 采用“藏”“隐”等手法，去工业化设计。减少锅炉房出地面建筑体量并种植绿植，烟囱造型及外立面与现有食堂风格一致，融为一体。

2. 模式的可持续发展，带来了社会及经济效益。如此大规模的地下锅炉房，是学校类供热领域的一大突破。使之比同规模常规地上锅炉房减少出地面建筑体量80%，且通过物理分隔方式，比常规锅炉房噪声降低10dB。北京化工大学、北京理工大学房山校区等校方参观学习后，借鉴此布置方式设计配套锅炉房，创造了社会效益。

3. 设置分时分区控制及锅炉集控系统，实时监测室外温度与各供热单体室内温度，通过数据分析控制单体建筑供热量，达到节能减排效果。年节省60万方天然气。

4. 锅炉间屋顶设计采光天窗及竖井，兼顾照明、泄爆及自然通风作用，减少机械通风设备及照明灯具，年节省耗电量0.3万度。

5. 结构横梁设计成可拆卸式，便于锅炉设备检修维护。

6. NO_x排放指标低于当时北京市地方$NO_x \leq 100Nm^3/h$的排放标准，打赢蓝天保卫战。

综合效益

锅炉房建成后，可满足737570m^{2}全校各类建筑物的供暖需要，为中国人民大学实现总体规划提供坚实的基础设施保障，在较好的办学条件下为国家培养出一大批高素质的人才，为提高学校的整体办学科研水平创造条件。采用纯地下锅炉房布置方案，是学校供热类型项目的第一个，多次引来业界参观学习，在创造了社会效益的同时也为设计单位创收了经济效益。

项目总投资4409.55万元，虽运行费用比燃煤锅炉房高，但在环境保护方面的效益，以整个社会作为投资主体去衡量，经济效益是非常可观的。而且，通过分时分区智能管控系统与自然照明，年可节约天然气60万方，年节省耗电量0.3万度，全年节省费用约150万元。

锅炉选用超低氮燃烧器，使NO_x排放指标低于80mg/Nm^3，低于当时北京市地方标准要求的100mg/Nm^3，更低于国家标准要求150mg/Nm^3。按与北京市地方标准相比，年减排NO_x约1.6t/年。

北京大龙供热中心城北热源厂煤改气工程

二等奖
市政公用工程
（燃气热力）综合奖

获奖单位：北京市煤气热力工程设计院有限公司
获奖人员：白丽莹，孙健，杨箐轩，郑海亮，王斌，杜运来，常延辉，李慧梅，施兴旺，宋玉梅，姜妍，钱睿，张宏亮，李靖

本工程是在原锅炉房内的煤改气工程，设计容量为 3×70MW 燃气热水锅炉及 2 套 7.25MW 吸收式烟气余热回收装置。

首先，本项目设计过程中对吸收式热泵装机规模进行分析，综合考察满负荷工作小时数及回收余热量后确定，甲方结合已实施项目运行经验对选型高度认同，项目运行后实现预期节能效果。

本项目为在原锅炉房内的改建项目，针对复杂显著条件，细化节点设计，增加剖面图数量及重要节点三维设计；充分考虑施工难度及费用，对特殊节点进行优化设计，施工安装过程流畅。整个改造过程没有拆除原燃煤设施任何建（构）筑物，避免不必要的改造给甲方带来投资的增加。管道及烟风道布置见缝插针，在满足技术要求的同时，充分考虑甲方的使用要求，使运行更便利，借助于与施工单位紧密配合，设计成果整体整洁大方。

为响应相关部门要求，提高供暖保障，新建燃气锅炉与原燃煤锅炉之间新建防火墙以满足同时运行的需要。轻型防火墙设置巧妙利用既有屋面梯形钢屋架，采用排架结构抗风柱的概念，解决了燃煤锅炉与燃气锅炉分开设置的问题。图纸设计到位，约 20 个节点图。

本项目团队集合了我院热力、结构、自控、电气专业的精兵强将，这支经验丰富、专业专注、善打硬仗的团队视每一个项目为自己的作品，精心设计与配合，必将打造一个又一个精品工程。

北京林业大学地下锅炉房

二等奖
市政公用工程
（燃气热力）综合奖

获奖单位：北京市煤气热力工程设计院有限公司
获奖人员：李梅，施兴旺，孙健，李靖，王钧锐，张宏亮，钱睿，张虹梅，杨箐轩，袁丽娜，郑海亮

项目简介

北京林业大学新建地下锅炉房安装 3×14MW+2×7MW 燃气热水锅炉，总装机容量 56MW。项目供热面积 67.2 万 m^2，采暖及生活热水总负荷 54.6MW，工程建设总投资 5400 万元。

技术特点

1. 消声降噪措施全面、设计产品与周围环境高度协调

工艺设计与降噪方案同时设计、同时施工。采用隔振、减震和吸声等方法在噪声源头控制噪声，在传播过程中削弱噪声强度。如本项目所有通风口设置了消声百叶和消声片；风道上设置静压箱和消声器；锅炉间、辅机间、鼓风机间设置吸声隔墙；所有动力设备设置减震垫；管道采用弹簧吊架。另一方面，锅炉烟囱外观采用涂鸦的方法处理，使其与周围的办公楼颜色一致，浑然一体。同时，地上部分采用恢复原址功能的设计方案，通过我院设计师与林业大学园林系老师共同设计、构思，使之与周围环境更加协调自然。

2. 建筑布局合理创新

为满足消防间距和校园整体布局的要求，本项目只能在 48m×30m 的占地范围内完成设计。为满足业主使用要求，项目改变了以往地下锅炉房地上部分“品”字形的布局方式，使锅炉房出地面部分的两个出入口、锅炉间泄爆及通风竖井均呈“一字形”排布，布局规整，最大限度减少了锅炉房的占地面积，同时将出地面部分对地上景观的影响减至最低。

3. 工艺设计节能、实用

项目初期安装 3 台 14MW 锅炉和 1 台 7MW 锅炉，随开发进度再安装 1 台 7MW 燃气热水锅炉。其中 1 台 7MW 燃气热水锅炉用于非采暖季提供生活热水，采暖锅炉和生活热水锅炉可互为备用。利用项目内采暖二次回水与烟气换热，回收烟气热量，节约能源。采用楼梯间顶部悬挂风机的方式，保证楼梯间正压，既节省空间，又保证了项目美观。

华能北京热电厂燃气热电联产项目天然气供气工程

二等奖
市政公用工程
（燃气热力）综合奖

获奖单位：北京优奈特燃气工程技术有限公司
获奖人员：肖勇，王海龙，伍清晔，杨宝文，赵明光，赵耀宗，石剑，宁玉鑫，刘文楷，荀朝霞，韩福金

本工程所设计的管线是为华能北京热电厂 4 台 350MW 燃气轮机提供天然气的输气管道，管线东起西直门站，沿京沈高速北侧向西敷设至电厂，全长 29km。我们根据工程的特点做了针对性的设计：

1. 设计采用北京市压力最高（高压 A 4.0MPa）、管径最大（*DN*1000）的输气管线来满足电厂高峰小时气量 36 万 m^3/h、年用气量 18 亿 m^3 的用气负荷，工程投资额 6.5 亿元。

2. 管线路由复杂，沿途需穿越京沈高速、京津公路、姚辛庄桥区、张凤路、张采路、大运河、凉水河（2 次）、通三铁路等工程节点，设计采用机械顶管方式穿越公路、铁路 16 处 2000 余米，采用机械顶管方式穿越河流 2 处 250 余米，采用定向钻方式穿越河流 4 处 3000 余米，并在燃气工程中首次采用双向非直线浅埋暗挖方式（横断面为 2m × 3m 弧形顶）通过复杂地形 1 处 200 余米。上述非开挖方式的应用，保证了工程节点的顺利完成，为整个工程的按期投产提供了保证。

3. 经多方案比选，设计采用钢级为 L485MB 的优质钢管，满足了输气管线高强度的要求，同时节省了大量的钢材，节省了投资；设计过程中根据管线路由，部分管段采用了弹性敷设，节省了大量管件并减少了焊缝数量，不仅节省了投资，也为工程按期实施提供了必要保障。

华能长兴电厂 1 号和 2 号机组供热改造及工业供汽管网一期工程（厂外部分）湖州段勘查设计

二等奖
市政公用工程
（燃气热力）综合奖

获奖单位：北京市煤气热力工程设计院有限公司
获奖人员：贾 震，陆景慧，刘芃，朱正，李靖，杨箐轩，王鑫，张虹梅，徐鹏，安俊达，王冠童，姚娜，张宏亮，彭升

本工程新建蒸汽管网约 11.32km。管道设计压力 1.7MPa、温度 310℃，主干线管径 *DN*250~*DN*350。全线特殊穿跨越繁多，共 11 处过路、过河桁架，跨距 25~65m 不等，其中浮船吊装 65m 大跨距桁架 1 处。顶管穿越铁路、国道共 3 处。管道沿线地基软弱，需采用针对性的地基处理方案。经过 5 个月的紧张施工，本项目管网于 2017 年 11 月如期交付使用。

本项目蒸汽管线供热半径超过 10km，采用新技术、新材料优化设计、降低管损，管网节能指标国内领先。针对南方软弱土质，因地制宜地采用不同地基处理方案。另外，一座 65m 大跨距桁架采用浮船吊装技术，开我院先河。

技术特点如下：

1. 针对性的保温 - 水力联动耦合计算。
2. 对局部热损的有效控制。
3. 浮船吊装大跨度桁架。
4. 精心设计的顶管穿越工程。
5. 因地制宜的地基处理方案。

不同于北方，南方地质情况往往更为复杂，处理难度更高。浙江省长兴县紧邻太湖，地下水位丰富，淤泥质土土层较厚，地基软弱，容易发生沉降和变形。为了控制沉降变形，支架独立基础下方因地制宜地采用松木桩、换填等不同的处理方式，在达到结构安全的同时兼顾了经济效益。

西北热电中心配套管网电厂至长安街西延热力管线

二等奖
市政公用工程（燃气热力）综合奖

获奖单位：北京特泽热力工程设计有限责任公司
　　　　　中铁第五勘察设计院集团有限公司
获奖人员：罗运晖，宋鹏程，李晓明，李利，赵杨阳，孙淑文，谢勇涛，路美丽，陈鸣镝，张宗旭，刘艳芬，牛玉琴，苗晓娟，吴天虹，胡劲秀

西北热电中心配套热网电厂至长安街西延热力管线工程管线全长7749.4m，其中*DN*1400管线长度7469.4m（含穿山段1800m），*DN*1200管线长度280m。项目沿途不仅要穿越正在运行的燃煤电厂老厂区、地质条件极其复杂的四平山、众多需要保留遗址建筑的新首钢高端产业综合服务区，还要跨高井沟等河道、越阜石路高架，穿丰沙线铁路及多处交通要道等。经过多次的现场踏勘、反复的技术论证和缜密而翔实的计算，最终选出技术最优、施工最简、安全性最高、经济性最好的设计方案。

1. 开山辟路、敢为人先，首次将应用于铁路的穿山技术在供热领域进行了尝试，收到了很好的效果。

2. 多种设计技术综合应用，巧妙设计复杂地形条件的路由、绕开了首钢老工业区的保留建筑，化解各种难题。

3. 不同壁厚管道的区别利用，兼顾了项目的经济性和安全性。

4. 利用地形特点，在穿山隧道埋深最浅的四平山中间山坳位设出风口，实现长距离山岭热力隧道内自然通风与机械通风的完美结合。

5. 首次在热力隧道内设置运营检修轨道车，打破了热力隧道采用设置检查井进行吊装的常规设计。

6. 首次在热力隧道内考虑了集送排风、消防给水排水、照明、视频监控、轨道车辆和BAS系统于一体的综合设计系统。

7. 首次在热力隧道内采用控制爆破技术应对复杂的外部环境。

2014呼和浩特市分散燃煤锅炉煤改气项目

三等奖
市政公用工程（燃气热力）综合奖

获奖单位：北京市煤气热力工程设计院有限公司
获奖人员：陈涛，孙健，李玮，杨箐轩，李慧梅，窦林峰，郑海亮，马济杰，王斌，边诚，许乐岩，张宏亮，杜运来，彭升，季铭

安定镇汤营、驴房、车站、前辛房、后辛房、潘家马房、周园子、皋营、沙河、站上“煤改气”工程

三等奖
市政公用工程（燃气热力）综合奖

获奖单位：北京优奈特燃气工程技术有限公司
获奖人员：耿宝航，王壮，梁静，解春阳，荀朝霞，刘文楷，张昊，马亮，黄美霞，陶帆，张岩，侯艳粉

翠林锅炉房煤改气工程（热泵部分）

三等奖
市政公用工程（燃气热力）综合奖

获奖单位：北京优奈特燃气工程技术有限公司
获奖人员：高峻，陶帆，杨宝文，王凯华，王斌，郑晓宇，于向航，刘文楷

青云店 LNG 供应站天然气工程

三等奖
市政公用工程（燃气热力）综合奖

获奖单位：北京优奈特燃气工程技术有限公司
获奖人员：耿宝航，陶帆，黄美霞，王凯华，刘文楷，荀朝霞，云飞，杨宝文，郤俊芳，葛秋燕，孙亚杰，肖勇，刘万波

工业工程设计综合奖

广州白云国际机场扩建工程项目中国航油场外航煤输送管道工程

一等奖
工业工程设计综合奖

获奖单位：北京中航油工程建设有限公司
获奖人员：杨思坤，陈峰华，朱林，唐凯，朱浩，吴治安，张炜，张禹龙，党鹏飞，郝运雷，王晨，许迎，张传磊，宋坤，韩敏

广州白云国际机场扩建工程项目中国航油场外航煤输送管道工程管道起点位于增城市石滩分输站，途经4区（市）8镇（街），分别是增城市石滩镇、荔城、朱村、中新镇，从化市太平镇，白云区钟落潭镇，花都区花东镇，白云区人和镇，终点为广州白云机场油库末站，管线实长94km，管径为*DN*400，设计压力8MPa，沿线设置6座阀室。

鉴于本工程的重要性、复杂性，在设计中尽可能地吸收国内外供油工程设计的新技术和新工艺，主要体现在以下几个方面：

1. 采用直接密闭顺序输送工艺模式

为了及时确保机场的航煤供应，在国内外机场首次提出了多品种直接密闭顺序输送航煤至机场油库的输油模式，保障了广州机场的供油安全，强化资源合作，完善航煤供应体系。

2. 简化工艺流程，合理布局

为了更好地分输航煤，简化了工艺流程，对石滩分输站计量系统、清管系统、取样系统采用了标准化、模块化设计，将油品直接分输至机场油库，减少了油品损耗，方便员工操作和维护。

3. 提高油品的计量精度

为了便于中国航油与中海油在石滩分输站的油品计量交接，在中国航油首次采用了橇装计量系统，计量流程简洁，有效提高了计量系统精度，在后期维护服务上有效降低了维护费用。

4. 管道水工保护

管道水工保护措施结合“三多三少”设计原则，采用了动态设计法，达到减少环境污染，加快植被绿化目的，对管道沿线地貌恢复起到了很好的保土、排水效果。

5. 提高管道的安全防护

本工程设置了一套泄漏监测系统，在机场油库调度控制中心设SCADA系统，可实现“有人值守、远程监控”的控制水平，为航油管道的安全运行保驾护航。

整个工程设计过程具有以下特点：

1. 满足绿色机场建设的要求

通过绿色机场的设计进一步提高供油工程及配套系统的安全性、节能性、环保性，为工作人员提供安全、舒适、健康、绿色的工作环境，为机场在创建绿色机场方面奠定基础。

2. 针对油品质量安全的防护措施

航煤质量事关民航飞行安全，是机场的生命线，为了确保顺序输送的航煤质量安全，本项目从中海油惠州首站、石滩分输站及机场油库末站各个输油环节均设计了一系列控制油品质量安全的防护措施，以降低混油质量风险。

3. 针对不利地质、气候条件的措施

本工程管道大部分敷设在山区和丘陵地带，施工过程中采用动态水工保护设计，合理确定开挖、顶管或定向钻穿越施工方案。管道处于亚热带气候区，雨水天气多，项目合理安排雨季施工，确保雨季施工质量与进度。

中国航油
保税
中国航油

京能涿州热电联产一期2×350MW超临界机组工程（第一台机组）

一等奖
工业工程设计综合奖

获奖单位：中国电力工程顾问集团华北电力设计院有限公司
获奖人员：李一男，李军，俞永丽，许丽敏，侯全辉，张颖，顾为朝，王慧，曹希平，崔丽，罗建国，马晓辉，连嵩渝，翟立新，崔雪力

京能涿州热电联产工程厂址位于河北省保定市涿州市东仙坡镇内。一期建设2×350MW超临界燃煤供热机组，为北京房山区、河北涿州市1600万m^2建筑面积供热。两台机组以220kV出线两回接入房山变电站220kV侧，年发电38.5亿kW·h。

本工程为热电联产工程，全年热效率50.67%，平均发电标准煤耗266g/（kW·h)。供热标准煤耗率38.81 kg/GJ。采暖期热电比137.6%。厂用电率6.2%。

全厂总平面由北向南依次布置为220kV屋外GIS、主厂房、贮煤场。间接空冷塔布置在主厂房西侧，辅助生产设施主要布置在间接空冷塔西侧和北侧，厂前建筑区位于主厂房西北侧。

主厂房布置采用汽机房、煤仓间、锅炉房三列式布置。汽机房跨度30m，长度136.2m，小于火力工程限额设计主厂房145.5m。A列至烟囱199.27m。两台炉合用一座套筒式烟囱，烟囱内筒为钛钢复合板。烟囱高度为205m，出口直径为7.8m。

脱硫装置按石灰石－石膏湿法脱硫工艺，单塔双循环工艺。脱硝采用选择性催化还原法(SCR)，吸收剂为尿素，水解工艺。

电厂以涿州市东污水处理厂城市中水作为生产用水水源，脱硫废水采用蒸发结晶技术，真正做到废水零排放。

厂内为封闭条形煤场储煤，贮煤场储煤量14.6万t，可供2台机组燃用约20天。煤场跨度140.0m，长度196.0m，高度38.5 m。

灰渣全部综合利用，厂内建设大型贮灰罐，取消厂外灰场，既节约用地，同时又消除了灰场带来的环保问题。

烟气达标排放达烟尘、SO_2、NO_x排放浓度实际值为0.24 mg/m^3、7.04mg/m^3、20.5mg/m^3，符合北京市排放新规定。

本项目1＃机组2017年11月11日顺利通过168小时试运行。2＃机组2018年6月30日顺利通过168小时试运行。

本工程积极响应京津冀环保一体化的政策，采取了严格的环保措施工程：①关停供热区域燃煤小锅炉合计488台，其中房山区76台，涿州市412台，替代小锅炉的额定出力总计1966.5t/h；②排放指标达到燃机水平；③同步建设综合利用场地，灰渣实现全部综合利用；④取消灰场；⑤脱硫废水采用结晶蒸发技术，实现工业废水零排放；⑥高度节水：设计用水全年总取水量为229.1万m^3，2019年按照5500小时计算实际运行用水量112.04万m^3。

电厂投入运行以来，各项指标符合设计要求，并得到社会各界以及行业内单位的一致好评。

协合五河县饮马湖风电场项目

一等奖
工业工程设计综合奖

获奖单位：聚合电力工程设计（北京）股份有限公司
获奖人员：武镜海，马昂，赵超，梁景芳，杜艳，严峰峰，毕广明，相鹏，李新宇，李盛楠，魏雯，李国华，余敏，王毅，徐奎

项目建设的必要性

风能因其可再生、无污染等特点，在新能源领域中具有极大发展潜力。因风电项目具有周期短、投资灵活、运行成本低等优点，开发利用风能资源符合能源产业的发展方向。合理开发风能资源可实现地区电力的可持续发展，达到减排效果。

工程简介

协合五河县饮马湖风电场工程位于安徽省蚌埠市五河县，由五河协合饮马湖风力发电有限公司投资建设，聚合电力工程设计（北京）股份有限公司设计。设计工作2016年4月开始，2017年6月项目全部并网发电后结束。

项目建设装机容量48MW，安装24台单机容量2000kW（金风GW115-2000）的风力发电机组，轮毂高度100m，叶轮直径115m。项目同期新建110kV升压站1座，1台50MVA的110kV主变压器，本期采用线变组接线，后期改为单母线接线。

工程设计指导思想和理念

1. 贯彻“安全可靠、先进适用，符合国情”的电力建设方针，以经济实用、安全可靠、以人为本为原则。

2. 运用先进设计手段，优化布置，使设备布置紧凑，建筑体积小，检修维护方便，施工周期短，工程造价低。

3. 严格控制风场用地指标、节约土地资源。

4. 提高风场综合自动化水平，实现全场监控和信息系统网络化。

5. 满足国家环保政策和可持续发展战略，满足各项环保要求，确保风电场建成环保绿色发电企业。

工程设计亮点

针对项目特点，在设计过程中，结合项目特殊性，采取相关定制化设计。

1. 微观选址阶段，大量调查场址周边已运行风电场，依据现有资料利用多种专业资源分析软件进行不同数值条件的模拟，结合中东南部地区高切变、低风速平原风电场的特点，选用了高塔筒（100m）长叶片（直径115m）的金风GW115-2000风电机组。同时运用低风速风电场综合微观选址技术现场选址复核机位可用性以获得最优布置方案，实现在当时主机技术条件下风电场最佳发电效益，发电量达到11700万kW·h/年。项目建成后节约标准煤3.60万t/年；降低烟尘排放7.02t/年；减少碳排放8.50万t/年；减少二氧化硫和氮氧化物排放共计59.67t/年。

2. 在施工图设计过程中，精心设计，对场区风机的安装位置、集电线路走线路由、检修道路路径的选择进行认真勘查，合理选择道路和集电线路路径，兼顾后期集电线路走廊，场区范围内集电线路无一处交叉，为提高线路安全性提供了可靠保障。

3. 对110kV升压站设计进行全方位细化设计，变电区设计布局紧凑、工艺合理，既方便运检，又兼顾后期扩建。建筑物外立面设计充分考虑周围环境影响，使建筑物与周围环境有机融合。

CNE

武汉华星光电技术有限公司第6代LTPS（OXIDE）LCD/AMOLED显示面板生产线项目

一等奖

工业工程设计综合奖

获奖单位：世源科技工程有限公司

获奖人员：张航科，徐建雄，李卫，陈巍，任志鸿，张玉红，王江标，张大炜，周向荣，李志伟，孙美君，张秀芬，李中原，董轶超，刘羽

团队照片

设计单位

世源科技工程有限公司

主要设计人

张航科 徐建雄 李 卫 陈 巍 任志鸿
张玉红 王江标 张大炜 周向荣 李志伟
孙美君 张秀芬 李中原 董轶超 刘 羽

设计特点

建设地点：湖北省武汉市

建成时间：2016年10月

1．设计理念：

提出“组合集约式布局、空间整体建构”的设计理念，探索大型工业建筑创作语境，强调与城市之间的联系和企业形象的表达，各建筑体量沿左岭大道形成一个完整的建筑展示面，形体简洁流畅，一气呵成。同时，与自然地貌相结合，形成全新的景观轮廓和完成场所的再造，表达出清晰直观的建筑逻辑，构建和谐、智慧、绿色的高科技产业园区

注重可持续发展的策略，保持总体规划的弹性和工厂生产空间的灵活性、互换性，为二期建筑和工艺产线改造留有较大的发展空间。立面设计遵循“功能与建筑形式整体统一”的原则，造型简约流畅，现代感强，突出企业的外观识别性和知名度。

2．项目特殊性：

LTPS工艺相较传统TFT工艺，制程更复杂，光刻次数更多，加工线宽更细微；洁净区工艺面积为同类工艺厂房之最（达11.7万平方米）；生产对微振动环境十分敏感，微振控制最高等级达到VC-D级

3．技术难点：

工艺区独立回风设计，通过加装化学过滤器对化学污染物进行过滤，防止化学污染物叉污染。AMOLED 先导线设计，充分考虑工艺技术和产线布局的灵活性和适应性，提高企业和产品竞争力

4．技术创新·

（1）在洁净室设计方面，采用独立回风设计、使用自主开发的化学过滤器机组系统、使用气闸等措施防止化学污染物的交叉污染。

（2）运用CFD气流仿真模拟不同结构形式的气流组织差异，分析工艺设备生产过程中动态气流流型的变化，优化设计气流组织形式，满足工艺需求

5．新材料使用：

建筑材料优先选用绿色环保材料，尽量就地取材；选用含再循环材料的金属、玻璃、石膏、木材等，并尽量使用利用工业与建筑废弃物再生骨料制作的混凝土砌块、水泥制品和配制再生混凝土等。外墙材料采用灰色系金属夹芯板墙体和局部玻璃幕墙，生产洁净区墙体和吊顶采用防静电金属板，下夹层地面采用华夫板加高架地板。

6．节能措施：

建筑外墙采用太阳辐射吸收系数低的浅色的金属夹芯板墙体，洁净生产厂房外墙结合洁净室气密性要求，尽可能不开窗。外窗玻璃采用高性能的中空LOW-E玻璃，简单的矩形规则体形设计，最大限度的减少外围护结构面积；建筑构造上采取防止冷热桥现象的处理，防止结露。

由于工艺制程的复杂性，以及对生产环境厂务设施严格的要求，设计充分考虑工艺技术要求、场地特点、人物流动线、风向及污染排放影响的基础上，综合采取了温水水洗淋水加湿、热回收低温热水、自由冷却和自由加热、冷冻水系统中低温分设、冷却塔自由冷却、CDA高低压系统分设、干燥机采用MCHW预冷却、局部风量的化学过滤系统等多项节能技术措施，上述技术措施共计获得国家实用型发明专利8项，实现工厂全年运行费节省1亿元以上。

经济指标

总用地面积	366815.2 hm²
总建筑面积	505914.95 m²
地上	505914.95 m²
地下	0 m²
建筑高度	生产厂房 36.42 m
建筑层数	2-5 层
地上	5 层
地下	0 层
容积率	1.89
概算造价	8895 元/m²

研发楼夜景

研发楼外景

实景鸟瞰图

总平面图

区域位置图

研发楼首层平面图

组合平面图

研发楼外景

研发楼主入口外景

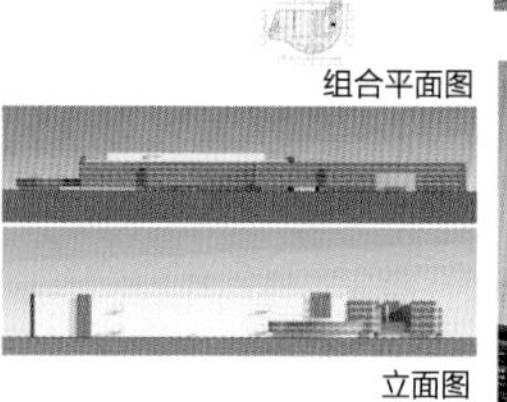

立面图

厂房外景

厂房外景

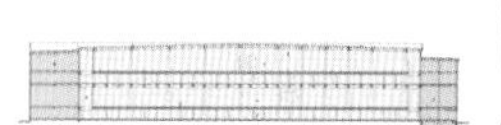

剖面图

VIP 会议室内景

研发楼夜景

大堂内景

福建华佳彩有限公司高新科技面板建设一期项目

二等奖
工业工程设计综合奖

获奖单位：世源科技工程有限公司
获奖人员：孙华成，黄伟剑，陈巍，张钢，张玉红，王满，李鹏，张大炜，徐拓，孙美君，张秀芬，唐莉梅，李中原，徐彦涛，王玉臣

福建华佳彩高新技术面板项目投产后产值达 105 亿元，该项目处于产业链中游位置，可集聚上游产业彩色滤片、液晶显示元器件等，集聚下游产业显示器、电视等大面板电子设备以及智能手机、平板电脑、车载导航等。莆田依托华佳彩引进产业链配套项目，目前已带动联懋科技手机装配、欣兴电子 IC 载板、伟鼎科技智能设备等配套项目落地。得益于华佳彩等强势入驻，莆田电子信息产业飞速发展，液晶显示产业链逐渐完善。莆田坚持绿色发展，以战略性新兴产业为引领，推动产业发展低碳化、高端化，铸就产业腾飞发展的新高地与产业转型升级的新引擎。华佳彩的创新产品将弥补福建省“缺芯少屏”的短板，在促进电子信息产业提升发展同时也为莆田市经济发展注入勃勃生机。

洛钼集团选矿三公司碎矿系统改造项目

二等奖
工业工程设计综合奖

获奖单位：北京矿冶科技集团有限公司
获奖人员：么贵红，丁中秋，谢胜杰，黄明，胡华荣，刘艳妮，张涛，张凤仪，张洁，米夏夏，刘阅兵，程娟娟，万磊，李浩，刘延飞

建设单位：洛阳栾川钼业集团股份有限公司。

建设地点：选矿三公司。

改造规模：碎矿系统由原 14400 t/d 提高到 24000 t/d；磨矿系统由原 14400 t/d 提高到 19000 t/d。

设计理念：高压辊磨机是基于“料团粉碎”原理的高效粉碎设备，与常规碎矿流程相比，更深层次体现了“多碎少磨”的节能理念。同时，物料在被挤压过程中颗粒表面和颗粒内部产生大量微裂纹，使辊磨产品的邦德功指数降低，提高物料的可磨性。

工艺流程：采用二段一闭路破碎 + 高压辊磨干式筛分闭路 + 一段球磨旋流分级闭路流程。

设计难点：项目用地属山地沟谷，山高坡陡，场地标高相差 83m，用地面积不足 20 亩，地质情况复杂，设计难度大。

创新要点：

1. 筛分车间布置在粉矿仓顶，筛下物料直接入仓，减少输送环节，节约用地。

2. 选用大型微粉筛代替多台传统筛机，在我国大型钼矿矿山中首屈一指，并获得成功。

3. 采用管状皮带机，倾角高，且能实现空间曲线布置，解决了物料输送难题。

4. 设置摆渡车，实现高压辊灵活检修，降低厂房高度。

5. 采用空气炮解决粉矿仓物料板结问题。

技术先进性：

1. 改造后，碎矿能力提高 66.7%，磨矿能力提高 31.9%，每吨原矿降低电量 3kW · h，效果显著。

2. 干式闭路筛分产品粒度 P80 ≤ 4mm，已经达到国际先进水平。

艺术性：布置紧凑、合理，充分利用地形和空间高度，厂区占地面积小，物料运输顺畅，设备成熟、可靠。

神华宁煤400万吨/年煤炭间接液化项目油品合成装置

二等奖
工业工程设计综合奖

获奖单位：中科合成油工程股份有限公司
获奖人员：白亮，余晓忠，张立，杨强，马林玉，李明，郑华东，林宝起，甘露，郑宝国，郭昆，胡传平，王宏伟，韩彩霞，闫庆元

神华宁煤集团400万t/年煤炭间接液化项目是基于我国“缺油、少气、富煤”的能源结构，保障我国能源安全，推进国家中长期发展战略而实施的国家煤炭深加工示范项目，是目前世界上单套投资规模最大、装置最大、拥有中国自主知识产权的煤炭间接液化示范项目。该项目主要原材料消耗、产品质量、主要公用工程消耗以及废水（液）、废气、废渣排放量和排放等指标均符合我国国家行业标准规定的要求，并达到国际新进水平。该项目采用中科合成油开发的高温浆态床油品合成与油品加工工艺集成技术是我国在煤炭间接液化方面的核心技术，处于国际领先水平，工艺流程中产品分馏系统的设计兼顾油品加工和费托合成单元的需要，分离精度高、流程简单、能耗低、将精制、裂化单元分开可预留产品多元化接口；采用中科合成油创新开发的超大型费托合成反应器是项目的关键核心装置，经过不断的技术研发改进和示范厂试验验证，使8台反应器的投资节省了3.2亿元。该项目煤炭间接液化技术和产业的发展实现了煤炭的深加工和产业链的延伸，对当地的装备制造业、过程控制、材料和化学工业的发展起到了促进作用，每年生产直接产值达340亿元，直接就业机会1.8万个，具有良好的经济效益和社会效益。

新泰市生活垃圾焚烧发电厂项目

二等奖
工业工程设计综合奖

获奖单位：中国城市建设研究院有限公司
获奖人员：蹇瑞欢，银正一，龚燊，张克宇，徐小平，李丽清，张丽娟，白永凤，张旭楠，孙潇，梅丽娜，刘英权，张新月，刘宝宣，石凯军

新泰市生活垃圾焚烧发电厂项目设计日处理生活垃圾900t，设3条300t/d焚烧线。按照“减量化、资源化、无害化”的原则，在实现清洁生产的前提下对生活垃圾进行焚烧处理。本工程系现代化的垃圾焚烧发电厂，厂区建筑物及总平面布置按现代化工厂模式配置，尽可能地提高装备的自动化水平。

本工程烟气排放标准达到国标《生活垃圾焚烧污染控制标准》GB18485—2014，并严格执行环评批复要求，部分指标严于GB18485—2014的要求，在城市发展的同时满足对环境保护的要求。本工程选用技术先进、经验成熟的烟气净化系统，确保处理后烟气达到项目排放要求。

垃圾焚烧烟气经锅炉回收大部分热量后，进入烟气净化系统。本工程采用“SNCR+半干法（消石灰浆）+干法（碳酸氢钠粉末）+活性炭吸附+袋式除尘”的烟气净化工艺。

通过以上净化工艺，可实现烟囱出口较严格的污染物排放浓度要求。例如：颗粒物排放浓度日均值≤ 10 mg/Nm^3，SO_x（如SO_2）排放浓度日均值≤ 50mg/Nm^3，HCl排放浓度日均值≤ 10mg/Nm^3，二噁英类排放浓度日均值≤ 0.1 TEQng/Nm^3。

本工程利用垃圾焚烧发电，年最大发电量为1.248x108kW · h。项目的实施在真正实现了垃圾处理的“减量化、资源化、无害化”的同时，利用垃圾焚烧处理的余热发电，变废为宝。

中国航油天津南疆储运基地油库项目

二等奖
工业工程设计综合奖

获奖单位：北京中航油工程建设有限公司
获奖人员：杨思坤，付晓芬，梁艳华，尤祖招，王晨，许迎，武文广，吴治安，李青山，韩敏，沈青

本项目规划总罐容为 $100x10^4m^3$，本期建设总罐容为 $37x10^4m^3$，共20座储罐，其中 $3x10^4m^3$ 内浮顶锥底油罐6座，$2x10^4m^3$ 内浮顶锥底油罐6座，$8750m^3$ 内浮顶油罐8座。项目建成后将成为中国航空油料集团公司目前最大的航煤保障基地，为中国最大加油量的机场进行服务。

1. 工艺流程灵活优化

本项目可接收水路、铁路来油；航煤通过管线外输至北京、天津民用机场，成品油可通过公路、铁路装车或水路装船外运。T1罐组、T2罐组分别设2座储罐盛装柴油，T3罐组其中2座可盛装柴油，其余盛装汽油。各罐组流程既相互独立，又可互为备用。

2. $30000m^3$ 内浮顶锥底航煤油罐为航油系统最大储罐

本项目航煤储罐最大为 $30000m^3$，在航油系统中是最大的储罐，无更多设计施工经验可以借鉴。油罐采用倒锥底结构，锥底坡度为1：20。锥底板在排版后，需要进行堆载预压，以保证罐底板与基础的贴合度。设计中加大内侧大角焊缝尺寸，并且采用圆滑过渡，以改善内侧大角焊缝受力状况、降低峰值应力。

3. 针对不利地质条件的措施

场地原为海边滩涂，经人工吹填并经过真空预压处理。因油罐等荷载较大且对变形要求较高，故采用桩基础方案。施工阶段对桩长进行优化调整，后续经充水试验，沉降均在规范要求范围内。

重庆江北国际机场东航站区及第三跑道项目供油工程

二等奖
工业工程设计综合奖

获奖单位：北京中航油工程建设有限公司
获奖人员：杨青国，张金波，张巧同，张传磊，郝运雷，魏虎卿，韩敏，宋坤，王坤，王晨，许利涛，牛凤科，李桃君，党鹏飞，杜邵先

本项目是民航供油领域极具代表性的项目，设计充分考虑了现场实际条件、施工作业需求与运行操作习惯，对高填方处理、复杂地形地势、人性化流程设计等问题进行了深入研究，确保了设计合理、施工可行与使用便利。

1. 制定科学的高填方地基处理方案，妥善解决了地基处理问题对工程工期的制约

油罐基础填土深达41m，在中国民航供油工程建设史上尚属首次。传统处理方法难以满足工期要求，通过采用“两遍点夯加一遍满夯”的方式，极大地节约了工期，解决了本工程进度管理的一大难题。

2. 充分考虑周边地形地势，优化平面布置与竖向设计，并对管道采取针对性保护措施

机场油库采取竖向分台布置，罐区内为平坡式竖向设计以保证近远期储油罐高度基本一致，另外局部道路两侧分台设置挡土墙以消化高差；输油管线长度仅1.5km，但沿线高差达80m，并存在抛填区域，沿线设置固定墩、截水墙与管涵，保障了管道的安全稳定。

3. 优化工艺流程与设备布置，充分保障运行安全，体现人性化设计理念

优化流程有效解决了发油管道进气后的应急处理难题，出于安全、便利的人性化考虑，油泵棚采用贯通式设计，罐区设置贯通平台，工艺流程全部密闭输送。

邹城生活垃圾焚烧发电项目

二等奖
工业工程设计综合奖

获奖单位：中国城市建设研究院有限公司
获奖人员：蹇瑞欢，银正一，龚燊，张克宇，张嘉恒，徐小平，张兰珍，庞炳颖，熊岩，樊宝绅，张冰，张新月，张迪，焦小雨，郭俊伟

邹城市生活垃圾焚烧发电项目设计日处理生活垃圾900t，设3条300 t/d焚烧线。项目设计遵循稳妥、可靠、先进、适用的原则，以建设成为经济合理、维修方便、保护环境、安全卫生、资源综合利用的项目为设计理念。项目设计遵循焚烧发电主工艺系统自动化水平高、厂房综合布置、检修社会化等现代化建厂模式。推行公众和社会监督，在焚烧厂主要入口处设置焚烧厂运行状况显示牌，接受公众监督；烟气在线监测系统数据可实现与环保监察部门实时通信。

本工程烟气排放标准在满足国标《生活垃圾焚烧污染控制标准》GB18485—2014标准及《山东省区域性大气污染物综合排放标准》DB37/2376—2013重点控制区域标准的基础上，参考欧盟2010，制定本项目各污染物排放指标。

垃圾焚烧烟气经锅炉回收大部分热量后，进入烟气净化系统。本工程采用“SNCR（炉内喷氨水）+PNCR（炉内喷高分子脱硝剂）+半干法（石灰浆溶液）+干法[$Ca(OH)_2$干粉]+活性炭喷射+布袋除尘”的烟气净化工艺。

通过以上净化工艺，可实现烟囱出口较严格的污染物排放浓度要求。例如：颗粒物排放浓度日均值≤ 10mg/Nm^3，SO_x（如SO_2）排放浓度日均值≤ 50mg/Nm^3，NO_x排放浓度日均值≤ 100mg/Nm^3，HCl排放浓度日均值≤ 10mg/Nm^3，二噁英类排放浓度日均值≤ 0.1 TEQng/Nm^3。

哈巴河金坝金矿建设项目

三等奖
工业工程设计综合奖

获奖单位：北京矿冶科技集团有限公司
获奖人员：张长锁，赵旭林，徐开吉，杨正松，谢胜杰，米夏夏，王文杰，何保才，孙文杰，蒋钫，张洁，李浩，么贵红

新疆哈巴河金坝金矿（450t/d）采选冶工程

珲春紫金自动化项目

三等奖
工业工程设计综合奖

获奖单位：北京矿冶科技集团有限公司
获奖人员：王庆凯，欧阳希子，蓝青，王旭，郭振宇，邹国斌，王清，刘继明，宋晓梅，孙学方

江苏永钢集团有限公司高炉煤气综合利用项目

三等奖
工业工程设计综合奖

获奖单位：中冶京诚工程技术有限公司
获奖人员：王通旭，蔡发明，宋著坤，甄克建，易楠，郑广龙，刘蒙蒙，杨磊，唐玉明，谭辉，左松伟，王荣雷，隋意，董曦，马永锋

南京轴承有限公司迁建轴承制造建设项目

三等奖
工业工程设计综合奖

获奖单位：中机十院国际工程有限公司
获奖人员：李建新，杨梦云，叶放，赵益洛，龙红梅，田永生，张达，曾凡军，沈微，闫庚，张翔，杨海芳，卢小强，李祖衍，冯富余

秦皇岛恩彼碧轴承有限公司搬迁扩建项目

三等奖
工业工程设计综合奖

获奖单位：中机十院国际工程有限公司
获奖人员：蒋希利，韩宁，张爱兰，董紫光，史晓蕾，田磊，吴桥英，佘登明，郑利生，叶放，孙田田，崔娜，常松伟，沈微，赵益洛

三星（中国）半导体有限公司三星电子封装测试建设项目

三等奖
工业工程设计综合奖

获奖单位：世源科技工程有限公司
获奖人员：孙玉超，任志鸿，张东，徐建雄，王宇魏，肖红梅，晋怀恋，梁晓燕，王鹏，徐志强，周向荣，曹雨琦，晁阳，刘朝辉，孙海龙

上海五号沟 LNG 站扩建二期工程

三等奖
工业工程设计综合奖

获奖单位：中国寰球工程有限公司
上海寰球工程有限公司 / 上海燃气工程设计研究有限公司
获奖人员：彭涛明，贾保印，宋媛玲，唐辉永，武海坤，赵欣，刘娜，曹松岩，钟怡，谭云，杨绍夫，姜立军，李文杰，李志权，范莉

云南思茅山水铜业有限公司大平掌铜矿肖家坟尾矿库工程设计

三等奖
工业工程设计综合奖

获奖单位：北京矿冶科技集团有限公司
获奖人员：周汉民，崔旋，刘晓非，郄永波，甘海阔，王新岩，韩亚兵，张树茂，张宇，李彦礼，武伟伟，李学民，孙文杰，高鹏飞

2019
北京市优秀工程
勘察设计奖作品集

园林景观综合奖

北京市东郊湿地公园规划设计

一等奖
园林景观综合奖

获奖单位：北京北林地景园林规划设计院有限责任公司
获奖人员：许健宇，吴敬涛，王蕾，赵爽，郁天天，应欣，郭竹梅，陈春阳，张昊宁，韩雪，钟继涛，石丽平，刘框拯，李承霖，邢红燕

2012年北京市委、市政府做出实施平原地区百万亩造林的重大决策，作为京城四大郊野公园之一的东郊森林公园借这一契机展开了一系列规划建设工作。东郊森林公园五大公园的龙头——东郊湿地公园紧邻北京市首都机场，总占地约303.5hm^2，是京东最大的具有水上森林外貌的湿地公园。

该项目场地的基底原为大面积的藕塘、废弃鱼塘、自然坑塘。公园的建设是以平原造林为基础，秉持“宜林则林，宜湿则湿”的基本原则，主要营建方法是将坑塘整合形成完整水系，利用绿地造林搭建具有森林外貌的绿色基底，通过“蓝绿交织”“有机融合”，形成林水相依、水绿交融的湿地森林景观形态。

1. 因地制宜，以低成本、低维护、低能耗的节约型园林理念为引领，将农业设施改变为绿色基础设施，打造首都城市副中心的后花园。

（1）破埂为岛、聚塘成湖。水系连通，既是湿地公园在景观生态可持续性方面的需求，也是完善城市雨洪功能的重要保障，针对大面积坑塘基底，我们提出了“破埂”“串溪”“留岛”“围湖”等多种低干扰手段，在最大限度利用原状有利条件的基础上完成湖岛相连、溪水相串的联通效果，同时通过竖向设计，创造出丰富的水系景观形态。

（2）完善雨洪利用功能，践行海绵城市理念。对雨洪的调蓄利用本就是湿地本身的重要职能之一，针对该问题我们与水利设计相结合，加强了消落带的设计，形成了不同水位下的弹性景观。通过竖向设计保证园区内的雨水不外排，并保证常态景观和设施均处于淹没线以上，保证汛期和枯水期公园的主要功能不会被阻断。在与市政道路以及其他公共设施接驳处，采用反坡向的方式，将一部分无污染的地表径流引入园内，进行滞留和消纳，替城市分担压力。道路设置横坡和纵坡，保证雨水排向绿地和水体可以涵养水土。园内所有人行道路和铺装场地均使用透水铺装，主要设施均采用耐腐蚀材料，使淹没期过后公园能够更快恢复运营。

（3）活化土壤，实现绿色成荫、水丰草美。公园建设前，北部藕塘区混杂了小中河内含有大量重金属污染物的雨污水以及北侧制药厂排泄的含有有害化合物的雨污水。场地内土壤经过长期的浸泡和沉降，重金属和有毒物质残留严重，板结情况异常严峻。我们通过物理，化学以及植物修复等多种方式进行改善：运用物理手段对土壤进行翻晒，增大土壤孔隙度和含水量以提高植栽成活率；再掺拌基肥和增加硫酸亚铁等化学制剂，改良土壤酸碱度和微生物成活环境；利用植物的提取作用以及根际圈微生物修复来降解土壤中的重金属污染物。经过几年的努力，目前园内土壤恢复效果显著，绿树成荫，水丰草美。

2. 保留场地记忆、宣扬湿地文化。

（1）结合原场地特征，挖掘景观特性并加以利用。公园现状坑塘因挖沙形成，原址的白沙质地细软，设计充分考虑了白沙的收集利用，塑造白沙观鹭、白沙乐园、白沙丘等景点，深受百姓喜爱，也成为一道独特的风景线。其中白沙乐园景点的设计中，还将原址周边砍伐的干枯树木保留下来制作了年轮景墙、休憩座椅和沙坑玩具等，既保留了原有场地的记忆，又为小朋友们打造了一处自然质朴的游乐空间。类似的处理手法还包括浅塘鱼影、故园柳趣景点。浅塘鱼影景点建园前为废弃鱼塘，我们保留了鱼塘肌理并改造成景，在鱼塘之间的塘梗上修筑木栈道，围合出的小坑塘栽植不同的水生植物并配以标识牌，以推广湿地植物知识。“故园柳趣”景点保留了原址的若干原生柳树，围绕大树砌筑种植池及林下场地，每逢夏日，浓密而凉爽的树荫总会引来大量游人驻足纳凉，这些几十年的柳树见证了整个公园的成长变迁。

（2）植入湿地文化相关科普内容，打造湿地文化宣传走廊。“长草花语”“芦荻蛙音”是公园内以湿地景观和文化内涵展示为主要功能的景点，“长草花语”重点展示了适宜旱涝两季生长，高耐抗性的湿地植物，在景观小品中，运用耐候钢板雕刻了植物名称、简介以方便游人认知。设计还将历届国际湿地大会的主题铭刻于景墙上，警示大众，要敬畏自然、保护湿地。东郊湿地公园的落成，彻底转变了该区域的整体形象。从低端产业聚集、污水横流的废弃地转变为朴野自然、鸟语花香的湿地公园，经历了从“排斥”到“吸引”的转变过程。不但清除了低端产业所带来的生态威胁，也使整个区域环境得到了改善，生态得到了有效修复。从而推动了首都城市副中心后花园及首都机场周边的发展，为京东地区留下了宝贵的绿色生态空间。

3. 针对场地位于首都机场起降区的特性，合理采用避鸟措施，保障航线安全。

（1）避免大量栽植食源、蜜源及浆果类植物。本项目位于首都机场飞机起降区这一特殊性，要求该区域要避免大量鸟类的聚集，因此，不同于其他湿地，在设计中我们尽量避免大量使用食源、蜜源及浆果类植物，避免刻意大量招引飞禽，确保航路安全。

（2）景观水域空间设计避免采用利于鸟类栖息的滩涂地形式。飞禽鸟类栖息聚集多以砂砾、卵石滩涂形式为主，在水域空间设计中，我们避免了该类型的空间设计，多以岛、洼、塘为主，适生的鸟类多为游禽和小型鸣禽。

Wetland and Water Resource

北京国际雕塑公园绿化景观提升工程（设计）

一等奖
园林景观综合奖

获奖单位：北京市园林古建设计研究院有限公司
获奖人员：严伟，耿晓甫，侯爽，邢迪，夏文文，邵娜，李海涛，张明尧，曹悦，于盟，李桂秋，李科，付松涛，杨春明，王帅

诞生于长安金轴上的北京国际雕塑公园，铸就了其设计本底上的与众不同。她是国际性雕塑展的汇集地，是长安街金融与文化轴线的西部根基，是石景山区的北京文化品牌。

在设计过程中，我们一直努力探索“自然 · 艺术 · 人”三者之间自然而然、不期而遇的和谐模式，让身在其中的人们能充分感受得到艺术融于自然、设计定义美学的无限魅力。

项目信息

项目区位：北京市石景山区长安街西延线，直线距离故宫约 12km。

占地面积：约 7.2hm^2。

设计单位：北京市园林古建设计研究院 YWA 严伟风景园林工作室。

绿毯空间

北京国际雕塑公园承载了如此厚重的基底，将时尚艺术、人文历史、绿色园艺、多彩花境纳入其中，聚焦打造了一片开阔、自由、尽享阳光的绿毯空间。

彩缤大道

彩色迎宾树阵、林荫艺术展廊搭建起了场地的基本轮廓，枫叶造型的白色混凝土坐凳如雕塑般与树阵融为一体，亮丽郁金香为这一开敞空间增添了些许艺术的气息。透过艺术展廊，视线被愉悦地延伸至远方，于是一抹苍翠尽收眼底。

生活秀场

这是色叶林围合的半开敞空间，也是展览会、音乐会等活动的举办地。CLT 多层次搭接的构筑物取意“寰宇”，这里可以是一个人的舞台，也可以是全世界的秀场。

水镜林荫

简单而富有弹性的空间往往充满了活力：人少时不显空旷，人多时不显拥挤，夏天浓荫勃勃，冬日阳光几许。我们贯之以规整几何状构图形成一面水镜，融入喷泉及雾喷装置，当水雾漫起，或奔跑或静观，天空之境仿佛就在这里。

竹林艺展

艺展空间布置在场地东侧，灰色调的石板路、中国传统韵味的漏窗、青翠的竹林演绎并传播着中国传统文化的气息。

微园三亭

融合室内微型雕塑展厅、微庭院、卫生间于一体，素颜的清水混凝土发挥了自身优秀的材料特性，施工方式在其表面留下的永久印记，也如雕塑般地存在着。

下沉园艺花园

石竹、毛地黄、飞燕草、紫罗兰等几十种花卉品种在一年四季绽放。几处自然条石安静而有序，银杏与五角枫的落叶把秋日装饰成一片金黄，于是艺术雕塑便在梦幻般的色彩里看光转流年。喧闹的都市，有这么一处地方，你安心地坐着，忽然抬起头，发现一抹花瓣里也有一个充满智慧与灵性的惬意世界。

结语

北京国际雕塑公园以其便捷的动线、开阔的空间承载了展览展示、艺术文化交流等多元功能，呼应了长安街城市段的厚重感、现代时尚与艺术感。人们可以在一年四季里体验她的自然与艺术之美，我们相信随着时间的变迁，她会更加优美和独特。

三里河绿化景观项目

一等奖
园林景观综合奖

获奖单位：北京创新景观园林设计有限责任公司
获奖人员：赵滨松，苏驰，鹿小燕，苑朋淼，李素梅，张博，张海松，侯晓莉，李琼，张洪玮，林栋东，吕悠，马玥，周子安，翟璟瑶

三里河位于北京市前门东区，这里曾经是明清京师国门天衢之畔，四方辐辏、人文渊薮，孕育了厚重的历史文化积淀，是老北京很有特色的历史文化街区之一。

由于长期不均衡的发展，当时的前门东区人口过于稠密，私搭乱建现象严重。将很多历史信息淹没于拥挤的大杂院之间。

随着北京市非首都功能疏解的历史背景，秉持“整体保护、尊重历史、以人为本、改善民生”的主体思路，恢复古三里河，再现老北京南城水乡的历史风貌。

1. 三里河的设计，与前门地区的历史文化相呼应

前门三里河的历史最早可追溯到元朝，明朝时开挖护城河，这段河道作为泄洪渠始有“三里河”之名。清朝后期由于水源枯竭，河道逐渐被屋舍挤占、消失。三里河是这个区域独特的扇形街巷机理的成因，是前门东区历史文化的重要组成部分。

依据历史文献的记载，结合街区中不同历史时期的建筑遗迹，寻找古三里河的流域脉络。以三里河为线，将周边的商贾文化、会馆文化、梨园文化和民居文化串联起来。

2. 三里河的设计，与前门东区的地域风貌相协调

经过疏解整治，街巷的历史风貌得初步以展现。三里河的恢复，力求古旧、质朴、自然生态。就地取材，尽可能采用当地遗留的旧材料，减少现代工艺痕迹，打造一条原汁原味的古河道，河畔设置亭、榭等设施，与周边保留的历史街巷融为一体。

3. 三里河的设计，与周边百姓生活相交融

这条古朴的三里河既是百姓宅前屋后的景观河，同时河道两岸的百姓生活也融入景观之中，成为风景的一部分。河畔开设茶馆、书屋等公共服务设施。古椿树下，几桌茶客品茗赏景的同时，也成了“茶舍晚晴”景观中的画中之人。

4. 三里河的设计，提升区域的自然生态

胡同里的古槐、古椿都被完好的保留下来，与新增的垂柳、元宝枫、油松、山桃、海棠等树木形成高低错落，自然朴野的河岸绿化带。三里河水系中大量种植水生植物，尤其是流经芦草园胡同的区域，根据历史信息，利用民居周边的空余地块，见缝插绿，再现“芦草映溪”的湿地景观。

5. 结合海绵城市的理念，调蓄雨洪

北京是个缺水的城市，前门地区更是严重缺乏水源。设计中贯彻蓄滞、利用雨洪的海绵城市理念，设置 1500m^3 地下收集池，收集周边雨水作为三里河的水源。经过多种过滤、净化等措施，保证河水清澈。

三里河建成后，河畔古树参天，绿草依依；河水波光粼粼、蜿蜒静怡；河边整洁、质朴的石板胡同，小桥流水与百姓生活相辅相成。一条“穿过街巷宅院的古河”重新流淌在老北京南城的历史街巷之间。

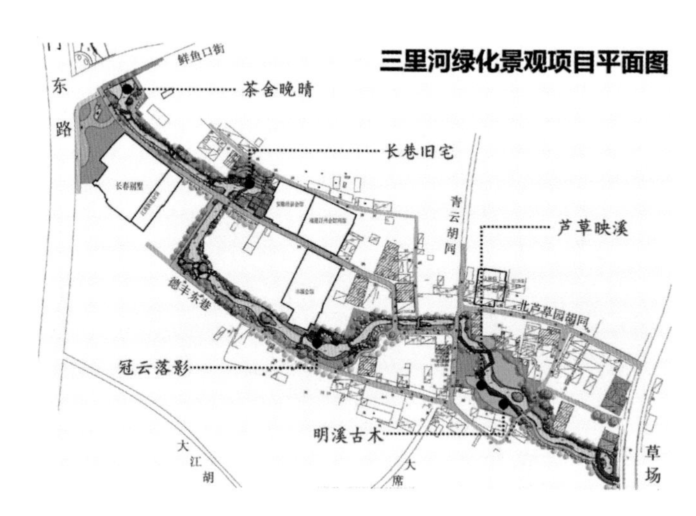

固安中央公园

一等奖
园林景观综合奖

获奖单位：易兰（北京）规划设计股份有限公司
获奖人员：陈跃中，许实，邓红燕，李灿，唐艳红，李德鑫，李辉然

固安中央公园位于北京卫星城固安新城中心，大广高速固安 A 出口，占地约 20.5 万 m^2，是一个城市级综合公园。项目强调为卫星城形象的门户打造，服务于周围的社区，并容纳当前和快速增长的未来人口。设计团队注重“以人为本”的理念，以城市功能完善、生态环境优美的建设为目标，所有的场地设施充分考虑使用者的参与性与休憩功能，通过绿化带连接，与总体城市规划形成完整的绿地生态体系。

1. 大开大合，生态基地

设计打破原有场地现状的束缚，营造了大面积的密林、草坪、湖面等自然景观，生态部分面积 15 万 m^2，为全园构建了可持续性的生态底板。利用现有自然洼地营造湿地公园水体，有效地联通东、西城市水系，不仅丰富景观层次，还缓解了城市热岛效应。湿地和雨水花园使公园能够收集周围地区雨水，并汇集到一个能够过滤污染物的蓄水池中。通过自然湿地的净化作用，有效保持水体清洁，为中轴线水景观与园区绿化灌溉提供有效的供水保障，节约水资源，形成自我循环系统。

2. 丰富功能，共享空间

园区设置了多个功能丰富的共享空间，场地东侧是 6000m^2 的阳光草坪，满足市民大型集会的要求；西侧为 4000m^2 的森林露天舞台，中部锦绣大道有 8000m^2 的树荫市民广场，通过共享广场缝合了东、西侧园区。

西端现有的地下停车场限制了公园上方的绿化。设计师在此设计了 2400m^2 的无边界水池镜面音乐水景。浅水池保持 3cm 深度，同步水柱和雾发射器增加了喷泉广场的趣味性，使广场氛围更加轻松安全。冬季可随时排干，成为大型活动开放广场。在每个季节创造不同的氛围。此外，多个小型林下空间场地的园林建筑小品以覆土形式融入绿地，成为吸引游客的焦点。

3. 科普生态，教育随行

园区设置了以樱花湖为中心的 30000m^2 科普植物园。通过自然的乔木、地被、水生植物等结合在一起，其中包括杨柳湾、樱花湖、百果园、芳草地等，并展示了现场雨水管理实践的图解，让参观者了解城市环境中可持续设计的重要性。共同打造以科普教育为核心的生境之旅。创造了生动有趣的公园栖息地和自然环境展示。

4. 寓教于乐，健康宜居

通过慢跑道与景观步道结合，形成园区活力环线，在地形和树林中穿插，分分合合，利用保留的现有杨树林，营造林间穿梭的自然趣味。同时结合多重体验的环形慢跑线，设置多种寓教于乐的儿童活动及健身运动场地和活力环线。

5. 简约现代，智慧科技

公园分散布置 5 个 WiFi 亭，满足游人上网需求，隐藏设计室外插座，即使在公园也能处理紧急事务或者给手机充电。WiFi 亭安装电子显示屏，可以查看公园相关内容以及近期活动等。

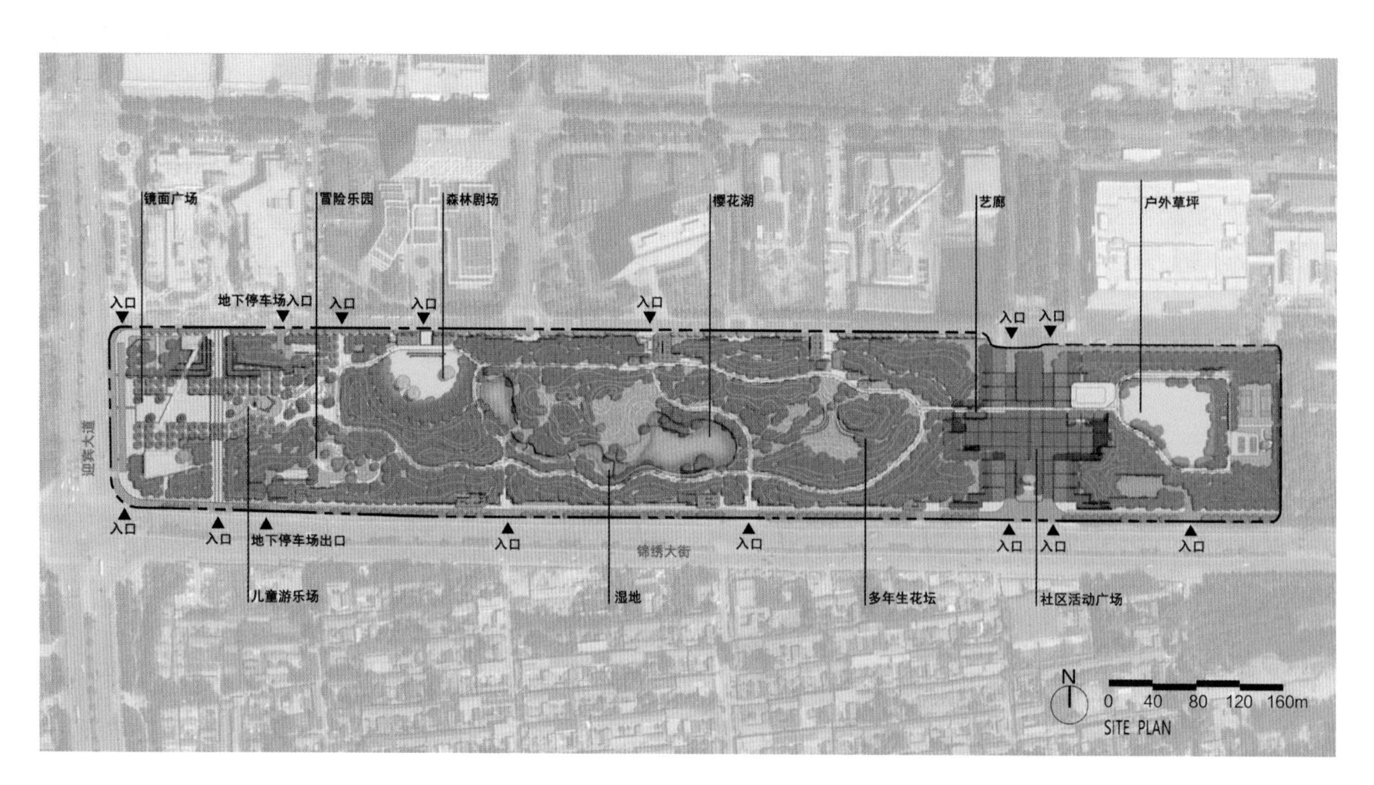

BAILEHUI

望和公园

一等奖
园林景观综合奖

获奖单位：北京市园林古建设计研究院有限公司
获奖人员：严伟，王贤，耿晓甫，汪静，曹悦，邵娜，李想，刘一婕，肖守庆，孙娇，季宽宇，赵波涛，陶小燕，李晓娇，梅代玲

望和公园是北京市园林古建设计研究院严伟工作室于 2014~2015 年主持设计的城市公园类项目，它位于北京市朝阳区望京地区西南部，由南、北两大园区构成，总占地面积 38.6hm^2，是当时望京地区最大的城市休闲公园。

望和南园占地面积 22.5hm^2，公园原址内为六公主坟村和四元桥汽配城、灯具城。南园规划以户外运动为特色，强调动感活力的氛围。建设有历史记忆、花海融春、动感天地、童趣迷宫四大景区。

望和北园占地面积 16.1hm^2，周边有南湖西园、季景沁园等小区，公园的东、西、南方向有天仙圣母庙、关帝庙、兴隆寺 3 座寺庙，围合分布的文物古迹也赋予了公园平安吉祥的氛围。北园整体景观强调悠然自得的生活气氛，总体规划分为“三区两环”，三区分别为数字花园区、香风湖景区、园艺摄影区，两环是市民健身步道，分别为位于数字花园区的健身步道和位于香风湖景区的柳岸长堤。

望和公园的一大亮点在于贯穿始终的“雨洪利用”理念，本着生态性、经济性、美观性的原则在建设中采取了一些创新之举。在现场地势低洼处结合耐旱涝的湿生或水生植物，设置十多个连续的圆形雨水花园；在园区内地势较缓的区域设置陶粒滞水区，在降雨时可以增加土层的滞水量，既存蓄降水，又保持了绿地的连贯性；而园内铺装也采用了透水铺装——这些措施使雨水得到更加有效的利用。

除此之外，望和公园在设计之初也确立了“因地制宜”的原则：尊重场地记忆，最大限度保留了场地原鱼塘附近已绿树成荫的旱柳以及成规模的片林，利用耐候钢板种植池、毛石挡墙等多种方式有效解决了现状大树高程与设计方案高程合理衔接的问题，最终形成“柳岸长堤”“香风湖湖心岛”等极具诗情画意的独特景观；充分利用场地废弃的垂钓园和水上乐园改造为景观湖而产生的土方进行地形营造，给公园构建了很好的空间骨架，也使场地土方平衡，节省工程造价；有效利用现状的不利因素，转变高压线下的消极空间，设计需要考虑安全因素和规范要求，给高压线留出安全距离，同时也充分利用低洼地形，布置了若干满足全园雨水蓄滞要求的几何形花园，结合耐水湿的灌木及观赏草，形成旱、雨季分明的大地景观风貌。

望和公园建设完成后与望京地区其他公园、绿地衔接形成望京公园环绿地，为望京地区提供完善的生态依托和休闲娱乐服务，也为北京城市主干道沿线增加一道亮丽的风景。

建设单位：北京市朝阳区园林绿化局。

施工单位：北京朝园弘园林绿化有限责任公司。

设计单位：北京市园林古建设计研究院有限公司。

建设时间：2014 年 5 月 ~ 2015 年 6 月。

西城区 2017 年城市森林建设工程

一等奖
园林景观综合奖

获奖单位：北京创新景观园林设计有限责任公司
获奖人员：李战修，张迟，王阔，郝勇翔，董天翔，苏驰，祁建勋，韩磊，梁毅，邢思捷，孙佳丽，徐烁，刘柏寒，张博，李素梅

项目概况

广阳谷城市森林位于北京市菜市口地铁站西北角，占地总面积 34400m²，森林面积 25722m²。场地原为违建林立的闲置地，为贯彻落实“留白增绿、和谐宜居”的上位规划精神，打造以“城市森林”为特色的新型示范型绿地。因场地位于秦朝“广阳郡”故城位置，结合场地内森林绿谷的景观特点，命名为“广阳谷”。古今交汇，体现出历史与现代的融合辉映。

设计技术及创新要点

1. 北京市首例“城市森林”示范型绿地。

2. 首都核心区内面积最大的城市森林。

3. 北京市首例利用闲置建设用地进行生态建设的城市森林。

4. 项目建成后受邀编制《北京市城市森林建设指导书》。

5. 引导优良乡土树种推广，保留本土种质资源，占比 80% 以上。

6. 生态优先，百种树木，物种多样性远超同规模城市公园。

7. 创新应用“异龄、复层、混交”的群落营建手法，构建多元生境。

8. 创新引入“食源”“蜜源”概念，招引鸟兽昆虫，构建食物链，逐步优化周边环境，形成和谐生态系统。

设计特色

1. 突出城市森林理念，营造“近自然”生态景观

坚持生态优先原则，合理进行空间规划，运用“异龄、复层、混交”的种植手法，营造不同类型的近自然林，模拟北京本土自然森林群落。

2. 坚持“乡土、长寿、抗逆、食源、美观”原则，合理配植植物

充分保护利用现有 50 余株大树，丰富森林的龄级结构。有引导性地选用应用较少但特性优良的乡土树种，尤其是北京本土引种下山成功，或已初步驯化的树种。通过自然演替形成稳定的本土近自然森林风貌，形成种质资源。保护本土植物多样性，改善城市园林景观均质化。

3. 体现生物多样性理念，营造多元生境

新植 80 余种约 3800 株乔灌木，60 余种地被植物。形成多元化的生境类型，适宜不同类型的鸟兽、昆虫栖息。注重食源、蜜源、营巢功能树种的应用，提供必要的食物来源及庇护场所，形成完整的食物链。

4. 体现生态效益的最大化、最优化

优化用地平衡策略，降低道路铺装占比，获得更多的绿化种植空间，增加林木蓄积量，使生态效益最大化。

5. 始终贯彻了海绵城市和低碳环保、可持续绿色发展的理念

采用自然透水材料，极大提高了绿地水源涵养能力。保留枯枝落叶，随季节自然蓄积，形成枯枝落叶层，节省养护成本，改良土壤养分结构。废弃物回收利用，使环保的主题深入人心。

6. 依托森林适度开展活动

通过森林的科普教育和森林的观察观测，体验森林的四季变换和植物自然演变与更替的过程，提高了市民对保护、爱护自然生态的意识。同时推广欣赏野态原生景观的自然之美的审美认知。

北京市东郊森林公园华北树木园（北园）规划设计

一等奖
园林景观综合奖

获奖单位：北京北林地景园林规划设计院有限责任公司
获奖人员：许健宇，李煜，周琨，韩雪，李铭，施瑞珊，陈宇，刘桓拯，姜悦，王蕾，张大敏，骆力沙，石丽平，郑晓春，姜丽丽

2012年北京市委、市政府做出实施平原地区百万亩造林的重大决策，作为京城四大郊野公园之一的东郊森林公园借这一契机展开了一系列规划建设工作。东郊森林公园五大公园的核心——华北树木园紧邻北京市行政副中心，毗邻通州水岸，总占地约526hm²，包含植物展览、人文体验、植物保护和科研宣教四大功能，是北京市唯一一个以树木园命名的公园，也是华北地区规模最大的树木园，它集中收集展示了华北地区代表性适生树种、珍稀树种、具特色观赏价值的树种共计260余种。

华北树木园（北园）占地面积159.3hm²，是主要展示华北原生树木的园区，具备科普、科研、体验、游憩等多重功能，是以森林外貌为基础、以树木文化为特色的大型城市郊野公园。

1. 彰显华北地区树木景观及文化特色

（1）华北地区树木收集及展示。华北树木园定位于集中收集展示华北地区原生树木及引进树木，规划按照华北地区资源树木、原生树木、保护树木、引种树木进行分类划区，结合《北京市植物志》《北京森林植物图谱》《园林植物1600种》等专著及北京市园林绿化局各类研究成果，通过对现场土壤水文情况的深度调查，综合分析，最终选定了165种适宜本地生长的树木品种进行栽植。建成后的华北树木园以毛白杨、国槐、刺槐、白蜡等乡土树种为基调，以油松、雪松、白皮松等常绿树为骨架，充分结合植物美学，采用林植、丛植、片植、对植、点植、孤植等园林配植手法利用植物塑造多样的树木展示空间。

（2）华北地区树木文化的乡愁记忆。华北树木园种植设计既要尊重地域自然特点，更须传承地域文化。吸取槐树的北京精神特质，将国槐的栽植与北京四合院的传统建筑布局抽象提炼整合于“合院槐香”景点。将植物界的活化石——银杏树与景观小品组合设计，展示“公孙树”故事由来的“公孙祈福”景点。围绕玉兰、海棠为特色植物，设计寓意吉祥富贵的“金玉满堂”景点；取材山桃山杏等华北乡土多花乔木设计“花海融春”景点；集中收集展示华北地区各大城市市树品种设计了“市树名片”景点等。一园十二景充分体现了“以树为景，一树一事，一事一景”的鲜明特色，考虑了以人民为中心的价值观，留住自然，记住乡愁。

2.“近自然”理念引领规划设计策略

（1）植物景观营建造园与造林是截然不同两条路，造园主旨服务于体验者，强调景观游憩功能，而造林的核心目标是优化区域生态格局，设计方法大相径庭。东郊森林公园的设计在造园与造林中找到结合点。东郊森林公园是平原造林工程的子项目，需执行北京市园林绿化局编制的《北京市平原造林工程技术实施细则》，该技术细则是强调园林设计方法与造林技术融合与创新的技术性指导文件，对于平原造林工程所涉及的景观生态林、通道景观防护林与湿地提出了相应的技术原则与技术要求。作为平原造林工程的重点示范项目，华北树木园设计注重寻求造林与大尺度园林景观规划设计的结合，即近自然森林景观的营建方法。超大尺度的园林景观项目，森林、山丘、湿地是公园的骨架，通过前期调研踏查，与林业专家共同研讨，确定在园内尝试造园与造林相结合的植物景观设计手法。

先绿化、后美化，结合造林的手法打下绿色基底，结合园林的手法实现景观提升，华北树木园的规划建设在寻求造园与造林结合点的同时，也力图将这一特殊的项目经验也为其他各类大型城市郊野公园的规划建设中提供参考，开辟一条以生态优先为原则的低碳、低投入、低成本维护的“三低”途径。

（2）水利设施优化。在北京市水利规划中，华北树木园位于未来通州新城的最大规模蓄滞洪区（满足温榆河及小中河50年一遇的超量水需求），蓄滞能力需达到1000万m³，平地起筑防洪堤会直接影响公园景观，并且蓄滞洪区对公园设计布局有诸多限制。设计及时跟进、反馈，提出“低挖湖、高堆山”的策略，低挖湖以增加原地的蓄水容积，高堆山则利用挖湖土方来反补公园外围的防洪堤的土方量。同时，在防洪堤的设计上，一方面曲化水利防洪堤平面线形；另一方面在满足最低点超高洪水位标高0.5m的基础上，以连绵起伏自然缓坡覆盖笔直呆板的水利防洪堤，形成景观防洪堤。从实施效果来看，景观防洪堤自然融入公园之中，在公园外围形成连绵起伏的绿色天际线，满足了防洪需求，丰富了城市的绿色界面。

（3）弹性景观策略。为了确保公园蓄滞洪水量需求并减少临时蓄滞洪对公园树木的生长影响，园内设置了6处汇水区，能够在峰值期辅助蓄滞165万m³雨水。这些汇水区大多是季节性蓄水洼地，在汛期能够汇集雨水形成水面。汇水区设计充分考虑以下因素：其一，种植规划设计要保证洼地边缘林缘线的自然进退，与周边的植物景观融于一体，重要位置需要点缀景石与林缘植物形成组景；其二，洼地的开阔空间为其边缘的对景、借景提供了远观视距，因此林缘植物栽植必须考虑立面层次与效果；其三，洼地护坡应考虑选择耐湿生的中下层植物；其四，洼地内部应满栽旱湿两生抗性强且有较强自播繁衍能力的地被植物，在旱季能形成草甸景观。

漳州滨江生态公园（天宝段）建设工程设计

一等奖
园林景观综合奖

获奖单位：中国城市建设研究院有限公司
中国建筑设计研究院有限公司
获奖人员：张琦，王香春，谢晓英，李萍，张元，张婷，高博翰，苏婷，吴悦，王翔，鹿璐，吴寅飞，刘旭，马志骜，赵灿

漳州滨江生态公园天宝段位于九龙江西溪北岸，距漳州市中心约10km，占地56.3hm^2，长约4.7km。漳州市于2011年12月启动全城化郊野公园体系规划建设工作，九龙江作为主要轴带，将沿江各自然生态景区串联成片，将漳州城区与上下游城郊乡村链接，充分展示了漳州“以水为脉、以绿为韵、以文为魂”的城市风貌。本项目是漳州城市郊野公园体系最西端的水岸公园。

梳理资源链接城乡日常生活，构建优美和谐的山水城市

沿西溪展开的狭长公园紧邻天宝镇，是城市发展轴、滨水绿化带、绿化通廊的交汇节点，是链接天宝与漳州中心城区的绿色廊道。设计追求公园与城市整体发展的实时互动，并衔接周边资源，巧妙借景，实现“以园为带，城乡共享”，让优美风景融入市民和村民的日常生活。

设计尊重原有地形地貌，修复被破坏的竹林，形成连续的滨江竹林景观。重现“宝峰飞翠”和“圆峤来青”漳州市“古八景”，运用借景的手法，构建山、水、林、田的优美视觉通廊。

利用生态措施梳理现状，营造舒适宜人的小气候

遵循“整合资源，系统治理”的原则，将项目建设融入福建省“万里安全生态水系”的体系之中。统筹考虑与上下游、周边城镇水系的衔接；梳理水系，结合雨水收集、净化补给河流，实现防洪安全与生态建设的有机统一。

遵循“保护优先，顺应自然”的原则。保护现有江岸线，维持江岸生态系统的稳定；在局部破坏的江岸，通过植物及湿地形成河岸生态缓冲带，保障行洪安全。

梳理过于密实的竹林，设置水面引入冷空气，增加空气循环，改善竹林闷热的现状，形成舒适的休憩空间。

一体化营建文化基础设施，塑造功能复合的弹性公共空间

漳州具有浓厚的地域文化；天宝是文学大师林语堂先生的祖籍地；场地东北茶铺村为畲族特色村寨。设计突出地域文化特色，链接天宝镇特色人文资源，营造空间丰富、景观优美的开放空间，将滨江公园分为四大区域：竹林人文区、竹林畲族民俗区、竹林养生区、竹林文创区。为当代文创活动搭建平台，为“创客”提供创作、交流、展示、宣传场所，激发天宝镇创意产业活力，带动区域经济发展。

绿色基础设施建设融合健身，打造内涵丰富的健身公园

结合国家提高人民群众健康水平，推动体育事业跨越发展的发展战略，鼓励社会资本进入健身休闲业，提高全市国民体质，园区系统性设置健身活动场所。

修整现状道路增加健身步道，拆迁公园用地范围内的破败建筑，在竹林中形成多处开阔的场地，创造适宜养身健身的惬意空间。串联运动场地，形成与下游连通的户外健身空间，融入省级绿道网络，与西溪郊野公园整体打造全国最具特色的滨江户外健身基地。

方案详析

总平面图

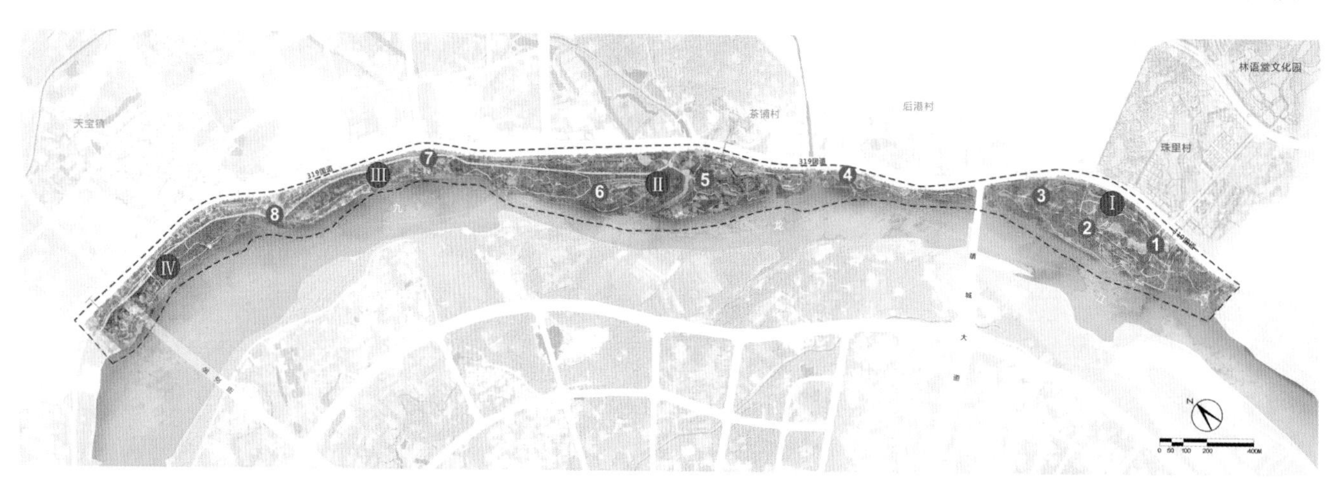

用地平衡表			
用地名称	规划面积（m^2）	比例	
公园	563000	总面积	100.00%
水体	24650	占总面积	4.38%
陆地	538350		95.62%
园路与铺装用地	52100	占陆地面积	9.68%
管理建筑	290		0.05%
服务建筑	493		0.09%
绿地	485467		90.18%

注：本公园中建筑均为可移动式集装箱房屋

图例：
- Ⅰ 竹林人文区
- Ⅱ 竹林畲族民众区
- Ⅲ 竹林养生区
- Ⅳ 竹林文创区

天宝段郊野公园新八景：
- 1 碧湖叠翠
- 2 花台蝶舞
- 3 竹音溪语
- 4 霞染圆峤
- 5 畲寨织耕
- 6 水月听蝉
- 7 凭水养生
- 8 枕山臂江

滨江栈道 - 望圆山 借景远山于园中

梳理现状低洼地形成内水系，缓解内涝，形成层次丰富的水景

利用土堤高程，设置背靠竹林面向九龙江、视野开敞的景观台

梳理竹林、结合现状竖向，植入活动场地

北京未来科技城滨水公园园林景观工程（十三标段）

一等奖
园林景观综合奖

获奖单位：北京市园林古建设计研究院有限公司
获奖人员：严伟，张明尧，夏文文，殷小娟，李海涛，邵娜，逯璐，周榕，于盟，黄通，刘峰，王长爱，付松涛，穆希廉，张雨辰

项目概述

广场位于北京市昌平区未来科学城内。广场南邻定泗路，东临鲁疃西路，北临老河湾湖区。上位规划广场西侧为体育中心用地，东侧为展览中心用地，定泗路道路南侧规划为地铁一体化商业办公综合体，北侧滨水公园已经建成。公园入口广场用地面积为 4.11hm^2。

场地条件

场地从定泗路到湖岸约有 4m 高差，地形较为复杂，湖岸生态环境较差。场地内生长多年的树林以及中心湖区在本次广场设计中应充分利用。

设计构思

广场采用树干结构。驳岸区域与中心湖区构成树冠结构。整体设计理念："未来之树"。"未来之树"树干生长出枝叶，蔓延到整个滨水公园。通过入口广场的营造，给整个公园汲取更多的营养，增加滨水公园与城市界面的联动，给公园注入了更多的科技性、生态性、运动性等元素。

设计技术及创新要点

1. 场地记忆

对场地内现状大树进行充分的保护与利用，保留场地记忆。

2. 亲水互动

场地现状驳岸高于水面约 4m，缺乏亲水性，为了增加人与水的互动，降低现有驳岸高差，设置多处亲水空间。

3. 生态节能

广场采用新型材料作为主要铺装材料，使用清水混凝土砖代替传统的石材铺装，降低石材开采对城市带来的污染，生态环保。广场按照 85% 径流控制率进行雨水利用，为了展示未来科学城所实施的先进雨水利用技术，在下沉庭院西侧设置雨水利用展示墙。局部设置雨水花园、行道树雨水渗集自灌等设施。

4. 消隐建筑

利用平台与地面的高差将建筑埋在平台下部，达到消隐建筑的目的，将建筑融入环境。广场上做掏洞处理，让大树从地面层生长出来，体现了建筑与自然的融合。

分区景点介绍

广场分为入口景观区、集散广场区、下沉庭院、花田游览区、台地游览区、主湖游览区六大景区。

1. 入口景观区

设置 4 处异形景观种植池。种植池内石条铺装强调广场线性肌理，"掀起的铺装"与展示中心建筑结构浑然一体，遥相呼应。入口设置 logo 景墙，采用钢板、清水混凝土、不锈钢字体相结合的形式，充分展现广场现代、时尚的气息。

2. 集散广场区

以铺装设计为主，保证体育中心赛事及展示中心的人流疏散功能；设置 5 条带状喷泉水池，强调广场线性肌理，与线性广场铺装相融合，同时增加广场活力氛围。

西侧设置曲线起伏式种植池，与未来体育中心建筑融为一体，同时起到人流导引作用。种植池采用拉丝不锈钢材料，与广场清水混凝土砖形成鲜明对比。

3. 下沉庭院

下沉庭院设置开阔式大草坪景观，湖岸景观尽收眼底。下沉庭院西侧墙面设置雨水收集展示墙，多处设置雨水收集池，种植池设置行道树雨水渗集自灌系统，体现公园的生态与科技内涵。

树池：屋顶广场局部做掏洞处理，地下场地种植大树，大树从地下生长出来，充分体现建筑与自然的融合。

景墙： 用墙来引导流线，圆形的洞口取自中国园林的造园符号，引发游人对中式园林的联想。

4. 花田游览区

花田游览区设置带状拉丝不锈钢花池，每个花池截面为不规则四边形，园路东侧 5 条花池整体截面形成有规律的起伏变化。北侧结合台阶设置方形阶梯式景观种植池，增加趣味性。

5. 台地游览区

保留现状大杨树，树下设置林荫园路，采用清水混凝土，园路有上下起伏变化，别有一番野趣。园路立面形态与展示中心相呼应。

6. 主湖游览区

设置多处亲水空间，增加人与水的互动。"鱼跃鸢飞"广场与湖水零距离接触，享受自然山水之乐；"碧波观景"平台，眺望湖面荡起微微的涟漪；"湖山在望"观景平台，将主湖与公园主山景观尽收眼底。

牛栏山（金牛山）生态修复环境提升项目

一等奖
园林景观综合奖

获奖单位：北京市园林古建设计研究院有限公司
获奖人员：毛子强，曲虹，崔凌霞，王路阳，孔阳，王冰，柴春红，张霁，李佩青，陶小燕，梅代玲，李晓娇，温少如，张杰，陈亚

牛栏山公园是北京市东部潮白河生态带的一个重要节点，它的建成对于潮白河生态带的建设乃至北京市东部的生态建设都有着重要的意义。

项目通过设计将生态修复与园林景观、休闲健身以及文脉展示巧妙地、有机地结合到一起，为矿山生态修复提供了一个成功的范例。

据史料记载，牛栏山具有 800 多年悠久的历史。20 世纪 60 年代，由于在此开山采石烧石灰，山体遭到极大破坏。改造之前场地现状地质条件复杂，山体风化严重，存在多处陡坎、峭壁和坑地。此外还有三处当年遗留下来的石灰窑。

设计整体思路是因山就势，将残缺山体和垃圾坑建设成一个山水相依、绿树成荫的山地公园。

1. 多专业统筹设计

通过地质保护、植物栽植、景观规划等多学科、多专业相结合，互相补充，将一片残山建设成为集生态、休闲和地域文脉展示于一体的城市山林。

山体消隐与绿化结合：针对边坡岩体破碎问题，周边边坡按坡底高程削坡整平，完全消除地质灾害隐患；在修复后的地形上进行绿化种植，根据不同的地质情况运用不同的种植方式。

2. 尊重自然、因地制宜

在布局和景点设计上因山就势：最大限度对现状地貌进行保留，利用现状地形创造出丰富的园林空间及栈桥、瀑布等景观。

进行雨水利用：将原有沙坑进行清理设计成湖面，收集周边场地及山体的雨水；在北部山体围合的低洼处设置雨水花园，汇聚并吸收来自周边山体及地面的雨水，并通过植物、沙土的综合作用使雨水得到净化。

3. 尊重历史，发掘地域文化

挖掘历史文化：将牛栏山 800 多年悠久的历史文化进行发掘，通过景点展现历史上的“牛山八景”。

利用现存设施展示地方文脉：场地现存 3 处当年烧石灰的废弃窑洞，这是当时特殊社会背景的产物，是牛栏山历史发展的一段印记，决定予以保留。对外立面进行恢复、并对其结构进行加固，将平整的窑顶处理成观景平台，可俯瞰公园、远眺潮白河，成为特殊的遗迹景点。

4. 以人为本，服务市民

项目周边居住人口密集，但缺少集中的公共绿地，公园建成后将为周边的市民提供一处休憩、游览、活动的场所。设计现状地形设计了丰富的空间与路径，提供多种多样的休闲健身活动场所。

涞水县美丽乡村人居环境改造项目——百里峡艺术小镇项目

一等奖
园林景观综合奖

获奖单位：中国中建设计集团有限公司
获奖人员：吴宜夏，潘阳，刘春雷，吕宁，阎晶，潘昊鹏，张檬，刘彦昭，刘艳，孟庆芳，陈瑞岐，杨英俊，魏娟，赵锦

设计理念

以百里峡村新老对比独特的村庄风貌特色带动设计灵感，以复兴地域独居的历史文化为设计理念，以打造具有时尚、活力、多彩的特色小镇为设计目标，保留老建筑，还原当地民居特征，新建筑以现代建筑设计手法进行诠释，新旧并存，以适应当代对村落风貌原真性和多元化的需求。依托百里峡景区门户地位，将百里峡村打造成集接待服务、食疗餐饮、康体度假、休闲娱乐于一体的色彩艺术小镇，实现村民生活品质提升，推动村庄旅游发展。

项目特殊性

初到小镇白墙灰瓦千篇一律，如何用造价最低的方式进行改造，设计团队利用色彩改变千村一貌的现状，让游客感受时空穿越，形成视觉震撼。项目建成后被选为国务院扶贫办精选 12 则精准扶贫典型案例。

技术难点

设计中也面临着许多的难点，包括：要求高，时间短；内容复杂，涉及 12 个专项；基础条件差：主要表现新老建筑混杂，新区建筑杂乱、无特色，老区建筑破败、空心化；旅游设施不完善，民生问题待解决，产业结构单一等。

技术创新

在技术创新方面我们采用了“创意七彩、鲜明风貌”的特色。以“赤橙黄绿青蓝紫”色彩创意为底，补充建筑立面细节，并结合沿街的软装设计，打破千篇一律的村镇面貌。同时融入壁画创作，打造艺术小镇：邀请了百名艺术家参与，进行了多个节点壁画的艺术创作。在 建设景观走廊中，展现了文化活力。活化传统民居，复兴特色文化，打造 20 世纪七八十年代的民居建筑风格。巧用民俗风物，引导农民增收。将地方文化产品包装为

文创产品。以本土文化创作出的作品，带动当地旅游文化产业的发展。

新材料使用

将“岩彩”这一古老而质朴的矿物颜料应用于村庄建筑改造。体现“继承与创新、传统与现代”的设计思想。砂岩的粗涩肌理、色彩浓郁，与背景山体相互和谐。对传统要素进行当代演绎，形成独特的壁画风格和形式表达，配合整体色彩氛围，打造中国真正的艺术小镇。

项目成效

在 2016 年十一黄金周，野三坡景区共接待游客 35 万人次，同比增长 60%；全县共接待游客 55 万人次，同比增长 96%，旅游总收入 5.5 亿元，同比增长 102%。国庆七天，百里峡艺术小镇农家乐客房天天爆满，每天营业收入 2 万元以上。

乡村创客基地

通州区北运河健康绿道建设工程

二等奖
园林景观综合奖

获奖单位：北京北林地景园林规划设计院有限责任公司
获奖人员：范万玺，孔宪琨，孟昐，孙少华，应欣，池潇淼，马亚培，潘韡，李军，欧颖，石丽平，历超，吕海涛，李关英，袁欣悦

1. 梳理自然资源、突出河道生态特色

通州区北运河是京杭大运河的最北端，这里河水多、清澈，林木覆盖率高。我们尊重并渴望突出北运河的原生景观，保留沿河的林、田肌理，在整合各种上位规划并经过实地踏勘现场的基础上确定绿道选线。骑行中可“听林中鸟鸣、看河水浪涌、观农事劳作、品果蔬美味”等，体验多样而质朴的、田园野趣般的休闲方式。

2. 挖掘运河漕运文化、打造文化绿道

提起大运河，不得不说其深厚的漕运文化。自运河通航以来，北通州段一直是其中最繁忙的区段，河道中商船云集，河边遍布各种为漕运服务的设施，河道两岸更是当时的居住密集区。如今，通州段河道漕运已停止，但因漕运盛、人类聚集形成的文化印记依然守护着古老的运河。经过统计，该段区域文化遗存达20余处，我们将这些文化遗存指引给绿道上的骑行者，共设置7处与活动场地结合的文化科普设施，这些科普设施可向游人介绍漕运的兴盛，标识周边文化遗迹区位，居民骑行其中可感受厚重的漕运历史，激发强烈的民族文化自信。

3. 废弃材料的利用

我们使用大量的废弃材料，经过一定杀菌处理后让其以另一种形态为居民服务，这些材料有废旧轮胎、废旧圆木、废弃电线杆、废弃涵管等。我们将废旧轮胎经过高温处理后与石笼景墙结合成穿行洞和秋千，将废弃

的电线杆切断后做成自行车架，将散落在河滩的水利涵管刷上彩色油漆供儿童穿行、攀爬，将经过防腐处理的木桩竖立起来做成梅花桩等。这些材料大部分就地取材，质朴材料的运用将绿道与自然融于一体，组合形成的场地为旅游人群和骑行者带来新的兴趣点。这些处理方式也在探索节约型园林和趣味互动景观上做出尝试。

郑东龙湖外环西路西侧公园

二等奖
园林景观综合奖

获奖单位：北京北林地景园林规划设计院有限责任公司
获奖人员：许天馨，施乃嘉，安画宇，王清兆，叶丹，应欣，马亚培，金柳依，朱京山，袁素霞，陈晓桐，鲍煜，姜岩，杨子旭，陈春阳

本项目设计时间为2013~2014年初，作为郑东新区雨水利用的早期实践项目，为郑州市海绵城市的建设进行了先期的实践。

1.“生态优先”——打造完善的雨水回收再利用系统

（1）建立系统完善的雨水收集体系

根据郑东新区的降水资料、土壤条件、地下水位条件等，设计雨水收集流程为：

雨水径流→雨水沟（管）→卵石过滤坑→雨水花园→溢流井→集水池→回补雨水花园。

（2）设计时根据流程体系，从竖向、植物等多方面统一考虑雨水的调蓄。投入使用后，暴雨季节消纳雨水，未出现公园内涝，未增加市政管网压力。

（3）雨水收集的相关设施结合栈道、平台等协调设计，或藏于其中，或景观化处理

2.“经济实用”——打造低建设投入，低养护成本的城市公园

（1）植物以低养护要求的乡土植物为主，适应郑东新区碱性土壤，避免大规格苗木名贵植物品种的选择及过大规格苗木的选用，不栽植时令花卉地被色带。

（2）雨水花园面积经过精确计算，积水区选择耐湿且具有一定耐旱性的植物，降低建设成本和植物养护成本，节约用水。

（3）硬质景观选用经济耐用的材料，侧重环保可再生材料的运用。

（4）相关“海绵”设施设计时考虑后期清理的可行性，减少养护难度。

3.“以人为本”——激发城市活力，为居民提供多元的活动场所。本项目虽着重考虑生态效益，但并未以减弱周边居民的休憩空间为代价。

（1）园路体系与市政人行通道及城市慢行体系统筹考虑，增加新老城区居民的可达性。

（2）微地形围合多重的空间，为居民提供不同游憩场所。公园建成至今具有很高的人气，周边居民乐于在此开展各种文娱休闲活动，项目在使用功能和生态型园林之间达到优异的平衡。

北七家镇公建混合住宅用地项目（北七家商务园项目）

二等奖
园林景观综合奖

获奖单位：中国建筑设计研究院有限公司
Martha Schwartz partners
获奖人员：赵文斌，史丽秀，雷洪强，王丹琦，陆柳，杨陈，董荔冰，冯然，路璐，魏华，曹雷，Martha Schwartz，Matthew Getch，Bo Cui，Markus Jatch

1. 产业特色高端引领

设计围绕“高端引领、创新示范、产业生态、功能完善”的发展思路，突出“总部＋创新”的产业特点，高起点、高标准打造北京电子商务核心区（TBD）。方案结合项目策划内容，合理布局相应的大办公、小办公、住宅、公共配套服务设施等各园区功能，形成“园区一体化，功能主体化，空间特色化”的特色。

2. 可持续建筑与景观设计

景观策略中引入了大量符合可持续城市排水系统以及暴雨径流收集再利用等海绵要求的相应设计，并通过提高绿地率以削弱城市绿岛效应。比如场地北侧大面积的下凹式绿地以及结合水景设置的生态过滤净化池，净化后的水体既可供建筑使用又可作为观赏效果佳的水景景观。

3. 气象数据分析

设计中通过对建筑群简化模型的光合有效辐射分析，从而对场地中不同类型的植物种植以及水面、场地的区域布置进行判定。

4. 多元材料应用

多种材料的景观呈现，既丰富视觉感官也是对设计细节的进一步考究。如不锈钢镂空钻孔盒体，钻孔结构白天可吸收更多光亮，一天中不同时刻阴影的改变创造生动的空间体验，夜晚则可以结合照明产生趣味的效果；GFRC，特种玻璃纤维增强复合板，通过这种新型建筑材料在景观上的应用来解决工程技术上的难点并降低工程造价。

5. 特色小品设计

小品经过精心雕琢，与整体建筑场地风格协调又独具特色，为人们提供更多样的活动方式，如幕墙水景、人体工程学座椅、异形灯具、入口标识构筑、儿童活动场地等。

玉门关游客服务中心景观

二等奖
园林景观综合奖

获奖单位：中国建筑设计研究院有限公司
获奖人员：赵文斌，刘环，李旸，王洪涛，张景华，盛金龙，孙昊，曹雷，魏华

设计技术

该项目位于玉门关遗址区内，设计中为丰富游客体验感，结合路径局部布置矮墙，为做到与环境的融合性，在此区域利用水洗石面层处理的方法，但此技术在当地片区并不是普及的技术，因此，现场工人一帮一地传授施工做法，现场混料、抹、冲、经过一次次试验，终实现很自然地与周边融合的立面形象。

创新要点

融合性：玉门关项目中放松设计，将景观留给自然，运用低成本、低干预的手段，将设计融合大地中，最终景观融合在大的地貌中，远看消隐，近看却又有用心的小细节，通过加入锈板的红锈色，构建了一套引导游客前行的标识体系，标识和景观设施一体化设计，也体现了融合性。

本土性：探索当地植被，种植适宜当地生长的白刺等充满西部特色的植物种类。

体验性：景观设计中部分空间微下沉，利用视线阻隔、开阔等体验变化，丰富游览游线。

成都麓湖竹隐园

二等奖
园林景观综合奖

获奖单位：易兰（北京）规划设计股份有限公司
获奖人员：陈跃中，张妍妍，Vince，祝彤，李金星，徐燚，王强，邢文博，许联珠，任建玲，唐艳红，李灿，王少博，戴瑾瑢

竹隐园位于成都天府大道南延线麓湖生态城东区的中心地带，在居民密集的封闭式社区内的狭长谷地上，是麓湖红石公园西南角的园中园，占地约 1 万 m^2。

原有场地功能乏味，活动空间相对分散，设施条件简单，居民户外活动空间品质得不到提升，缺乏社区归属感。设计团队突破社区公园的单一模式，注重融合自然，挖掘和利用场地的原始自然条件，在现场注意到当地的红砂石，将其作为场地的设计语言，塑造在地文化记忆，用“融合互生”的设计理念与生态的设计手法进行创作，为社区居民带来绿色环保的宜居生活体验。在服务设施的功能、竖向高程的利用、雨洪管理设计等方面均有创新之处。

竹隐园广泛利用周边自然中的竹子、红石等当地材料，现代竹凉亭坐落其中，通过设计因地制宜地加以利用，这背后的意义，不仅是对景观的追求，也向人们展示了对待环境应有的态度。在经济和生态方面都符合可持续发展的策略。

雨水收集系统全园可见，体现出与自然融合共生的设计理念和手法。作为以开发商为建设和管理主体的社区公园，为寻求与大自然联系的居民提供了宁静而充满活力的自然环境，为麓湖生态城吸引了成都市民甚至更远更多的客户和社会的关注，促进更多开发商和政府管理方思考建设类似的社区公园。

青海省平安县海东科技园水系景观工程设计

二等奖
园林景观综合奖

获奖单位：北京土人城市规划设计股份有限公司
获奖人员：俞孔坚，张慧勇，彭德胜，刘玉杰，臧学年，刘昌林，邹仁君，林绕，范丽君，刘婧煜，黄叶虎，法云飞，郭亚飞，俞伏敏，党福军

本项目位于青海省海东地区，平西经济区东侧，现柳湾、下红庄。北邻湟水河，西邻园区二号路，总占地面积约 28.68hm^2。

本次设计中景观布局围绕着中心水系和两岸滨水景观带，构造了“一河，两带，多节点”的大格局。“一河”指中心景观带，整个景观带就是一条长长的滨河公园，由北向南依次为生态净化区、滨水文化展示区、园区魅力展示区、过渡区、园区滨水活动区、亲水活动休闲区。“两带”是指中心水系两侧滨水景观带，北侧景观带为园区内居民提供合理、多样的休闲活动；南区景观带以台地景观和滨水集会健身空间为主，还融入了企业文化展示、时尚休闲等功能。“多节点”指的是沿滨水景观带形成多个主题景观点，即净化展示园、休闲沙滩、生态果园、特色池塘、休闲酒吧街、观演广场、树林草地及拓展训练活动区等。一条绿色的飘带将两岸的休闲文化长廊串联起来，再加上道路周边的防护林和分地块内的绿化系统共同交织成一个生态绿网铺在海东科技园之上，使海东科技园形成一个生态有机体。

跨入海东科技园，来一场生态文化之旅，体验水景观的生态，欣赏海东人的情怀，品味乡土的醇香，回归自然休闲的质朴。

广宁公园报国寺绿地改造工程

二等奖
园林景观综合奖

获奖单位：北京创新景观园林设计有限责任公司
获奖人员：李战修，郝勇翔，苏驰，王闳，董天翔，梁毅，邢思捷，苑朋淼，韩慧娟，付莉华，祁建勋，韩磊，徐烁，刘柏寒，张博

项目概况

项目紧临北京地铁 7 号线广安门内站，西临广义街，南临广内大街，北至报国寺南门，总面积约 12000m^2。

历史文脉

报国寺始建于辽代，明初塌毁。明成化二年（1466 年）重修，改名慈仁寺，俗称报国寺，寺内的毗卢阁、窑变观音和两株双龙奇松，被称为寺内“三绝”。报国寺原有传统花市，每月逢五之日的庙会，游人如潮，文人雅士们纷纷来此逛书市、赏花、登毗卢阁，可谓盛况空前。

设计理念

落实“创新、协调、绿色、开放、共享”理念，突出“城市客厅”的理念，体现人文关怀，营建共享、宜人、文化的城市开放空间，为市民提供聚会交流、共享休闲时光的优美环境。

设计特色

整体设计以突出报国寺的城市形象和文化内涵为主线，以一条散步路线串联起各具特色的城市休闲空间。提炼“报国三绝：双松，而佛，而阁”的文化特色，特选两株姿态优美的油松，以体现报国三绝文化景墙为背景，营造和谐、素雅的环境氛围。设置敞轩、景墙、配套齐全的休息座椅及全园的无障碍设施，为百姓提供充满亲切感的花园式交流空间。建成后的广宁公园是一处集优美景观、文化、环保、新科技展示于一身的城市精品公园。

秦皇岛经济技术开发区戴河（京山铁路至长江道）沿岸环境建设一期工程设计

二等奖
园林景观综合奖

获奖单位：中国城市建设研究院有限公司
获奖人员：韩笑，曾祥文，王旭达，路戈，施锐鉴，左克家，毛衍，祝刚，毛凌俊，虞林军，周明华，许正荣，程康，周寒峰，张海宇

秦皇岛经济技术开发区戴河（京山铁路至长江道）沿岸环境建设一期工程位于秦皇岛市经济技术开发区，戴河与深河的交汇处。北至御河道，东接戴河非景观段，西至阳澄湖路，南至黄浦江道。河道总长约 3km，建设总面积约 82.74 万 m^2。

河道现状周边以农田为主，自然村落散布；地势较为平坦，无明显高差；河道狭窄，大面积水域较少；水质清澈、无工业污染；岸边房屋立面简单粗糙，无设计美感；沿河植被树种单一，以杨树为主。

根据城市的发展方向分析，规划地块未来将成为秦皇岛市的西门户，向西衔接抚宁县及京沈高速连接线出口，向南沿戴河景观轴衔接北戴河度假区，向东沿秦抚快速路连接栖云山度假区，是秦皇岛市大旅游环线的重要节点。

总体规划分为“两带三区”的格局。两带分别为：戴河景观带、深河景观带。三大景区分别为“镜湖秋影、双堤春晓、绿林夏荫”。

镜湖秋影运用北方“一池三山”中国造园模式，挖湖堆山，拓宽河道加大水面、结合地貌塑造山体地形，形成山水围合空间，是对中国传统的造园手法和思想进行了良好继承和发展。

绿林夏荫景点处于戴河边村落旁，河道较宽，淳朴的居民经常在河边举行自己喜欢的活动，设计考虑“以人为本”，把空间留给居民，为他们塑造更舒适的生活休闲空间，结合古朴的建筑、精致的雕塑、素雅的铺装以及开阔的视野构成具有浓郁地方特色的“民俗广场”，同时还设计了谚语廊道、双五港、白鹭湾等等，市民游客们在此欣赏谚语的同时还可感受当地的传统节日气氛。植物设计考虑了与风俗、节日等结合，策划新的节假日供市民和游客游赏，如：清明踏青节、端午民俗节、立春赏梅节、夏令鱼鸟节、金秋枫叶节等等。

设计还结合“防洪蓄水、生态景观、人文旅游”等功能于一体。按 20 年一遇的防洪标准进行河道设计，蓄水量可达 660 万 m^3，除满足日常和行洪要求外，也解决了开发区绿地浇灌用水紧张问题，同时项目建成后将极大推动当地及整个区域的生态建设，推动秦皇岛地区旅游业的发展。

山东临淄齐文化博物院环境景观工程设计

二等奖
园林景观综合奖

获奖单位：中国城市建设研究院有限公司
获奖人员：谢晓英，张琦，张元，王欣，张婷，王香春，王翔，杨灏，高博翰，孟庆诚，吴寅飞，邹雪梅，颜冬冬

此次建设是一次对“齐文化”的再定义。将齐文化博物馆、足球博物馆、8 个民间博物馆以及文化市场等建筑群，与古河床遗迹保护区、滨江植物园等室外空间及淄河城市风光带整合构建成为博物馆公园综合体，并赋予其开放性、多元化、多功能的特点，使博物馆公园真正成为城市的客厅，成为市民休闲、聚会、消费、学习的场所。

通过各种景观手段及新技术，搭建室外博物馆，在公众与博物馆之间建立日常的关联方式，使逛博物馆公园成为公众所共同认可的一种生活方式。

设计以博物馆公园为中心，将散落在城市中的齐故都遗址、四王冢、田齐王陵、东周殉马坑遗址等数十个遗址和博物馆等文化设施形成互联，构成以博物馆公园为中心的齐文化历史文化旅游资源网络。

2015 年习主席访英，在英国首相卡梅伦的陪伴下，将来自齐文化博物院的仿古蹴鞠作为国礼分别赠送给英国国家博物馆及英国曼城俱乐部等，博物院也与各馆建立了友好合作伙伴关系。此外，齐文化博物院还接待了国际足联主席、亚足联秘书长、中国足协、国家体委负责人等要员；中央电视台的数个节目也播出了关于齐文化等相关主题纪实；2017 年中超联赛开幕式首次从世界足球起源地齐文化博物院临淄足球博物馆迎取圣球。

如今齐文化博物院不仅承担了对公众传播知识、文化教育以及市民休闲的功能，同时也推动了国际层面的文化传承与交往，成为淄博乃至中国国际文化交流的窗口。

淮北南湖公园景观规划与设计

二等奖
园林景观综合奖

获奖单位：北京清华同衡规划设计研究院有限公司
获奖人员：吴祥艳，王成业，任洁，张洁，何苗，高宇星，孙建羽，李慧珍，陈倩，胡子威，李伟，陈吉妮，曹然

基地位于安徽省淮北市南部，是一座围绕采煤塌陷区水面改造而成的大型国家城市湿地公园。基地总面积 492hm^2，其中水域面积 250hm^2。

南湖公园改造设计从分析基地地质条件入手，在保证安全的基础上坚持生态优先、因地制宜、彰显文化、以人为本、经济美观、便于实施等原则，景观策略如下：

第一，安全为本。根据塌陷区地质条件合理布局全园景观空间。尚未稳沉区作为湿地保护恢复区，稳沉区合理安排亲水、戏水空间，满足市民休闲娱乐需求。

第二，通津活水。最大限度地保护现有水网结构，使整个南湖作为一个雨水收集与涵养的生态蓄水池，并为景区植物栽培养护提供景观用水。

第三，改造驳岸。将原始垂直断崖式驳岸改造为缓坡入水木桩驳岸或叠石驳岸，保证亲水安全，同时丰富水体形态及植物景观。

第四，铺翠湖滨。采用乡土树种，尤其强调水生湿生植物的运用，丰富植物种类和层次。

第五，保留鸟岛。南湖现已聚集鸟类、鱼类各 20 余种，冬季有上千只候鸟来此过冬。

第六，道路链接。围绕主湖打造滨水绿道慢行体系与环湖绿道网络连接，形成动态连续的景观体验。

改造后的南湖公园，水光潋滟，杉影摇曳、垂柳依依、鸟语花香……成为淮北新的城市名片，是市民喜爱的绿色生态休闲乐园。

海口市民游客中心景观设计

二等奖
园林景观综合奖

获奖单位：中国建筑设计研究院有限公司
获奖人员：关午军，李飒，朱燕辉，管婕娅，张宛岚，杨贺明，高宇，曹雷

海口市民游客中心项目坐落在海口北部滨海公园内。市民游客中心景观设计旨在打造开放包容、温馨友善、现代时尚的城市形象景观，体现海口本土文化特色的生态公园景观，服务周边市民、提升环境品质的综合服务景观。

策略一：公园中的建筑，城市中的公园。

通过拆解建筑体量，营造花园式空间，梳理城市关系，将市民游客中心打造为城市花园会客厅。景观穿插于建筑、城市间，相互融合，使公园向建筑渗透，同时让公园融入整个城市中。依托观音山、一气呵成的水系、下沉庭院、屋顶花园和多级花园等，形成“一山、一水、多园”的景观体系。

策略二：海绵系统的建立。

一气呵成的蓝色水系由两条分支组成，成为整个项目的点睛之笔。一支从山顶涌出，蜿蜒流过山坡，流入下沉庭院。另一支自大堂外的静水面倾泻而下，瀑入下沉庭院。这一套水系的设计，使人们感受到水的不同表情，增加空气湿度，带动空气循环，使局地小气候都变得凉爽舒适。水景设计还结合了海绵技术，雨水由雨水收集系统收集后，经生态净化设备过滤，流入清水池中，为水系补水，或为露天停车场洗车及绿化带浇灌等供水，实现了雨水回收重复利用，达到节约水资源的目的。

策略三：生态修复的景观手法。

设计上采用重塑地形、生态固坡、坡体覆绿、现状乔木进行移植等一系列生态修复手法，使观音山重获新生。材料上采用海南本土特色的火山岩，植物选择椰树等乡土植物。

赤峰市松北新城中心公园

二等奖
园林景观综合奖

获奖单位：北京土人城市规划设计股份有限公司
获奖人员：俞孔坚，贾军，石春，丛鑫，苏欣，林里，封显俊，王淞，荆博，丁亚虎，张桐伟，寇淼，张海晓，李啸，徐兴中

赤峰市松北新城中心公园位于松北新城核心地段，占地 8.4hm^2。项目基地紧邻热电厂及市政道路，对公园造成粉尘与噪声干扰；周边以居住地块为主，游憩诉求强烈。

针对场地问题，方案采取以下策略：

1. 降低周边环境干扰：①构建微地形。利用现状渣土进行填挖方处理，在东西两侧堆出微地形以阻断视线干扰，缓解粉尘及噪声污染，降低西侧热电厂以及东侧市政路对游人的影响。②种植设计。西侧选择生长迅速、树冠茂密、叶片阔大的乔木，遮挡热电厂大体量建筑；同时通过树群降低风速，叶片表面绒毛“捕捉”空气粉尘，促进粉尘沉降与吸附；东侧种植白皮松等高大针叶乔木，降低道路噪声污染。

2. 融入海绵理念：道路两侧布置雨水收集边沟，收集净化场地雨水，补充中心水体及绿化灌溉用水。场地铺装采用透水混凝土、透水沥青等透水性强的材料，促进雨水下渗，回补地下水，降低市政排水压力。

3. 文化提炼展示：提炼赤峰特色“红石文化”，设计艺术拼图广场、红石艺术体验园、石阵广场等游憩场地，展示本地文化，提升本地居民归属感。

vivo 重庆生产基地

二等奖
园林景观综合奖

获奖单位：中国建筑设计研究院有限公司
获奖人员：史丽秀，关午军，管婕娅，王悦，杨贺明，曹雷，魏华

重庆生产基地设计应与企业文化息息相关，以企业文化作为设计的出发点，将环境与文化作为最基本的设计工具，并将其应用于设计过程中的每个方面，为 vivo 量身打造具有品牌特色的园区景观。

乐——乐趣、快乐

vivo 愿同所有年轻的心一起做快乐的制造者和传播者。

享——享受、分享

享受此刻，分享乐趣，vivo 是一种不浪费快乐的生活方式。

极——极致、巅峰

打破思维定式，勇于创新，vivo 每一次的突破都是对极致的创想。

智——智能、科技

vivo 的智能不是冰冷的参数，而是亲切温馨“科技理解人”的体贴。

设计以人为出发点，考虑到不同类型的使用者在开放空间中的不同使用需求，合理优化我们的设计内容。设计不仅为不同的使用者提供舒适宜人的不同类型空间环境，并且注重人与人之间的社会交流与文化的传达。

生态性设计将科学技术引入景观设计，要求在进行景观设计的同时保证生态的合理性。在尊重场地地理、水文、植被特色的基础上进行设计。同时，引入一些生态的设计手法，例如屋顶、廊桥覆盖绿色植被，设计生态雨水沟涵养地下水源等，充分发挥植物的生态效益，提升景观品质。

对于每个项目设计，拥有一个相对长远的目标是非常重要的。远景性的设计会使设计的理念体现的更具持久性。从理念到实践的过程中，我们需要有对设计更有好的把控以及明确的方向，因为好的设计不仅体现在纸上，更会在其持久的使用中带给使用者不同的体验。

浦阳江生态廊道景观工程

二等奖
园林景观综合奖

获奖单位：北京土人城市规划设计股份有限公司
获奖人员：俞孔坚，俞宏前，宋昱，陈昊，周水明，方渊，李青，张冰月，姚斑竹，徐颖，马慧杨，刘斌毅，胡哲维，徐天宇，齐文

“五水共治”是浙江的伟大创造，而浙江的“五水共治”是从治理金华浦江县的母亲河浦阳江开始的。土人设计（Turenscape）通过水生态修复和景观营造，拯救了一条被抛弃的母亲河。设计运用了生态水净化、雨洪生态管理、与水为友的适应性设计以及最小干预的景观策略，结合硬化河堤的生态修复、改造利用农业水利设施，并融入安全便捷的慢行交通网络，将过去严重污染的河道彻底转变为最受市民喜爱的生态、生活廊道。设计实践了通过最低成本投入达到综合效益最大化的可能，并为河道生态修复以及河流重新回归城市生活的设计理念提供了宝贵的实践经验。

任丘展馆公园景观绿化工程

二等奖
园林景观综合奖

获奖单位：北京市住宅建筑设计研究院有限公司
北京住总博地园林发展有限公司 / 北京都市创想景观规划设计有限公司
获奖人员：王建，李维，芦其争，白雨，魏欣，李笛，曹晶，尤文佳，李楠，王蕾，李孟玥

本项目位于任丘市鄚州区，距白洋淀湿地约 1km，景观设计面积为 $35187m^2$。此项目是任丘城市对外展示的窗口，因此，我们从主题构思、竖向、种植设计、生态净化、经济节约等多个方面对项目进行研究，在设计中力求景观的最终效果能够充分体现其区域特点。

在设计之初，我们创新利用生态工程的方法，在一定土壤填料上种植组合式的湿地植物，建立一个人工湿地生态系统，污染物质和营养物质被系统吸收或分解，使水质得到净化。该技术能够降低建造成本、减少后期维护成本，并具有净化水体、操作简单等优点。同时，项目设计了“岛”“浅滩”“半岛”等形态，丰富了水系的变化，为植物种植提供了多样的空间。在植物的选择上，减少了植物的种植密度，变为孤植大乔 + 水生植物的种植模式，节约了初期的建设费用。

同时，我们结合任丘地下水位浅、土壤盐碱度高等特点，将任丘城市规划展馆与白洋淀文化结合，打造“湿地中的城市展馆”，充分体现地方特色。在整体构思上，我们通过“半岛”的设计，将建筑置于湿地之中，利用跨度约 18m 的景观桥横跨水系，解决了高差问题。同时，东侧的湿地公园视野开阔，有效地将建筑烘托出来，并将户外空间作为城市展馆的延伸，让人来到这里能够更加深刻地体会白洋淀文化。

浙江省胡大山（浒溪）湿地公园景观工程

二等奖
园林景观综合奖

获奖单位：北京土人城市规划设计股份有限公司
获奖人员：俞孔坚，俞宏前，方渊，佟辉，班明辉，周鹏，王德洲，贾健敏，王瑞，高博，张璠，李青，焦亚洲，王晓铭，朱静

浒溪湿地公园是以治理水质为重点的城市生态公园，土人设计（Turenscape）通过以下两大策略缓解浒溪入江口处污水排放与净化问题，有效改善区域环境，提升城市生活品质和影响力。

1.“自然的净化”——湿地净化系统构建及水生态修复策略

场地内的进水调节区利用格栅、漂浮植物箱等阻拦漂浮垃圾进入，通过砂砾等土壤基质过滤去除大量悬浮颗粒，吸附大部分可溶性磷。台地潜流净化区通过水生植物的吸收过滤、微生物反应等去除大部分氨氮等营养物质以及病原菌。生物塘表流净化区通过土壤表层的水生动植物的作用，去除有机污染物；通过曝氧措施，增强生态系统稳定性。深度净化塘稳定区为水生态修复的过程，通过建立水生动植物群落，恢复水体的物种多样性，建造水体景观。通过以上 4 个区块构建一个自然湿地净化系统，让水体透明度达到 1.5m 以上并无异味，每日出水量为 1.5 万 t。

2. 低成本、低维护的景观最小干预策略

因地制宜，充分保留利用现状湿地坑塘，梳理道路肌理，充分结合场地良好的自然风貌，将人工景观巧妙地融入自然当中，最大限度地保留了现状植被，同时选择低成本的乡土品种和易维护的野花组合，低投入地高效建设城市湿地公园。

禧瑞都项目园区景观改造工程

二等奖
园林景观综合奖

获奖单位：深圳奥雅设计股份有限公司
获奖人员：李宝章，李翌健，杜超，欧阳孔博，王晴，刘阳蕊，马宝欣，祝梦瑶，张婉仪，杨扬，程传玺

禧瑞都紧邻CCTV大楼，对望国贸三期、CCTV总部大厦与中国尊三大国家地标。本次设计是一个改造项目，对空间进行了新的审视和梳理。景观的改造和升级，是对新业主的一份邀约，是对一直居住在这里的业主的一份承诺，也是设计团队追求更好的人居生活理念的体现。

禧瑞都的景观由3个花园组合而成。

入口的“椭圆花园”用简洁的空间构图给人一种仪式感。花园中间的大树增加了入口空间的可识别性。环绕着椭圆草坪的，是以马褂木和樱花树为主的两个层次的种植。树下摆放了两条大截面的、具有仪式感的汉白玉石凳，坐下休憩便可感受空间的平静与安宁。

位于项目中心的花园是一个承担社区客厅功能的场地。设计团队在广场上做了一片水深3~5mm的镜面水景，到了冬天它则是一片可以任意使用的广场。镜水面旁是个舞台，在舞台的后面，设计团队心思巧妙地设计了名为“禧阅”的书屋，为这个高端社区增加了书香和文化气质。

下沉花园采用了自然的设计手法，基本上是由块石、瀑布与茂盛的植物组成的，为业主提供一个可以躲在那里沉思、冥想与享受孤独的空间。

禧瑞都的景观设计用当代的手法表达中国园林的审美与文化传承，用一种脱胎换骨的设计重新诠释和定义了世界语境下的北京故事。

深圳中心公园改造工程

二等奖
园林景观综合奖

获奖单位：泛华建设集团有限公司
获奖人员：丁二忠，陈红庆，刘惠娟，杨姝琨，彭国华，李冬更，陈莉蓉，陈佩欣，龚燕，吴典章，易国胜，周丕杨，袁荣春，符范涛，张煜

设计理念

以增加功能性和休闲活动内容为重点，针对新建与改造的不同情况进行针对性的设计，增加活动内容，增强可达性，提高公园使用率。同时综合考虑道路交通、环境保护、旅游观光、配套设施、公众参与、地方文化等要求，将中心公园建成具有生态、休闲、互补、开放、文化、观赏等多功能的大型绿廊与生态型城市公园。

技术特色

中心公园作为深圳重要的大型市政公园，整个园区设计以生态环保为理念。

1. 海绵城市

采用微纳米曝气技术和水体原位生态修复技术，实施黑臭段水体原位生态修复，从底层开始构建完整、良性的生态系统。

2. 生态建设

公园建设遵循生物多样性及景观多样性原则，形成人与植物、动物共生的空间；从本土的植物种群生态出发，把握生态群落生境，形成生态型植物造景系统。

3. 节能减排

建筑：采用绿色屋顶吸收热量；铺设太阳能板；设置雨水回收利用装置。

照明：全部采用LED灯，节能绿色环保。

4. 可持续发展

对本项目改造所产生的建筑垃圾，加工为彩色透水环保砖，用于园区铺装，内部消化，变废为宝。

5. 以人为本

道路：五大功能区虽被市政道路分隔，但走廊贯通，游客游园不需绕行。

设施：园内设置无障碍设施及饮水台，结合饮水台设置分类垃圾桶，实行垃圾分类。

霸州展馆及公园区景观工程（西区）

三等奖
园林景观综合奖

获奖单位：北京市住宅建筑设计研究院有限公司
北京住总博地园林发展有限公司 / 北京都市创想景观规划设计有限公司
获奖人员：王建，李维，芦其争，白雨，魏欣，李笛，胡晓涛，曹晶，尤文佳，李楠，王蕾，李孟玥

贵安新区生态文明创新园景观设计

三等奖
园林景观综合奖

获奖单位：北京清华同衡规划设计研究院有限公司
获奖人员：胡洁，安友丰，董淑秋，王强，陈晨，陈倩，谷丽荣，刘哲，李五妍，潘晓玥，王宁，李宁，田洪庆，王吉尧，马迪

中关村高端医疗器械产业园

三等奖
园林景观综合奖

获奖单位：华通设计顾问工程有限公司
获奖人员：孙宵茗，李宁，曹然，闫玉洁，郭峥，胡淼淼，祝婷帆

郑东新区七里河公园提升改造工程

三等奖
园林景观综合奖

获奖单位：北京北林地景园林规划设计院有限责任公司
获奖人员：王清兆，杨雪阳，金柳依，李铭，叶丹，施乃嘉，许天馨，钟继涛，陈晓桐，鲍煜，马咏春，安画宇，刘哲

中航投资大厦超高层屋顶花园景观工程

三等奖
园林景观综合奖

获奖单位：中国航空规划设计研究总院有限公司
获奖人员：魏炜，傅绍辉，于昕雅，王乐君，苏玉婷，雷蒙，陈植光

《滁州清流河两岸景观工程设计》（滁州市清流河穿城段水系综合治理二期工程）

三等奖
园林景观综合奖

获奖单位：中国城市建设研究院有限公司
获奖人员：李铁军，李慧生，柴娜，毕婧，白雪，郝嘉，滕依辰，李景，公超，段明淳

海尔路（合肥路—香港东路）绿化提升工程（两侧绿化带）

三等奖
园林景观综合奖

获奖单位：中国中建设计集团有限公司
获奖人员：吴宜夏，刘春雷，潘昊鹏，萨茹拉，梁文君，袁帅，刘佳慧，李敏，李鹏飞，王万栋，宋扬，王京星，曹贞丽，丁芹，张聪

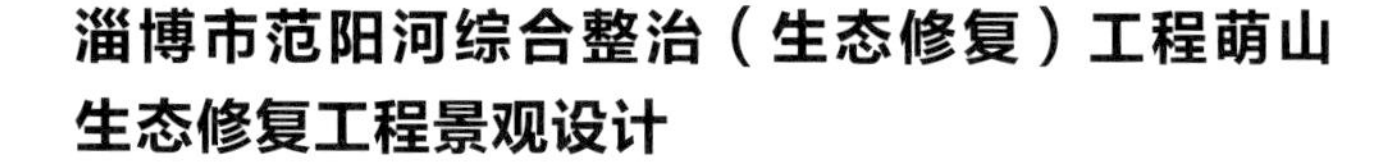

淄博市范阳河综合整治（生态修复）工程萌山生态修复工程景观设计

三等奖
园林景观综合奖

获奖单位：北京市园林古建设计研究院有限公司
获奖人员：郭泉林，杨晶，刘杏服，孙丽颖，王晨，孙京京，桑晨艳，万沛铮，张春林，赵辉，张颖，霍鹏，李佩青，李晟，刘喆

2017年第九届中国（银川）花博会四季馆热带植物景观展陈项目

三等奖
园林景观综合奖

获奖单位：北京乾景园林规划设计有限公司
获奖人员：夏永梅，董东，王荣，王爱强，张初夏，王浪浪，李旭，杜姣，郎宝鹏，孙佳美，刘晓杰

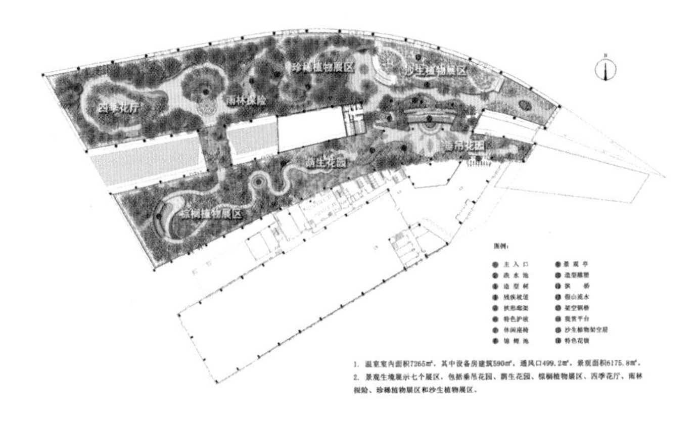

顺德区桂畔海南岸德民路东延线段绿化景观工程

三等奖
园林景观综合奖

获奖单位：北京市市政工程设计研究总院有限公司
获奖人员：陶远瑞，姚欣，刘彦琢，孔祥龙，周牧，张伯英，叶家强，柳德进，任璐，刘新钢，谢飞，郄晓薇，李普宁，林佩欣，李季

国电新能源技术研究院工程景观绿化工程设计

三等奖
园林景观综合奖

获奖单位：北京土人城市规划设计股份有限公司
获奖人员：俞孔坚，吴晓丹，颉赫男，晏林林，刘秉卓，马双枝，陈娆，李昊，李禾，朱志明

湖南省澧县城头山古文化遗址护城河外围绿带改造及南门广场景观工程设计

三等奖
园林景观综合奖

获奖单位：北京土人城市规划设计股份有限公司
获奖人员：俞孔坚，邵飞，彭德胜，张慧勇，文航舰，张亚奇，孔利民，付恩春，李瑾，党福军，陈黎明，林绕，支青，曹明宇，范丽君

化辛·花栖左岸居住区景观设计

三等奖
园林景观综合奖

获奖单位：北京市园林古建设计研究院有限公司
获奖人员：王显红，张璇，靳子钊，田英，李小静，吕建强，邵红苓，梅代玲，孙丽颖，霍鹏，杨春明，付松涛，朱凯元，郝龙，李晓娇

中科院地质与地球物理研究所景观工程

三等奖
园林景观综合奖

获奖单位：中外园林建设有限公司
获奖人员：唐睿睿，王亚菲，孙慧一，谭文意，秦贺佳，张灏，周英葵，任鸿春，包鑫萍，周叶舟

北京雁栖湖生态发展示范区公共旅游基础设施建设工程

三等奖
园林景观综合奖

获奖单位：中国建筑设计研究院有限公司
获奖人员：赵文斌，刘环，路璐，王丹琦，董荔冰，齐石茗月，牧泽，王洪涛，孙文浩，冯然，盛金龙，魏华，雷洪强，陆柳

河北省首届（衡水）园博会——沧州园

三等奖
园林景观综合奖

获奖单位：北京市园林古建设计研究院有限公司
获奖人员：杨乐，孙丽颖，白寅，张颖，李彦，李霞，霍鹏，陈小玲，李佩青，孟祥川，刘孔阳，穆希廉，赵刚，刘月，梅代玲

玄武区内秦淮河东段河道岸线环境综合整治工程设计

三等奖
园林景观综合奖

获奖单位：泛华建设集团有限公司
获奖人员：刘丽丽，李双海，余宙，单增宇，陈霞，唐燕，邵睿，景科华，王梦瑶，方彦雯，刘芳，唐司佳，朱江，高姣，张继兵

南京紫金（仙林）科技创业特别社区软件与服务外包产业园一期景观绿化设计

三等奖
园林景观综合奖

获奖单位：泛华建设集团有限公司
获奖人员：余宙，姜正东，单增宇，陈霞，唐燕，孙琳，刘芳，王艳梅，王叶子，单阳华，陆华香，邵睿，景科华，刘晶晶，张继兵

沐川新区沐溪河及滨湖公园景观规划设计

三等奖
园林景观综合奖

获奖单位：北京清华同衡规划设计研究院有限公司
获奖人员：吴祥艳，张洁，何苗，王成业，刘欣婷，刘悦，曹然，李伟，焦秦

大兴国韵村园林景观设计

三等奖
园林景观综合奖

获奖单位：北京天鸿圆方建筑设计有限责任公司
获奖人员：李军，宋娟，王可东，郭丰楚，周丽云，柴宁宁，张幼丹，王岩，张振伟

丰台区六里桥城市休闲森林公园

三等奖
园林景观综合奖

获奖单位：北京腾远建筑设计有限公司
获奖人员：高薇，王恩伟，李运虹，姚艳，刘晨阳，郭玉维，黄梅芳，唐芳，张建平

2019
北京市优秀工程
勘察设计奖作品集

工程勘察设计标准与标准设计
（标准）专项奖

城市轨道交通无障碍设施设计规程

一等奖
工程勘察设计标准与标准设计（标准）专项奖

获奖单位：北京城建设计发展集团股份有限公司
获奖人员：董立新，张继菁，陈曦，张彦，冯西培，巫江，邱蓉，高灵芝，李博，赵芫

编制理念

重视乘客服务质量，落实人性化设计，引领无障碍设计新概念，践行城市轨道交通无障碍通行的新理念。

特殊性

无障碍建设是帮助残疾人平等参与社会的基本条件，是在残疾人和社会之间架起的一座“金桥”，蕴含着全社会对残疾人的关爱，同时无障碍设施的适用人群已经不局限于残障人士，也方便老年人、孕妇和幼儿、伤病人员以及携带重物者等所有有需人士。目前我国的残疾人约 9000 万，是世界上残疾人口最多的国家。

随着城市人口规模的日益扩大，轨道交通成为大城市交通出行重要工具。北京地铁目前共有 21 条运营线路，覆盖北京市 11 个市辖区。拥有近 300 座运营车站，工作日均客流超过 1000 万人次。根据北京市 2025 年轨道交通线网规划，轨道交通将在未来 5~10 年迎来一个新的高质量发展期，这是北京市交通系统发展重点，也已经成为北京市民日常出行的首选交通工具。

因此选择轨道交通作为切入点，进行无障碍设施设计与建设专项规范的拟订，具有社会影响广、社会意义重大的特点，能使更多的人受益，使更多的人无障碍地利用城市轨道交通系统，为营造一个高质量无障碍出行的国际都市提供助力。

技术创新

1.《城市轨道交通无障碍设施设计规程》（以下简称《规程》）编制与颁布，在国内外尚属首例，填补了城市轨道交通行业无障碍设施标准的空白，树立了政府对无障碍有需人群的关爱，引领了城市轨道交通无障碍设施标准建设。

2.《规程》统一了北京市城市轨道交通无障碍设施的设计标准，明确了设计审查、建设、监理与验收的具体要求。

3.《规程》组织架构的优化调整，提高了规范的可执行性和实操性。

4.《规程》新增强制性条文，为全国城市轨道交通无障碍设计标准的首例，体现北京市对轨道交通无障碍设施的建设力度和社会对无障碍设施的刚性需求。

5.《规程》新增多项内容，全面解决根本需求，高度体现了北京市轨道交通行业对有需乘客的人性化关爱，随着北京市经济社会发展水平的不断提高，轨道交通无障碍设施的适用人群不断扩大，这对轨道交通无障碍设施提出了更加精细化、人性化的设计需求。

6.《规程》注重细节，强化设计的精细化，呼应新时代精细化与精准化规划建设的时代精神。基于北京市网络化运营和轨道交通的无障碍换乘需求，综合权衡无障碍设施人性化设施设置的必要性与工程投资、实施难度等，凸显了无障碍设施设计的精细化和人性化，与当前政府改革与新时代发展精神是相契合的。

应用与效益

《规程》自正式实施应用以来，已在北京市全部新建线路范围内顺利推行、广泛应用，各项条款得到全面执行。除在北京市范围内得到全面的应用外，《规程》在全国的整个城市轨道交通行业内也产生了巨大的影响。目前了解到的雄安、深圳、成都、郑州、厦门、合肥、长春等外地项目已经参用本《规程》。

本《规程》明确规范适用的范围及人群，改变了轨道交通行业对无障碍的认识，明确了轨道交通规划设计、建设运营过程中有需人士对无障碍设施的需求范畴。尤其是在规范内明确了母婴室、无障碍电梯、无障碍车厢的设置条件与要求，这是在新的无障碍概念的基础上，提出的高标准的无障碍服务设施，对于地铁的百年工程而言，乘客出行的便捷性和舒适性有了极大改观，其社会效益不可估测。

地名规划编制标准

一等奖
工程勘察设计标准与标准设计（标准）专项奖

获奖单位：北京大学
获奖人员：岳升阳，毛怡，赵亮，魏晋茹，张鹏飞，马悦婷

随着北京城市的快速发展，大量地名需要统一规划命名，大量道路、小区、桥梁等地理实体需要统一命名。地名规划作为城乡规划的专项规划，与城乡规划同步，《北京市地名规划编制标准》（以下简称《标准》）可使北京市地名规划编制工作真正做到有章可依，实现指导地名规划编制、保护地名文化遗产、传承城市文脉、促进历史文化名城保护，进而提高地名管理水平的目的，促进北京成为国际一流和谐宜居之都的建设。

《标准》是国内第一个地名规划编制标准，具有开创性和示范性，其主要技术创新点如下：

1.《标准》总结了 2009 年以来《北京市地名规划编制导则（试行）》施行以来的实践经验，进行实地调查与深入研讨，结合当前地名管理的实际需要，广泛征求意见，反复论证，具有科学性。

2.《标准》对地名文化遗产的保护和利用做了明确规定，指出地名文化遗产承载较丰富的历史文化、地理特征和民俗等信息的地名，地名属于非物质文化遗产。这一规定有利于地名遗产的保护。

3.《标准》结合北京市作为首都的特点，做了针对性的规定。例如一般不以人名作地名，不得用外国人名作地名，严禁用国家领导人的名字作地名；不得用企业及其相关机构、品牌名称等作地名，不得直接用事业单位名称作地名；不得依据北京市域外的行政区划名称命名地名；不得用外国地名作地名。

4. 对一些地名规划中涉及的术语采用新名词、新解释。如首次提出“地名原点”的概念，即地名指代的原始地点；在利用老地名命名新地理实体时，不能离原点过远。如首次提出“存量地名”的概念，即特定区域内，正在使用和曾经使用的全部地名，亦即古往今来当地用过的所有地名。又如对“历史地名”的概念进行新的解释，即“历史地名”是指历史时期形成的、具有历史文化价值的地名。它对应的是遗产保护领域使用的“历史村落”“历史建筑”等名称。

《标准》中特别制定了地名文化遗产保护的条目，要求在地名规划中保护历史地名。《标准》颁布后，各地地名规划都遵循了这一原则和要求，注意了地名文化遗产的保护，这使地名工作与北京文化中心建设目标相契合，促进了北京文化遗产的保护与利用。

《标准》自发布实施以来，在北京市地名规划工作中得到全面推广，有效地指导了地名规划工作。例如，在北京城市副中心行政办公区地名规划中，依据《标准》保护历史地名的要求，尽可能保留了原有的老地名，形成新老地名融合、充分体现北京市和当地地域文化特点、体现区域功能的地名系统。

社区养老服务设施设计标准

一等奖
工程勘察设计标准与标准设计（标准）专项奖

获奖单位：北京市建筑设计研究院有限公司
获奖人员：刘晓钟，任明，高羚耀，吴静，彭璨云，张凤，冯冰凌，杨旻，包延慧，刘芳

为进一步规范北京市城镇社区养老配套服务设施的规划设计和建设，营造安全、方便、舒适、卫生的生活和社区养老环境，满足老年人多层次、多样化的养老服务需求，特制定本标准。

本标准适用于北京市新建城镇社区养老服务设施的规划、设计和建设（历史文化街区除外）。

本标准的内容为《北京市居住公共服务设施配置指标》中提及的社区级建设项目所对应的养老服务设施。

社区养老服务设施应贯彻执行节约资源和保护环境的国家政策，遵循可持续发展理念，满足北京市现行节能设计标准要求，实现社会、环境、经济三方面的综合效益。

社区养老服务设施的规划、设计和建设，除应符合本标准外，尚应符合国家和北京市现行有关标准的规定。

为进一步提高北京市社区养老服务设施的规划、设计水平，按照《北京市规划委员会“十二五”时期城乡规划标准化工作规划》和北京市质量技术监督局《关于印发2014年北京市地方标准制修订项目计划的通知》（京质监标发〔2014〕36号）的要求，编制组在深入调查研究、认真总结实践经验、吸取科研成果以及广泛征求意见的基础上，完成本标准的编制工作。本标准重点研究北京市确定的“9064”养老发展战略中6%的社区养老服务，针对日常生活能够自理或部分能够自理的老年人，保障其生活、养老的基本需求。研究的主要内容包括社区养老设施的规模和内容；社区养老设施的选址与布局；社区养老设施外部环境要求；社区养老设施的建筑设计标准。目前，北京市共有60岁以上常住老年人口243万，占常住总人口的14.9%。预计2020年北京市常住老年人口将达到349万，占总人口的19.4%，养老问题非常突出。当前，国家和北京市对养老及住宅适老化设计十分重视，相关的国家规范正在送审，“十二五”国家科技支撑计划课题——社区适老性技术研究也正在进行中，因此，制定北京市养老设施设计标准十分必要。解决城市老年人口的经济供养问题、照料问题、服务问题和精神慰藉问题，能够从一定程度上消除人口老龄化给社会经济可持续发展带来的负面影响。完成北京市老年人居住建筑及社区养老设施的规划和建筑设计及其相关基础性技术研究，能够为今后的城市规划研究与住宅建筑设计实践提供一定的技术支持。虽然国家和北京市对养老和住宅适老化设计十分重视，相关的国家规范也正在送审，但是北京市关于地方养老服务设施的相关标准相对缺失。北京市人口密集，人口老龄化问题也较为严重，而北京养老设施的规划与建设如果没有相关标准的指导，势必会出现许多问题。因此，制定北京市养老服务设施设计标准不仅是社会发展的必然趋势，也是现阶段应当研究解决的社会问题。一方面能够为老年人提供生活服务设施的基础保障，另一方面也能够为日后老龄化大潮的到来有所准备，以社区为单位保障老年人“老有所养”“老有所医”“老有所乐”。社区老年服务设施设计标准能够为北京市社区的规划建设提供一定的设计依据，有效保证社区养老服务设施的规划与建设。

污染场地勘察规范

一等奖
工程勘察设计标准与标准设计（标准）专项奖

获奖单位：北京市勘察设计研究院有限公司
获奖人员：徐宏声，周宏磊，姜林，王峰，苏昭辉，李书鹏，叶超，王慧玲，韩华，钟茂生

污染场地已成为北京市的重要环境问题之一，污染场地勘察是开展场地环境管理的基础工作。项目依据多年勘察经验，结合污染场地环境管理全过程需求，形成了国内首个污染场地勘察技术标准。本规范规定了北京市污染场地勘察工作流程和技术控制要求，为污染场地环境管理提供科学、可信的基础支撑。

《污染场地勘察规范》（以下简称《规范》）包含了总则、术语、勘察基本要求、环境水文地质调查与测绘、勘探和建井、现场采样、检测与试验及成果报告等八个章节，规定了污染场地勘察的工作内容、工作量、工作程序和技术要点。按照勘察工作程序先后，对各种勘察技术方法，包括勘探、建井、采样、测试和试验等方法做出专门的规定。除此之外，《规范》推荐在有经验的地区采用适用的工程物探、化探技术进行污染物的定性或定量分析。

《规范》在国内首次明确了垃圾简易堆填场地勘察工作要求。针对垃圾简易堆填场地，重点还要查明垃圾体的特征与分布，包括垃圾成分、分布范围和深度等，评估垃圾体量，为垃圾的治理以及资源回收利用奠定基础。

从勘察对象角度，《规范》统筹考虑污染源和运移介质，包括垃圾堆体等污染源和场地的土壤、地下水及气体等环境介质。在勘察技术方法上，《规范》对调查与测绘、勘探、建井、采样、监测和检测、室内试验和现场试验等综合方法，进行了全面、细致的要求。除此之外，鉴于污染场地的污染特性，为保障人体健康、保证工作质量并避免勘察工作对周围环境造成破坏以及二次污染等问题，《规范》专门提出了环境保护与质量控制的要求。

从场地土壤和地下水的整体性角度，《规范》规定同步开展土壤和地下水监测和检测、采样等工作。鉴于污染物在土壤和地下水中的迁移规律的差异性，《规范》根据北京市水文地质条件，同时考虑污染运移特征，明确不同水文地质分区的土壤和地下水污染勘探布点和深度要求。为查明地下水环境状况，《规范》对勘探点进行明确功能分类，对不同勘察阶段监测井点的布点数量（间距）、位置和深度进行了详细规定，并提出了针对环境评价和治理修复需求开展环境水文地质试验的技术要求和具体操作规定。

自《规范》实施以来，已有效指导了400多个非正规垃圾填埋场、100多个工业污染场地的勘查评估工作，为场地环境管理提供全面、准确、可信的资料支撑，提高了污染治理修复工作效益，最终达到保护环境和人体健康的目的。

装配式框架及框架－剪力墙结构设计规程

二等奖

工程勘察设计标准与标准设计（标准）专项奖

获奖单位：北京市建筑设计研究院有限公司

获奖人员：苗启松，李文峰，李晨光，徐建伟，李卓东，程蓓，段世昌，閤东东，孙岩波，杨洁

《装配式框架及框架－剪力墙结构设计规程》（以下简称《规程》）包含如下章节内容：1. 总则；2. 术语和符号；3. 材料；4. 基本规定；5. 装配整体式框架结构设计；6. 装配整体式框架－剪力墙结构设计。

1. 总则：明确《规程》的制定目的和适用范围。《规程》适用于北京市行政区域内的抗震设防类别为标准设防类及重点设防类、抗震设防烈度为 7 度（0.15g）及 8 度（0.20g）的装配式混凝土框架及框架－剪力墙结构的设计；本《规程》不适用于特别不规则的建筑。

2. 术语和符号：（1）给出“装配整体式框架结构”和“装配整体式框架－剪力墙结构”等结构形式和“接缝”和“拼缝”的相关定义；（2）给出本《规程》中提到相关符号定义及解释。

3. 材料：给出混凝土、钢筋、钢材和连接材料的相关要求。

4. 基本规定：给出如下内容：（1）结构的最大适用高度、高宽比及不同高度的抗震等级；（2）结构的平面及竖向布置原则；（3）节点及接缝的计算要求及公式；（4）装配式结构中预制构件的设计要求及原则；（5）装配式结构应包含施工图设计和预制构件制作详图两个阶段，并提出两个阶段的具体要求；（6）结构的作用和作用效应组合；（7）结构计算分析的计算方法和计算结果要求；（8）预制构件设计的相关要求；（9）构件连接设计的构造要求和计算要求；（10）楼盖设计的相关要求，包含叠合楼板、空心楼板的布板、连接、拼缝的相关要求。

5. 装配整体式框架结构设计：给出如下内容：（1）结构的设计要求和对于不同高度和层数的结构柱子的纵向钢筋连接要求；（2）节点核心区、叠合梁竖向结合面、柱底水平缝等承载力计算要求；（3）叠合梁、主梁与次梁间端部现浇连接、预制框架柱、框架梁、框架梁柱连接节点的构造要求；其中框架梁柱连接节点包含节点区钢筋焊接或机械（灌浆套筒、挤压套用等）连接、通过型钢转换连接等。

6. 装配整体式框架－剪力墙结构设计：给出如下内容：（1）现浇剪力墙部分在水平地震作用下弯矩和剪力的调整要求及框架部分的设计要求；（2）预制框架梁及预制梁与现浇剪力墙的连接构造要求。

建筑抗震加固技术规程

二等奖

工程勘察设计标准与标准设计（标准）专项奖

获奖单位：北京市建筑设计研究院有限公司

获奖人员：苗启松，李文峰，孙宏伟，刘航，邱仓虎，赵作周，石彪，高向宇，潘鹏，閤东东

1. 总则：本规程的编制目的和适用范围。

2. 术语和符号：（1）不同加固方法和既有建筑结构类型的定义；（2）规程中相关计算公式的符号参数定义。

3. 基本规定：（1）抗震加固的设计原则要求；（2）抗震加固的方案、结构布置和连接构造要求；（3）既有建筑抗震加固前应根据相应规定进行抗震鉴定；（4）既有建筑抗震加固时的抗震设防的分类说明；（5）既有建筑抗震加固设计时，地震作用和结构抗震验算规定；（6）加固所用的材料要求和施工要求。

4. 地基和基础：（1）确定地基和基础抗震加固方案的前提条件；（2）进行地基承载力验算、地基抗震承载力验算、地基沉降变形计算的要求和方法；（3）液化地基应对方案的确定及地基基础加固的原则。

5. 多层砌体房屋：（1）加固方法的适用范围和应满足的具体要求；（2）抗震加固计算方法；（3）既有多层砌体房屋的高度、层数超过规定限值时的抗震对策；（4）房屋抗震承载力和整体性不能满足要求时的加固方法选择；（5）对房屋中易倒塌的部位的加固方法选择；（6）不同抗震加固方法的设计与施工要求。

6. 多层和高层钢筋混凝土房屋：（1）抗震加固的适用范围和要求；（2）A、B、C 类既有建筑的抗震加固验算要求；（3）抗震加固方案的选择；（4）不同抗震加固方法的设计与施工要求。

7. 内框架和底层框架砌体房屋：（1）抗震加固的适用范围和要求；（2）抗震加固方案的选择与验算要求；（3）不同抗震加固方法的设计与施工要求。

8. 单层工业厂房：（1）适用范围和加固一般规定；（2）抗震加固方案的选择和基本规定；（3）钢筋混凝土柱厂房和钢结构厂房中不同部位的加固设计和施工要求。

9. 单层砖柱厂房与空旷房屋：（1）适用范围和加固一般规定；（2）抗震加固方案的选择和基本规定；（3）砖柱厂房和空旷房屋中不同部位的加固设计和施工要求。

10. 预制装配式大板房屋。

11. 内浇外砌、内浇外挂结构房屋：（1）抗震加固的适用范围和要求；（2）抗震加固方案的选择与验算要求；（3）不同抗震加固方法的设计与施工要求。

12. 消能减震技术加固。

13. 隔震技术加固：（1）减震、隔震技术的适用范围和要求；（2）减震、隔震加固的设计要求；（3）减震、隔震加固的施工、验收和维护要求。

14. 外套结构加固：（1）外套加固的适用范围和要求；（2）外套加固的设计要求；（3）外套加固的施工、验收要求。

市政基础设施专业规划负荷计算标准

二等奖
工程勘察设计标准与标准设计（标准）专项奖

获奖单位：北京市城市规划设计研究院
获奖人员：许可，丁国玉，周天洪，崔硕，柴华，付征垚，钟雷，贺健，朱莉，高建珂

本标准适用于北京市行政区域内城市（镇）建设区控制性详细规划阶段规划市政负荷的计算。

本标准的主要技术内容是：1. 总则；2. 术语；3. 用水负荷计算标准；4. 污水负荷计算标准；5. 雨水负荷计算标准；6. 再生水负荷计算标准；7. 用电负荷计算标准；8. 燃气负荷计算标准；9. 采暖负荷计算标准；10. 通信负荷计算标准；11. 有线负荷计算标准；12. 环卫负荷计算标准。

本次标准以《城乡规划用地分类标准》中的用地类型为基础，用地分类共涉及 10 大类，13 个中类，7 小类，以单位建筑面积为划分依据，构建了供水、雨水、再生水、供电、燃气、热力、通信、有线电视和环卫等 10 个市政基础设施专业的 20 余类用地类型的规划指标；同时，在此基础上明确了总体规划和控制性详细规划阶段的测算方法，解决了当前市政基础设施专业规划指标与规划用地分类不一致的问题，完善了市政规划体系。

本标准得到了各行业主管部门和相关企业及规划设计单位的认可。

住宅区及住宅管线综合设计标准

二等奖
工程勘察设计标准与标准设计（标准）专项奖

获奖单位：北京市建筑设计研究院有限公司
获奖人员：刘晓钟，吴宇红，王晖，梁江，曾若浪，吴学蕾，钟晓彤，胡颐蘅，崔学海，李庆平，李树仁

为合理利用住宅区室外用地及地下空间，满足住宅室内各种管线的综合设计要求，使各种管线敷设与设施布置做到布局合理、安全美观、技术先进、经济适用，便于施工安装、检测和维修。本标准适用于北京市新建、改建、扩建的住宅区室外管网的规划、设计以及住宅室内各种管线的综合设计。住宅区及住宅的管线综合设计，应贯彻安全、节能、节水、绿色、环保的建筑理念，采用新工艺、新材料、新设备。通过对居住小区的室外管线及住宅室内管线综合的标准及原则的研究，完成可供设计参考的管线综合设计标准做法说明及指导图样。一、居住小区管线综合设计：①标准概述。②管线综合做法要点研究，主要包括：室外给水管线、室外排水管线、室外热力管线、室外燃气管线、室外电力管线、室外弱电管线、室外管线综合。③管线综合标准做法总结。二、住宅室内管线综合设计：①标准概述。②典型厨卫及居室内各管线系统做法要点研究，主要包括：水暖管井、电气竖井、燃气管井、厨卫管线、套内设施。③室内管线综合标准做法总结，主要包括：管线平面、管线标高、安装间距。

优缺点与效益：

随着人们生活水平以及对生活品质要求的提高，大量水暖气电等设备被应用于各类居住小区，为住户提供舒适、卫生的居住条件。在舒适生活的背后，有大量的各种机电管线在担负着维持小区及建筑日常运行的重要功能。经过合理综合布置的机电管线，能够减少不必要的管线占地，节省建筑面积；在建设周期内加快施工进度，避免不必要的管线冲突造成的返工浪费；在日常使用中，可以有效而方便地满足住户的各种日常生活需求；在后期维护时，方便物业人员查找问题并检修更换损坏的设备与管线，最大程度地减小设备管线维护造成的不良影响。反之，不合理的管线综合做法则对小区的投资成本、后期维护及居住品质均有着较大的负面影响。因此，做好机电管线综合是住宅小区建设中的重要环节。住宅小区的建筑类型与功能相对单一，管线的布置有一定的规律及规范可循。《住宅区及住宅管线综合设计标准》便于借鉴操作，有助于设计人员在图纸阶段提供合理的管线布置做法，尽量将问题解决在源头；也可供施工单位参考，并用来根据现场条件梳理管线综合做法，使得暴露的问题得到最合理的解决，避免将问题遗留给住户。北京市乃至全国都在大力建设和发展保障性用房，并出台了相关的导则来规范保障房的设计与建设，以保证保障房的交付质量。但是，关于保障房的管线综合设计目前缺乏较细致的做法指导，《住宅区及住宅管线综合设计标准》建立起统一的、便于操作的标准，对于保障房在节约投资、促进建设规范化等方面更加有利，本标准有着较强的现实意义。作为国内第一部住宅管线综合方面的设计标准，本标准按照“与相关标准一致、内容全面、可操作性强、具有一定前瞻性”的原则，结合现行相关规范与已有工程的实际经验，从住宅区管线综合、住宅地下室管线综合、住宅公共管井管线综合、住宅套内管线综合 4 个方面对住宅的管线综合做法提出了一般性规定及具体要求，为设计人员提供了统一、全面、可供直接参照的管线综合排布设计原则。 综上所述，《住宅区及住宅管线综合设计标准》实现了用于指导设计与施工、有利于节约材料、提高深产率、降低施工成本、有利于保障安全生产、利于环境保护、实现推进小区及住宅的规范化建设的目标。

城市道路与管线地下病害探测及评价技术规范

二等奖
工程勘察设计标准与标准设计（标准）专项奖

获奖单位：北京市勘察设计研究院有限公司
获奖人员：周宏磊，陈昌彦，贾辉，白朝旭，陶连金，肖敏，刘金光，张辉，刘克会，杨峰

安全畅通的城市道路和地下管线工程是城市安全运行的重要生命线工程，对城市的安全运行具有举足轻重的作用，但各类地下病害体的发育和发展造成了道路塌陷事件的频发，严重影响了城市安全运行和社会形象，也成为各级政府和民众关注的公共热点。如何快速、安全、有效探测城市道路各类地下病害体的赋存状况，评估其对道路工程以及地下市政工程安全影响是目前城市道路以及地下管线等工程运营管理和养护的世界性难题，也是目前行业内关注的热点。

自2000年起，北京市城管委、路政局、市科委等基于重大项目开展和道路日常养护需要，陆续组织开展了地下病害的探测评估及技术研发工作，但由于目前国内外还没有针对地下病害探测技术的规范和标准，对病害体的分类、探测技术方法、探测方案设计、探测成果的工程解释及探测成果提交和应用等方面都缺乏统一的工作标准，严重影响该项工作质量和效果评价，使探测单位的工作没有统一标准，使提交成果无法统一使用等，严重影响了工作的开展和实施，也制约了该领域的技术发展。基于上述道路塌陷频发现状以及行业和技术的发展需要，同时为响应北京市“科技北京”行动计划2009～2012年、北京技术创新行动计划（2014～2017年）的相关发展需求，主编单位开展了相关技术系的统研发和示范应用，据此组织开展规范标准的建设立项。

本规范编制过程中总体按照“基本规定—技术准备—地下病害探测—地下病害识别—探测结果验证—风险评价—控制对策—成果及管理”的思路，主要解决地下病害探测的工作对象、探测时机、探测目的、工作方法、成果有效性判别、成果应用等几个方面的关键问题。

规范于2017年12月实施，在道路地下病害探测、管线周边地下病害探测、重大活动保障道路检测、地铁工程工前工后检测中发挥了重要作用，有效指导了地下病害探测单位的工作开展，规范了成果的编制和管理，为相关项目的立项和规划设计提供了依据，总体起到了规范行业发展、促进技术进步的作用。未来，随着地下空间的不断开发，本规范在保障城市道路及地下管网的安全运营中将会起到更加重要的作用。

城镇雨水系统规划设计暴雨径流计算标准

三等奖
工程勘察设计标准与标准设计（标准）专项奖

获奖单位：北京市城市规划设计研究院
获奖人员：张晓昕，韦明杰，王军，李艺，李振川，杨忠山，马京津，高振宇，付征垚，王强

工程测量技术规程

三等奖
工程勘察设计标准与标准设计（标准）专项奖

获奖单位：北京市测绘设计研究院
获奖人员：陈品祥，易致礼，陈大勇，张胜良，唐敏，陶迎春，石俊成，于晖，段红志，沈晴鹤

建筑智能化系统工程设计规范

三等奖
工程勘察设计标准与标准设计（标准）专项奖

获奖单位：中国航空规划设计研究总院有限公司
获奖人员：高青峰，张路明，顾克明，崔广中，王健，刘静，王洪波，吴晓海，徐华，田思雨

工程勘察设计标准与标准设计
（标准设计）专项奖

DT Ⅵ 2 型、DT Ⅶ 2 型 和 DJK5-1 型扣件图集

一等奖

工程勘察设计标准与标准设计（标准设计）专项奖

获奖单位：北京城建设计发展集团股份有限公司

获奖人员：吴建忠，张丁盛，郑瑞武，陈鹏，马晓华，孙大新，张宏亮，李文英，赵青，韩海燕

DT Ⅵ 2 型、DT Ⅶ 2 型和 DJK5-1 型扣件，分别适用于钢轮钢轨系统的正线、配线和车辆基地库内线，涵盖轨道交通线路的地下线及地面线、高架线 3 种敷设方式，具有广泛的通用性。三种扣件在既有线使用近 20 年，广泛征求轨道交通行业业主、设计、施工、监理、运营、高校和科研单位意见进行编制。

图集内容

该通用图包含扣件铺设图纸和扣件技术条件两部分内容：

1. 扣件铺设图纸。分别含扣件组装图、铁垫板、轨下及板下垫板图、调高垫板、弹条、道钉、T 形螺栓（DT Ⅵ 2 型扣件不含）、尼龙套管、轨距垫、弹簧垫圈等零部件设计图。扣件铺设图纸是施工单位组装铺设扣件、运营单位养护维修工作的依据。其中，组装图规定了扣件各零部件数量、质量或体积、材料要求、零部件相互配合关系、扣件的组装要求、轨道轨距调整方式等。各零部件图纸规定了各零部件的细部尺寸、材质、质量或体积等。扣件图纸在广泛征求意见的基础上，总结多年使用的经验后，在编制图纸时进行了更为细致的规定。如：为防治施工时过拉 DI 弹条和拉入不到位，在铁座增加挡台，防止弹条被过度拉入铁座，同时，明确了弹条和铁座位置的检查尺寸。在设计过程中充分考虑运营需求，如：设计根据工艺进步，增加了 4 号、14 号轨距垫，轨道轨距调整量增加了 8mm；对调高垫板进行修改，补充了不卸螺栓即可调高的调高垫板 Ⅱ B，减轻维修工作量。

2. 技术文件。分别含扣件组装技术条件、扣件零部件制造验收技术条件、扣件铺设和养护维修要求等三大部分。三种扣件产品技术文件是扣件组装、各零部件制造、试验、监理单位监理、验收、铺设和养护维修的重要依据。

（1）扣件组装技术条件的作用是保证扣件整体质量，内容包含：范围、规范引用文件、符号和定义、扣件接口条件、技术要求、试验方法、试验规则、标识与包装等 8 部分；规定了扣件组装后的纵向阻力、刚度、疲劳性能、绝缘性能、钢轨水平调整、高低调整要求等技术指标及相应的试验测试方法。

（2）零部件制造及验收技术条件包含：螺旋道钉、T 形螺栓、弹体、绝缘块、铁垫板、轨下及板下垫板、复合垫板、预埋套管、调高垫板、弹簧垫圈等部分。结合工艺发展，对弹条、道钉、螺栓、尼龙套管等提出了更高的要求，如尼龙套管抗拔力由原 60kN 提高到 100kN。

（3）扣件铺设和养护维修要求包含：部件组成及说明、铺设前的准备、铺设顺序及要求、养护维修要求等 4 部分。明确了钢轨调高方案、道钉复拧周期要求、弹条安装注意事项等细节，以保证维修质量。

DT Ⅵ 2 型、DT Ⅶ 2 型和 DJK5-1 型扣件通用图的主要优点

1. 适用范围涵盖轨道交通线路的地下、地面、高架等三种敷设方式，具有广泛的通用性。

2. 三种扣件技术先进、扣件零部件少，用料省，造价较低，经济适用。

3. 三种扣件结构简单、安装方便，具有良好的调整轨距和钢轨高低、水平的能力，便于快速安装施工，并减少维护工作量。

4. 总结了既有线扣件应用过程中的经验和教训，结合国内扣件技术的发展，优化扣件（特别是 T 型螺栓）结构、弹条及弹性垫板材质，提高产品的性能和耐久性。

5. 按照行业规范及工程应用反馈，测试、明确产品的性能指标和适用范围；形成了规范、完善的产品技术文件。

6. 三种扣件具有良好的绝缘性能，可保证轨道电路的正常工作，防止泄漏电流对结构钢筋和城市地下管道设备产生电化学腐蚀。

7. 三种扣件具有良好的弹性，尤其在整体道床地段，对钢轨的振动衰减十分有效，特别对 200Hz 以上的中高频振动减振效果明显。

8. DT Ⅵ 2 型扣件在城市轨道交通地下线广泛采用，该扣件采用插入式 DI 弹条，用料省，施工安装简单，维护工作量少。为保证弹条制造质量，一般采用智能机械手制造，技术先进，促进了工业化生产。

9. DT Ⅶ 2 型扣件在城市轨道交通高架线大量采用，该扣件为小阻力扣件，弹程达 10.5mm，变形能大，可有效保持轨道小扣压力状态，减少高架桥无缝线路梁轨相互力。

10. DJK5-1 型扣件在车辆基地库内线广泛使用，扣件结构紧凑，占用面积小，经济适用，有显著的经济和社会效益。

DT Ⅵ 2 型、DT Ⅶ 2 型和 DJK5-1 型扣件通用图集的效益

1. 充分发挥标准图集的基本保障和规范引领作用，提高了轨道交通工程轨道的设计质量和效率，推动了产业升级。

2. 最大程度实现资源共享，便于招标、施工以及后续的运营管理和维护，提高综合效益。零部件统一后，可降低维护成本，提高运营的安全度和管理水平。

3. 降低工程造价，节约能源。比如本设计的 DI 弹条质量仅 0.64kg，较国铁定型同类的 Ⅲ 型弹条用料省 0.2kg，对每条轨道交通线路（长度以 20km 计），仅此一个零部件可节约优质弹簧钢 53.76t（即 0.2 × 4 × 1680 × 2 × 20=53760kg）。

4. 本通用图编制成果将为北京市未来大规模建设的线路提供基础保障，为城市轨道交通的快速发展提供良好的技术支持。

钢筋混凝土盾构管片衬砌环结构构造（内径 5.8m、环宽 1.2m、壁厚 0.3m）

一等奖
工程勘察设计标准与标准设计（标准设计）专项奖

获奖单位：北京市市政工程设计研究总院有限公司
获奖人员：惠丽萍，高辛财，刘衍峰，刘静文，邹彪，李松梅，杜博，吕亮，孙俊利，赵德平

编制背景

北京以往 B 型车为主的地铁线路盾构隧道管片内径均为 5.4m。经综合研究分析，北京地铁 16 号线等新一轮 A 型车为主的地铁线路盾构隧道管片内径确定为 5.8m，环宽 1.2m、壁厚 0.3m。因此，编制本通用图集以改善盾构管片衬砌环结构构造，提高 A 型车盾构隧道设计、施工及运营服务水平。

编制目的

减少盾构管片设计重复工作，规范盾构管片产品生产规格，改善盾构管片预制生产效率，方便盾构隧道现场施工管理，提高盾构隧道建设工程质量。

图集特点

1. 区别于以往盾构管片直线环和楔形环分开表达造成图纸重复和冗余，将直线环管片和楔形环管片统一在一张图纸上用参数表达，提高图纸的可阅读性。

2. 对管片的手孔进行优化设计，将以往的方形手孔优化为弧形手孔，避免方形手孔角点处的应力集中。

3. 在管片上设置管片生产厂家标识，提高管片的可追溯性；设置可钻孔标记，提高后期电缆支架及疏散平台支架锚栓打孔的可操作性；设置管片型号标识，提高现场对管片的可管理性；设置管片的生产日期标识，防止生产厂家将其他工程剩余的管片用于新的工程；设置管片对接标志，提高现场拼接管片的可操作性。

4. 优化统一管片主筋及构造钢筋布置，设计通过查询参数确定配筋，避免了不同设计单位在构造钢筋不一致时导致管片生产厂家的钢筋胎具无法重复利用。

应用效果

1. 在盾构隧道设计方面，节省了盾构管片大量图纸的设计与校审，减小盾构管片结构施工图约 90%，节省了大量的人力成本，同时也避免了类似图纸的重复打印装订造成的不必要的浪费。

2. 在盾构隧道施工方面，本图集改变了各设计单位盾构管片存在不同表达方式的现状，规范了制图模式，便于施工单位统一理解图纸，同时本图集采用 B5 图幅，图纸简洁、精炼，改变了以往盾构管片设计图纸采用 A3 图幅甚至 A2 图幅的现状，大大提高了现场施工人员查阅图纸的效率，从侧面提高了施工单位的施工管理成本。

3. 在盾构管片生产方面，本图集规范了同类型盾构管片结构的构造、配筋以及标识，便于管片厂家统一加工生产，同时本图集采用参数化配筋，对于不同主筋的盾构管片，其设计长度表达精准到位，非常方便管片厂对管片钢筋进行下料且在工程计量方面不存在疑义，从侧面提高了管片生产单位的生产效率。

4. 本图集要求盾构管片标识管片生产厂家，后续盾构管片工程一旦发生渗水、掉角、开裂等问题，可通过管片标识追溯到相应的管片生产单位，便于后续工程维护，在该点上提高了盾构管片厂家对管片的生产要求，提高其社会责任心。

5. 本图集发布后已在北京地铁 3 号线、12 号线、16 号线、17 号线、19 号线等 A 型车盾构隧道得到广泛应用，取得了较大的经济和社会效益。

建筑外遮阳

一等奖
工程勘察设计标准与标准设计（标准设计）专项奖

获奖单位：北京首建标工程技术开发中心
获奖人员：陶驷骥，刘岱，杨珺，陈激，王兆红，刘春义，翟文艳，郭曦平，赵勇

北京市通用图集《建筑外遮阳》17BJ2-10 系统全面地纳入了目前常见、常用的外遮阳装置形式和相关构造做法。详细介绍了多种具有良好遮阳效果、安装简便、经济适用的建筑外遮阳装置。

随着北京市建筑节能地方标准的实施，标志着发展低能耗建筑越来越受到国家和社会的重视。本图集的修编，有助于“节能减排”政策的进一步推进和落实。设置合理外遮阳的建筑，可更加有效地改善建筑外窗隔热、保温、遮光性能，提高室内环境舒适度，在实现建筑绿色环保的同时，在有效降低整栋建筑的能耗方面效果显著。

通过对建筑外遮阳的优缺点与外遮阳系数的分析，本图集根据建筑遮阳的不同形式，共编制了七大类建筑外遮阳系统，分别是：硬质卷帘遮阳、织物卷帘遮阳、百叶帘遮阳、中间遮阳、翼型板遮阳、格栅遮阳、固定板遮阳。

本图集具有以下优点：

1. 方便相关人员使用。图集的构成架构如目录、基本规定、表达方式及排序等编制逻辑清晰合理。

首先，在“总说明”中摘录了相关遮阳装置的有关规范，便于查阅；编制了建筑外遮阳的分类及设计要点，使读者对建筑外遮阳有初步了解；介绍了外遮阳系数的计算方法，同时举出相关算法示例，帮助读者快速掌握计算方法。

其次，提供了“外遮阳选用一览表”，总体介绍图集中各种外遮阳类型的特点及优缺点、外遮阳系数、适用范围等，使读者对不同建筑外遮阳形式进一步了解、加深印象。同时方便读者快速查找及选用。

另外，图集对每种外遮阳装置都有详细具体的介绍，结合各种类型的外遮阳实例照片，图文并茂，生动直观。使读者对建筑外遮阳不同种类、不同形式、安装构造做法、材料的选择有更深入的了解和全面的学习，为读者提供便利。

2. 编制前期对相关工程施工图纸进行了查阅与数据分析，同时调研外遮阳装置生产厂家，归纳总结了常见的建筑外遮阳基本设计要求，有效减少设计失误，保证设计质量。

3. 图集中建筑外遮阳的设计形式多样，内容丰富，与修编前的图集内容、形式相比，有显著的进步，更具先行性与实用性。

《建筑外遮阳》17BJ2-10 图集编制符合国家有关标准规范、方针政策的要求，涉及的建筑外遮阳装置种类齐全，材质多样，安装方式、工程做法、遮阳系数等选用合理，各项指标参数详细，内容丰富，简洁明了，便于引用，实用性强，对提升设计水平、提高工作效率和工程质量具有较好的作用，是设计、审图、施工、监理、质检及工程建设单位必备的标准设计文件。

轨道交通基坑钢支撑构造通用图

二等奖

工程勘察设计标准与标准设计（标准设计）专项奖

获奖单位：北京城建设计发展集团股份有限公司

获奖人员：冯欣，周婷婷，曾德光，鲁卫东，董海，张金柱，夏瑞萌，盛杰，潘毫，张小伟

《轨道交通基坑钢支撑构造通用图》涵盖了北京地区钢支撑各构件不同型号的详图及计算原则、适用范围。图集主要特点如下：

1. 对常用的钢支撑及各类构件的常用规格型号进行收集梳理，细化图纸，给出全面、细致的详图，保证工程安全、经济、合理。

2. 对各构件的计算原则、标准、方法及荷载种类等进行定性分析，结合构件型号的不同，给出不同工况、组合下的定量分析。以钢支撑轴力为唯一考虑因素，给出各构件的明确适用范围。

3. 目前北京市的钢支撑主要以租赁为主，图集可为钢支撑厂家提供统一标准，从根源上规范钢支撑的生产和选用。

4. 针对设计方，可以根据围护计算得出钢支撑最大轴力，然后对钢支撑及构件进行直接、快捷的选用，极大地减少了重复计算量，提高设计效率和准确度。

5. 针对施工方，可以提高现场选用的灵活性，在对特殊部位的补强时，可快速直接选出最经济、合理、安全的构件型号。

6. 针对建设方，提高管理效率，控制项目经济成本。

7. 规范构件做法，提高设计效率，保证施工安全，加快审查进度，降低建设成本。

后张法预应力混凝土双箱单室双线预制简支梁

二等奖

工程勘察设计标准与标准设计（标准设计）专项奖

获奖单位：北京城建设计发展集团股份有限公司

获奖人员：白唐瀛，吕金峰，韩倩，吴丽艳，张伟，刘冰飞，唐云，阙孜，尹骁，李文会

《后张法预应力混凝土双箱单室双线预制简支梁通用图》作为国内第一本轨道交通高架桥图集，具有以下优点：

1. 适应国内轨道交通高速发展，提升了北京城市轨道交通技术水平，统一了北京轨道交通桥梁技术标准。

2. 图集包含了最新的北京地方标准的相关内容，协助指导了新建轨道交通高架桥的设计。

3. 图集编制过程总结了运营经验，有效降低了后期高架线运营养护的难度和成本。

4. 图集编制过程总结了既有线建设的经验，有效提升了新线建设效率和施工质量。

5. 图集的编制对促进京津冀协同发展有一定的作用。

6. 编制的图集具有“四性一化”。功能性：方便参考者查询使用。经济性：在满足桥梁功能、安全性等前提下，选择了经济、合理的技术方案。可操作性：提出合理的设计参数和结构型式，便于施工。完整性：包括桥梁所有主要上部结构设计及公用构造。参数化：参数化桥梁设计尺寸，便于下阶段计算机自动化绘图软件编制。

7. 根据北京轨道交通高架桥特点优选标准梁类型和跨径，减少标准图集数量。

8. 吸纳适用新技术、新工艺和新材料。

9. 将同一图集中不同跨径的标准梁的模板尺寸尽量加以统一，减少模板规格，做到一模多用。

10. 标准梁除安全和经济外，提高了标准梁对各种设备预埋的适应。

火灾自动报警系统安装图集

二等奖
工程勘察设计标准与标准设计（标准设计）专项奖

获奖单位：北京城建设计发展集团股份有限公司
获奖人员：甘建文，王怀，何晶，何峰，黄瑞湖，杨蛋，单章，杨大鹏，曲鸣川，曹海量

地理国情是从地理的角度分析、研究和描述国情，即以地球表层自然、生物和人文现象的空间变化和它们之间的相互关系、特征等为基本内容，对构成国家物质基础的各种条件因素做出宏观性、整体性、综合性的调查、分析和描述，是空间化和可视化的国情信息。2010 年 12 月，李克强总理批示“要加强基础测绘和地理国情监测”。2011 年 5 月 23 日，又指出“未来二十年是我国工业化、城镇化加快发展时期，也是自然地表、人文地理快速变化时期，开展地理国情监测对于科学推进我国工业化、城镇化进程至关重要”。

为保障地理国情普查和监测工作的顺利开展，需要研究确定普查的对象。地理国情普查是一项重大的、首创性的国情国力调查，是新形势下国务院作出的一项重要决定。相关国家领导人对此项工作高度重视，多次明确指出开展此项普查的必要性。北京市政府要求市普查办贯彻落实国家精神，立足本市特点，结合实际需求，在国家《地理国情普查内容与指标》基础上扩展普查对象、细化普查指标，切实服务北京市各项工作。准确把握自然和人文地理要素现状及变化规律，重点关注城市空间结构优化问题，包括地理空间、经济空间、社会空间和信息空间，对于提升城市治理能力与管理运营、有效推进重大战略实施和工程建设具有积极的促进作用，为科学规划、科学决策提供重要数据支撑，为落实首都新功能定位夯实基础。

本着以需求为导向、以现有基础测绘成果为基础、成果适用可行的原则，采用线分类法，在满足国家要求的基础上，立足北京市的实际和特色，针对北京市特大城市人口无序过快增长、水资源短缺、城市内涝、交通拥堵、公共服务设施不配套等“大城市病”，从房屋、用地、交通、水务、生态环境 5 个方面扩展细化了单体建筑、城乡规划用地、交通设施、水务设施等内容，经过生产验证，最终在国家基础上增加了单体建筑、规划道路实施情况两个二级类，增加了古树名木、住宅、公共建筑、工业仓储、农业建筑、其他建筑、垃圾场站、排水管网、城市积水点、浅层地下水监测点、桥梁、交通场站、轨道交通出入口、危险废物处置场、重点污染源、人口分布、地表水水源地保护区、城乡规划用地、城市下垫面、应急避难场所、城镇典型地质点、地表沉降监测点等 22 个三级类，细化了 40 个四级类，构建了 12 个一级类，60 个（国家 58 个、北京增加 2 个）二级类，157 个（国家 135 个、北京增加 22 个）三级类，40 个四级类（国家不设四级类）的北京市地理国情内容与指标体系。

本标准于 2017 年 6 月 28 日进行发布，并于 2018 年 1 月 1 日起正式实施。本标准率先制定了基于北京市，服务于特大城市的地理国情内容与指标体系，不仅满足国家普查要求和扩展要求，增加了用地、房屋、交通、水务、生态环境、人口等方面城市特别关注的内容指标，并且在此基础上研究“城市病”的表现形式以及城市发展内容，率先制定面向特大城市的地理国情内容与指标体系，契合了习近平总书记关于建立城市体检评估机制，制定反映城市发展建设目标和实施状况的量化指标的思路，并在全国重点城市推广应用。但目前来讲，指标体系未与国土调查以及将来的自然资源调查衔接，这也是在将来需要逐步完善的。

本标准给北京市测绘设计研究院直接或间接带来收益超 1.3 亿元，助力北京市第一次地理国情普查 2.8 亿元项目，保障北京市地理国情监测（2017~2019 年度）超 1 亿元项目的顺利实施，并带动相关行业推广应用超过 2 亿元。

本标准支撑了北京市地理国情普查工作的顺利完成，为全国特大城市地理国情监测、非首都功能疏解、城市副中心建设、环境治理等国家、北京市重大战略、重点规划和重要工程提供服务，并在全国重点城市和重点行业推广应用。项目成果得到业内专家的一致认可和表扬。培养了一批高级测绘地理信息专业人才，取得了包括专利、专著、标准、论文、软件著作权等系列知识产权成果，产生了良好的社会效益。

车挡通用铺设图

三等奖
工程勘察设计标准与标准设计（标准设计）专项奖

获奖单位：中铁工程设计咨询集团有限公司
获奖人员：刘玮，冉蕾，冯健，张东风

各类道岔通用铺设图

三等奖
工程勘察设计标准与标准设计（标准设计）专项奖

获奖单位：中铁工程设计咨询集团有限公司
获奖人员：骆焱，何雪峰，乔神路，刘婷林，侯爱滨，张东风，张立国

综合监控系统安装图集

三等奖
工程勘察设计标准与标准设计（标准设计）专项奖

获奖单位：北京城建设计发展集团股份有限公司
获奖人员：杨浩如，张娜，李永红，何宇峰，陈苒迪，尹晓宏，张艳伟，李金龙，徐文，宋毅

工程勘察设计计算机软件专项奖

地理国情管理与分析系列软件

一等奖
工程勘察设计计算机软件专项奖

获奖单位：北京市测绘设计研究院
获奖人员：杨伯钢，刘博文，王淼，杨旭东，张伟松，李毅，刘清丽，陈娟，龚芸，黄迎春

软件主要功能、技术架构及创新概述

基于 SOA 系统架构、采用 C/S 和 B/S 混合应用模式设计地理国情 10 个信息系统软件，实现地理国情业务管理、数据集成管理、统计分析、成果展示、监测应用和共享服务等方面的功能，是数据管理、分析和服务的支撑手段。

基于物联网、传感器、计算机可视化等技术，实现城市空间动态数据的实时监测、数据传输、可视化展示、规划支持与成果共享等方面的功能，并将监测数据与可视化分析结果共享给规划相关部门。

通过 ArcGIS server 发布地图，将空间数据存储在空间数据库中，采用空间数据的组织形式对空间数据进行存储，并进行多源地理国情数据的管理与组织。采用 WFS/WMS 服务，对空间数据进行分类别的查询操作，用户通过输入关键字对地理国情信息进行查询。

创新点：构建了地理国情时空数据库及管理系统，率先实现了多尺度、多时序、多源异构的地理国情信息“一张图”；建立了“基本汇总—综合统计—专题评价”系列统计分析框架，创新与应用于城市病治理及城市精细化管理。

软件与当前国内外同类软件的综合比较

从地理国情软件体系建设来说，以政策、法规、标准、规范、相应机构、先进技术以及安全体系为基础开发的地理国情管理与分析系列软件，具有标准化、一体化、流程化、便利化、自动化等优点，在国内处于领先水平。

从数据库体系建设来说，提出了工作库、现势库和历史库“三库一体”的地理国情监测数据库更新和影像库融合更新方法，创建了基于测量误差、数据融合、形状匹配等理论的位置、拓扑、方位度、形状、属性等相似性测度的地理要素变化确定方法，具有创新性。

从地理国情系列统计分析体系来说，开创“基本汇总—综合统计—专题评价”的城市地理国情系列统计分析体系，并提出了一种有效计算城市公共设施覆盖辐射指数、一种大区域栅格数字高程模型的地表表面面积计算模型、一种地理国情数据的城市通风廊道分析模型以及一种基于地理国情数据的城市职居空间匹配指数，反映了区域发展状况，促进了社会事业发展，在国内具有首创性。

从服务体系来说，项目成果助力北京新版城市总体规划实施、疏解非首都功能、服务冬奥会场馆规划建设，支撑城市副中心建设，服务生态红线划定和百万亩造林选址等国家和北京市重点规划和工程，广泛服务于北京市城市规划、建设和管理，环境保护与生态建设和自然资源调查等城市精细化管理，作用巨大。

目前项目成果对于政府的管理决策作用极大，但在社会公众服务方面仍有一定的局限性，在今后，在与手机信令、公交卡、地铁、出租车、微信微博等社会感知大数据结合方面需要进一步的加强与完善。

经济与社会效益

本项目系列软件总投资为 2194.97 万元，因本项目成果而直接带来的近 4 年收益分别为：2015 年 5854.28 万，2016 年 1337.18 万，2017 年 6005.41 万，2018 年 3485 万，共计 16681.87 万。项目总投资为采集与应用系统建设、数据管理与分析系统建设两个项目合同额之和；近四年收益主要为由该项目的研究而直接带来的其他项目收益，包括：地理国情普查与常态化监测、城六区排水管网普查应用、地表形变监测与应用研究、下垫面变化监测、图集、图册、挂图、地方标准编制、首都经济圈重要地理国情信息监测、违法建筑治理、成果审核与发布以及地理国情监测国家级专题性监测等。间接收益超 2 亿元。

本项目立足于北京市地理国情普查与监测，获得了大量的核心技术专利与软件著作权等，具有完全自主知识产权，解决了相关技术问题。项目研究成果支撑了北京市地理国情普查监测工作顺利开展，为非首都功能疏解、城市副中心建设、环境治理等重大战略、重点规划和重要工程等提供服务。项目成果在北京市各相关单位、政府部门及其他省市进行推广应用，具有创新性，受到了用户的高度评价，具有参考和示范意义。

云南滇中新区综合管廊智慧管控系统

一等奖
工程勘察设计计算机软件专项奖

获奖单位：中冶京诚工程技术有限公司
获奖人员：张宝岭，李铁，田淑杭，米向荣，梁仕贤，董亮，曹鹏，施行之，陈云泽，邓宁军

设计特点

以国内领先的软件技术、稳定可靠的硬件配置，实现了综合管廊的“管理可视化、维检自动化、应急智能化、数据标准化、分析全局化、管控精准化”，满足管廊监控、运维管理、应急指挥的需求，保障了城市地下管线的安全、经济、高效运营，同时极大地提升了对突发事件的应急处置能力，为提升城市综合承载能力，提高城市数字化管理水平，促进产业结构调整和城市优化升级提供了必要的保障。

经济技术指标

主要技术指标：“综合管廊智慧管控平台 CScity_UT”于 2018 年 9 月 3 日经中国测绘科学研究院进行了全面、严格的检测，该系统顺利通过了专家组的软件测评。

主要经济指标：应用本系统的云南滇中新区智慧综合管廊一期工程项目通过设计优化后，实现了预期的智慧管控技术要求，实施方案与原概算相比减少投资 596.37 万元。

与国内外同类技术对比：本系统在云南滇中新区智慧综合管廊一期工程中实践应用，全面实现综合管廊“3.0 智能监控”，并在此基础上通过对综合管廊运行运维数据的汇集、融合、共享，逐步实现精细管理、预前防控、智慧决策的“4.0 智慧管控”，相比国内外已投运的综合管廊“技术更先进、管控更全面、操作更便捷、体系更健全”。

项目特点

1. 设计理念：四超——“超时代理念、超维度管控、超想象便捷、超稳定运营”，六化——“管理可视化、维检自动化、应急智能化、数据标准化、分析全局化、管控精准化”。

2. 项目特殊性：云南滇中新区位于昆明市主城区，是 2015 年 9 月批准成立的国家级新区，昆明市政府、滇中新区管委会高度重视滇中新区综合管廊建设，要求以“高起点规划、高标准建设”的原则，着力打造智慧管廊示范工程。

3. 技术难点：现阶段的管廊运维存在缺少标准化作业流程、过程数据缺失、多系统独立运行、无统一技术标准、无数据分析及安全预警、反应机制不健全、管控系统智能化水平低下等现象，使管廊运维安全缺少保障，增加事故发生概率，运维成本居高不下，需建立完善的管理机制和全方位的监控措施以保证管廊设施、管线和人员的安全，并做到预警预报、防患于未然。

4. 技术创新：

创新点 1：国内首个完成与智慧管控平台相结合的管廊运维标准作业（SOP）文件的编制，规范管廊运维作业，提升管理和智能化管控水平，为有关标准的制定提供依据文件，填补行业空白。

创新点 2：在综合管廊领域首个应用一体化建设理念，并率先实现数据轻量化处理及全生命周期数据传导技术，使工程建设、运维阶段的信息及模型贯穿全过程，为管廊运维提供数据完整、操作流畅的数字化交付。

创新点 3：在综合管廊领域率先应用时空、监控、管理信息的数据融合及多系统集成技术，打造多维度、可视化、智能化的综合管廊管控系统，减少事故发生概率，实现综合管廊的安全、经济、高效运行。

创新点 4：在综合管廊领域率先利用巡检机器人、AR、PDA 移动端、VR、融合通信等智能装备和技术，实现综合管廊便捷化、信息化、流程化的维护管理。

创新点 5：在综合管廊领域首个实现二、三维可视化以及可进行路径模拟和优化的管线入廊管理技术与功能模块。

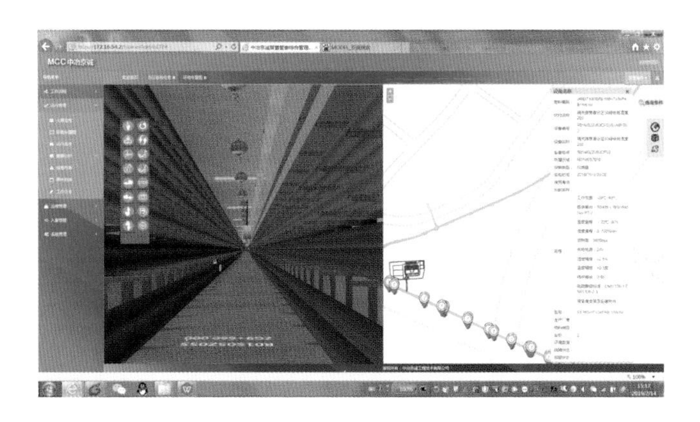

北京市地下管线基础信息普查全流程系列软件

二等奖
工程勘察设计计算机软件专项奖

获奖单位：北京市测绘设计研究院
获奖人员：杨伯钢，顾娟，宣兆新，张韶华，张卫勇，张劲松，龙家恒，王普乐，骆川，杨军

北京市在 2013 年至 2015 年 3 年时间内，在全市范围进行了地理国情普查，查清了我市自然和人文地理要素的现状和空间分布情况，满足经济社会发展和生态文明建设的需要，提高地理国情信息对政府、企业和公众的服务能力。为了提高工作效率、加强成果管理、提供服务保障，北京市开展了地理国情管理与分析系列软件研发项目。

该项目包含：城乡规划用地演变与分析数据工具软件、地理国情辅助规划决策管理系统、地理国情普查业务管理系统软件、地理国情综合评估分析软件、基于天地图的地理国情信息发布与服务软件、基于协同审批平台的地理国情信息发布与服务软件、首都核心功能区地理国情动态监测系统、地理国情普查统计软件、地理国情数据管理软件、基本统计分析软件等 10 个软件。该系列软件可对地理国情普查项目进行综合管理；基于地理国情普查数据成果和统计分析成果，实现成果的管理、审核发布及应用，服务于政府、企业和公众。为北京市城市发展战略规划制定、空间规划管理、灾害预测预警、科学研究和为社会公众服务等提供有力保障。

工程勘察项目管理系统

二等奖
工程勘察设计计算机软件专项奖

获奖单位：航天建筑设计研究院有限公司
北京航天地基工程有限责任公司
获奖人员：郭密文，钱开铸，白晨，郭晓光，闫德刚，郭中泽，刘文彬，王炜，李旭，孙雅琳

该系统是结合工程勘察野外工作特点，满足其工作长时间环境恶劣的需求，集合了数据采集、数据录入、技术提醒、现场拍照等功能，能实时、准确、合理、有效的反映工程勘察野外工作内容的真实性的信息化系统。该系统通过互联网或 4G 网络与服务器数据库连接，有效提高了野外工作的办事效率。通过预加载的工作任务安排及技术提醒功能，可准确合理地对野外数据进行采集。

辅助专业工作，提高工作效率，独创自主研究，引领行业导向：本单位作为北京市第一家从事工程勘察信息化采集研究的单位，为推动钻探信息化，从进行钻探信息化平台设计、规范流程、统一标准、基础数据的准备、知识产权保护及政府监管方式和配套机制等方面作出了重要的贡献。

目前，信息化的发展已经被北京市规委勘办列为未来工程勘察发展的主要方向，也在积极大力推动此类技术的发展，并成为住房和城乡建设部重要信息化试点地区。本单位研究成果作为未来工勘信息化推广的模板与标准，并以北京行业为主，为推动全国勘察行业信息化发展提供指导作用。

规划测量一体化软件

二等奖
工程勘察设计计算机软件专项奖

获奖单位：北京市测绘设计研究院
获奖人员：陈品祥，马金荣，易致礼，张晓靖，刘进，刘延松，郭毅轩，卢燕，张骏，秘桐

规划测量一体化软件基于 EPS2008 进行二次开发，是一个规划测量生产、入库一体化作业平台。它既能进行数据生产与图形处理，又能对 GIS 数据库进行更新与管理应用，从而建立并实现了规划测量数据生产、质检、入库及应用服务一体化。

具体地说，通过该平台可建立图形和属性一体的规划道路和规划用地数据库，在此基础上，通过导入外业数据、图形编辑、属性录入和自动化数据检查，实现对规划道路和规划用地数据库的增量更新，并出具符合规划部门需要的测绘成果报告。

该软件所生产的规划道路和规划用地数据既用于给规划管理部门的平台提供基础规划数据，又用于规划道路定线测量和规划用地测量生产，还可用于为社会公众提供服务。该软件生产的规划测量数据已应用于多规合一协同平台、全过程监督等优化营商环境的措施之中。

该软件的使用，解决了传统生产入库流程环节多、重复作业、人为干预多，生产周期长等问题，提高了工作效率与产品质量。从 5 年来的生产实践来看，在节省一半人员的基础上，还能够更及时地向规划部门和生产单位提供数据服务，创造了良好的经济、社会效益。

凌源钢铁股份有限公司智慧能源管控系统

三等奖
工程勘察设计计算机软件专项奖

获奖单位：中冶京诚工程技术有限公司
获奖人员：葛秀欣，李胜，刘伟，王昱，薛颖建，董艳艳，王磊，郭宇，李延龙，孟祥超

桥梁有限元综合软件系统 BRGFEP V4.0

三等奖
工程勘察设计计算机软件专项奖

获奖单位：北京市市政工程设计研究总院有限公司
获奖人员：阴存欣

铁路路基设计系统（LJCAD）

三等奖
工程勘察设计计算机软件专项奖

获奖单位：中铁第五勘察设计院集团有限公司
获奖人员：唐沛，孔德立，梁锴，富志根，莫万远，冷长明，张成钢，郭绍影，邓文庆，毛忠良

烟囱结构设计及绘图软件

三等奖
工程勘察设计计算机软件专项奖

获奖单位：中国电力工程顾问集团华北电力设计院有限公司
获奖人员：王子庠，张凌伟，李兴利，杨小兵，王永峰，吴之易，王勇强，陈静，傅昊阳，马彬

2019
北京市优秀工程
勘察设计奖作品集

建筑结构专项奖

青岛北站

一等奖
建筑结构专项奖

获奖单位：北京市建筑设计研究院有限公司
中铁二院工程集团有限责任公司 / 法国 AREP Ville 公司
获奖人员：吴晨，杨蔚彪，常为华，Luc NEOUZE，
Emanuele LIVADIOTTI，张克意，汤理达，李航

青岛北站建筑高度 45.16m，站房总建筑面积 $68828m^2$，站房屋顶覆盖面积 $65801m^2$，站台雨棚覆盖面积 $60461m^2$。建筑站房地上 2 层、地下 3 层，地上为地面站台层和高架候车层，地下分别为出站层、地铁站台层和停车场及商业等建筑功能。

主站房屋盖东西长约 350m，南北宽 168~213m，为复杂的空间钢结构体系，拱形受力体系跨度为 101.2~148.7m、最大悬挑约 30m，屋盖结构与下部高架候车层结构为互相独立的结构单元。主站房高架候车层平面尺寸约为 120m × 205m，为实现承轨层的大跨度要求，采用 Y 形柱和实腹工字形梁组成的钢框架结构体系。

整体建筑造型富有动感又伸展飘逸，挺拔而富有张力，似一只海鸥振翅高飞。寓示青岛博大的胸怀和广阔的发展前景，突出了“海边的站房”这一得天独厚的环境条件，使交通建筑的空间塑造与自然环境浑然一体，完美地体现了人与自然和谐相处的城市特点，又以独特的建筑造型构成了青岛市的新地标。

建筑空间结构飘逸灵动，结构设计与建筑空间形式高度统一，高架候车大厅内没有立柱，巧妙地通过 10 榀跨度为 101.2~148.7m、最大悬挑约 30m 的钢斜拱模拟海鸥展翅的姿态，上覆轻型金属屋面，形成动态、轻巧新颖的建筑造型。每榀拱形受力体系支座之间设预应力拉索，以平衡水平力。屋盖结构直接落地。

站房屋盖结构为预应力立体拱架新型结构体系，大量运用复杂节点和异形截面构件。属于结构超长且复杂抗震超限结构。针对结构特点及工程的特殊性质，首先制定了相应的抗震性能化目标；在结构布置、截面选择上采取了多项加强措施，并进行了多方面的计算分析工作，包括静力分析、动力分析、大震弹塑性分析、双重非线性屈曲分析、防止连续倒塌分析、重要节点的有限元分析等内容。另外对这一复杂的大跨新型结构，开展了“青岛北站主站房的缩尺模型静力试验及复杂节点和异型截面受力性能试验研究”，对主站房进行 1 ： 20 缩尺模型静力试验，分析站房钢结构体系整体稳定性及预应力索在结构中起的作用，直接为该工程的结构设计提供了理论依据和试验数据的支持。对复杂节点和异形截面构件进行了试验的验证，同时进行相应的数值计算模拟，圆满完成了对其工作性能的验证。

青岛北站外部造型、内部空间以及结构形式高度和谐统一，站房建筑晶莹剔透、舒展飘逸。设计过程中在复杂空间结构、节能环保、环境控制、消防安全、幕墙构造等方面同步进行了大量科研及专题研究，多项创新技术对今后的同类型结构的设计具有很好的借鉴意义和示范作用。

（注：部分图片由杨超英摄）

中国国际贸易中心三期工程 B 阶段工程塔楼

一等奖
建筑结构专项奖

获奖单位：中冶京诚工程技术有限公司
Skidmore，Owings&Merrill LLP (SOM)/ 王董国际有限公司 / 柏诚工程技术（北京）有限公司 / 奥雅纳工程咨询有限公司

获奖人员：李绪华，尚志海，李家富，闫思凤，王永兴，熊凯，崔明芝，张尧

工程简介

中国国际贸易中心三期 B 阶段主塔楼坐落在北京商务中心区，东面为东三环，南面为中国大饭店，北面是嘉里中心，西面是 3A 主塔楼和 3A 商城，三期 B 阶段主塔楼混合结构高 295m，是 8 度地震高烈度区第三高楼。

结构体系

1. 混合结构主塔楼

塔楼采用框架 – 核心筒结构体系，由位于楼层中央环绕竖向流通空间和大楼服务区的混凝土墙核心筒、位于楼层周边的组合抗弯框架、位于下部设备层的伸臂桁架和腰桁架以及位于中部设备层的伸臂桁架组成。周边框架柱间距在上部办公楼层为 9m，在下部酒店楼层为 4.5m，地下部分 9m。塔楼核心筒内的楼面体系由传统的钢筋混凝土梁板组成，核心筒外由钢梁与压型钢板形成组合楼板协同作用。

2. 钢结构塔冠

主塔楼塔冠高 35m，其主要结构体系为一个连接混凝土核心筒上方的位于楼层平面中心的钢支撑塔冠，该塔冠直接支撑停机坪，并且支撑着 BMU 器械及周边幕墙的悬臂桁架。周边幕墙体系由一系列通过钢杆件从帽桁架悬挂出的环形梁组成，重力荷载通过这些杆件传递到悬臂桁架体系中，继而通过停机坪支撑结构传递到建筑核心筒中。

转换桁架层分析和设计

1. 塔楼周边框架的布置考虑了竖向分布的不同建筑功能，较高的办公楼层采用 9m 柱距，为员工提供开阔的视野感觉，较低的酒店楼层采用 4.5m 柱距，贴合底部区域抗震要求，地面以下采用 9m 柱距。这些转换通过布置在 28 层和 32 层之间以及 1 层和 5 层之间的周边转换桁架实现。

2. 转换桁架的采用高标准的设计。转换桁架包括竖向倾斜的型钢混凝土构件，连接构件的环梁和支撑在环梁和核心筒之间的楼面梁。

伸臂桁架区分析

1. 伸臂桁架位于设备层 L06 和 L27 层，为了实现视线的通透性，仅在 L06 层设置腰桁架。

2. 伸臂桁架设计为在中震下保持弹性，伸臂桁架层的核心筒剪力墙设计为中震下受剪保持弹性以及中震下受弯不屈服。

工程设计特点

1. 混合结构在地震高烈度区的应用和实践。

2. 通过转换桁架实现人们对不同区域的视野要求。

3. 采用弹塑性时程分析确认结构的薄弱环节，为保证抗震性能提供依据。

4. 采用周边框架柱和核心筒尺寸的交错设置，保证结构竖向刚度均匀变化。

5. 进行风洞试验，保证使用中的舒适度。

6. 设置嵌入式型钢解决混凝土拉应力的问题。

7. 采用组合钢板剪力墙提高结构的抗震性能标准。

哈尔滨万达茂室内滑雪场

一等奖
建筑结构专项奖

获奖单位：北京维拓时代建筑设计股份有限公司
北京市建筑设计研究院有限公司
获奖人员：李洪求，朱忠义，冷冬梅，张琳，谢龙宝，徐桀，戴云景，李莹莹

哈尔滨万达茂室内滑雪场分为东区、中区和西区 3 个结构单元。东区采用巨型框架结构体系，中区和西区为横向桁架、纵向框架的结构体系，经超限认定，三部分均属于超限结构。

1. 作为世界最大的室内雪场，具有重载（雪面恒荷载为 11.5kN/m^2）、大跨（150m）、异型（形似高跟鞋）等特点。诸多方面均无规范依据和实例参考。结构设计采用多种软件复核，并通过连续倒塌分析、大震动力弹塑性分析、整体稳定分析及弹性时程分析等优化结构体系，提高结构抗震和防倒塌能力，确保结构安全。

2. 雪场立面特殊，严重受扭，两侧水平刚度差异较大，结构设计通过对比计算，调整巨柱造型及与地面交角，优化结构受扭特性，节省造价近 1 亿元人民币。

3. 高区雪道楼面超长（长 177m、宽 113m），且存在 25.44° 的倾角，结构设计通过有限元软件仿真模拟分析雪道超大斜板的复杂受力状态。

4. 雪道基层构造做法复杂，坡度之大尚属全球首例，为确保雪道基层做法不发生滑移，通过现场和实验室试验研究雪道基层的蠕变和抗剪切性能，另外通过有限元软件模拟各基层的受力和变形，最终提出合理的抗滑移方式。

5. 复杂超常规节点优化及设计，通过嵌入式有限元模拟节点的真实受力，优化节点构造，确保节点安全经济。

6. 复杂地基基础优化及设计，高区巨柱基础反力集中，且存在水平力。基础设计采用变刚度调平理论，因地布桩并优化基础方案，取消抵抗水平力的预应力拉梁，增设专门抗水平力短桩来抵抗水平力。

7. 建造过程申请相关专利高达 14 项，其中设计相关 3 项、施工工法相关 11 项。

万达茂

福州市海峡奥林匹克体育中心体育馆

一等奖

建筑结构专项奖

获奖单位：悉地（北京）国际建筑设计顾问有限公司

获奖人员：杨想兵，周颖，廖新军，傅学怡，朱勇军，于洋，黄明兰，缪林卫

福州海峡奥林匹克体育中心体育馆为甲级大型体育馆，建筑面积 44426m²，座位 11172 席，建筑平面是由多段圆弧组成的中轴对称形体，平面近似“水滴”形，体育馆单体南北长约 211m，东西宽约 153m，占地约 1.9hm²，项目结构设计特点主要有以下几点：

1. 多种钢结构屋面结构体系的联合应用

按建筑功能封闭要求，体育馆内部形成相对独立的 3 个空间，利用钢结构屋盖合理的下部支承条件，不同空间采用不同的钢结构屋盖体系：综合比赛区为近椭圆形，长边 116m，短边 97.5m，采用四边形环索弦支 - 张弦组合结构，比赛区支承柱采用钢管混凝土，柱顶设置箱型钢环梁；训练区、观众大厅采用平面主次桁架结构，桁架高度 3.0m，训练区支承柱采用钢筋混凝土，柱顶设置钢筋混凝土环梁；墙面结合建筑立面采用矩形钢管交叉网格结构，观众大厅平面桁架结构与交叉网格墙面交接处设立体环桁架。

2. 多重四边形环索弦支 - 张弦组合结构的创新应用

（1）结构构成

体育馆比赛区屋盖采用四边形环索弦支 - 张弦组合结构。四边形环索弦支结构是一种结构新型体系，由网格梁、斜索、下撑钢管及四边形环向索构成，通过斜索的预应力张拉，使下撑钢管受压力，提高改善网格梁结构的受力和变形性能，设计施工采纳引用了“环向索弦支网格梁结构及对其施加预应力的方法”发明专利（专利号：ZL 2011 1 0000941.1）。本工程综合比赛区屋盖布置三环四边形环索弦支结构，边跨设置张弦构件进一步提高结构受力性能。多重四边形环索弦支结构在本工程此规模的椭圆形屋盖中应用属首创，具有线条简单明快、用钢节约、传力明确的特点。

（2）对综合比赛区屋盖进行以下专项分析保证结构安全性及经济合理性：

比赛区屋盖施工全过程模拟分析。

结构位移：分析施工张拉过程及使用期间屋盖竖向位移、比赛区支承柱顶部侧移。

比赛区构件（矩形钢管网格梁、屋面支撑、竖向撑杆、四边形环索弦支结构、张弦结构、钢管混凝土支承柱、柱顶环梁）内力及应力水平分析。

结构稳定及极限承载力分析。

比赛区屋盖构件线性屈曲稳定分析。

比赛区屋盖整体线性屈曲稳定分析。

比赛区屋盖弹塑性极限承载力分析。

墙面单层网格弹塑性极限承载力分析。

比赛区下部支承梁柱的刚度退化分析。

拉索加工、安装误差影响分析。

断索分析：分别假定三环四边形环索斜索以及张弦结构拉索断裂，分析屋盖承载力状态。

（3）施工控制

采用有限元软件进行施工全过程模拟分析，项目现场施工严格遵循“分级张拉，由外到内”的原则，并辅以位移和索力监测，施工完毕理论成型索力与设计提供的成型索力最大偏差 0.8%，成型结构状态满足设计要求。

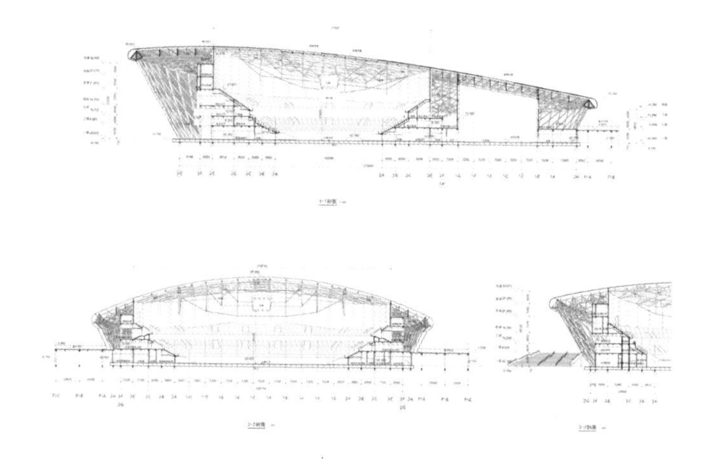

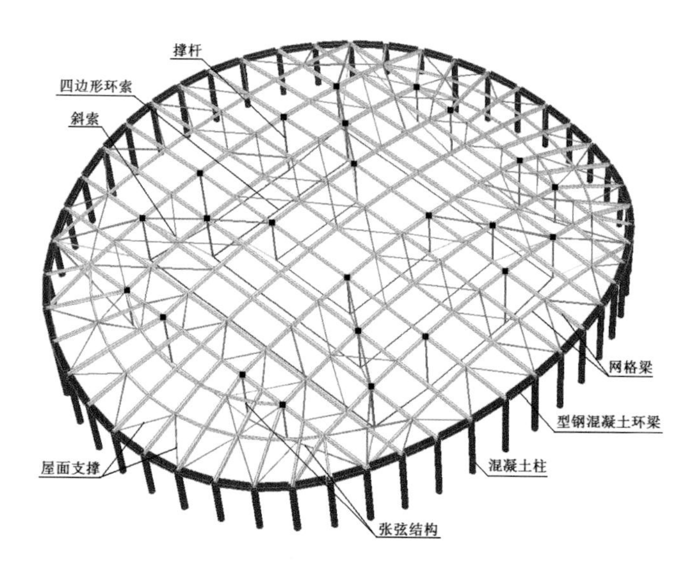

天津国际金融会议酒店

一等奖
建筑结构专项奖

获奖单位：中国建筑设计研究院有限公司
获奖人员：范重，刘学林，李丽，胡纯炀，王义华，尤天直，杨苏

工程概况

天津国际金融会议酒店位于天津市滨海新区于家堡金融区核心位置，建筑南北长238m、东西长95m，地下2层，地上12层，建筑总高度约60m。总建筑面积约为19.3万m^2，其中地下部分约6.5万m^2，地上部分约12.8万m^2。

建筑平面呈“∞”形，造型独特，集会展、大型会议、五星级酒店与奢华公寓为一体，建筑功能多样，是于家堡金融区最富于公共性的场所。

该工程建筑造型独特，建筑功能多样，酒店客房和公寓环向设置在外侧，会议室、汇报厅、宴会厅和博物馆设置在中央，形成45m大跨度空间。

由于在不同标高均需要大空间，在多处形成跃层结构。围绕四季厅的超大面积玻璃幕墙，形成东西通透的建筑效果，建筑顶部采用大跨度屋盖将两个塔楼连结为一个整体。

建筑原创方案由SOM完成，后经日本东急、ASN、日本菊竹清训事务所和我院最终完成建筑方案深化。结构专业由我院自主完成方案设计、初步设计和施工图设计，采用大量创新技术。

主要技术创新点

1. 多层大跨度结构体系

本工程中采用多层、大跨度巨型结构，主体结构由8个钢板剪力墙核心筒+大跨度桁架(45m跨度)与周边的钢管混凝土柱+H型钢梁框架组成，结构筒体内部主要作为楼电梯使用空间，成功地解决了建筑双塔连体和对多层大空间的需求。

首层大跨度结构采用3层异形平面桁架，吊顶标高以下外露下层鱼腹式空腹桁架，造型美观，圆满解决了展厅对建筑净空高度的要求。

在大跨度桁架端部设置门洞，解决了人员通行与建筑空间的使用要求。

2. 钢板剪力墙筒体

本工程双塔仅在10层和屋盖相连，为了适应双塔之间温度和地震作用时差异变形的不利影响，经反复综合技术论证，最终采用钢板剪力墙筒体代替钢筋混凝土筒体。

带竖肋钢板墙，特别是开洞钢板墙，在该工程设计时国内外尚无相关设计规范，本工程在对钢板剪力墙进行试验研究与理论分析的基础上，提出了带竖向加劲肋钢板墙成套设计方法。

考虑到钢板剪力墙设计的复杂性，委托清华大学工程结构实验室进行了钢板剪力墙1:5缩尺模型低周期反复荷载试验。

3. 超大弧形玻璃幕墙结构

本工程幕墙高度为52m，宽度从58m渐变为108m，平面呈弧形，并在4层、7层设有通道。

提出利用4层、7层的水平通道桁架及顶部桁架、竖向抗风桁架柱、鱼腹式水平抗风桁架、桁架稳定索及竖向玻璃吊重索组成幕墙结构体系，在满足建筑美观、通透效果的同时，确保幕墙结构对主体结构变形的适应能力。

为了适应幕墙两侧塔楼相对变形的不利影响，研发了可多向转动与滑动的销轴支座。此类支座可实现双方向大角度转动，且能允许大位移水平滑动；受力明确，传力直接；支座刚度大、承载能力高、抗震能力好；支座体积小；耐久性好。

4. 复杂大跨度屋盖

本工程屋盖的整体造型呈∞形，采用双向异形桁架体系，将两个塔楼连接为一个整体。利用8个筒体和内环框架柱作为大跨度屋盖的竖向支撑构件。

5. 屋顶游泳馆和网球馆开合屋盖

在满足建筑造型与功能的同时，需要满足结构安全、重量限值以及与下部主体钢结构连接的相关要求。

需要在开合屋盖设计中提出活动屋盖体系的预期性能特征和设计标准，包括机械装置和控制系统的性能标准，明确该活动屋盖体系系统所能接受的最低性能，配合驱动控制元件的设计和开发，并确保屋盖在整个使用年限中使用的可靠性，确保风荷载和地震作用等可以从活动屋盖顺利、安全地传递到固定屋盖上，并使活动屋盖与固定屋盖界面的预期位移均满足设计要求，结构设计具有很高的复杂性与挑战性。

开合屋盖结构采用预应力桁架结构体系，由于活动屋盖桁架高度受到限制，跨高比较大，竖向变形控制难度较大。活动屋盖端部的水平推力不宜太大，以减小台车设计难度。下弦为□80方钢管，内置2根Φ15.2预应力钢绞线。钢绞线两端锚固采用2孔楔片式群锚。

6. 超高悬臂挡土墙

地下两层，会展大厅设在地下一层，层高达12m，西侧敞开，为下沉广场，其他三面设有夹层。地下室外墙三边嵌固，一边顶部敞开，侧向土压力难以自动平衡，在设计中巧妙利用三座钢连桥与下沉广场弧形挡土墙顶梁的抗侧向压力措施。

7. 钢板剪力墙后安装技术

钢板墙、洞口边框柱与筒体的钢管边框柱、H型钢边框梁同时吊装。钢板墙顶面与边框梁下翼缘焊接，两个侧边与底边自由变形。

钢板墙与洞口边框柱在施工期间不承担竖向荷载。

钢板墙通过双夹板与角焊缝方式拼接，方便现场操作，便于误差调节。尽量减小夹板的宽度，有效节约用钢量。

钢板剪力墙应最后逐层从下至上施焊，避免跳焊。

8. 钢板剪力墙施工模拟技术

本工程为多层大跨度、连体复杂结构体系，通过施工安装过程模拟，确定钢管混凝土柱浇筑混凝土时间和钢板墙安装的合理工序，分析出不同施工顺序情况下各构件的最大应力和变形。

基于对主体结构受力和施工工期的两方面考虑后，确定了钢管混凝土柱的混凝土浇筑和钢板墙施工安装方案。

拉萨市群众文化体育中心——体育场

二等奖
建筑结构专项奖

获奖单位：航天建筑设计研究院有限公司
获奖人员：苏丽，陈岚，田瑞俊，刘若霆，王敏，张磊，钟超，马臣

为保证结构受力合理、抗震性能良好，建造费用经济，满足使用功能，屋盖钢结构和下部钢筋混凝土结构均不设缝。在结构设计上有以下创新点：第一：对整体结构及各构件采用性能化设计方法，从而使结构满足规范对结构抗震性能的要求。第二：为反映看台和罩篷不同材料的整体协同工作，采取振型阻尼比法对整体结构进行模态分析，并采用 CCQC 法计算地震作用效应。第三：为反映混凝土收缩及温度作用对整体结构的影响，对混凝土收缩及温度作用作为单独工况进行计算，并与其他工况进行组合指导设计。第四：鉴于拉萨体育场地处地震高烈度地区，再者地质条件复杂，经过综合分析比较，最终采用了三种不同桩长、不同工艺的桩型变刚度调平基础沉降。第五：支撑每榀钢罩棚的汇交于基顶的两根斜柱在与平台框架梁形成的三角形内设置钢骨形成稳定体系。第六：为解决看台板超长及看台板清水面层要求，看台板均采用装配式预制混凝土看台梁板。第七：超长无缝混凝土结构通过采用“防、放、控”的设计原则解决该超长无缝结构混凝土收缩及温度应力的问题。防就是沿整体结构环向每隔 40m 左右设置一条后浇带；放就是沿首层环向平台板共设置了 20 条伸缩诱导缝；控就是设计时对通过在混凝土板内设置预应力钢绞线来抵抗温度应力。第八：配合屋面及外形建筑造型，屋面采用倒三角形管桁架，侧柱采用四边形管桁架，在内支座节点处采用焊接球转换。

厦门金砖峰会主会场改扩建

二等奖
建筑结构专项奖

获奖单位：北京市建筑设计研究院有限公司
　　　　　厦门佰地建筑设计有限公司
获奖人员：甄伟，王轶，盛平，张万开，许进福，沈章春，白嘉，慕晨曦

厦门国际会议中心竣工于 2008 年，作为 2017 年厦门金砖会议主场馆进行改建，涉及会议中心拆除原三层建筑并新建五国大会议室、新增迎宾长廊和迎宾厅等大跨空间结构，加建二层 25.2m 跨度主会议厅，改造国宴厅等，改造面积占比达 40%，其土建改造设计和施工总共只用了 6 个月。最大限度利用原有结构，秉承“少拆巧建”的设计原则，多采用装配式的建造方式，在建筑效果最优化和结构改造最小化之间找到最佳的平衡点。

1. 合理确定建筑抗震设防标准、后续使用年限和结构设计原则，并据此选择新增结构体系和改造加固方案。

2. 新建迎宾长廊坐落于 10m 深的填砂层之上，采用了天然地基方案，并通过扩大基础尺寸等措施解决了天然地基存在的各种问题，在半个月内完成了基础施工，为工程争取了时间。

3. 新增主会场选定在原建筑 A 区、B 区之间的过街通廊位置，新增 25.2m 跨钢楼盖的设计方案巧妙跨越单桩承台区域，支承在 3 桩承台结构柱上，同时采取拆除部分原结构等措施控制新增结构荷载，确保原桩基础满足改造要求。对新增大跨度楼板进行了舒适度减振的专题研究，增设了阻尼减振系统。

4. 节点设计为项目成败的关键因素，设计原则是尽可能减少加固施工对原有结构构件的损伤，并设置多道防线。

国网冀北电力调度通信楼改造项目

二等奖
建筑结构专项奖

获奖单位：清华大学建筑设计研究院有限公司
获奖人员：李征宇，陈宏，张雪辉，王岚，付洁

国网冀北电力调度通信楼改造项目位于北京市西城区菜市口大街，原项目为国网电力科技馆工程，2015 年 12 月竣工。现改造为省级电力调度通信中心，建筑功能由办公、展示调整为调度通信机房，楼面活荷载增大较多，结构抗震设防类别由丙类改为乙类，结构需进行抗震加固方可满足规范要求。

裙楼结构类型为框架结构，抗震设防烈度为 8 度（0.2g），建筑场地类别为 Ⅱ 类，设计分组为第一组。地上 6 层框架结构，结构总高度 28.15m。地下 6 层，埋深 30m，地下 4 到 6 层为 220kV 变电站。柱截面尺寸为 1000 × 1000、1000 × 1200，主梁截面尺寸为 500 × 900、500 × 1100，楼板采用 300 厚空心板。

为了不影响地下室已带电变电站正常使用，缩短施工工期，避免拆改外幕墙，使外围框架不做加固即可满足抗震要求，加固方案采用消能器减震加固方式。在结构框架间设置 52 组黏滞阻尼墙，阻尼墙增大结构附加阻尼比，减小地震响应，相应提高结构抗震能力，并能大幅节约工程造价，缩短工期。黏滞阻尼墙仅提供附加阻尼，不提供额外刚度，布置灵活，不会对建筑产生不利影响。与主体结构采用钢结构方式连接，减少现场冬季湿作业，缩短工期。

技术经济方面，通过选用合理的结构加固方式，避免拆改建筑外立面已施工完毕的双层石材幕墙。含连接结构黏滞阻尼墙单台造价不大于 3 万元。

深圳中洲大厦

二等奖
建筑结构专项奖

获奖单位：北京市建筑设计研究院有限公司
北建院建筑设计（深圳）有限公司 /AS+GG 建筑设计师事务所
获奖人员：侯郁，何宁，罗洪斌，陈哲，王静薇，黄健，黄淇华，黄小龙

中洲大厦位于深圳 CBD 东侧，是一栋总高 200m 的超高层高端商务办公楼，鉴于项目区域特征和业主需求，以建造“以人为本，可持续发展的高品质办公楼”作为主设计思想。建筑造型简洁圆滑、流线形外形，具有现代感，展示了深圳岗厦片区和整个深圳的动态形象；外墙上水平遮阳板的穿孔和纹理排布按遮阳要求规律变化，形成极其微妙的光影效果。建筑空间着重考虑不同功能空间的特点，力求创造富有独特领域感的、高精细度的建筑空间。建筑功能重视平面及空间的利用率，提升建筑物的使用效率，并减少投资成本以及社会成本；主楼采用钢管混凝土钢框架 - 钢筋混凝土核心筒混合结构，采用水源变频多联机空调系统，按绿色建筑国家一星和深圳铜级进行设计。

唐山市丰南区医院迁建项目

二等奖
建筑结构专项奖

获奖单位：中国中元国际工程有限公司
获奖人员：梁辉，狄玉辉，陈婷婷

项目概况

该项目位于河北省唐山市丰南新区，建设标准为三级综合性医院。本工程建筑总面积 8.5 万 m^2，设计床位数 807 床。工程子项含门诊医技楼、病房楼、感染病楼、后勤楼（锅炉房、垃圾站、污水站、太平间、洗衣房）、高压氧舱、液氧站等。门诊医技楼及病房楼地下一层与首层之间全范围设置隔震层。

结构设计特点

项目场地位于唐山丰南地区，设防烈度为 8 度（0.2g），根据《唐山市丰南区地震办关于唐山市丰南区迁建项目抗震设防要求审批意见书》（唐丰抗震审［2011］021 号）规定，本项目按照 9 度（0.4g）进行抗震设防。我们通过建筑空间、安全性及经济性等综合比较，采用了隔震结构方案。项目于 2011 年开始设计，国内大型综合性医院采用隔震结构案例几乎没有。

根据估算，本项目采用隔震结构比普通抗震结构要节省 15% 的造价。本项目是国内较早采用隔震结构的大型医院，有较好的社会效益与经济效益，并为高烈度区医院建设安全性提供了新思路。

综合效益

城市地区级医院建设是近年国家卫健委医疗工作的最重点。作为区级医院，唐山丰南区医院的建设投资相当有限。项目组在整个设计和建设过程中重视造价控制，实现了低投资、高品质的成效。医院设计既保障了医疗功能，又节约了建设成本，是地区级经济实用型医院设计典范，得到了业主及政府领导的高度认可。

唐山市丰南区医院目前为二级甲等综合医院，设计标准为三级医院。新院区建设历时 5 年，已于 2017 年 10 月 27 日正式营业开诊。医院新院区建成后，与唐山市工人医院等组成医联体，先后与北京协和医院、中日友好医院、北京天坛医院、北京宣武医院等国家知名三甲医院战略合作，共同推进“京津冀一体化”医疗服务，极大地提升当地及周边的医疗卫生服务水平。

德州大剧院

二等奖
建筑结构专项奖

获奖单位：中国建筑设计研究院有限公司
获奖人员：孙海林，罗敏杰，霍文营，陆颖，高芳华，刘会军，张淮湧，石雷

德州位于古运河边，因德水而名，城内水体丰沛，四通八达。水，是这座城市的精神象征。创意之初，设计师充分汲取当地历史文脉与地域特色，使之融入建筑的内在表达。

建筑位于文体中心东南，紧邻北侧河道布置，南侧留出大面积广场绿地，向城市开放。蜿蜒曲折的台阶、矮墙、绿地，与主体融合成一体，建筑仿佛由大地而生，浑然天成。建筑造型具有强烈的雕塑感，柔美而富于变化。两个椭圆形主体，由蜿蜒变化的曲面玻璃幕墙不规则环绕，隐喻“水”的主题。钢结构支撑的曲面装饰板，沿椭圆体外侧逐一展开，仿佛片片风帆，又仿佛徐徐拉开的大幕，灵动而富于韵律感。

1500 座歌剧院和 600 座多功能厅分别设于两个椭圆体内。观众由广场拾级而上，进入二层共享大厅，此处设有艺术展厅、休息区，拥有绝佳的视角，可俯瞰北侧美丽的河畔景色，成为完美的交流展示空间。大厅居中设有通往一层的开敞看台，可进行小型艺术演出和发布会使用。会议和商业服务设施设于平台下空间。

歌剧院观众大厅，采用古典式马蹄形平面，三层环抱式楼座设计，主色调为热烈的红色，古典中蕴含现代语汇，庄重、典雅、大气。建筑外装饰材料采用晶莹剔透的玻璃幕墙和钢结构穿孔铝板，赋予建筑浓郁的艺术气质。入夜，建筑内外被灯光照亮，仿佛一座巨大的舞台，成为城市最富魅力的场所。

江苏建筑职业技术学院图书馆

二等奖
建筑结构专项奖

获奖单位：中国建筑设计研究院有限公司
获奖人员：孙海林，石雷，霍文营，刘会军，张淮湧

项目位于江苏建筑职业技术学院校园西区中心，为多层公共建筑。建筑功能主要分为三部分：借阅区、读者活动区和办公区。由于用地为南高北低的坡地，且北侧有景观良好的水渠，因此将读者活动区放置在一层，包含学术报告厅、咖啡厅、展览厅、视听室、读者培训教室、新书展示室、书店、文化用品服务部等结合贯穿东西的人行步道，为整个校园提供了丰富的公共活动空间。在图书馆的设计中，结合建筑体量层层出挑，底部加斜撑的结构特点，力图体现出一种古朴、典雅的神韵。整体的建筑造型又犹如几株茂密的大树，体现出蓬勃向上的精神，给学生提供"树"下读书的全新体验。

底层平面架空，开敞灵活，尽量减少落地柱子的数量，强调自然采光和通风，布置窗外花槽和屋顶绿植，并以清水混凝土作为完成面，少装饰，少耗材，在适当的成本控制下达到节能减排的要求。对徐州地域性的适当表达，除了地形地貌的积极呈现和气候条件的应对策略外。采用 BIM 设计技术，建筑、结构、机电各专业在数字信息模型上工作交流，达到高质量的完成度和高质量的施工。

"一座内在理性而外在感性的建筑，一座单元标准而组合丰富的建筑，一座不刻意装饰而讲究自然的美的建筑，一座不强调文化而有些内涵的建筑"，这种价值观和设计策略得到了学校的积极认可，方案顺利通过审批，设计团队的精诚合作以及通州建总集团的认真施工，使建筑呈现出应有的品质。已经成为学校的标志性建筑，成为老师、同学喜欢去的地方，激发了校园的活力。

深圳市青少年活动中心

二等奖
建筑结构专项奖

获奖单位：北京市建筑设计研究院有限公司
北建院建筑设计（深圳）有限公司
获奖人员：徐宇鸣，薛红京，陈冬，陈哲，冯俊海，黄健，王子，黄淇华

项目概况

本项目将建设成为"与国际化创新型城市相适应的公益性、综合性、现代化，面向全市 14~28 岁青少年服务的社会教育绿色基地"。项目分两期建造，一期为大家乐舞台及变配电室，二期为主楼。用地近似为平地，无高差。用地被基地内现状道路切割为两部分，主楼建筑位于用地较完整的东北侧，东侧和北侧均贴临城市干道。用地的西南角为大家乐舞台及变配电室。主楼建筑为规整的 120.6m × 87.0m 的长方形，用地的人行主出入口放置在基地的东北侧，从红荔路、红岭路均可以进入，同时分别在靠近银盛大厦处设计有一个车行出入口，红岭路靠近银荔大厦处设计有一个车行出入口。深圳青少年活动中心主要功能包括教育陈列、会议、培训、文体活动等用房。

技术特色

受东北角地铁换乘通道的影响，将建筑东北角做起翘处理，相应地将建筑西南角也做起翘处理，与建筑口子形布局形成的内庭院、架空层相互联系、渗透，形成一种开放的、室内外融合流动的空间形态。四通八达的内广场以一种欢迎的姿态向市民开放，供步行至此的市民驻足、休憩、交流、运动。

珠海歌剧院

二等奖
建筑结构专项奖

获奖单位：北京市建筑设计研究院有限公司
北建院建筑设计（深圳）有限公司
获奖人员：束伟农，朱忠义，侯郁，陈林，宋玲，卜龙瑰，沈凯震，罗洪斌

本工程位于珠海香洲东部距大陆最近距离约 350m 的野狸岛上，分为歌剧院、多功能剧场及附属建筑。设计使用年限为 50 年，耐久年限 100 年。建筑结构安全等级混凝土部分为一级，钢结构部分为一级。工程地基基础设计等级为乙级，建筑抗震设防类别按乙类考虑。主体结构采用带少量钢筋混凝土框架的剪力墙结构，外壳结构采用空间网格结构体系。本工程具有楼板不连续、局部转换与扭转不规则、大悬挑及空间弧形墙等规则性超限等特性，属于 A 级高度特别不规则复杂超限高层建筑。针对超限情况，在设计中采用 SATWE 和 MIDAS 两个软件进行了常规的结构分析及中大震分析，进行了多模型分析计算，包括贝壳钢结构与主体钢筋混凝土结构一起的整体分析模型（MIDAS 建模），用来分析钢结构的强度和刚度等力学性能、不含钢结构的纯主体钢筋混凝土结构模型（PKPM 建模）、不带主体钢筋混凝土结构的纯贝壳钢结构模型（MIDAS 建模）。并采用 ANSYS 有限元软件进行整体稳定性和钢结构节点的分析，同时采用了有针对性的加强措施，计算结构表明结构的各项指标基本满足现行规范的要求。

杭州武林广场地下商城（地下空间开发）工程

三等奖
建筑结构专项奖

获奖单位：北京城建设计发展集团股份有限公司
获奖人员：陈奕，丁向京，李宝雄，张戈，王同华，吴康，孙静，吴磊

西安航天城文化生态园揽月阁

三等奖
建筑结构专项奖

获奖单位：北京市建筑设计研究院有限公司
获奖人员：束伟农，陈林，庞岩峰，沈凯震，吴中群，耿伟，池鑫，蒋俊杰

A 座办公楼［综合商务设施项目（国锐广场）］

三等奖
建筑结构专项奖

获奖单位：中冶京诚工程技术有限公司
获奖人员：李绪华，尚志海，李家富，崔明芝，闫思凤，刘超，辛丽娟，李秋利

北京奥体南区 3# 地项目

三等奖
建筑结构专项奖

获奖单位：中国中建设计集团有限公司
美国 SOM 公司
获奖人员：邢民，张世宪，顾燕宁，侯鹏，张谷桦，王志明，曹向明，汪洁

东方影都大剧院项目

三等奖
建筑结构专项奖

获奖单位：中国中元国际工程有限公司
融创（北京）文化旅游规划研究院有限公司
获奖人员：王伟，吴旗，王成虎，姜孝林，张震，宗海，张向荣，赵会强

兰州市城市规划展览馆

三等奖
建筑结构专项奖

获奖单位：中国建筑设计研究院有限公司
获奖人员：张淮湧，王树乐，陈越，贾开，施泓，霍文营

望京新城 A2 区 1 号地商业金融综合楼结构设计

三等奖
建筑结构专项奖

获奖单位：中国建筑设计研究院有限公司
获奖人员：王载，王文宇，任庆英

青海省图书馆（二期）、文化馆、美术馆

三等奖
建筑结构专项奖

获奖单位：中国建筑设计研究院有限公司
获奖人员：杨婷，徐宏艳，朱炳寅，张晓旭，芮建辉，隋海燕，张猛

新疆高端人才创新创业大厦及附属会议楼

三等奖
建筑结构专项奖

获奖单位：中国建筑标准设计研究院有限公司
获奖人员：刘国友，彭玉斌，王寒冰，韦振飞，白树杨，王燕，白梅，李云凤

抗震防灾专项奖

北京理工大学中关村国防科技园

二等奖
抗震防灾专项奖

获奖单位：北京市建筑设计研究院有限公司
获奖人员：苗启松，卢清刚，陈曦，閤东东，刘永豪，刘长东，万金国，刘华

本工程地下 3 层、地上 19 层，裙房 4 层，最大檐口高度为 77.01m，主体结构采用钢筋混凝土框架 – 剪力墙结构体系，现浇钢筋混凝土梁板，为 A 级高度高层建筑。裙房高度 18.6m。地上建筑面积 51350 m^2，地下建筑面积 24665m^2。地上平面尺寸 127 m × 53m，标准层平面尺寸 43 m × 53m，首层层高 5.1m，2~4 层高 4.5m，标准层层高 3.9m。

本工程是一栋特点鲜明的平面细腰形高层建筑，采用传统框架剪力墙结构扭转效应明显，建筑四角框架成为第一道抗震防线，体系存在安全隐患。为此，主楼各层建筑平面四角设人字形双屈服点屈曲约束支撑，与屈曲约束支撑相连的框架梁、柱采用型钢混凝土构件，增强结构整体抗扭特性，形成二道抗震防线，要求双屈服点屈曲约束支撑在小震下处于弹性状态，中震下第一耗能段处于屈服状态、第二耗能段处于弹性状态，大震下第一耗能段和第二耗能段均处于屈服耗能状态。

本工程楼建筑体系较为复杂且存在楼板大开洞现象，设计困难，经仔细论证，工程结构存在以下超限特征：①本工程主楼存在凹凸不规则、楼板不连续现象；②本工程裙楼存在扭转不规则、楼板不连续、其他不规则（局部转换、穿层柱）现象；③整体结构存在竖向不规则情况。本工程采用基于性能的抗震设计方法，把结构的性能目标作为结构抗震设计的目标进行量化，与消能减震技术相结合，对结构的关键构件做了更高的性能要要求，如支撑转换梁（或钢桁架）的柱子和标准层细腰楼板要在中震下保持弹性。大量采用新技术、新材料和新工艺，如多屈服点防屈曲约束支撑施工技术、混凝土结构裂缝控制技术、粗直径钢筋直螺纹机械连接技术等。采用消能减震技术后，地震响应明显减小，且结构阵型由扭转改为平动，大大增加了结构的抗震性能。

采用消能减震技术具有良好的经济效益，双屈服点防屈曲约束耗能支撑费用为 404 万元，不使用屈曲支撑需要增加钢筋混凝土构件截面而增加的费用为 1200 万元，节约总体工程造价约 796 万元。

人防工程专项奖

北京轨道交通六号线二期人防工程

一等奖
人防工程专项奖

获奖单位：中国建筑标准设计研究院有限公司
获奖人员：赵贵华，陈华明，孙志峰，刘铮，柴巧利，徐胜，田江泽，胡慧茹

项目概况

本工程线路全长 12.44km，全部为地下线，共设车站 8 座。起点自草房站起，沿朝阳北路向东，穿越通州核心区，一路向东至终点站东小营站。全线地下车站及相连的地下区间均为地下铁道建设兼顾人民防空需要、平战结合、综合利用工程。平时以交通运营为主，战时为人防主要疏散干道、生活物资储备库、人员掩蔽部或人员待蔽部。平时和战时使用功能有机结合，采取有效的平战转换措施，可实现战时使用功能快速转换。本工程属甲类人防工程。防护设备及内部设备各车站配套成独立系统，自成体系。

其中，北关站、新华大街站、玉带河大街站位于通州新城核心区，是本条线路的重点开发车站，其秉承一体化设计理念，站点周边的土地进行高强度开发并与轨道交通进行无缝连接。北关站主体两侧均设有的洞口与周边商业无缝衔接。玉带河大街站在站厅部分设置天窗，是北京地区首座引入自然光线的地下车站。商业结合部分及天窗设防均采用了国内先进人防设备。

技术特色

商业结合部分及车站天窗设防均采用了国内先进人防设备。北关站、玉带河大街站、新华大街站三站位于通州新城核心区，具有相似特点：车站公共区域设有共享中庭空间；与周边地下空间紧密结合，进行一体化设计。这些一体化的设计给车站设防带来从未有的困难。我院针对地铁车站与周边地下空间一体化开发、建设中存在的问题和现实需求，进行了原创性研究，开发研制了具有全面创新性的产品 ——滑轨式封堵板，填补了空白。北关站采用滑轨式封堵板，实现地铁与商业的一体化开发。有效解决了地铁与相邻地下空间一体化设计要求下人防临空墙大跨度连续开洞无法快速封堵等诸多技术难题；玉带河大街站采用水平式滑轨封堵板，有效打开地铁上部空间，为站厅层引入自然光。

地下车站加上与其相连的区间隧道为一个独立的防护单元，防护单元之间设置区间防护密闭隔断门（双向分别受力）。防护单元及内部设备配套成独立系统，自成体系。

战时出入口设置合理。战时主要出入口出地面部分周边无建筑物，不用设置防倒塌棚架，可降低造价，并保证良好的口部景观。

平时地铁交通，战时转换为人员疏散干道。按平时的交通组织，人员由车站战时出入口进入地铁，使城区需要转移的人员在紧急转换时内，完成安全疏散和转移。

技术成效与深度

一体化车站中运用的滑轨式人防设备，技术方案新颖，构思巧妙，借鉴折叠推拉隔断门的思路，采用多扇拼装结构及滑轨式移动结构，很好地解决了封堵板的存放和搬运问题；同时有效解决了地铁与相邻地下空间一体化设计要求下人防临空墙大跨度连续开洞无法快速封堵等诸多技术难题。可以做到无电人工操作（仅需 2 人），临战时操作简便，平战转换快捷。

滑轨式钢结构防护密闭封堵设施的悬挂系统、防偏摆滑脱系统、闭锁系统、密闭系统以及定位系统，设计巧妙，平移和滑动安全可靠，水平封堵设施的升降系统、翻转系统、行走系统，设计新颖独特、结构紧凑、操作便捷。目前，已成功应用于北京地铁 6 号线二期工程与北京地铁 16 号线，且正在推广应用于城市地下空间开发建设工程中。

该工程工期短，任务重，我院安排教授级高工和多位高工参与研发设计，从初步设计、防护设备非标设计和研发工作、委托加工企业进行产品加工、样品设备通过国家人防办检测共半年时间，经过紧张的现场施工安装，一次性通过人防竣工验收，达到优良标准，获得北京市轨道交通有限公司一致好评。

本工程包含了地铁正线区间和出入段线防护设备、通风口防护设备、出入口防护设备各种类型。

综合效益

社会效益：通过增加少量设备即可将地铁转为战时使用的人防工程，完善人防防护体系。

经济效益总结：在未来轨道交通发展中，地铁车站与周边地下空间之间的一体化设计将成为一种趋势。通过一体化设计，全国每年可以增加数千万平方米的地下公共活动和商业空间，带来数千亿元的商业价值，增强局部商业中心的活力，增加人民群众生活的多样性和便利性。

北京轨道交通昌平线二期人防工程

二等奖
人防工程专项奖

获奖单位：中国建筑标准设计研究院有限公司
获奖人员：伏海艳，陈华明，柴巧利，刘铮，田江泽，胡慧茹，张瑞龙，张娜

昌平线二期工程线路北端起点位于昌平城区西北涧头村西侧，线路沿京包高速路北侧向东敷设，经过涧头村后线路转向南，过八达岭高速与京包高速匝道桥后，线路沿京银路方向向南，至西关环岛转向东南，沿政府街、府学路穿过昌平老城区。过东沙河后沿昌崔路进入昌平新城东扩区，在内环东路转向南，至一期终点。

二期工程正线全长约 10.6km，全部为地下线。共设站 5 座，分别为涧头西站（昌平西山口站）、十三陵景区站、昌平站、水库路站（昌平东关站）、昌平新区站（北邵洼站），平均站间距 2.14km；最大站间距 3.4km，为十三陵景区站至昌平站区间；最小站间距 1.21km，为涧头西站至十三陵景区站区间，二期工程没有与其他规划轨道交通线路形成交叉的换乘站。二期工程在线路起点设十三陵景区车辆段一座。

地下车站及相连地下区间（以隔断后的地下空间为界）按分段隔绝式防护的要求进行设计，甲类设防。

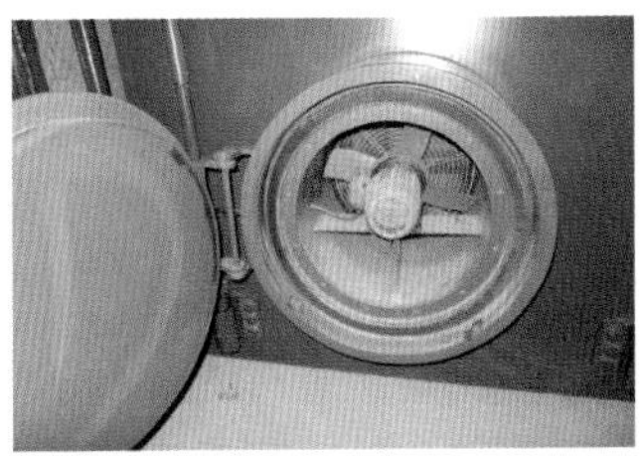

绿地新都会人防地下室

二等奖
人防工程专项奖

获奖单位：华优建筑设计院有限责任公司
获奖人员：陈烨，朱文文，张杰，刘忠帅，陈凯，张春恒，王利，王华军

本工程人防总建筑面积为 45837 ㎡，平时为汽车库。由于建筑面积较大，而且业主方对地面景观建筑比较重视，设计方案中，我院多次同来自美国的方案公司进行对接，我院设计组大胆提出了平站转换式楼梯，经过多个专业共同探讨，首次在实际工程中采用了自主提出的平站转换式楼梯，并通过了第三方施工图审查公司的专家认可，当时在郑州市尚属首次。在具体方案布置上，考虑上下层分层布置，采用下层空间同等功能不用划分人防防护单元的原则，将专业队工程、物资库等功能全部放在地下二层，把二等人员掩蔽工程全部放在地下三层，这样大大节省了防护单元划分上带来的主要出入口楼梯数量问题，我们可以集中解决疏散问题，且可以将地下三层与地下二层疏散问题有效叠加起来，大大提高了楼梯疏散效率。本项目是郑州市第一个超过 40000m^2 的大型商业综合体地下人防工程，我院设计团队方案的成功实施，为大型综合体人防工程设计积累了宝贵的经验。

绿地·中央广场人防地下室

三等奖
人防工程专项奖

获奖单位：华优建筑设计院有限责任公司
获奖人员：朱文文，刘伟森，陈烨，刘忠帅，张曼，张春恒，刘兵，王华军

郑州海宁皮革城人防地下室

三等奖
人防工程专项奖

获奖单位：华优建筑设计院有限责任公司
获奖人员：刘伟森，黄泳翔，刘忠帅，李晓伦，王利，王振宇，张春恒，石海洋

建筑环境与能源应用专项奖

第 11 届 G20 峰会主会场（杭州国际博览中心改造）

一等奖
建筑环境与能源应用专项奖

获奖单位：北京市建筑设计研究院有限公司
获奖人员：王毅，曾源，胡宁，韩兆强，于雯静，宋丽华，王力刚，冯珂

杭州国际博览中心改造为部分改造工程，原建筑总面积 851991m^2，建筑高度 99.95m，为会展、酒店、办公、商业综合体。此次改造针对第 11 届 G20 峰会使用区域进行升级改造，改造面积 174713m^2。此次暖通空调系统改造，根据高端会议的使用需求和室内环境标准，对峰会使用区域的空调风及空调水系统进行了重新设计和升级改造，并根据消防防火设计优化研究报告和主管部门的要求对消防防排烟系统重新设计。项目竣工后作为主会场和新闻中心，成功举办了第 11 届 G20 峰会，并多次举办重要会议和展览。

根据峰会的功能需求，会议区及午宴厅区域空调水系统由两管制调整为四管制，采用一级泵变流量系统。主会议厅及连廊区域空调水系统原设计为只供冷的两管制，此次改造也调整为四管制，增设空调供热，维持二级泵变流量系统。会议区入口门厅、宴会厅及午宴厅设地板辐射采暖系统。贵宾休息、贵宾接待、祈祷室等采用四管制风机盘管加新风的空调系统。媒体工作间、外方人员工作间、茶歇场地等采用两管制风机盘管加新风的空调系统。同声传译采用多联机空调加新风系统。主会议厅、午宴厅、宴会厅、新闻发布厅、双边会议室等采用全空气区域变风量系统。新闻中心，外方人员工作间、听会室及安保中心指挥室等均为临时使用区域，空调系统均利用原有展厅的全空气系统，但根据峰会期间的功能布局以及空调需求进行局部调整，峰会后仍恢复为原有的空调系统。

本项目功能用房多为高大空间，室内装饰标准也很高，对空调送回风口的设置提出了众多限制，空调系统的气流组织设计是此次设计的重点和难点。暖通与精装设计紧密配合，精益求精，在满足装饰效果的前提下取得了良好的气流组织设计。设计中还借助 CFD 技术进行了气流组织的方案比较和预验证，最大程度保证室内环境参数达到设计要求。项目完成后，经测试，各主要使用空间的室内温度及风速均达到设计要求，为使用者提供了很好的室内空调效果。

本项目会议空间对噪声控制要求很高，设计过程在设备选型、基础减震、风水管减震吊架、消声器设置、风管及风口风速控制等各个方面对空调系统进行了全方位的噪声控制设计，为会场创造了良好的声学环境。

本项目的人员密集场所均设置了 CO_2 浓度传感器，排风机根据室内 CO_2 浓度变频控制排风量，进而控制新风量。同时，全空气系统还设计了可调新风比的措施，利用室外新风消除室内预热，节省空调系统的运行能耗。午宴厅结合电动排烟窗，设置自然通风的工况，室外条件适宜时开启电动排烟窗自然通风，降低空调系统运行能耗。

空调送风

唐山市妇幼保健院迁建工程

一等奖
建筑环境与能源应用
专项奖

获奖单位：中国中元国际工程有限公司
获奖人员：孙苗，李佳，郭佳，袁白妹，史晋明

项目概况

该项目位于唐山市风景区南湖生态城，与凤凰台相望，具有极佳的自然人文景观。作为国家“三级甲等”妇幼保健院，医院建成后将成为全省规模的集医疗、保健、科研和教学功能为一体的现代化妇幼保健中心，医院服务能力和就医环境将大幅提升。该项目总建筑面积 13.89 万 m^2，建设床位 1200 床，通过对整个医院医疗特色、技术流程的分析，本方案设计采用了大专科、单元式的布局概念。打破了传统医院门诊、医技、病房的模式，把不同专科对应的门诊、医技、病房垂直布置，成为比较独立的专科中心，内部设计舒适温馨，充分体现了妇幼保健院的特点。

技术特色

1. 暖通专业

（1）空调系统管道采用隔震技术

由于特殊地理位置，本工程采用隔震技术隔离地震能量向建筑物的传递，减小地震对建筑物的破坏。在结构标高 -2.20m 和 0.00m 之间设置隔震层。本建筑采用层间隔震，在隔震层设置隔震专用软管，满足 X 向、Y 向和 Z 向地震位移要求。水系统隔震软管穿越隔震层动线，有两种连接方式：“之”字连接和“一”字连接。本项目采用“之”字连接方式。“之”字连接方式的优点是可满足管道任意方向摆动，满足 X 向、Y 向和 Z 向地震位移要求。缺点是隔震构件多，施工较复杂。通过结构隔震沟从地下进入建筑隔震层的空调水管，设置隔震软管，以适应结构之间的相对运动。

（2）采用 BIM 对隔震层的空调、动力系统管道进行分析。

冬季采用自然冷却，供热季节初期及末期，放射治疗中心及手术部仍有余热产生，为了充分使用室外冷空气的自然冷却作用，设置 1 台板式热交换器和冷却塔作为冬季空调冷源，减少冷冻机开启的时间，节约投资和运行费用。

（3）智能通风系统

放射科、急诊急救、PICU、儿呼吸科病房、新生儿病房、儿科血液病房设置智能通风系统。智能通风系统可以保障室内空气品质，提高建筑通风安全，节能效果明显。根据人员密度变化率调节控制风机变频，从而达到调节风量的目的，最大限度节约运行成本。

（4）风机盘管采用内外区设计

风机盘管按内外区设计，通过合理分区，较好地满足不同区域的空调要求。不但方便管理，还可以分区开启。过渡季节内区或有大量发热设备，房间可根据需要延长供冷时间，外区则可以根据实际情况决定空调是否需要供冷。内区需要供冷时开启冷机，外区可充分利用室外自然通风降温，这样可以减少冷水机组运行台数，节约能源，降低运行成本。

（5）手术室净化空调采用分区设计

手术室净化空调设计采用一对一的分区空调系统设计，不但方便管理，还可以分区开启，当使用部分手术室时节省运行费用，分区设计优势明显。每间手术室设一个净化空调系统，所有设净化空调系统的房间均设排风以保证要求的压力梯度。全空气净化空调系统空气处理过程如下：新回风混合后，空气经过风机段、中效过滤段、加热段、表冷段、电再热段、电热加湿段进行空气的热、湿及过滤处理后送入室内的带高效过滤的手术室专用送风装置内。新风在混合以前经过粗、中、亚高效三级过滤；回风在混合以前经过回风口的中效过滤。

2. 动力专业

（1）热源特点

本项目利用市政热力为主要院区冬季热源，提高能源利用效率，集中供热易于管理，减轻大气环境污染，技术成熟，安全可靠，有较好的经济效益。除市政热力热源，由于医院的热媒供应种类多、时间长，因此院区自建锅炉房供应，分别设置热水锅炉供应过渡季节空调热水、冷却水预热、全年生活热水换热热源；蒸汽锅炉供应生产用汽（后勤楼洗衣房用汽；综合医疗楼中心供应、食堂蒸煮）及冬季空调加湿使用。

（2）动力系统特点

市政热力和锅炉房的热水经水 - 水换热为不同的二次水后分别供冬季空调、散热器、地板采暖等系统使用。

动力系统隔震特点：热力管道穿越隔震层在接立管之前，水平管直角的两个方向（X、Y 向）上设置隔震软连接专用软管，可满足两方向（X、Y 向）地震位移要求，直角处采用弹性滑动支吊架，隔震软连接前后的固定支架分别固定在地上部分和地下部分，此部分与空调系统雷同，但蒸汽等热力管道要相应考虑热补偿量。医疗气体管道穿越隔震层在进入竖井处设置隔震软连接，软连接前后的固定支架分别固定在地上部分和地下部分。

综合效益

本工程采用层间隔震技术，隔震措施使空调、动力系统耐震安全性大大提高，保障了妇女儿童弱势群体的生命安全，符合妇幼保健院的设计理念和职责所在。

本工程实现了第一次在妇幼保健院的空调、动力系统中采用隔震技术，并用 BIM 模型分析研究，使隔震层和管道层相结合，极大提高了建筑面积的使用率。并且利用 BIM 模型分析管道碰撞点，对施工起到了重要指导作用，减少了施工过程中的返工率，节约了成本。

暖通空调能耗是建筑能耗中不可忽视的一部分，占其 50%~60%。唐山市妇幼保健院项目采用了多项节能技术，如冬季自然冷却，智能通风系统，风机盘管内外区设置……以上节能技术充分利用室外自然条件，减少冷水机组开机时间，节约运行成本。符合“四节一环保”建造节能环保绿色医院的设计理念。

动力供暖系统优先考虑市政热力提供热媒，易于管理且提高能源利用效率，减轻大气环境污染，技术成熟，安全可靠，有较好的经济效益。

珠海歌剧院

一等奖
建筑环境与能源应用
专项奖

获奖单位：北京市建筑设计研究院有限公司
北建院建筑设计（深圳）有限公司
获奖人员：夏令操，蔡志涛，徐宏庆，刘晓海，刘大为，汤健，袁娟娟

项目概况

本项目总建筑面积 59000m^2，包括 1550 座歌剧院、550 座多功能剧院、室外剧场预留及旅游、餐饮、服务设施等。定位为高雅的文化艺术殿堂、闻名的文化旅游胜地。它的意义不单是建造一所高品质的剧院，而是为珠海这座城市创造一个具有原创性、地域性和艺术性的标志性建筑。由于基地为人工填海而成，并且歌剧院为海岛的核心建筑，因此建筑的用地规划较为统一。工程总用地面积为 57670m^2，主体建筑集中在海岛建筑环路的内侧，建筑限高小于 100m^2，建筑自身的采光、通风环境十分优越。

技术特色

1. 采用了水蓄冷的空调方案，大大节约运行费用。因为剧场的演出是间歇性的演出，所以空调负荷变化较大，本项目利用 2200m^3 的消防水池容积作为水蓄冷的蓄水池，以节约运行费用。运行策略是根据剧院运行负荷的特点，白天基本是开公共区域和办公区域的空调，晚上有演出，所以白天优先采用蓄冷水池放冷，当蓄冷水池的冷量不足时，再开启制冷主机。

2. 舞台采用分层空调的形式，减少运行费用。舞台灯光负荷由对流负荷和辐射负荷组成，且舞台灯光的负荷很大，如果全部由舞台空调来承担舞台灯光的全部负荷，则冷量消耗很大，所以根据舞台灯光公司提供的资料，舞台灯光辐射部分和对流部分负荷占舞台灯光负荷的比例分别为 35% 和 65%，考虑到其中辐射负荷基本上投射到演出人员演出区域，因此灯光的辐射负荷由舞台下层的空调系统承担，灯光对流负荷由舞台上方的排风系统带走，避免对流负荷形成下方的空调负荷，以减少空调负荷，减少送风量，减少空调送风管的尺寸，有利于舞台风管的布置，同时减少了运行费用。

3. 空调系统气流组织上采取了防止演出时空调送风吹动幕布的措施，结合建筑情况和舞台葡萄架的布置情况，综合考虑了送回风口的布置，满足演出时的效果。主舞台的空调送风管设置在主舞台和侧舞台交界处，空调送风管分成两根支路，一根支路设置在主舞台和侧舞台交界处靠侧舞台一侧，设置下送百叶风口，另一根支路设置在主舞台和侧舞台交界处靠主舞台一侧，即检修马道下方，设置侧送喷口。两根支路尺寸与主风管尺寸相同，并在支路上设置电动开关阀，均能单独满足空调送风量的要求。在演出开始前，两个支路的电动阀均打开，快速给主舞台区域降温，在演出开始后，关闭主舞台一侧的支路上的电动开关阀，只开启侧舞台一侧支路上的电动阀，空调下送风，即可以避免吹动幕布，也能满足演出时的舒适度要求。

4. 观众厅采用座椅送风的二次回风系统，保证人体的舒适要求，且经过计算，采用二次回风再热即可满足要求，不需要采用其他热源再热，节约能源。由于观众厅的新风负荷很大，且根据演出的节目不同，新风量不稳定，所示采用变新风量运行，由 CO_2 控制新风阀，配置变频排风机，减少新风的负荷，节约能源。

5. 为能达到声学顾问要求的噪声标准，空调机房的布置尽量远离噪声受控区域，如无法避免则需要采取相应的措施来减少机房的影响，如做双层墙、增加墙体厚度、做混凝土墙体。空调机房的地面做成浮筑地面构造，在空调机房墙上做消声处理。空调通风设备、噪声控制区域的管道均需做减振处理。空调通风系统风管经过一个类似走道的缓冲区域进入空调通风区域，避免机房内噪声直接传到受控区域。除在风管上加设消声器和在设备上加消声段外，还要控制空调通风风管的风速，主风管的风速在 5~6m/s 以下，支风管的风速在 4m/s 以下，风口的风速应小于 2m/s；同时噪声控制区域内的空调、通风管道可采用玻璃棉直接风管。

6. 采用借助 CFD 模拟软件对受控区域进行模拟计算，以便能正确地选择风量和确定布置风口。对于歌剧院来说，舞台和观众厅空调系统的设计是其中的难点，风量的计算、送风方式、风口的布置都需要综合考虑各方面的影响，对于观众厅还要考虑气流下沉的影响，所以借助 CFD 模拟保证最具能有理想的运行效果。

技术成效与深度

珠海歌剧院经过一年的运行，无论是噪声的控制，运行的节能都达到了很好的效果，为今后剧院的设计积累了经验。在系统设计时，一定要充分考虑剧场空调负荷的特点，如运行时间不同时、各区域对于温度的要求不同、人员多且变化大、灯光负荷大、空间大等特点，灵活设计各区域的空调风系统和水系统。特别是舞台采用分层空调，将舞台灯光的辐射负荷和对流负荷分别通过空调系统和通风系统来承担，大大节约了运行费通用。

综合效益

本项目于 2016 年 10 月 27 日举办了开票仪式，向社会公布该剧院 2017 年首演季正式开票和营销启动，珠海大剧院正式开启全面运营模式。2016 年 12 月 31 日，来自俄罗斯的世界顶级乐团——俄罗斯国家交响乐团在珠海大剧院奏响了第一个音符，立项至今已达 25 年的珠海大剧院终于拉开了首演的大幕。北京保利剧院管理有限公司与珠海城市建设集团双方出资成立合资公司，以北京保利剧院丰富的院线资源和先进完善的管理理念，结合珠海文化旅游和地方优势，合力将珠海大剧院打造成国际知名、中国一流的剧院，融合粤港澳主流文化和高雅艺术，形成综合性的艺术空间和文化交流平台。

光环新网上海嘉定数据中心工程

一等奖
建筑环境与能源应用专项奖

获奖单位：中国建筑标准设计研究院有限公司
获奖人员：吴晓晖，赵春晓，梁琳，崔文盈，张庚，吴一博

项目概况

光环新网上海嘉定数据中心位于上海市嘉定工业区，园区占地约 46 亩，为已有厂房改造项目。建筑面积约 2.8 万 m^2，建筑高度 23.35m，地上 2 层，局部 6 层，其中数据机房面积 8840m^2。机房共设计 16 个模块，可提供 4500 台 42U 标准服务器机柜。机房按照 T4 标准设计，电气供配电系统、空调系统、综合布线系统均按照 T4 级别要求的冗错架构配置，为电子信息设备提供最安全、可靠的保障。

为确保系统安全性，本项目冷冻站采用 N+N 配置，2 个冷源互为备用。每个冷冻站配置 4 台 1300RT 离心式冷水机组，4 台冷却塔和 4 台板换与之对应，空调水系统均采用一次泵变流量系统。冷冻水供回水温度为 12~18℃，冬季利用冷却塔作为冷源自然冷却。冷冻水主干管布置成环路，冷冻水支管道按照 A/B 双路设计，互为备用。为空调系统提供 15min 的制冷后备时间，设计蓄冷罐位于室外，提高系统安全性。

光环新网上海嘉定数据中心于 2017 年 9 月获得 Uptime T4 认证。(Uptime Institute 是全球公认的数据中心标准组织和第三方认证机构)。

技术特色

本项目整体设计 PUE 达 1.36，采用了多种新技术及节能设计，如下：

1. 自然冷却

在冬季温度较低时，可以利用自然界免费的冷源进行供冷，在环境温度低于室内温度时开启自然冷却功能，尽量减少冷水机组压缩机功耗，使系统达到最佳的节能效果。

空调系统分为三种模式，电制冷模式、部分自然冷却模式及完全自然冷却模式，三种工况切换由 DDC 自控系统实现完成。夏季制冷模式此时采用冷水机组单独制冷模式，通过冷却塔进行换热，冷水机组提供空调用冷冻水。过渡季节开启联合制冷模式，自然冷却和冷水机组制冷同时进行，冷却水和冷冻水先经过板换后经冷水机组，冷水机组压缩机制冷比例逐渐减少，直至温度足够低时实现完全自然冷却。冬季室外温度低至可完全提供机房需求的冷量时，开启自然冷却模式，此时冷水机组压缩机关闭无能耗，仅通过冷却塔自然冷却进行换热，且随着外界温度的逐步降低，使机组冷量与机房需求冷量完全匹配，系统运行耗能达到最低。

2. 采用水泵变频控制

冷冻水泵和冷却水泵采用变频控制，水流量根据室外温度及机房负荷变化而变化，调节变频水泵，改变用户侧水量，实现按需供水。极大地节省水泵的耗电。

3. 采用封闭冷、热通道

数据机房区域采用水冷式下送风、上回风精密空调。各机房均采用 N+2 冗余配置，下送风各空调系统采用风管送风进入活动地板，利用集中回风口管进行回风。采用封闭冷通道下送上回的气流组织形式，也减少了冷热气流相互抵消的冷量损失，还减少了精密空调风机压头损耗。

4. 提升冷冻水供回水的温度

本项目供回水温度设计为 12~18℃。提升冷冻水的供回水温度，对冷水机组的运行效率及冷冻水循环泵的输送能耗均有突出的节能效果。

蒸发器温度提高，可以提高制冷机组的能效。

大大提升了冬季完全自然冷却和过渡季节部分自然冷却的运行时间，也即大大缩短了冷水机组压缩机运行的时间，从而实现了更有效利用室外冷源的目的，实现了节能。

冷水机组进出水温度差6℃，系统水流量减少，实现水泵的节能。

5. 机房废热综合利用

为了充分利用数据机房的“废热”，本项目办公用房冬季采用水源热泵系统，利用数据机房内冷却水的“废热”，经过水源热泵的提升，作为办公用房的冬季热源，从而节省冬季空调耗能，达到能量综合利用的效果。

6. 本项目设置了冷、热、电三联供能源站，为国家节约能源，为企业带来了收益，同时减少了环境污染

工程重要技术指标

T4级别设计，项目团队在设计过程中充分学习和理解TIA-942标准，并与评审机构沟通、请教，多次修改设计图纸，完善系统设计，最终经过Uptime Institute为期数月的严格评审，于2017年9月获得了Uptime Institute T4标准设计认证，成为中国内地仅有的5家获得Uptime T4设计认证的数据中心。也是上海地区唯一的一家！

技术成效与深度

本项目中建筑主要为机房区，办公室等人员用房很少。为了保证冬季人员的舒适性，考虑人员冬季热量的需求，单独设置采暖系统会造成一定的成本浪费，采用空调系统制热又会使能耗较大，故本项目设计充分利用数据机房的“废热”，办公用房冬季采用水源热泵系统，利用数据机房内冷却水的“废热”，经过水源热泵的提升，作为办公用房的冬季热源，从而节省冬季空调耗能。

为确保系统安全性，防止一个冷源出现问题影响末端精密空调正常工作，本项目冷冻站采用N+N配置，2个冷源互为备用。冷冻水主干管布置成环路，并在公共区域的两个冷冻站主管环路间设置防火分隔。为避免水系统出现单点故障，冷冻水支管道按照A/B双路设计，互为备用。

由于本项目的机房业务主要供租用，各用户的需求和租用时间不尽相同，整个数据中心的机柜不可能一次性布置到位。为保证各机房间互不影响、独立运行，项目采用模块化设计。各主机房的冷冻水系统及通风系统通过阀门等控制，使各主机房的空调系统能够独立运行不受其他机房的影响。

在数据中心机房环境中，设备发热量都很大，本项目单机柜功率密度达到4.5kW，在空调系统停止工作的短短几分钟内，都有可能引起服务器因环境温度过高引起宕机。所以为了实现空调系统的持续供冷，本项目设计蓄冷罐位于室外，为整个系统提供15min的制冷后备时间，保证空调系统在市电断电后柴发启动前持续供冷，提高了整个系统的安全性。

综合效益

云计算产业建设是国家重要的战略性新兴产业。本项目是云计算产业集群的龙头企业。项目对吸引其他国内外大型企业数据中心落户上海，使上海快速成为数据中心服务集群，进而打造国际一流的云计算研发基地，提升上海的云计算自主创新能力具有较大的促进作用。营造一个互联网企业技术完善的良好环境，可增强互联网及软件企业核心竞争力，具有良好的经济效益，助力全面带动云计算产业实现跨越式发展。

国家高度重视发展智慧能源产业，明确提出“十三五”期间大力发展智慧能源产业。依托本项目建成的云计算资源，上海地区能充分利用独立电网的体制特点，整合电力、热力、水务、燃气等体系，建设以微网结构为特点的分布式能源岛，实现冷、热、电、气、水的智能化联供和能源配置利用的效率最大化，具有很好的环境效益。可实施智慧促产业战略，实现能源与信息技术的二次融合。

随着云计算启动，上海等一线城市是互联网公司、政企、高价值用户、国内互联网枢纽节点、国际出口所在。光环新网上海嘉定数据中心主营主机托管、VIP机房出租等业务，为上海地区的用户提供可靠、快速的基础设施环境。因此光环新网上海嘉定数据中心对上海等城市的云计算等业务发展具有重大社会意义。

vivo 重庆生产基地

一等奖
建筑环境与能源应用
专项奖

获奖单位：中国建筑设计研究院有限公司
获奖人员：胡建丽，程群英，苏晓峰，董俐言，金健，孙淑萍

vivo 重庆生产基地位于重庆市南岸区，工程地面积 172054m^2，总建筑面积 346593m^2。项目采取一次规划设计、分期建设投用的原则，一期包含厂房一至厂房六，宿舍 1#、2#、3#，门卫，总建筑面积 209428m^2，工艺厂房一、厂房二属于多层丙类建筑，厂房四至厂房六为生产配建功能。

空调系统设计立足于工艺需求，在现有条件下提供多模式运行策略的可能性；结合近期以及远期规划需求，综合评判建设成本及系统灵活使用的平衡点，做到着眼当前、兼顾发展。

结合重庆市的峰谷电价政策及生产运行情况，应业主要求并经过方案经济比较，全区的空调系统采用部分负荷水蓄能方式。蓄能系统不以削减装机容量为原则，而是以系统稳定安全、减少运行电费为主旨，采用多种复合能源方式。运行策略为根据投用的生产线数量有条件地释冷优先，主机优选避峰运行，分时段放冷，高负荷时释冷 + 主机联合运行。

园区生产用房共设置 2 个能源站。1 号能源站位于厂房三首层，服务于厂房一、厂房二。能源形式为：电制冷离心式水冷机组 + 水蓄能 + 两管制风冷热泵冷温水机组 + 四管制风冷热泵冷温水机组（冷水出高温水），设置两个蓄能罐，最大蓄能量约 62000kW · h。按照生产工艺的要求设置四管制水系统全年供冷供热。常规冷水温度为 7/12℃，服务于工艺空调机组、新风机组。由四管制风冷热泵提供的中温冷水 14/19℃服务于工艺 SMT 机房的干式风机盘管全年运行。采用风冷热泵冷温水机组提供 45/40℃热水按需供热，供热时段优先启用四管制风冷设备，提高能源利用率。为有效控制新风的含湿量，在厂房一屋面上设置了室外型燃气蒸汽发生器。2 号能源站位于厂房五首层，服务于厂房四 ~ 厂房六。能源形式为：电制水冷机组 + 消防水池蓄冷 + 风冷热泵冷温水机组，配建用房除厂房四为两管制水系统夏季供冷冬季供热以外，厂房五、厂房六均只在夏季供冷。空调冷水温度为 7/12℃，热水温度为 45/40℃。

末端形式根据各单体的功能和使用需求分别设置。洁净区采用多功能段新风机组 PAU+ 温度处理单元 DC+ 风机过滤单元 FFU 的模式。非洁净区系统采用一次回风全空气或风机盘管 + 热回收新风系统，实验功能设置独立机房专用设备，宿舍及配套商业采用分体空调或变冷媒流量多联机系统。

本项目空调系统设计在满足现阶段生产工艺和人员热舒适的前提下，充分利用所在地的峰谷电价政策，设置水蓄能系统。应用了新排风热回收技术、冷凝热回收技术、变频及自动控制等技术，通过能源配置合理使用电力资源，改善能源消耗结构与方式，提高电能利用效率，降低系统运行费用。立足现状、适度超前，为产业园区的绿色、低碳、可持续发展保驾护航。

海航集团新华航空公司基地配餐楼

二等奖
建筑环境与能源应用专项奖

获奖单位：中国中元国际工程有限公司
获奖人员：阮周良，刘志坤，成明，郑明强，袁秋凤，刘届璞，巩娜，孙苏雨婷

项目概况

该项目位于北京首都机场，为丙类生产厂房，其中机供品库为丙二类库房，设计日生产能力 2 万份，工作机制为三班倒，总建筑面积 2.34 万 m^2，地上面积为 17842m^2。建筑内主要设有原料站台、回收站台、发货站台、清洗间、餐具库、机供品库、国际操作间、国内操作间、热厨、冷厨、穆斯林厨房、犹太厨房、面点加工间、综合拼摆间、各种冷库、试餐准备、试餐间、值班等及相关配套设施。

技术特色

1）工艺中温空调区域系统设计

通过"集中直膨式冷风机 + 新风 + 排风"系统形式不仅保证了配餐冷厨房、拼摆间、果蔬清洗间等生产区域常年维持室内低温（13~15℃）的工艺需求，而且通过送排风系统维持了该区域通风换气要求和室内人员卫生要求。

2）冷库压缩机冷凝热回收系统设计

本工程内设有 0 ~ +5℃冷藏库和 −18 ~ −21℃冷冻库以及中温空调区。中温空调区和冷库区的制冷系统均采用集中式。根据冷库温度设置两套独立的集中式制冷系统。为了提高系统可靠性，并联压缩机组内设多台压缩机。冷库制冷系统常年运行，配餐楼内生活生产热水又有常年需求，因此对于冷库系统的冷凝热回收具有积极的意义。冷库制冷系统夏季设置冷凝热回收装置，回收部分冷凝热用于加热生活热水。冷藏库、冷冻库的冷库压缩机组系统设计工况：环境温度 +38℃，冷凝温度 +45℃。

综合效益

项目结合实际采用科学有效的方法和技术手段进行设计，以保证满足配餐楼生产运营的需求。本项目经过将近三年的运行，目前日生产量已经突破原设计的 2 万份，达到了 3 万份，暖通系统仍旧可以满足生产工艺的需求。本项目中温空调区域所采用的直膨系统 + 独立新风系统的模式可普遍使用于其他的配餐楼设计具有积极的实践效益，可供后续设计者参考。

中白商贸物流园首发区项目

二等奖
建筑环境与能源应用专项奖

获奖单位：中国中元国际工程有限公司
获奖人员：王刚，刘培源，杨永红，胡巍，郝俊勇，赵宇，王玥，张恺

项目概况

中白工业园，全称中国—白罗斯工业园，坐落于丝绸之路经济带中贯通欧亚的重要枢纽——白俄罗斯明斯克州。中白工业园规划面积 91.5km^2，它是中白合作共建丝绸之路经济带的标志性工程。拥有优越的地理区位优势，地处欧洲和亚洲、波罗的海和黑海主要线路的交汇处，拥有便捷的公路、铁路和航空交通网，是连接欧美和独联体国家最有利的节点。中白工业园是我国在境外开发规模最大、合作层次最高的经贸合作区。中白商贸物流园首发区项目总用地面积 25.87hm^2，总建筑面积 8.078 万 m^2。肩负着园区示范及带动作用，开启了中白工业园建设的华彩篇章。建设内容包括物流仓库、华商商务中心、展示馆、能源中心及其配套设施。在"一带一路"的政策背景下，在中国、白罗斯国家领导人的亲切关怀和推动下，欧亚产业发展新走廊——中白工业园这颗丝绸之路经济带上的明珠正蓄势待发。中白商贸物流园首发区是工业园开发的先行条件和基础，为园区的发展起着引领和示范的作用。

技术特色

1. 冷、热源和空调系统设计。冷源和空调形式：由于明斯克夏季通风室外计算温度为 22℃，空调室外计算温度 26.6℃，总体上温度舒适，不设置中央空调系统。

2. 供暖系统设计。明斯克地处严寒地区，冬季供暖室外温度为 −24℃。采暖期长达 200 天左右。因此设计的重点是供暖方式的选取。

3. 通风及防排烟设计。白俄罗斯空气质量好，气温舒适，在过渡季节和夏季充分利用室外空气，一方面解决新风问题，更主要的是利用免费冷源来降低建筑室内温度。

综合效益

中白商贸物流园首发区项目，是第一个由中国设计单位按照白俄罗斯标准和规范设计并顺利竣工的项目，是中白工业园第一个取得验收通过的项目。其中，最先完工的华商商务中心还取得了"中白工业园第一楼"的美誉。这是中国设计单位完成的一次大胆尝试，在取得了成功的同时，也积累了宝贵的设计经验。

北京爱育华妇儿医院

二等奖
建筑环境与能源应用
专项奖

获奖单位：中国中元国际工程有限公司
获奖人员：姜山，赵桐

项目概况

该项目是一所国有资本引导社会资本投资建设的三级专科医院。选址于北京市亦庄经济技术开发区，凉水河旁，与同仁医院经济技术开发区院区隔街相望。医院总建筑面积 7.27 万㎡，日门急诊量 1500 人次，住院病床数 310 张。设有儿童诊疗中心、儿童健康管理中心以及生殖中心、妇产月子中心、产后康复中心等，将申请国际 JCI 认证，成为高端的妇女儿童医疗保健机构。运营将实行会员制，为妇女儿童提供全过程的健康咨询管理服务。

该项目不仅仅是儿童治病的场所，更是为儿童成长服务的健康会所。社会心理学和生物医学理念结合，关注不同患者，为其提供温馨舒适的医疗空间，体现“以人为本，以病人为中心”的理念。

综合效益

北京爱育华妇儿医院是一所符合国家三级医院建设标准、拥有国际先进技术水平的营利性医疗机构。北京爱育华妇儿医院遵循国际水准的管理模式和经营模式，与首都知名医疗机构密切协作，提供孕期保健、产科、月子服务、儿科、儿童健康管理等全程医疗及健康管理服务。

2014 年 6 月医院开始试运营。北京爱育华妇儿医院遵循“以患者及家庭为中心”的服务理念，以“整体医学”为原则的服务模式，面向北京及周边省市乃至全国的有医疗及保健需求的 18 周岁以下人群及孕产妇提供高质量和全周期的医疗保健服务。

北京爱育华妇儿医院遵循“大专科、小综合”的原则开展儿科及相关学科设置，重点打造小儿心脏中心、小儿神经中心、小儿血液中心和新生儿中心。工程建成后，受到了北京经济技术开发区、北京市卫生局、北京市国有资产经营有限责任公司等部门有关领导的高度评价。

东方影都大剧院

二等奖
建筑环境与能源应用
专项奖

获奖单位：中国中元国际工程有限公司
获奖人员：徐伟，陈洁琼，张瑾，潘学中，张莉，刘星，杨菲菲

项目概况

该项目总建筑面积 2.4 万 m^2，主要功能是作为电影节的主会场，举办电影节开幕式及闭幕式，放映影片；兼顾综合文艺演出。观众厅容纳观众人数 1970 人（含乐池临时座椅数量）。本工程前庭部分为钢结构体系，主体部分采用钢筋混凝土框架 - 剪力墙结构体系；观众厅及舞台顶板采用钢梁或钢桁架加现浇板的结构体系，前厅采用轻型屋面板，其他均为现浇钢筋混凝土梁板；抗震设防烈度 7 度。本工程剧场等级为丙等，属于二类多层建筑，耐火等级为一级。地下室防水等级一级，屋面防水等级Ⅰ级。

技术特色

东方影都大剧院是为举办青岛万达国际电影节定制的建筑物，主要功能是作为电影节的主会场，举办电影节开幕式及闭幕式、放映影片，同时兼顾综合文艺演出的需求。在设计过程中，密切配合建设目的，各专业统一设计目标，是本项目的重中之重。

大剧院的舞台采用低速风道全空气系统。由于各种灯光多，散热量大，为保证演职人员的工作条件，气流组织从舞台两侧 (13m) 处采用消音射流喷口向舞台中央对吹，各喷口支管上设置电动风量调节阀，喷口可根据幕布的位置选择开闭，以防止喷口直吹幕布而造成幕布晃动。

综合效益

该项目作为万达集团斥巨资打造的星光岛一号工程，获得了业主的好评，为丰富当地人民的文化生活起了重要作用。同时作为青岛市的地标性建筑，显著的提升了城市形象。

南宁万达茂

二等奖
建筑环境与能源应用专项奖

获奖单位：北京维拓时代建筑设计股份有限公司
获奖人员：汪涌，郑甲，陈立明，陈康，蔡大帅

1. 大商业采用螺杆式江水源冷水机组（全热回收型）作为空调冷源，全热回收型江水源冷水机组除作为空调供冷外还为商管浴室提供生活热水。水源热泵系统部分利用邕江水作为排热源。水源热泵系统部分采用自动化控制，实现制冷及取水泵、空调泵联动的自动运行。

2. 主题乐园除湿系统设计：室内主题乐园内的激流勇进水体、湍流河水体区域设除湿空调系统。水体除湿空调系统采用风冷调温型除湿机，根据不同季节的除湿要求，可实现降温除湿模式、调温除湿模式、升温除湿模式和制热模式。

3. 主题乐园超大空间消防排烟设计，通过消防性能化设计，对室内大空间排烟系统进行烟气模拟，设置机械排烟系统及补风系统；大厅分为三个逻辑防烟分区，每个逻辑防烟分区的排烟风机、排烟补风风机均独立设置。主题乐园大厅为一个整体功能的高大空间，根据消防性能化设计计算，大厅总排烟量不小于 816000m^3/h。排烟补风量不小于排烟量的 50%。

4. 主题乐园大空间空调系统设计：全空气空调系统采用组合式空气处理机组，主题乐园大空间空调系统采用分层空调，利用室内构筑物、假山等设置空调送风。风口采用侧送喷扣、下送旋流风口等形式，均匀送风。主题乐园大厅顶部设置的火灾排烟风机兼作平时的排风。

通用电气医疗中国研发试产运营科技园

二等奖
建筑环境与能源应用专项奖

获奖单位：北京市建筑设计研究院有限公司
北京建院约翰马丁国际建筑设计有限公司
获奖人员：赵伟，彭晓佳，杨一萍，李轩，刘佳，杨旭，赵欣然，周彰青

项目位于北京经济技术开发区 65 街区 65M6 地块，北临荣昌东街，东临同济南路，西临 65 号支路；南北长约 284m，东西长约 177.2 m，总用地面积约 50113.1m^2。用地规整方正，地势基本平整。用地周边以工厂及办公建筑为主，景观环境以市政绿化为主。

项目总建筑面积 74200m^2，其中地上 58400m^2，地下 15800m^2，容积率 1.17，建筑密度 29%，绿地率 15%。

建设性质：工业厂房及配套用房。

建筑主要功能：实验、研发、运营。

建筑类别：高层厂房建筑。

建筑层数：地上 5 层，地下 1 层。

建筑高度：28.8m（室外地面至檐口）。

结构形式：钢筋混凝土框架剪力墙结构。

机动车及非机动车数量满足规划要求。

通用电气公司（GE）亦庄项目作为通用电气医疗集团生命科学部（GEHC）在北京乃至整个大中华区开展商业运作与研发工作的中心，有着十分重要的功能定位，同时也应当具有一定的示范和象征作用。

武汉轨道交通 6 号线一期工程通风空调系统设计

二等奖
建筑环境与能源应用专项奖

获奖单位：北京城建设计发展集团股份有限公司
获奖人员：梁立刚，陈洁，向伟，邓文飞，吴立健，王奕然，孟鑫，陈梁

武汉市轨道交通 6 号线一期工程南起东风公司站，北至金银湖公园站，线路全长 35.95km，均为地下线。共设站 27 座，其中换乘站 12 座。武汉地铁 6 号线一期工程通风空调设计范围为各地下车站、地下区间隧道、停车线、出入段线、联络线等车站配线隧道通风空调系统设计及总体技术管理。武汉地铁 6 号线一期工程通风空调系统由以下 4 部分组成：车站站厅和站台公共区空调、通风兼防排烟系统；车站设备管理用房空调、通风兼防排烟系统；车站空调水系统；区间隧道正常通风及事故通风系统。

在总结国内外轨道交通设计经验的基础上，结合当前地铁设计的发展趋势，武汉地铁 6 号线一期工程暖通空调系统设计，在提高系统功能要求、降低系统运行能耗、节省车站用房面积、提高施工效率和施工质量、节约并合理利用土地资源方面，做了许多创新工作。

1. 全国首次在新建线路地下车站采用分体式蒸发冷凝冷水机组和采用模块式蒸发冷凝冷水机组。

2. 全国首次实施全线装配式冷冻站，不仅大大节省现场施工时间，同时，装配式冷冻站自带的智能群控系统，使得全线空调冷水系统在运行时始终处于高效运行的状态，为本工程节能作出了巨大贡献。

3. 风口与公共区艺术化装饰的完美结合。本工程的几座装修特色车站，公共区装饰要求较高，如汉正街站，为配合装饰效果，通风空调风口在保证自身功能效果的同时，还需配合装饰进行巧妙地影藏和艺术化，可作为类似工程的借鉴。

4. 人性化设计提高用户体验。本工程在设计时，征求了地铁运营部门关于前期线路运营中出现的一些不方便的问题，如人员管理用房舒适性较差等，在本线路中进行了设计优化，尽最大可能通过设计层面为运营维护创造更好的条件。

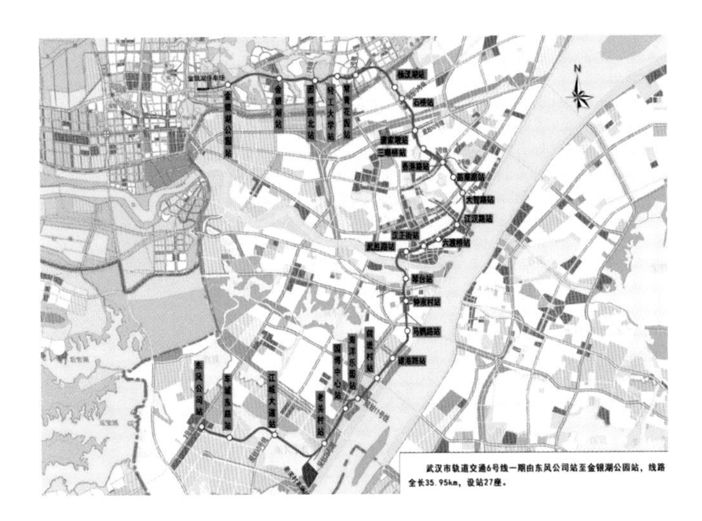

深圳中洲大厦

二等奖
建筑环境与能源应用专项奖

获奖单位：北京市建筑设计研究院有限公司
北建院建筑设计（深圳）有限公司
获奖人员：蔡志涛，龚旎，刘晓海，黄智杰，汤健，袁娟娟，钱芳群，杨梦军

中洲大厦位于深圳 CBD 东侧，是一栋总高 200m 的超高层高端商务办公楼，鉴于项目区域特征和业主需求，以建造“以人为本，可持续发展的高品质办公楼”作为主设计思想。建筑造型简洁圆滑，流线形外形具有现代感，展示了深圳岗厦片区和整个深圳的动态形象；外墙上水平遮阳板的穿孔和纹理排布按遮阳要求规律变化，形成极其微妙的光影效果。建筑空间着重考虑不同功能空间的特点，力求创造富有独特领域感的、高精细度的建筑空间。建筑功能重视平面及空间的利用率，提升建筑物的效率，并减少投资成本及社会成本；主楼采用钢管混凝土钢框架－钢筋混凝土核心筒混合结构，采用水源变频多联机空调系统，按绿色建筑国家一星和深圳铜级进行设计。

X87 方兴亦庄金茂悦

三等奖
建筑环境与能源应用专项奖

获奖单位：北京天鸿圆方建筑设计有限责任公司
获奖人员：焦跃，陈婧，王晓闪

北京密云海湾半山温泉度假酒店

三等奖
建筑环境与能源应用专项奖

获奖单位：中国中元国际工程有限公司
　　　　　美国 WATG
获奖人员：罗刚，朱斌，符晓满

北京市石景山区京西商务中心（西区）商业金融用地项目

三等奖
建筑环境与能源应用专项奖

获奖单位：中国建筑设计研究院有限公司
获奖人员：李京沙，尹奎超，王佳，李雯筠，潘云钢

海南清水湾雅居乐莱佛士度假酒店

三等奖
建筑环境与能源应用专项奖

获奖单位：北京市建筑设计研究院有限公司
获奖人员：王保国，吕紫薇

六里屯综合体（骏豪·中央公园广场）

三等奖
建筑环境与能源应用专项奖

获奖单位：悉地（北京）国际建筑设计顾问有限公司
获奖人员：程新红，易伟文，姜海平，汪丽莎，沈锡骞，张红楠，张士花，姚彬

山东省农村信用社联合社数据中心（奥体金融中心项目A栋楼数据中心机房系统工程项目）

三等奖
建筑环境与能源应用专项奖

获奖单位：中国建筑设计研究院有限公司
获奖人员：朱慧宾，陈扬，陈露，王玉峰，劳逸民，刘轶

深圳百丽大厦

三等奖
建筑环境与能源应用专项奖

获奖单位：北京市建筑设计研究院有限公司
北建院建筑设计（深圳）有限公司
获奖人员：蔡志涛，黄智杰，刘晓海，汤健，袁娟娟，钱芳群，杨梦军，龚旎

苏州科技城医院新建项目

三等奖
建筑环境与能源应用专项奖

获奖单位：中国中元国际工程有限公司
获奖人员：季涛，吴丹芸，郭佳，刘建

中国华能集团人才创新创业基地——实验楼 A、B 座及后勤服务中心

三等奖
建筑环境与能源应用专项奖

获奖单位：北京市建筑设计研究院有限公司
获奖人员：陈莉，赵墨，张春苹

专利技术研发中心研发用房项目

三等奖
建筑环境与能源应用专项奖

获奖单位：中国建筑设计研究院有限公司
获奖人员：郑坤，韩武松，郭丝雨，刘燕军，孙淑萍

建筑电气专项奖

第 11 届 G20 峰会主会场（杭州国际博览中心改造）

一等奖
建筑电气专项奖

获奖单位：北京市建筑设计研究院有限公司
获奖人员：余道鸿，陈莹，刘燕，张建辉，王帅，王博筠，方悦

杭州国际博览中心位于浙江省杭州市萧山区，总建筑面积 85.2 万 m^2，因 2015 年初确定 2016 年第 11 届 G20 峰会选址于此，故而针对峰会需求进行部分改造，改造范围面积 17.5 万 m^2。

改造区域集中于原项目的会议及会展中心部分，主要包括：原会议区功能布局的重新划分及全面改造；原城市客厅改造为峰会午宴厅(及相应附属用房的调整)；原展览部分中 4 个展厅的整体改造，分别改为主会场、听会及外方办公、指挥中心、新闻中心，后三者为会时改造会后恢复。

由于电气设计的系统性及一致性原则，除上述范围外，还涉及变配电室、柴油发电机房、消防控制室等的相关改造设计内容。建筑电气设计主要涵盖内容有：20/0.4kV 变配电系统、自备柴油发电机系统、改造范围内的照明系统、应急照明及疏散指示系统、空调配电系统、动力及消防动力配电系统、自备 UPS 配电系统、防雷接地系统、电气火灾监控系统、火灾自动报警及联动系统、消防电源监测系统、防火门监控系统等。

作为中国主场外交主会场、指挥中心及主新闻中心，本项目对用电保障、防火保障、安全保障、效果保障、运行保障等均有极高要求。

在国家标准及规范的基础上，从外部电源及用户自备电源两方面双管齐下，较大幅度提升了供配电系统的可靠性及持续性，主要的措施包括：与当地供电公司协商提升市政电源的可靠性，即增加 2 回 20kV 电源作为已有的 8 回双路 20kV 电源的备用，以确保峰会范围的电力供应；为峰会举办时的重要会议用电负荷设置 UPS 不间断电源，提高该类负荷的电源质量，同时避免由于电源切换或断电事故引起的电源中断或闪断现象；为与会议进程相关的重要负荷提供会时移动柴油发电车接驳口，应对会时保障清空室内油箱及建筑物周边储油罐的要求，确保极端情况下一定时间内的电力供应。

从严执行火灾自动报警相关规范，利用电气火灾监控系统提前发现隐患，通过火灾探测系统及时发现火险，借助联动控制系统有效控制火情并准确引导人员疏散。

主要会议场所的室内照明，除满足一般功能性要求外，还需体现装饰的美观性以及符合媒体直播摄影摄录需求。为此与专业照明顾问通力协作，对峰会相关的重点空间逐一建模，利用专业照明软件进行灯具、光源的选择和布设，并模拟计算空间照度、亮度、均匀度、眩光、显色性等重要指标，提供准确的室内灯光效果图以便于装饰专业的细节调整工作。同时利用智能照明控制系统对光环境进行有效调节，充分考虑技术与艺术的完美结合，提升室内照明的实用性、美观性、舒适性至同行业较高水平。

为变频启动类设备就地设置有源滤波装置，减少谐波损耗及危害；LED 光源使用比例近 100%，提高了发光效率即电能有效利用能力。

二十国集团领导人杭州峰会
G20 HANGZHOU SUMMIT

中国航信高科技产业区——生产区

一等奖
建筑电气专项奖

获奖单位：中国中元国际工程有限公司
获奖人员：焦建欣，浦廷民，杨凌，陶战驹，张欣，石咸胜，单永明，赵鑫

项目概况

中国航信高科技产业园区位于北京市顺义区后沙峪镇，项目用地共分为 4 个地块，划分为生产区、办公区、配套区、综合区 4 个功能区，规划总建筑面积 533040m^2。本次申报的是东北角的生产区。

技术特色

1. 供电电源

本工程含 3 种电源，N：市电；E：自备应急自启动柴油发电机组电源；U：不间断电源。

由于航信的业务特点决定机房楼全部负荷为一级负荷，包括所有 IT 负荷、消防用电、安防系统、通信系统、ECC 以及为机房负荷服务的其他负荷设备，如精密空调、冷水机组、水泵、照明等用电均为一级负荷。

市电：本工程由市政电网引入 12 路 10kV 电源，且分别来自上级两个不同的变电站，要求 12 路电源同时工作，互为备用，当其中一路电源故障时，另外一路能够承担全部负荷的供电，12 路电源采用电缆隧道的形式进入机房楼 A，来自两个不同变电站的电源引分别敷设在不同的电缆隧道内，两条隧道相互之间物理隔离。其中每 2 路 10kV 电源组成一套系统，共 6 套（1#~6#）系统。各套系统的供电范围如下：

1# 系统供北侧二、三层数据机房及 ECC；

2# 系统供北侧四、五层数据机房；

3# 系统供北侧水冷单元、精密空调、风冷屋顶新风系统、照明及动力楼其他；

4# 系统供南侧二、三层数据机房；

5# 系统供南侧四、五层数据机房；

6# 系统供南侧水冷单元、精密空调、照明及动力楼。

本工程 10kV 总配电室及部分为非 IT 负荷（除测试机房外）供电的分变配电室设置在机房楼 A 首层；为 IT 负荷供电的分变配电室设置在二～五层，与其所供电的机房模块设置在同层；

自备应急自启动柴油发电机组电源：本工程采用快速自启动柴油发电机组作为备用电源，设置在动力楼内，终期可容纳 64 台发电机组。目前共装设 32 台单台常用功率 1800kW（PRP）的 10kV 发电机组，发电机组分为两组，每 8 台一并机，园区内设专用电缆隧道，将油机电源引至机房楼 A 内。柴油发电机带部分 T3 及全部 T4 级别的 IT 负荷以及为机房负荷服务的其他负荷设备，如精密空调、冷水机组、水泵、照明、消防等重要负荷。

不间断电源：本工程所有 IT 设备、机房空调设备、冷冻水二次泵、重要弱电系统、应急照明等均采用 UPS 供电，UPS 配置单机满载 30 分钟运行时间的蓄电池组。

ECC 监控中心供电：本工程园区内设有 ECC 监控楼，其内主要为 ECC 监控大厅，指挥决策室及专家洽商室等，对数据机房进行实时监控。考虑其重要性，在设计时为本楼设置独立变电所，由 1# 系统供电，10KV 含有油机电源，同时变电所内设置集中 UPS，为监控大屏及重要弱电设备供电。

2. 机房接地

本工程机房接地系统采用大楼共用接地系统，接地电阻不小于 0.5Ω，机房采用 30 × 3mm 紫铜带组成 M 形接地网络 (1.2 × 3m)。M 形接地网络安装在机柜下方。机房内预留的接地端子板与接地网络连接。机房设备采用 6mm^2 铜编织带，对角不等长接入 M 形接地网。机房内静电地板腿上用铜编织带 50mm^2 与接地网格连接。变电所、UPS 配电室、电池室内用 40x4mm 镀锌扁钢沿房间墙面做等电位接地。机房内所有设备非带电金属外壳及金属龙骨踢脚板线缆线槽均可靠接到 600 网格编织带上，使机房内所有设备的金属外壳形成等电位。

3. 机房照明

本工程机房内平均计算照度为 534lx，功率密度为 10.6W/ ㎡，满足相关规范及节能要求，灯具沿维护通道均匀布置，并挑选其中部分灯具作为应急照明。

综合效益

中国民航信息集团公司是隶属国务院国有资产监督管理委员会管理的中央企业。中国第一，世界第四，总部设在北京。其主营业务是提供航空客运业务处理等服务，是目前航空旅游行业领先的信息技术及商务服务提供商。本项目是为满足企业对数据中心的需求，提升企业数据安全性和系统稳定性而建设的。该数据中心的设备支撑着公司订座、离港、货运、电子商务和外包服务等核心业务系统的运行，今后可以作为整个央企的云计算中心和大数据中心，对国有企业和国家经济影响重大。本项目的建设，加大了公司对主营业务的投入，以新一代旅客服务系统建设提升我国民航旅客服务水平；同时建设新的运行中心，夯实公司可持续发展基础；建设公共物流信息服务系统，以统一的航空物流公共信息平台建设提升我国货运竞争力；具备为整个航空物流产业链提供信息服务的能力，成为“客货并举”的民航信息综合服务商。在此基础上，将中国航信的航空物流公共信息平台建设成为中国的公共物流信息平台，在航空、公路、铁路、海运等领域推广应用。

中新天津生态城天津医科大学生态城代谢病医院

一等奖
建筑电气专项奖

获奖单位：中国中元国际工程有限公司
获奖人员：李楠，杨正英，李桂楠，吕方齐，王燕，吴伟民，刘仕娅

项目概况

本项目是一所集医、教、研于一体的综合性、非营利性公立医疗机构。医院服务对象为中新天津生态城居民，同时突出代谢病专科特色，服务于滨海新区及天津市居民。项目位于天津生态城起步区，总建筑面积 6.94 万 m^2，总床位数：334 床，日门诊量 1000 人次。项目主体为生态城代谢病医院医疗综合楼，主要功能包括门诊、急诊、医技、住院、行政办公、后勤保障、停车库。

技术特色

在用地紧张的情况下，电气机房面积紧凑、布置合理，位于负荷中心，进出线方便。本工程用电设备安装容量 5138kW(不含备用负荷)；计算有功负荷 2331 kW（同期系数 Kx=0.45）；计算无功负荷 1108kvar(补偿 760kvar 后)；计算视在负荷 825 kVA。在地下一层新建一变配电室，面积 300m^2；内设 4 台 1000kVA 变压器。由市政提供两路 10kV 专用电源线路，分别引自不同的上级开闭站。每路电源能承担全部负荷，两路电源同时工作，互为备用；柴油发电机房设在变配电所北侧，内设一台常载功率 700kW 柴油发电机作为第三电源，两路电源均失电后，向消防负荷或一级负荷中重要负荷供电，保障该类设备不间断运行；针对一些停电时间要求小于 0.5s 的重要负荷以及重要场所，额外单独设置了 UPS 设备供电。设计初期与建筑及各设备专业多次讨论，将变电所准确布置于负荷中心，柴油发电机房贴临变配电所，变电所北侧为柴油发电机房和生活水泵房，东北侧为消防水泵房，下层为直燃机房，南侧为营养厨房，西侧贴近外墙，既保障了供电便利性，又保障了高压进线的直接性，变配电室内电缆井正上方为核心电气竖井，大部分竖向供电电缆不用出变配电室即可进入竖井，有效降低了供电半径。柴油发电机房应急出线至变电所应急母线段距离不超过 20m，排烟管在机房内直接通过烟道至屋顶高空排放。与电气专业相关的排烟管、主干电缆桥架合理地避免了与其他专业管线交叉，既减少了施工难度与管线检修难度，又避免医疗建筑管线众多，影响建筑层高。降低供电电缆压降并提高供电可靠性的同时节省了工程造价。

确定绿色建筑设计目标，全专业制定节能减排策略，曾获得北京工程设计勘察协会颁发的“绿色建筑一等奖”；是国内最早获得国家绿色三星认证的医疗建筑项目之一。电气专业除采用常规绿色节能措施之外还采用以下措施：

1. 本项目在建筑主入口约 1200m^2 雨棚上方设有太阳能非晶硅光伏发电板，该系统直流安装容量约 36 kWp，通过光伏发电机房内汇流箱、直流配电柜、逆变器、交流配电计量柜等经电缆接至照明干线，与本楼供电系统并网运行，优先使用太阳能发电。

2. 通过计算，合理确定变压器安装容量，本项目变压器装机密度为 58VA/m^2，远低于国内大多数医疗建筑安装值。

3. 通过选用 SCRBH15 型低损耗节能非晶合金干式变压器，有效降低变压器空载损耗。

4. 采用能耗监控管理系统。各种不同用能场所分别装设电度计量表，实现能耗分项计量。通过精确的电能计量与分析，用电波峰波谷调配，从而提高设备的利用效率，降低运行成本。

5. 公共照明采用智能照明控制和管理；大量采用 LED 高效灯具，通过时钟定时器、智能开 / 关控制来实现节能，并延长灯具寿命。根据使用需要分为全部开启、2/3 灯具开启、1/3 灯具开启、分区开启、全部关闭、应急照明、保安巡视等多种灯光场景。灯光场景的切换均按照定时器设定的时间自动运行，也可以临时手动切换。车库照明灯具自带红外感应探测器，有人停车时保持高照度，没人时保持最低照度，节约能源。卫生间根据时间和人体红外感应控制，无人时，系统打开部分回路提供基本照明，当有人进入时，该区域灯光可以整体变亮，人离开后延时关闭，延时时间可调。楼梯间照明采用声控或红外感应控制。一般房间设多个就地照明开关，个人可根据明暗自主开关灯具。白天尽量采用自然光照明。

6. 地下区域设光导照明，白天尽量利用自然光，少开或不开灯，节约能源。

综合效益

本项目以节能技术集成为主线，综合考虑了建筑节地、节能、节水、节材、运营管理与室内环境，全面系统地运用创新、先进的绿色建筑技术，将创造优良的医院环境与生态技术有机融合到建筑设计之中，践行实效性、适用性强的绿色低碳技术。采用了太阳能热水及光伏系统，合理利用可再生能源节能。本项目是国内为数不多的获得国家三星级绿色建筑标识的医疗类建筑，并且是功能完备的综合医院建筑。项目将在具体技术应用、经济分析比较等方面为我国绿色建筑特别是绿色医疗建筑的发展提供技术支持，具有较高的社会效益、经济效益和环境效益，并具有较强的示范效果。

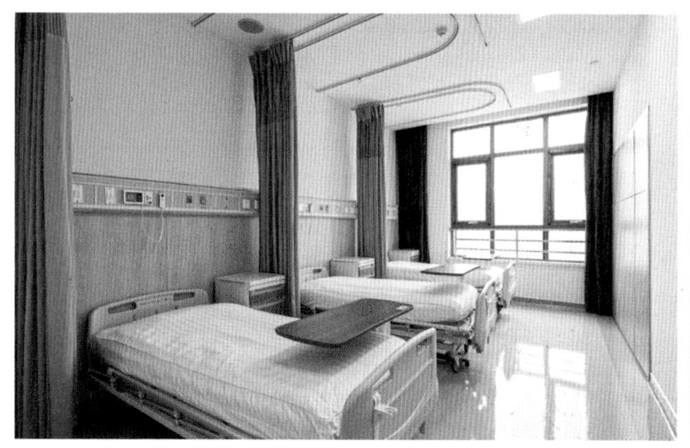

天津医科大学中新生态城医院

珠海歌剧院

一等奖
建筑电气专项奖

获奖单位：北京市建筑设计研究院有限公司
北建院建筑设计（深圳）有限公司
获奖人员：孙成群，彭江宁，陈小青，刘家英，李艳伟，张文华

项目总体介绍

珠海歌剧院总建筑面积 59000m^2，包括 1550 座歌剧院、550 座多功能剧院、室外剧场预留及旅游、餐饮、服务设施等。珠海歌剧院的定位为：高雅的文化艺术殿堂、闻名的文化旅游胜地。它的意义不单是建造一所高品质的剧院，而是为珠海这座城市创造一个具有原创性、地域性和艺术性的标志性建筑。由于基地为人工填海而成，并且歌剧院为海岛的核心建筑，因此建筑的用地规划较为统一。工程总用地面积为 57670m^2，主体建筑集中在海岛建筑环路的内侧，建筑限高小于 100m，建筑自身的采光、通风环境十分优越。根据珠海歌剧院建筑特点与功能要求，结合舞台灯光、舞台机械等舞台工艺要求，对光环境和舞台机械、舞台灯光、舞台音响进行设计，确保建筑使用功能。设计中按照甲等配置变配电系统和自备电源系统，并采取抑制高次谐波措施，将由电源故障引起的影响演出的风险降到最低，同时结合建筑形态，设置完善电气消防系统和雷电防护措施，确保建筑使用安全。

技术特点

本建筑为一类高层建筑，为甲等大型剧场建筑。从相关开闭站引入两路 10kV 专线电源，互为备用。在地下一层设置高压配电室及 2 处 10/0.4kV 变配电室。安装低损耗、低噪声干式节能型干式变压器，一台 1200kW 柴油发电机组供消防负荷及保障用电，将由电源故障引起的影响演出的风险降到最低，采用低压侧集中补偿，设电容补偿器柜；在舞台机械、舞台灯光、舞台音响等配电柜处设置就地有源滤波装置，抑制高次谐波；由变配电监控系统实现变配电自动化管理。低压配电系统采用放射式与树干式相结合的方式。舞台灯光、舞台机械等供电采用双回路供电方式。电气照明主要包括：一般照明、舞台照明、应急照明（含疏散照明和备用照明）、室外照明及航空障碍照明。将舞台灯光系统、观众厅照明系统、舞台工作灯系统、配套用房常规照明系统等分别设计，观众席座位排号灯供电电压不应超过 AC36V，舞台设置拆装台工作用灯，舞台区、栅顶马道等区域应设置蓝白工作灯，观众厅照明应采用平滑调光方式，并应防止不舒适眩光，观众厅按照不同场景设置照明模式，调光装置应在灯控室和舞台监督台等处设置，并具有优先权，清扫场地模式的照明控制应设在前厅值班室或便于清扫人员操作的地点，观众厅照明、观众席座位排号灯（灯控室照明箱供电）、前厅、休息厅、走廊等直接为观众服务的场所照明及舞台工作灯采用智能灯光控制系统，其控制开关设置在方便工作人员管理的位置并采取防止非工作人员操作的措施。化妆室照明宜选用高显色性光源，光源的色温应与舞台照明光源色温接近。消防控制室、配变电室、发电机房、消防泵房、消防风机房等处设不低于正常照明照度 100% 的应急备用照明。本建筑按二类防雷建筑物设防，结合建筑形态，利用铝扣板金属幕墙及屋面的钢结构构件做防雷装置，屋面玻璃天棚钢结构支架为防雷网格。利用幕墙竖向钢构柱或钢筋混凝土柱内钢筋作为防雷装置引下线，并与防雷及接地装置可靠电气连通。采用共用接地装置，以建筑物、构筑物的金属体、构造钢筋和基础钢筋作为接地体，其接地电阻小于 1Ω。建筑物做总等电位连接，在配变电所内安装一个总等电位连接端子箱，将所有进出建筑物的金属管道、金属构件、接地干线等与总等电位端子箱有效连接。低压系统接地型式采用 TN-S。所有弱电机房和电梯机房均作局部等电位连接。舞台机械控制室预留接地端子。确保建筑使用安全。消防控制室设在一层，有直通室外的出口。消防控制室内设火灾报警控制主机、联动控制台、图形显示器、打印机、紧急广播设备、消防直通对讲电话设备、电梯监控盘及电源设备等。观众厅、观众厅闷顶内、舞台、服装室、布景库、灯控室、声控室、发电机房、空调机房、前厅、休息厅、化妆室、栅顶、台仓、吸烟室、疏散通道及剧场中设置雨淋灭火系统的部位设有火灾自动报警装置，舞台选择两种及以上火灾参数的火灾探测器，大空间部分宜采用线形光束感烟火灾探测器。

节能绿色环保

1. 变配电所的位置接近负荷中心，合理选择导线截面。

2. 采用低损耗、低噪声干式节能型变压器。三相配电变压器满足现行国家标准《三相配电变压器能效限定值及能效等级》GB 20052—2013 的节能评价值要求，水泵、风机等设备及其他电气装置满足相关现行国家标准的节能评价值要求。

3. 采用低压集中自动补偿方式，并配备谐波电抗器设置有源滤波装置。

4. 单相用电负荷均匀分配在三相网络。

5. 建筑设备监控系统对建筑物内的设备实现节能控制。

6. 照明光源优先采用节能光源，建筑照明功率密度值应小于《建筑照明设计标准》GB50034—2013 中的规定。

7. 采用智能灯光控制系统，通过控制遮阳板实现自然光和人工光有机结合。

综合效益

本项目于 2016 年 10 月 27 日举办了开票仪式，向社会公布该剧院 2017 年首演季正式开票和营销启动，珠海大剧院正式开启全面运营模式。2016 年 12 月 31 日，来自俄罗斯的世界顶级乐团——俄罗斯国家交响乐团在珠海大剧院奏响了第一个音符，立项至今已达 25 年的珠海大剧院终于拉开了首演的大幕。北京保利剧院管理有限公司与珠海城市建设集团双方出资成立合资公司，以北京保利剧院丰富的院线资源和先进完善的管理理念，结合珠海文化旅游和地方优势，合力将珠海大剧院打造成国际知名、中国一流的剧院，融合粤港澳主流文化和高雅艺术，形成综合性的艺术空间和文化交流平台。

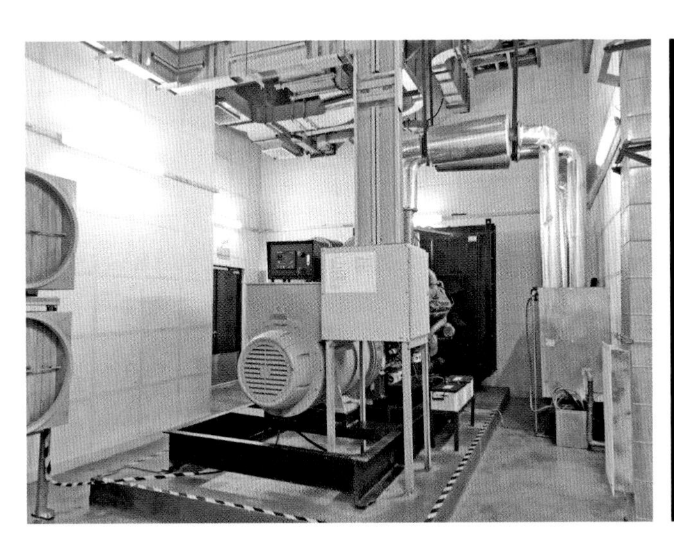

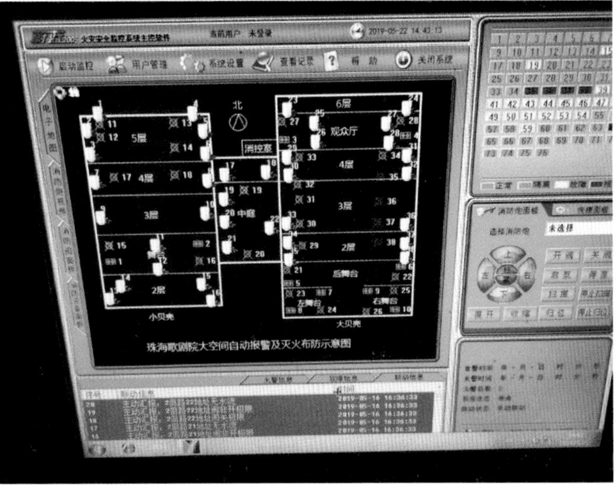

火灾安全监控系统主控软件
当前用户 未登录
2019-05-22 14:43:13
启动监控
用户管理
系统设置
查看记录
帮助
关闭系统
北
6层
观众厅
5层
消控室
4层
3层
中庭
2层
后舞台
左舞台
右舞台
小贝壳
大贝壳
珠海歌剧院大空间自动报警及灭火布防示意图

光环新网上海嘉定数据中心工程

二等奖
建筑电气专项奖

获奖单位：中国建筑标准设计研究院有限公司
获奖人员：张丽娟，刘莉馨，高丽华

本项目共设计有 16 个机房模块，可提供 4500 台 42U 标准服务器机柜。

机房按照 T4 标准设计，电气供配电系统、空调系统、综合布线系统均按照 T4 级别要求的冗错架构配置，为电子信息设备提供安全、可靠的保障。本项目采取 4 种电源设计，分别为双路 10kV 市电进线，双路 10kV 高压柴发后备电源、双路 UPS 不间断电源，以及设立了冷热电三联供能源站。同时，在园区内自建了一座 110kV/10kV 变电站，为用户设备提供稳定可靠的电力供应。本项目共安装 2500kVA 干式变压器 24 台（其中 4 台备用）。UPS 按照 2（N+1）容错系统配置，共安装 600kVA 的 UPS112 台。另外还配置了 12 台 400kVA 的 UPS，为精密空调、冷冻水泵提供不间断电源。同时还配置了 2 组 20 台主用功率 2000 kW 的 10kV 高压柴油发电机组作为后备电源，组成 2N 后备电源系统，设立 8 套储油罐，满足发电机组运行 72 小时用油。本项目采用双冷冻站，2 个冷源互为备用。每个冷冻站配置 4 台 1300RT 的离心式冷水机组，4 台冷却塔和 4 台板换与之对应，空调水系统均采用一次泵变流量系统。冷冻水主干管布置成环路，冷冻水支管道按照 A/B 双路设计，互为备用。

梅溪湖国际广场

二等奖
建筑电气专项奖

获奖单位：北京市建筑设计研究院有限公司
奥雅纳工程咨询（上海）有限公司
获奖人员：梁巍，高扬，张沫，董栋栋，孙成群，韩全胜，张文北，王灵丽

工程由两栋 200m 以上超高层及大型商业综合体组成。电源由上级两处 110kV 变电站共引来 4 路 10KV 电源至建筑物内设置开闭站。各变电所均由开闭所不同母线段引来 1 路 10kV 专线电源；每路均能承担工程一、二负荷，两路 10kV 电源同时工作、互为备用，经高压线槽引至各变电所。本项目地上 52 层，分南塔和北塔，北塔为办公，南塔为酒店和办公，裙房为大型商业体，南北塔建筑高度 220m，地下共 4 层。商业变电所设置在地下 2 层，南塔在 37 层设置酒店高区变电所，北塔在 37 层设置办公高区变电所，其余变电所设置在地下一层。柴油发电机房设置在地下一层。变压器采用低损耗节能型 SCB11 型干式变压器。超高层办公地上部分母线，采用电缆连接铜母线槽配电，以减低超高层建筑在摇摆时对母线槽接驳组件位置的拉扯压力。南北塔各设置 1 台 1600kW 低压柴油发电机。商业部分冷冻机组采用 10kV 高压冷机，其配电采用 10kV 供电，地下一层设置高压冷机配电室，设备启动采用自藕降压方式，补偿柜、塔楼消防设备供电干线采用矿物绝缘电缆。本工程还设有公共建筑能耗监测。

南宁万达茂

二等奖
建筑电气专项奖

获奖单位：北京维拓时代建筑设计股份有限公司
获奖人员：杨春丽，庞灵章，赵纪锋，李毅，汪海，谷全，杨东

南宁万达茂所在的五象新区作为南宁南向发展轴线的核心，是城市未来三大中心之一，是现阶段和未来 10 年城市开发核心重点区域，是以“中国一东盟”国际商务往来为核心的商业、会展、办公、居住区。

项目引入广西特有的景观、建筑、文化、传说、传统节日等元素，设计了“鼓楼寨”“彩带谷”“百鸟山”等分区，设有湍河漂流、过山车、激流勇进等大型游乐项目，是国内规模较大的单体室内主题乐园。

本建筑业态较多，根据项目特点，进行合理的电源分组，合理设置变电所，合理控制供电半径。满足电压降的要求，控制电力线路的造价，满足绿建二星要求。

双重电源引自两个上级 110kV 变电站。主题乐园单体设置自备柴油发电机组为重要负荷提供第三电源。

根据主题乐园超大空间的功能需要，开敞区防火分区面积达 2.36 ㎡，远超防火规范要求，设计过程中做了相应的消防加强措施。在首层通过 6m 宽防火隔离带将开敞区域分成防火控制区，各区电气系统独立设置。消防配电干线电缆采用矿物绝缘电缆；普通电缆提高阻燃等级。

特种设备架空轨道可避免停电时乘客高空滞留，采用两路市电 + 柴油发电机保障供电。

根据游乐设备运行周期时间分别消防延时切电。

唐山市丰南区医院迁建项目

二等奖
建筑电气专项奖

获奖单位：中国中元国际工程有限公司
获奖人员：李家驹，陈彦哲，韩敬贤，段铮，陈兴忠，邵翠，张浩波

项目概况

该项目位于河北省唐山市丰南新区，建设标准为三级综合性医院。特色科室为儿科、妇产科、骨科、冠心病诊治中心等。新院区于 2017 年 10 月投入运营以来，医疗范围已覆盖区、市及周边乡镇，极大地改善了丰南区医院的医疗条件，提升了唐山市公共卫生服务形象。

技术特色

医院电力系统“统一规划，分步实施”。

首次在大型综合性医院中间层设置通盘隔震层，项目总结了隔震建筑电气设计经验，并在后续同类型工程设计中推广应用。

节能技术与效果

分项、分区域设置照明、插座及空调计量仪表，满足医院运营及考核要求。

供电深入负荷中心。变电所及电气竖井设置充分考虑平面布局，深入负荷中心，减少供电距离以减少配电损耗及投资。

综合效益

作为地区级医院，医院的建设投资相当有限。设计过程中重视了造价控制，摆脱了中元医疗专攻“高大上”医院的帽子。医院整体设计既保障了系统功能，又节约了投资成本，成为经济实用型医院设计典范，作品得到了业主及地区领导的高度认可。

唐山市丰南区医院目前为二级甲等综合医院，设计标准为三级医院。新院区建设历时五年余，已于 2017 年 10 月 27 日正式营业开诊。医院新院区建成后，与唐山市工人医院等组成医联体，先后与北京协和医院、中日友好医院、北京天坛医院、北京宣武医院等国家知名三甲医院战略合作，共同推进“京津冀一体化”医疗服务，提升河北省医疗卫生服务水平。

中白商贸物流园首发区

二等奖
建筑电气专项奖

获奖单位：中国中元国际工程有限公司
获奖人员：郭佳，刘海华，苗小庆，周军，王加钢

项目概况

中白工业园，全称中国——白俄罗斯工业园，坐落于丝绸之路经济带中贯通欧亚的重要枢纽——白俄罗斯明斯克州。中白工业园规划面积 91.5km^2，它是中白合作共建丝绸之路经济带的标志性工程。拥有优越的地理区位优势，地处欧洲和亚洲、波罗的海和黑海主要线路的交汇处，拥有便捷的公路、铁路和航空交通网，是连接欧美和独联体国家最有利的节点。中白工业园是我国在境外开发规模最大、合作层次最高的经贸合作区。建设内容包括物流仓库、华商商务中心、展示馆、能源中心及其配套设施。

技术特点

根据相关约定，本工程的规范标准可按中国标准执行，但实际上白俄罗斯当地工程建设程序严谨，建设管理制度健全，建设相关的法律法规、技术规范标准完善，项目实施过程中各部门分工明确，执行严格，两国规范和标准存在较大的差异性，并且由于两国不同文化和理念的碰撞，使得设计的理解和思维方式也存在一定的差异，因此无法完全按照中国标准实施。经过团队前往当地调研，与设计转化单位（白俄罗斯国家工业设计院）反复交流，团队有意识地了解白俄规范、学习白俄规范，通过专业的技术水平和敬业精神获得白俄设计师的理解，接纳中方的设计理念，进而融合白俄规范。

综合效益

中白商贸物流园首发区项目，是第一个由中国设计单位按照白俄罗斯

标准和规范设计并顺利竣工的项目，是中白工业园第一个取得验收通过的项目。其中，最先完工的华商商务中心还取得了“中白工业园第一楼”的美誉。这是中国设计单位完成的一次大胆尝试，在取得了成功的同时，也积累了宝贵的设计经验。

项目始终坚持贯彻绿色环保，先后获得由德国认证机构颁发的欧盟环境管理与审计计划证书（EMAS）和白俄罗斯标准中心、加拿大认证机构 PECB 颁发的质量管理和劳动保护体系合格认证书、ISO14001 环境管理体系认证等。

中国食品药品检定研究院迁建工程

二等奖
建筑电气专项奖

获奖单位：中国中元国际工程有限公司
获奖人员：胡剑辉，富烨，焦兴学，高磊，王琳锋，时姗姗，王琛

该项目位于北京市大兴区黄村卫星城南北京生物工程与医药产业基地内，总建筑面积为 10.37 万 m^2，是国家食品药品监督管理局的直属事业单位，是国家检验药品生物制品质量的法定机构和最高技术仲裁机构，依法承担实施药品、生物制品、医疗器械、食品、保健食品、化妆品、实验动物、包装材料等多领域产品的审批注册检验、进口检验、监督检验、安全评价及生物制品批签发，负责国家药品、医疗器械标准物质和生产检定用菌毒种的研究、分发和管理，开展相关技术研究工作。

该项目主要建设内容包括：区域管网、综合业务楼、药品检验楼、生物制品检验楼、标准物质楼、医疗器械检验楼、实验动物资源中心、动物实验楼、生物安全实验楼、特殊生物楼、动物实验动力中心、公共洗消中心及冷冻站房、危险品库及中水处理站、垃圾站、门卫、食堂公寓楼、报告厅及教学楼、生活区动力中心、地下通道。

药品、生物制品和医疗器械安全涉及人民群众的切身利益，是社会公众安全的重要组成部分。中检院作为全国药品检验系统的“龙头”，其发展状况直接影响到全国药品检验系统的发展，关系到全国药品监督管理的全局，关系到广大人民群众的用药安全。本项目建成后，中检院检验技术水平将得到全面提高，将能更好地对国内市场上的伪劣药品、生物制品和医疗器械进行有效控制，保障人民健康。

本项目建成后，中检院相应的检测能力得到改善，将提高我国药品、生物制品和医疗器械产品的水平，同时提高国内制药业在国际上的竞争力，满足实验室国际认可、认证的需要。

中检院是 SFDA 直属单位，作为药品监督管理的技术依托，承担着依法实施药品审批和药品质量监督检查所需要的药品检验任务和国家药品标准品、对照品的标定任务。项目建成后，中检院将增加精良的实验设施和配套设备，新增业务能够正常开展，同时也能更好地承担依法实施药品审批和药品质量监督检验所需要的工作，为人民用药安全有效把关。

北京奥体南区 3# 地项目

三等奖
建筑电气专项奖

获奖单位：中国中建设计集团有限公司
SOM
获奖人员：韩占强，亓洪波，张晖，毛冉，王龙，祝海超

北京老年医院医疗综合楼

三等奖
建筑电气专项奖

获奖单位：清华大学建筑设计研究院有限公司
获奖人员：崔晓刚，张松，潘敏，王磊

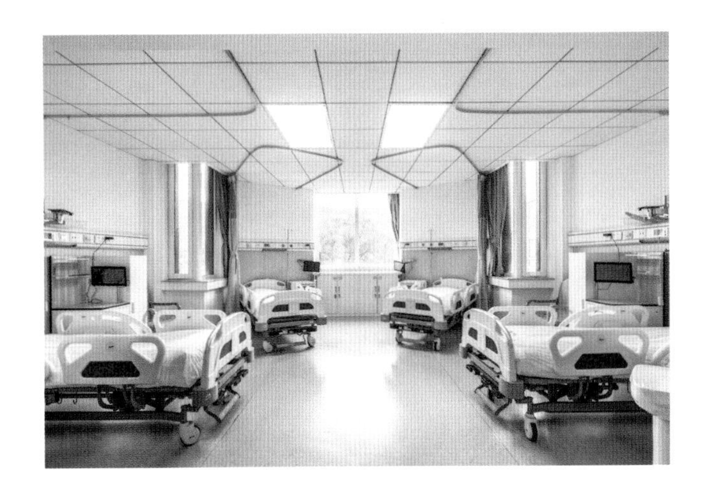

北京市石景山区京西商务中心（西区）商业金融用地项目

三等奖
建筑电气专项奖

获奖单位：中国建筑设计研究院有限公司
获奖人员：胡桃，崔振辉，赵心亮，陈琪，贾京花

东方影都大剧院

三等奖
建筑电气专项奖

获奖单位：中国中元国际工程有限公司
获奖人员：张欣，李雪姣，浦廷民，陶战驹，杨宗彪

哈尔滨万达文化旅游城产业综合体——万达茂

三等奖
建筑电气专项奖

获奖单位：北京维拓时代建筑设计股份有限公司
获奖人员：李毅，王高，杨春丽，汪海，樊江，李卓，刘珊珊，李论

厦门金砖峰会主会场改扩建

三等奖
建筑电气专项奖

获奖单位：北京市建筑设计研究院有限公司
　　　　　厦门佰地建筑设计有限公司
获奖人员：余道鸿，郑吓忠，丁建唐，陈荣华

专利技术研发中心研发用房项目

三等奖
建筑电气专项奖

获奖单位：中国建筑设计研究院有限公司
获奖人员：李俊民，陈双燕，姜海鹏，陈琪，王苏阳

建筑智能化专项奖

故宫博物院火灾报警系统改造设计

一等奖
建筑智能化专项奖

获奖单位：北京城建设计发展集团股份有限公司
获奖人员：安卫华，魏乃永，郝冰，张高洁，程卫列，张萌，李黎，金苏

工程概况

故宫博物院是一座具有近600年历史的皇宫古建筑群体，是全国重点文物保护单位，是世界上现存规模最大、保存最完整的古代宫殿建筑群，是世界文化遗产。故宫总占地面积为72万m^2，古建筑群体总面积为16万m^2。根据使用功能划分为展室、库房、办公及服务用房、基础设施用房四大类，其中展室又分为原状陈列、展厅两类。故宫火灾自动报警系统改造设计具有规模大、传输距离长、环境复杂等特点，故宫火灾自动报警系统的防护等级按特级设置，覆盖故宫的整个区域。点式探测器报警总点数为8500个，吸气式火灾报警探测器约120台，区域报警控制器29台。项目从设计到竣工历经近10年的时间，各项方案、参数、经验和创新理念都极大地推动了国家文物行业消防改造工作的发展，奠定了行业基础和地位，从而获得了国家文物局、故宫博物院、北京市文物局以及各地文化局、消防局的认可，先后发表了多篇学术论文，参编了北京市地标、安徽地标《文物建筑防火设计规范》、国家文物局《文物建筑防火设计导则》、行业标准《文物建筑防火设计规程》等多项规范和标准。近期巴西国家博物馆火灾、巴黎圣母院火灾以后，消防部门对故宫火灾报警系统等消防设施进行复检，系统合格、运行良好。

技术特点

1. 技术特点

故宫火灾自动报警系统改造设计具有规模大、传输距离长、环境复杂等特点。故宫古建筑群主体结构均为木制材料，表面刷油漆或绘制彩画；整个建筑群体的布局是主体大殿、配房、廊道紧密相连。根据使用功能划分为展室、库房、办公及服务用房、基础设施用房四大类，其中展室又分为原状陈列、展厅两类。设计团队历时半年详细地踏勘了故宫博物院所有文物建筑的参数、使用功能、历史价值、保护对象火灾特点，并在文华殿进行了火灾报警系统的模拟实验，获得了翔实的设计资料，理清了设计目标和路线。对文物建筑按照建筑参数、功能、闷顶、适用的火灾探测器类型创新性地进行了完善的研究和划分，对点型、线型、图像型、光纤、吸气式探测器参数和适用性进行了充分的对比研究，并提出了具体的设置方案，为文物行业的消防工作提出了先进、具体、具有示范意义的解决方案。

2. 先进性与创新性

（1）系统采用智能型火灾报警系统，将报警信号、火灾模型及外部环境信号进行对比分析，有效地解决了误报和漏报两个系统难题。

（2）火灾报警系统规模大，采用三级信号处理模式，即控制中心、区域控制、本地控制三级管理。本工程包含44个院落，总建筑面积16万m^2，根据故宫格局共设29分区设备间，29个火灾报警区域控制器分别在各区的设备间内管理相应的区域，某区域机器故障不会影响其他区域设备使用。点式探测器报警总点数为8500个，吸气式火灾报警探测器约120台。

（3）本工程占地72万m^2，传输距离长，控制中心与区域控制器之间系统干线采用光纤传输的方式，增加传输距离减小信号干扰。为了增加可靠性，系统采用环形布线，当系统出现一处故障不影响设备使用及信号传输。

（4）故宫大规模采用吸气式报警系统，故宫宫殿内大量彩绘雕花吊顶，传统点式探测方式影响古建风貌，根据使用要求并进行相关测试后，采用了120台吸气式报警探测器，是目前国内规模最大的利用吸气式报警探测古建筑群。

（5）最小干预原则，重视细节处护理，减少对历史风貌的破坏。在设计中工程师追求细节处理，在明敷管路及明装设备的隐蔽措施上下功夫，室外管线敷设也尽量减少扰动土壤，在满足使用要求的前提下利用已有管线或减小增加管线管径，已达到最小干预的目的。

（6）系统与安防系统集成，在火灾时进行图像复核。在控制中心火灾自动报警系统与视频监控系统进行集成，在火灾时能及时进行图像复核，确认火灾，节约时间。

综合效益

本项目对文物建筑按照建筑参数、功能、闷顶、适用的火灾探测器类型创新性地进行了完善的研究和划分，对点型、线型、图像型、光纤、吸气式探测器参数和适用性进行了充分的对比研究，并提出了具体的设置方案，为文物行业的消防工作提出了先进、具体、具有示范意义的解决方案。对于世界级文化遗产的大型古建筑群提出了在防火分区内按照院落布局进行系统设计和分层管理的设计理念。2007年就率先提出了光纤传输环形网络系统。坚持文物最小干预原则，在文物行业提出了与文物修缮工程一体化设计实施与综合管理的理念，推动了文物修缮、消防安防改造、基础设施改造、防雷等工程向集约型建设不断发展，工程竣工后，获得了行业的认同。这个项目从设计到竣工历经近10年的时间，各项方案、参数、经验和创新理念都极大地推动了国家文物行业消防改造工作的发展，奠定了行业基础和地位，从而获得了国家文物局、故宫博物院、北京市文物局以及各地文化局、消防局的认可，先后发表了多篇学术论文，参编了北京市地标、安徽地标《文物建筑防火设计规范》，国家文物局发布的《文物建筑防火设计导则》、行业标准《文物建筑防火设计规程》等多项规范和标准。

消防安保控制室全貌

消防安保控制室控制台

区域报警控制器

点式感烟探测器安装在彩画顶

点式感烟报警探测器安装在吊顶下

采用吸气式报警探测器的彩画吊顶

中新天津生态城天津医科大学生态城代谢病医院项目

一等奖
建筑智能化专项奖

获奖单位：中国中元国际工程有限公司
获奖人员：李桂楠，韩斌，李楠，张彦，吕方齐，王燕，吴伟民，刘仕娅

项目概况

该项目是一所集医、教、研于一体的综合性、非营利性公立医疗机构。医院服务对象为中新天津生态城居民，同时突出代谢病专科特色，服务于滨海新区及天津市居民。

该项目位于天津生态城起步区，总建筑面积6.94万㎡，总床位数334床，日门诊量1000人次。项目主体为生态城代谢病医院医疗综合楼，主要功能包括门诊、急诊、医技、住院、行政办公、后勤保障、停车库。

技术特点

采用了先进、可靠、经济和灵活开放的智能化系统设计理念，构建成为契合中新天津生态城规划理念的代谢病医院智能建筑。通过对医院智能化系统工程的设施、业务及管理等应用功能做层级化结构规划，形成合理的系统构架，结合信息网络系统与业务应用软件系统，配合建筑特点设计了医院内通系统、视频示教系统、医护对讲系统、手术部视频监控系统、排队叫号系统、视频探视系统、电子医药管理系统、无线查房系统等多项便于服务医护、就医人员的子系统，并运用建筑设备监控系统和能耗检测系统，实现对建筑楼宇自动化的集中管理和绿色节能运营状态的监督。最终建成了人、建筑、环境互为协调的整合体，为人们提供了一个现代化的智慧型医疗建筑。

主要技术指标

本项目采用数字技术，设计医院基础硬件功能需求的智能化系统——医院的信息网络系统，业务应用软件系统、RFID电子医药管理系统。安防系统全部采用数字系统，独立成网，独立设置网络设备；有线电视系统、多媒体查询、信息发布系统及引导等智能化子系统独立成网。

1. 信息设施系统

（1）通信接入及电话交换系统；（2）信息网络系统；（3）综合布线系统；（4）有线电视系统；（5）广播系统；（6）信息引导及发布系统；（7）会议系统。

2. 公共安全系统

（1）火灾自动报警系统 ：火灾自动报警保护等级为一级。本楼消防控制室为全院控制中心，位置设在一层。

（2）安全技术防范系统：①视频安防监控系统；②入侵报警系统；③出入口控制系统；④汽车库管理系统；⑤电子巡查管理系统

3. 信息化应用系统

（1）视屏示教系统；（2）医护对讲系统；（3）手术部视频监控系统；（4）排队叫号系统；（5）视频探视系统。

4. 建筑设备管理系统

（1）建筑设备监控系统；（2）能耗监测系统。

节能技术与效果

建筑设备监控系统对建筑中的机电设备，如：空调机组、各种风机、水泵等的运行状态进行实时自动监测和节能控制。对空调通风系统冷热源、风机、水泵等设备进行有效的监测，对关键数据进行实时采集并记录，对上述设备系统进行可靠的自动化控制；照明利用自动控制方式实现建筑的照明节能运行。契合中新天津生态城发展理念，能耗监测系统运用以“互联网＋”为特征的一整套信息技术，对建筑内水、电、气等多种供能和储能设备数据统计上传，积极配合构建基于多源大数据的区域能源互联网全信息模型，制定面向能源互联网的多源协调优化调度模式及策略，对区域能源互联网多源优化运行效果进行综合评价，实现多能源供需平衡、减少终端客户用能支出、降低电力公司成本的三大目标。

综合效益

该项目建成后，为中新生态城填补了缺少大型综合医疗服务机构的空白，为该区域居民提供了安全可靠、便捷舒适的就医服务。医院的运行大大提升了该区域居民的生活品质，并为中新生态城的社会基础服务提供了重要保障。新医院功能合理、流线清晰、设施齐备、空间舒适、环境宜人，得到患者和医护人员广泛好评。作为国内为数不多的获得三星级绿色建筑设计标识的医院项目，设计过程中始终秉承的“生态环保、绿色节能”设计理念已融入医院运行和管理中，在国内医院中处于领先地位，并具有较好的示范性。

天津医科大学中新生态城医院

X87 方兴亦庄金茂悦智能化

二等奖
建筑智能化专项奖

获奖单位：北京天鸿圆方建筑设计有限责任公司
获奖人员：张幼丹，钱一鸣，王红伟，侯涛，徐大宇

X87 方兴金茂悦（金茂逸墅）项目智能化集成包含综合布线、通信网络、有线电视、建筑设备监控、建筑能效监管、安全技术防范、公共广播及机房工程等。

通过建筑设备监控系统与建筑能效监管系统实现暖通空调科技系统（地源热泵系统、毛细管网辐射系统、置换除湿新风系统等）及地源热泵系统的制冷、采暖、生活热水三联供；实现对于低温热源（土壤源）和太阳能等可再生清洁能源的充分利用，减少传统能源（燃气、电等）的使用，提高能源的使用效率。

不同季节、不同使用工况的转换，夏季制冷、冬季制热、辅热太阳能热水，深入挖掘能源的使用效率，实现土壤源的冷热平衡，减少对于地下低温热源的破坏，减少对环境的影响，使得环境更加友好。

生活热水系统利用夏季余热，大大降低生活热水的成本，使住区生活热水营利变为可能。空调科技系统在综合考虑外围护结构品质提升、设备能效提高、采用新能源等基础上节能 20%~30%。

住宅的关键是健康、舒适。通过楼控系统、安全防范系统及智能家居系统，打造恒温、恒湿、恒氧的健康住宅、安全住宅，将安全、高舒适、低生活能耗、绿色健康的理念贯穿建筑体系。为居住者创造充满纯净的阳光、空气和水的居所。

第 11 届 G20 峰会主会场（杭州国际博览中心改造）

二等奖
建筑智能化专项奖

获奖单位：北京市建筑设计研究院有限公司
获奖人员：余道鸿，陈莹，刘燕，张建辉，王帅，王博筠，方悦

杭州国际博览中心改造范围面积 17.5 万 m^2。改造区域集中于原项目的会议及会展中心部分，主要包括：原会议区功能布局的重新划分及全面改造；原城市客厅会客厅改造为峰会午宴厅（及相应附属用房的调整）；原展览部分中 4 个展厅的整体改造，分别改为主会场、听会及外方办公、指挥中心、新闻中心，后三者为会时改造会后恢复。

综合布线系统分为外网、宽带网、管理网三个网络物理隔离，各网络均按双链路、双核心配置组建，在提高系统安全性的同时，通过增加系统冗余度提高系统容错能力。

会议各主要流线区域结合峰会安全保障要求进行 360° 无死角、全覆盖的视频监控；采用 1080P 数字高清摄像头，增配存储设备，通过网闸与外网连接，满足会时安保数据的长时效、高保密要求。

会议音视频系统稳定可靠，采用双传声器会议发言系统、数字控制导向阵列扬声器箱等先进技术，提高了整体会议的可靠性和特殊场所的声音清晰度；设置会议音视频中央控制室，通过会场内所有音视频信号的互联互通，确保会议音视频数据包分发的有效受控。

建筑设备监控系统采用先进、成熟的网络技术，具备高安全性、大吞吐量、快速响应等特性，更有效地实现对室内环境、设备运行等的最佳控制，确保了各类会议及附属功能空间的使用效果。

中白商贸物流园首发区项目

二等奖
建筑智能化专项奖

获奖单位：中国中元国际工程有限公司
获奖人员：刘海华，郭佳，苗小庆，周军，王加钢

中白工业园，全称中国—白俄罗斯工业园，坐落于丝绸之路经济带中贯通欧亚的重要枢纽——白俄罗斯明斯克州。中白工业园规划面积 91.5km^2，它是中白合作共建丝绸之路经济带的标志性工程。

该项目建设内容包括物流仓库、华商商务中心、展示馆、能源中心及其配套设施，总用地面积 25.87hm^2，总建筑面积 8.08 万 m^2，肩负着园区示范及带动作用，开启了中白工业园建设的华彩篇章。

中白商贸物流园首发区项目，是第一个由中国设计单位按照白俄罗斯标准和规范设计并顺利竣工的项目，是中白工业园第一个取得验收通过的项目。其中，最先完工的华商商务中心还取得了“中白工业园第一楼”的美誉。这是中国设计单位完成的一次大胆尝试，在取得了成功的同时，也积累了宝贵的设计经验。

截至目前，在首发区项目的保障和示范引领下，已有 23 家居民企业动工建设，14 家居民企业实现投产运营。中白工业园还参加了首届中国国际进口博览会并举行系列活动。中国国家展展出了中白工业园建设成就。

项目始终坚持贯彻绿色环保，先后获得由德国认证机构颁发的欧盟环境管理与审计计划证书（EMAS）和白俄罗斯标准中心、加拿大认证机构 PECB 颁发的质量管理和劳动保护体系合格认证书、ISO 14001 环境管理体系认证等。

珠海歌剧院

二等奖
建筑智能化专项奖

获奖单位：北京市建筑设计研究院有限公司
北建院建筑设计（深圳）有限公司
获奖人员：孙成群，彭江宁，陈小青，刘定兵，刘家英

珠海歌剧院总建筑面积 59000m^2，包括 1550 座歌剧院、550 座多功能剧院、室外剧场预留及旅游、餐饮、服务设施等。珠海歌剧院的定位为“高雅的文化艺术殿堂、闻名的文化旅游胜地。”它的意义不单是建造一所高品质的剧院，而是为珠海这座城市创造一个具有原创性、地域性和艺术性的标志性建筑。由于基地为人工填海而成，并且歌剧院为海岛的核心建筑，因此建筑的用地规划较为统一。工程总用地面积为 57670m^2，主体建筑集中在海岛建筑环路的内侧，建筑限高小于 100m，建筑自身的采光、通风环境十分优越。根据珠海歌剧院建筑特点与功能要求，智能化系统包括：信息化应用系统、智能化信息集成系统、信息化设施系统、公共安全系统、电气消防系统、建筑设备管理系统、信息网络和综合布线系统、有线电视及卫星电视系统、公共广播系统、信息发布及导引系统、时钟系统、智能卡应用系统与无线屏蔽系统等。

奥体南区 2# 地项目

三等奖
建筑智能化专项奖

获奖单位：北京维拓时代建筑设计股份有限公司
获奖人员：汪海，杨春丽，庞灵章，李毅，王淑杰，王强

北京龙湖时代天街

三等奖
建筑智能化专项奖

获奖单位：中国建筑设计研究院有限公司
获奖人员：张雅，高爱云，张月珍，庞晓霞，刘旻，都乐

东方影都大剧院

三等奖
建筑智能化专项奖

获奖单位：中国中元国际工程有限公司
获奖人员：张欣，李雪姣，陶战驹，杨凌，鲁希炜，张自航

华为北京环保园 J01、05 地块数据通信研发中心项目

三等奖
建筑智能化专项奖

获奖单位：中国建筑设计研究院有限公司
获奖人员：张雅，陈玲玲，唐艺，高爱云，崔振辉，李俊民，陈琪，张月珍

梅溪湖国际广场

三等奖
建筑智能化专项奖

获奖单位：北京市建筑设计研究院有限公司
奥雅纳工程咨询（上海）有限公司
获奖人员：梁巍，高扬，袁萍，孙成群，韩全胜，马金，李仁华，方旭

2019
北京市优秀工程
勘察设计奖作品集

绿色建筑专项奖

海门市云起苑项目一期3号、4号、5号楼

一等奖
绿色建筑专项奖

获奖单位：中国建筑技术集团有限公司
获奖人员：狄彦强，甘莉斯，张晓彤，李玉幸，李文静

项目概况

本项目位于江苏海门市，用地面积18909m²，建筑总面积75610.48m²，其中地上建筑面积57951.88m²，地下建筑面积17658.6m²。本项目工程性质属于居住建筑，立项时间为2014年2月26日，建设周期为2年。解决的主要技术问题：①本小区位于海门市，按照《江苏省居住建筑热环境和节能设计标准》DGJ32/J 71—2008 65%的节能率要求进行设计，外墙采用复合发泡水泥板（Ⅱ型）+水泥基复合保温砂浆（L型）保温材料，并选用5+19Ar+5断热铝合金中空玻璃，南向加外遮阳卷帘，屋顶、架空楼板等采用节能型围护结构体系，实现了本项目建筑总能耗不超过《江苏省居住建筑热环境和节能设计标准》规定值的80%。②本项目利用土壤作为室外冷热源，采用集中地源侧分户地源热泵系统，冬季供暖、夏季供冷，并全年提供生活热水。③小区开发采取低影响开发（LID）模式，即强调通过源头分散的小型控制设施，维持和保护场地自然水文功能，有效缓解不透水面积增加造成的洪峰流量增加、径流系数增大、面源污染负荷加重的城市雨水管理理念。

关键绿色策略与技术

1. 节地域室外环境

本项目位于江苏省海门市，为住宅建筑，人均居住用地指标为13.1m²/人；项目场地内合理设置绿地，绿地率为43%，人均公共绿地面积1.63m²/人；本项目申报范围用地面积18909m²，地下建筑面积为17658.6m²，地上建筑面积57951.88m²，地下面积与地上面积之比为30.47%，其地下空间主要功能为车库及设备用房等。

2. 节能与能源利用

本项目的建筑设计符合国家现行节能标准《夏热冬冷地区居住建筑节能设计标准》JGJ 75—2012中的强制性条文，且其外墙、屋顶、楼板、外窗等的热工性能指标均比该标准要求提高10%以上。本项目采用高能效比户式热泵机组，其制冷量分别为12.5kW、15.9kW、20.6kW，制冷性能系数分别为4.81、4.82、5.02，均比现行《公共建筑节能设计标准》GB 50189的规定值提高12%以上。本项目灯具均采用高效、节能灯具，配符合国家能效标准的电子镇流器。门厅、楼梯间、电梯前室及疏散走道等选用节能声光控制开关，并具有消防时强制点亮功能。本项目采用地源热泵系统提供生活热水的住户比例达到100%，并全部由地源热泵系统提供空调冷热源。

3. 节水与水资源利用

项目设计采用满足《节水型生活用水器具》CJ/T 164—2014中2级用水效率等级要求的卫生器具，选用高性能阀门及优质管材，在每栋楼的加压低、中、高区供水立管分别设置计量水表，住户入户管分别设置远传机械水表进行分户计量。本项目绿化浇灌、道路及公共浇洒和汽车冲洗总用水量中非传统水源所占的比例为91.4%。

4. 节材与材料资源利用

本项目选用规则的建筑形体，其整体造型要素简洁，未采用国家和地方禁止和限制使用的建筑材料及制品。选用可再循环建筑材料和含有可再循环材料的建材制品，可再循环材料的使用比例为10.62%。

5. 室内环境质量

经计算，其各围护结构隔声性能及楼板撞击声压级性能分别满足《民用建筑隔声设计规范》GB 50118中的低限、高限值要求。为保证室内的自然通风环境，其外窗的通风开口面积与房间地板面积的比例均大于8%；本项目各户新风机组采用纳新净化箱，由初效过滤网、冷触媒有毒气体分阶层及复合HEPA过滤层组成，能有效去除空气中的异味，分解空气中的有毒气体，对$PM_{2.5}$的过滤效果为97.89%。

6. 运行管理

节能方面各部门加强办公用电的管理，不开无人灯、长明灯、无人空调，按规定室温条件启用空调器或排气扇，做到节约用电。节水方面工程维护部负责公司用水设施的统一管理，对主要用水部门或用水点定期进行计量，采用智能管理枢纽分析用水情况。各用水部门应节约和合理用水，凡绿化、景观、保洁用水，应优先考虑循环用水。节材方面公司的文件逐步实施网上阅读、查看、确认；当条件成熟时，可采用无纸化办公。另外对于可回收材料进行回收利用。绿化管理方面：日常工作有定期的除草、浇水以及施肥、杀虫、修剪。

云起苑物业采用智慧小区综合服务平台，本物业管理系统包括物业收费管理、维修管理、实时视频、门禁管理、报警管理、装修管理、空置房管理、车位管理及报表台账等模块。本项目制定了垃圾分类及处理制度，根据不同处理方式的要求，实施分类投放、分类收集、分类运输和分类处置。针对绿化维护过程中季节性出现的病虫害情况，物业管理人员会进行化学用品的使用并对于所有化学用品的使用进行详细的记录。

技术成效与深度

①本项目采用全热交换器通过室内排风和室外新风进行热量交换，能够利用空调排风中的余冷减少处理新风所需的能耗，新风负荷降低。由于换气机效率都在60%以上，风机盘管空调系统需要增加处理新风负荷最多只有40%的热量，可使系统整体设计总容量减少，从而降低系统的初投资和运行费用。通过对能量回收系统从经济性、节能性角度的分析可以得出结论，利用热回收装置回收排风中的能量，减少全年的能源消耗量，降低运行费用，减少对环境的污染，达到低碳排放的目的，可取得明显的节能效益、经济效益和环境效益。②本项目位于江苏海门市，属北亚热带季风气候区，雨水充沛，光照较足。根据场地地理条件，项目采用雨水景观一体化设计，水体既是雨水用户，也是雨水的储存设施，同时采用人工湿地生态水处理技术，保障水质水量，汇流雨水经下凹式绿地、植草沟等生态设施过滤后进入景观水体，后经人工湿地处理后回用于景观补水、绿化灌溉和道路浇洒。采用垂直流+水平流组合湿地，人工湿地共有A、B两组并联系统，每组又分为两个串联的湿地单元，分别采用下行流和水平流处理工艺，A、B两组面积分别约为172m²和214m²，整个湿地系统设计处理规模240m³/d。人工湿地采用生态处理措施，种植的植物主要有美人蕉、鸢尾、再力花、菖蒲。③围护结构热工性能提升：本小区位于海门市，按照《江苏省居住建筑热环境和节能设计标准》65%的节能率要求进行设计，外墙采用复合发泡水泥板（Ⅱ型）+水泥基复合保温砂浆（L型）保温材料，并选用5+19Ar+5断热铝合金中空玻璃，南向加外遮阳卷帘，屋顶、架空楼板等采用节能型围护结构体系，实现了本项目建筑总能耗不超过《江苏省居住建筑热环境和节能设计标准》规定值的80%。围护结构热工性能提升的比例超过了20%。④本项目采用高能效比户式热泵机组，其制冷量分别为12.5kW、15.9kW、20.6kW，制冷性能系数分别为4.81、4.82、5.02，均比现行《公共建筑节能设计标准》（GB 50189）的规定值提高12%以上；⑤节水器具的采用：本项目所采用的所有节水器具均达到了2

级用水效率；⑥室内环境控制：本项目新风机组采用纳新净化箱，每户一个，由初效过滤网、冷触媒有毒气体分阶层及复合 HEPA 过滤层组成，能有效去除空气中的异味，分解空气中的有毒气体，对 $PM_{2.5}$ 的过滤效果为 97.89%。室内污染物浓度通过第三方检测结构的检测，室内各项污染物浓度指标均低于《民用建筑工程室内污染物控制规范》GB 50325—2010 的限值要求的 70%。

综合效益

重于实践与推广，研究实用并具推广意义的绿色生态技术，以提高社会效益、经济效益和环境效益，达到节约能源、有效使用和利用能源、保护生态，实现可持续发展目标。

北京市房山区长阳西站六号地01-09-09地块项目

二等奖
绿色建筑专项奖

获奖单位：北京市住宅建筑设计研究院有限公司
获奖人员：李群，钱嘉宏，王建，赵智勇，李庆平，高洋，王少锋，王凯，王国建，秦以鹏，王骞，段彩侠，熊樱子，徐天，高哲

本项目对于绿色建筑技术的选择侧重于合理性与经济性。在人为舒适性的前提下最大限度地实现节能，通过采用高效节能设备、节能照明、中水利用、太阳能热水技术等绿色生态技术，达到绿色建筑三星的设计和运营标准，具有很强的推广借鉴价值。

在节地方面，我们充分融入海绵城市的设计理念，绿化采用乔、灌、草及层间植物相结合的复层绿化，加大乔木种植量和植物种类，营造不同的植物群落景观。非机动车道路、地面停车场和其他硬质铺地采用透水地面，并利用园林绿化提供遮阳，室外透水地面面积比为65.92%。

在节能方面，我们采用地板辐射采暖系统，分集水器设置温度自动调控装置，起居室设置温度传感器，与集水器供水主管上的电动阀连通，进行温度自动控制。屋面设置了太阳能热水系统，充分利用可再生能源。

在节材方面，本项目为北京市第一个采用装配式施工技术体系的住宅项目，充分发挥了预制混凝土结构住宅体系施工速度快、节能环保等优点，缩短住宅开发建设的周期，降低建筑全寿命能耗，提高建筑产品质量，是公认的可持续发展技术，也成为北京市装配式项目的标杆。

本项目以“被动优先，主动优化”的技术原则，力争打造适宜、舒适的节能健康居住建筑，体现了项目团队坚持开发绿色建筑和积极响应国家号召的坚定决心和信念。

中国移动杭州信息技术产品生产基地一期一阶段工程

二等奖
绿色建筑专项奖

获奖单位：华通设计顾问工程有限公司
楷亚锐衡设计规划咨询（上海）有限公司北京分公司（CallisonRTKL）
获奖人员：吕萌萌，陈静，胡秋丽，周岩，杨振杰，刘辰，王威，陈超，王芳，王志华，尹泽开，施佳男，康帅，朱宝利

杭州研发中心以“开放创新，融合分享”为核心理念，围绕创新与分享两大主题，秉承高科技、信息化、绿色环保三大理念，打造集融合通信、平台建设、终端应用等重要研发方向及运营支撑等功能于一体的国际一流研发机构。中心位于浙江省杭州市余杭区，是未来科技城的核心组成部分，园区距市区约10km^2，靠近绕城高速，毗邻西溪湿地，区位优势明显。

本项目技术特点：

1. 注重建筑幕墙设计与选材，避免为周边生态环境带来光污染。
2. 设置地下车库充电装置，为新能源汽车提供便捷的充电条件。
3. 设置园区雨水收集系统，减少水资源流失。
4. 合理采用屋顶绿化，并因地制宜选择植被。
5. 在园区设置充电装置，为电动自行车提供便捷的充电条件。
6. 建筑屋顶设置集中式太阳能热水系统，给办公和食堂提供生活热水。
7. 采用室内空气质量监控系统，在人员密集场所、地下车库等位置设置空气探测器，当有害气体浓度超标时，启动新风机，为室内提供新风换气。
8. 车库照明采用集中智能控制，公共场所和大开间办公场所采用集中智能照明系统，同时设置现场控制开关。
9. 门禁系统采用多种媒介接入系统，既可以采用传统的门禁卡，也可以通过手机（二维码扫描、手机蓝牙信号）描码进入。

北京东湖湾名苑 2#、3# 非配套公建项目

三等奖
绿色建筑专项奖

获奖单位：北京市住宅建筑设计研究院有限公司
北京市东湖房地产有限公司
获奖人员：李群，钱嘉宏，王建，杨玉武，李庆平，高洋，王少锋，崔红革，王国建，王凯，王骞，秦以鹏，段彩侠，熊樱子，滕传晶

天津市武清区大光明商城项目

三等奖
绿色建筑专项奖

获奖单位：北京市住宅建筑设计研究院有限公司
获奖人员：李群，钱嘉宏，王建，高哲，徐天，赵智勇，李庆平，高洋，王少锋，王凯，王国建，秦以鹏，王骞，段彩侠，熊樱子

中国农业科学院哈尔滨兽医研究所综合科研楼

三等奖
绿色建筑专项奖

获奖单位：中国中元国际工程有限公司
获奖人员：陈自明，祁莉莉，李欣，富烨，刘昕晔，赵兴国，周立兵，李顺，高磊，塔林，余娜，韩莉，王波，严向炜，王亚军

水系统工程
（建筑给排水）专项奖

东方影都大剧院

一等奖
水系统工程
（建筑给排水）专项奖

获奖单位：中国中元国际工程有限公司
获奖人员：刘涛，王屹，魏晓佳，刘澳兵，周佐辉

项目概况

该项目位于青岛市黄岛区西海岸东方影都项目区内，与秀场项目处于同一地块内。该地块位于人工填海区域，总建筑面积为 2.4 万m²，主要功能是作为电影节的主会场，放映影片、举办电影节开幕式及闭幕式，兼顾综合文艺演出及偶尔的音乐会演出。

技术特色

1. 剧场专业性强，消防系统繁多

剧场是表演剧目的场所，由于演出功能及表演效果的需要导致了它在空间结构上完全不同于其他民用建筑，专业性强、专业名词多也是它的一大特点：台仓、乐池、台口、主舞台、观众厅、马道、栅顶、耳光室、面光桥等一系列剧场特有的建筑形式对于消防系统的选择、计算、布置都带来了极高的要求和极大的难度。由于剧场类项目空间复杂，火灾危险等级高，运用的消防系统种类也较多。涉及的系统有室内外消火栓系统、室内消火栓系统、自动喷水灭火系统（湿式系统、预作用系统）、雨淋灭火系统、水幕系统、自动扫描高空水炮灭火系统、超细干粉自动灭火系统、气体灭火系统。

2. 声学要求严格

大剧院的主要功能是作为电影节的主会场，放映影片、举办电影节开幕式及闭幕式，兼顾综合文艺演出及偶尔的音乐会演出。因此大剧院采用世界上最为先进的杜比全景声和可变混响声学系统。这对给水排水专业的设备布置、管道敷设、穿墙或楼板后的封堵、管材以及设备减振控制提出了很高的要求。

3. BIM 的应用

从大剧院的设计到施工过程，BIM 软件的应用贯穿始终。给水排水系统、消防系统——被建入模型中。从配合结构的管道预留预埋到设备安装时的指导施工，BIM 应用无处不在。当遇到复杂节点的管道汇总时，BIM 理念将三维模型的优势体现得淋漓尽致，更快速更有效地解决了室内净高的提升问题，避免了施工中诸如返工延误工期之类的各种问题。

综合效益

东方影都大剧院项目作为万达集团斥巨资打造的星光岛一号工程，获得了业主的好评，为丰富当地人民的文化生活起了重要作用。同时作为青岛市的地标性建筑，显著地提升了城市形象。

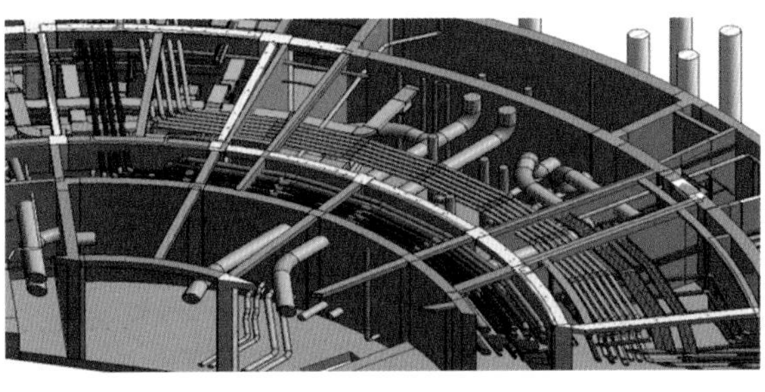

重庆轨道交通十号线（建新东路—王家庄段）工程给排水及消防系统

一等奖
水系统工程
（建筑给排水）专项奖

获奖单位：北京城建设计发展集团股份有限公司
获奖人员：陈淑培，江琴，魏英华，郑超，田鹏，吴春光，黄代青，穆育红

十号线一期工程线路全长 33.42km，设 19 座车站（其中 1 座为高架站），段、场各 1 处，其中地下车站站台埋深 16m 至 85m 不等。给水排水及消防系统主要技术特色及创新设计如下：

1. 消防给水系统

重庆地区单水源车站较为普遍，同时地下车站站台层公共区设置有自动喷水灭火系统，这是与其他城市地铁消防给水设计不同之处。本工程地下车站消防时设计流量为 80L/s，一般城市管网末端较难实现 80L/s 的消防供水能力，所以地下车站普遍需要设计消防泵房及水池。本工程给水排水系统针对每一类车站的特点，选用不同的消防给水方案，创新地将消防水池直供的常高压给水系统引出地下车站消防给水系统。部分车站减少了水池及泵房的占地面积，节约了土地资源、降低了投资费用。

（1）单水源深埋车站，地面消防水池静压满足车站主体内消防给水系统压力需求时，车站主体内消防给水系统采用消防水池直供的常高压给水系统，出入口及室外采用消防水池及消防泵加压的临高压给水系统。双水源深埋车站，地面消防水池静压满足车站站台层喷淋系统压力需求时，喷淋系统采用消防水池直供的常高压给水系统，消火栓系统采用市政直供的常高压给水系统。

（2）双水源车站，市政供水压力满足出入口最不利点消火栓系统压力需求时，车站消火栓系统采用市政直接供水的常高压系统，喷淋系统采用消防水池及消防泵加压的临高压给水系统。

（3）综合交通枢纽站：本工程共有重庆北站南广场站、重庆北站北广场站、T2 航站楼、T3 航站楼 4 个综合交通枢纽站。现以重庆北站南广场站为例说明，该站为大型综合交通换乘枢纽，地下一层为地铁三号线、十号线及环线的站厅层并与城铁换乘。结合项目消防性能化报告，该站消防给水系统采取了以下加强措施：

1）车站按照地下建筑标准选取消火栓系统设计流量。

2）车站站厅、站台公共区设计自动喷水灭火系统。

3）地下五层环线站台及地下四层交通厅设置移动式高压细水雾灭火设备。

2. 区间排水设计

十号线区间排水创新采用了双拼排水泵房设计方案。该方案在集水池中部设置不到顶的溢流隔墙，将线路排水沟排水分别接入隔墙两侧的集水池。

（1）在正常工况时，每个排水泵站独立运行。单侧排水泵出现故障时，集水池可通过溢流隔墙连通，通过相邻的排水泵站排水。区间排水安全性得到大大提高。

（2）当需要清理集水池或进行单侧排水泵故障分析时，只需要将相应的集水池进水管封闭，该集水池即可处于无水状态，便于清淤、检查，提高排水泵故障分析。

手中按钮重千斤
错误按下悔终生
微型消防站
中央公园站

北京绿地中心

一等奖
水系统工程
（建筑给排水）专项奖

获奖单位：中国建筑设计研究院有限公司
获奖人员：王耀堂，王世豪，张燕平，陈宁

北京绿地中心位于机场高速五元桥边上、望京商务区的中心位置。外幕墙以中国锦的概念为出发点，塔楼造型呈现出编织交错的肌理，富有地标性。其总建筑面积 17.31 万 m^2，建筑高度 260m，地上 55 层，以避难层为分界，竖向划分为 4 个分区，地下深 21.8m，地下 5 层，顶层为直升机停机坪。

地下给水机房内设置给水箱及给水泵，避难层 42 层机房内设置公寓、办公给水箱及给水泵组。此模式可减少中间转换水箱数量，有效减少下部避难层内管道，节省机房面积，方便物业管理公司集中管理。42 层水箱起承上启下作用，满足二区、三区办公及四区公寓的供水需求。中水系统设置模式同给水系统。

消防系统中，地下室消防水池储存消防水量 432m^3，42 层消防水箱消防水量 120m^3，屋顶消防水箱容积 150m^3，可满足本项目全部消防水量要求。屋顶消防水箱高 7.4m，采用焊接折弯钢板水箱，并增设加强筋与固定件，提高水箱的稳定性。屋顶水箱储存了本项目全部自喷用水量，42 层消防水箱与屋顶层消防水池相互备用，除四区外，其他均为常高压系统，以提高消防安全性。在主要设备间及水箱间设置简易消防水泵接合器，便于险情时消防队员紧急取水。

公寓供应生活热水，采暖季采用市政热力供热。非采暖季时，在保证机房有效通风换气下，使用空气源热泵机组制备生活热水，运行成本低廉，节能环保，具有良好的社会效益。

塔楼办公区的计算机房提供 24 小时循环冷却水。其系统竖向分为两区，低区热量通过 28 层板式换热器换到高区，由高区管路置换到屋顶冷却塔。塔楼屋面设置两台超低噪声冷却塔，为全楼数据机房提供冷源。

塔楼屋顶作为区域建筑制高点，按消防要求设置直升机停机坪。停机坪直径 25m，可以停靠最大型直升机，为消防和急救提供条件。停机坪采用泡沫消火栓系统。

针对管线复杂部位，采用 SU 三维模型对土建和机电管线三维建模，排布管线高度和平面位置，通过预排布可提前发现机电管综问题，采取调整管线路由、结构钢梁预留管线洞口等方式，在保证设计净高目标的前提下完成机电安装目标，有效提高设计净高和机电安装效率，为下一步深化设计提供依据。项目施工过程中，由施工单位运用 BIM 对图纸管线进行三维建模，根据施工工艺特点和施工顺序要求对管线进行再次预安装，发现问题点及时调整，节约安装成本和时间。

本项目设计体现绿色建筑理念，满足 LEED 银级认证各项指标。该项目销售入住良好，各项指标均满足设计和施工要求达到的指标，具有明显的经济、社会、环境效益。

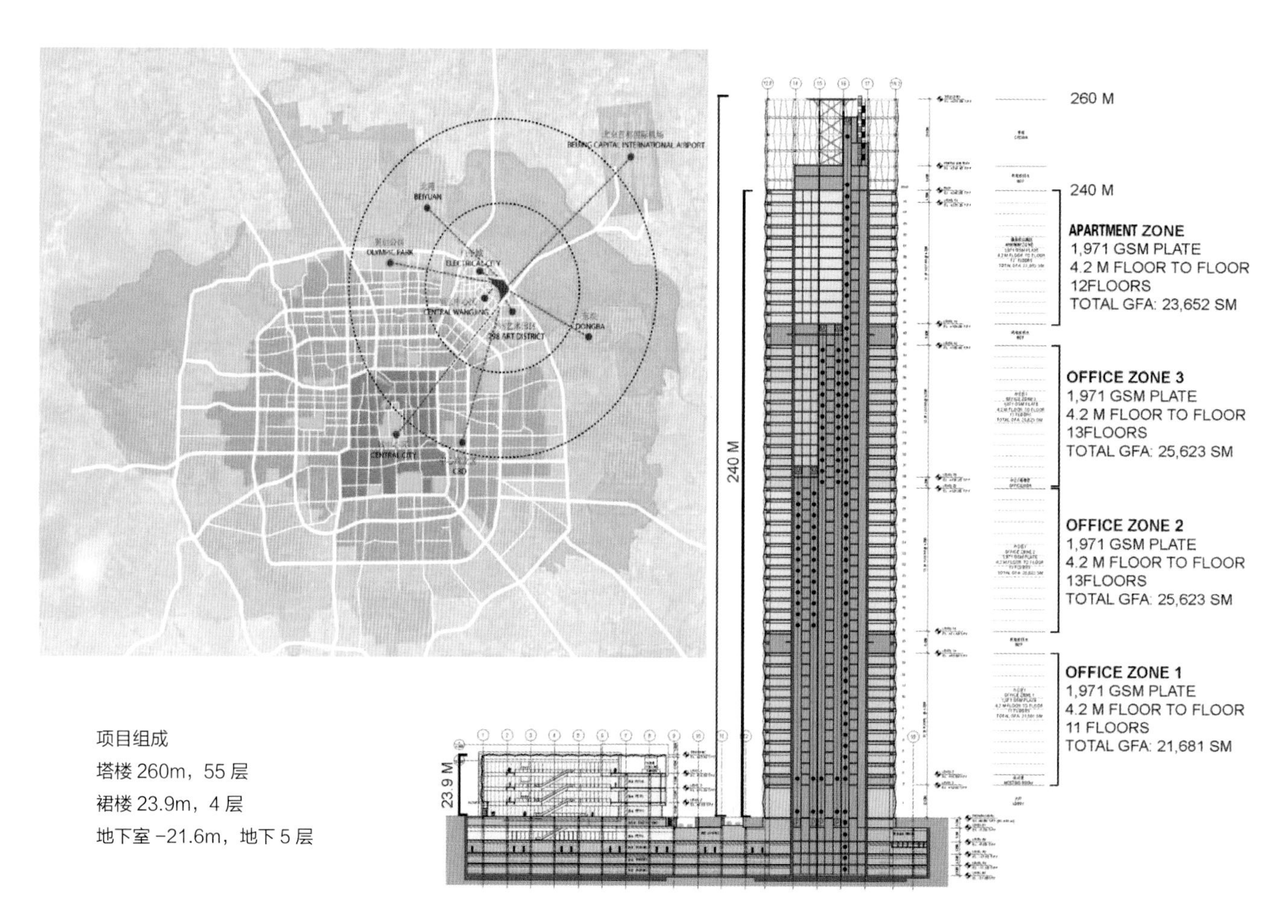

项目组成
塔楼 260m，55 层
裙楼 23.9m，4 层
地下室 -21.6m，地下 5 层

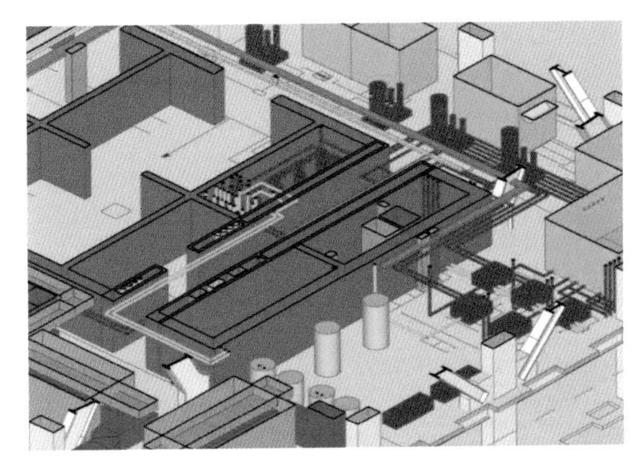

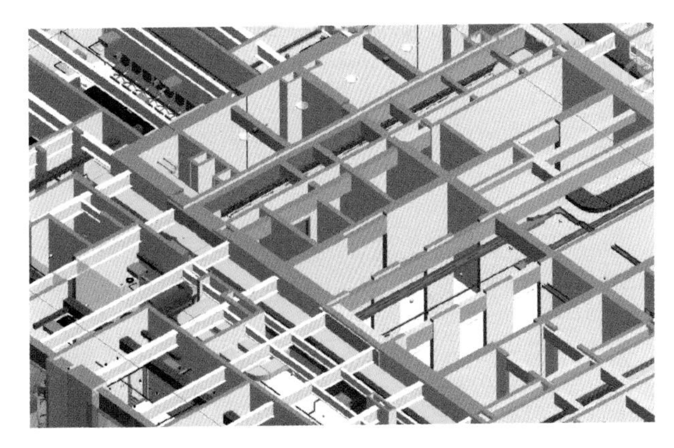

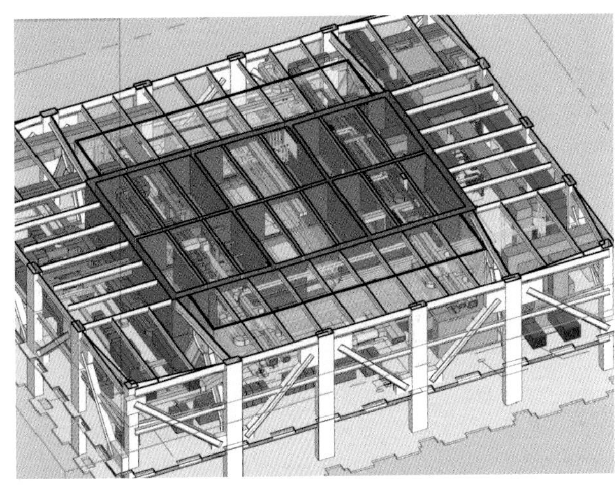

中白商贸物流园首发区项目

一等奖
水系统工程
（建筑给排水）专项奖

获奖单位：中国中元国际工程有限公司
获奖人员：申刚，何媛媛，张玉雷，孙巍，郭春艳，杨永红，郭红，潘锦云

项目概况

中白工业园，全称中国—白俄罗斯工业园，坐落于丝绸之路经济带中贯通欧亚的重要枢纽——白俄罗斯明斯克州。中白工业园规划面积 91.5km^2，它是中白合作共建丝绸之路经济带的标志性工程。拥有优越的地理区位优势，地处欧洲和亚洲、波罗的海和黑海主要线路的交汇处，拥有便捷的公路、铁路和航空交通网，是连接欧美和独联体国家最有利的节点，肩负着园区示范及带动作用，开启了中白工业园建设的华彩篇章。建设内容包括物流仓库、华商商务中心、展示馆、能源中心及其配套设施。在“一带一路”的政策背景下，在中国、白罗斯国家领导人的亲切关怀和推动下，欧亚产业发展新走廊——中白工业园这颗丝绸之路经济带上的明珠正蓄势待发。中白商贸物流园首发区是工业园开发的先行条件和基础，为园区的发展起着引领和示范的作用。

技术特色

1. 根据设计需要，分别从项目用地北侧纬四路 *DN*200 及项目用地西侧 2 号路 *DN*300 的市政给水管网上各引一路给水管，在项目用地内布置成环状室外给水管网。给水压力 0.3~0.6MPa。本项目临近 2 号路，部分生活污水和雨水可排至 2 号路市政污水管道和雨水管道。用地东侧由于地势较低，雨水、污水不能重力排至 2 号路污水管，此部分雨、污水可向北排放至经五路规划的市政雨水、污水管道。

2. 华商商务中心位于首发区的西端，地上 4 层，部分地上 1 层、3 层。建筑主体高度：19.3m。建筑面积 6255.6m^2。主要为办公、会议、客房、餐厅和厨房。生活污废水排水系统：室内地上各层污水直接排至室外污水管网，排水立管经汇合后设伸顶通气立管。 厨房及食堂含油废水经隔油器处理后排至室外。

3. 展示馆地上 2 层，建筑主体高度 18.7m。建筑面积 21930m^2。主要为展厅、洽谈室和设备用房。展示馆层高较高，面积大，且四周有大面积的玻璃幕墙，消火栓和雨水管的布置较为困难。

4. 物流仓库共有 3 座，总建筑面积 52600m^2，物流仓库为单层，贴建办公为地上 2 层。自喷系统是仓库的难点和技术特色，他的计算方法来自白俄当地规范，自动喷水灭火系统的水量为 88L/s，库区最大净空高度 13m，库内采用湿式自动喷水灭火系统。堆垛存储区存储的货物为带易燃包装的易燃品，存储高度不大于 4m。喷头性能参数 K=1.06 L/s.m0.5（68℃），喷头最低工作压力 0.25MPa，设计喷水强度 0.44L/（s · m^2），作用面积 198m^2，系统设计流量为 87.12L/s，持续喷水时间 1h。货架存储区存储的货物为带易燃包装的易燃品，区域内设顶喷及货架内置喷头。顶喷喷头采用性能参数 K=0.67 L/（s · m$^{0.5}$）（68℃），喷头最低工作压力 0.28MPa，设计喷水强度 0.16L/（s · m^2），作用面积 180m^2，系统设计流量为 28.80L/s，持续喷水时间 1h(顶层货架喷淋上方的储物高度不大于 1m)。货架内置喷头采用性能参数 K=1.06 L/（s · m）（68℃），喷头最低工作压力 0.20MPa，计算长度 15m，宽度 3m，设置层数 2 层，设计喷水强度 0.36L/（s · m^2），系统设计流量 32.4L/s，持续喷水时间 1h。自动喷水灭火系统采用临时高压制，系统由加压水泵、消防水池、报警阀、水流指示器、闭式喷头、放气阀、屋顶水箱、稳压装置及水泵接合器等组成。在室外按建筑设置 6 套地下式消防水泵接合器（SQX150-A）。

5. 白俄罗斯当地积雪较多，整个屋面设置电伴热融雪保温措施，以保证屋面积雪及时融化。

6. 白俄罗斯天然气资源丰富且价格低，因此采用燃气热水锅炉是比较理想的热源。商务中心、展示馆热水系统的热媒来自园区锅炉房，热媒供水温度为 95℃，热媒回水温度为 70℃，在换热站设置热交换器，将热媒温度换热为生活热水所需温度。白俄罗斯当地不提倡用电热水器，且每个手盆和淋浴都需供给热水，商务中心房间的毛巾杆里通生活热水，增加了本项目的热水供给难度。

7. 本工程采用白俄明斯克暴雨强度计算公式，室外雨水设计重现期采用 1 年，径流时间 10min，在室外设置雨水口、雨水井收集雨水排入市政管网。

8. 设计强化环境保护控制。设置雨水沉砂处理装置，停车场雨水经隔油处理后排放；在两路市政进水管上设倒流防止器；本项目用水直接接自市政管网，无二次污染。

9. 本项目实施过程中多次与白俄罗斯当地设计院磋商方案，交流技术，是两国规范交织的杰作。

综合效益

中白商贸物流园首发区项目，是第一个由中国设计单位按照白俄罗斯标准和规范设计并顺利竣工的项目，是中白工业园第一个取得验收通过的项目。其中，最先完工的华商商务中心还取得了“中白工业园第一楼”的美誉。这是中国设计单位完成的一次大胆尝试，在取得了成功的同时，也积累了宝贵的设计经验。项目建设过程中，得到了党和国家领导人的高度重视，先后接待了多位国家领导人考察，仅 2018 年，共有 380 多个团组、近 2500 人次到中白工业园考察，其中来自欧美的考察团近 90 个，起到了示范和引领的作用。吸引签订入园协议的居民企业总数达到 44 家，合同投资总额达 10 亿美元。截至目前，在首发区项目的保障和示范作用引领下，已有 23 家居民企业动工建设，14 家居民企业实现投产运营。中白工业园还参加了首届中国国际进口博览会并举行系列活动。中国国家展展出中白工业园建设成就。项目始终坚持贯彻绿色环保，先后获得由德国认证机构颁发的欧盟环境管理与审计计划证书（EMAS）和白俄罗斯标准中心、加拿大认证机构 PECB 颁发的质量管理和劳动保护体系合格认证书、ISO 14001 环境管理体系认证等。

招商局

哈尔滨万达文化旅游城综合体

二等奖
水系统工程
（建筑给排水）专项奖

获奖单位：北京维拓时代建筑设计股份有限公司
获奖人员：邓喜红，刘晓杰，邓瑞贤

项目概况

哈尔滨万达综合体位于万达文化旅游城核心位置，占地面积 19hm^2，建筑面积 37 万 m^2。分为商业、滑雪场、停车楼三部分。以室内商业街作为中心轴线，将电影乐园、娱乐楼、室内滑雪乐园和停车楼串联为一体，是万达在世界上独创的特大型文化、旅游、商业综合体。

项目特色

1. 滑雪馆体建筑体量大：长度 500m，宽度 150m。创造“世界最大室内滑雪设施”获吉尼斯纪录。

2. 综合体功能复杂：建筑面积达 37 万 m^2，以世界最大室内滑雪设施为核心，同时集合了室内滑冰场、高科技电影乐园、东北最大电影城、室内步行商业街、娱乐楼、超市、国内最大采暖停车楼等多项功能的大型复杂商业综合体。

3. 绿色节能环保：进行了绿建二星及 LEED 银级专项设计。

秦皇岛黄金海岸地中海酒店项目

二等奖
水系统工程
（建筑给排水）专项奖

获奖单位：中国中元国际工程有限公司
获奖人员：彭建明，张长红，李志元，高敬，周力兵，贾晓伟

项目概况

该项目位于河北省秦皇岛市北戴河区，是阿那亚旅游度假区最重要的公共建筑。总建筑面积为 6.25 万㎡，地面绝对标高 1.53~8.41m，最大高差为 6.88m。场地地貌单元属海陆交互相，本建筑性质为酒店建筑。酒店主体区地下一层为技术层，包含设备、停车、后勤以及部分公共区功能。

技术特色

1. 设计标准高，对舒适性、可靠性要求高。

2. 优质杂排水进行回收处理，二次利用，节约水资源。

3. 根据不同区域火灾特点采用相对应的灭火方式，提高消防安全性能。

4. 设置太阳能热水系统，节约能源，降低运营费用。

5. 根据项目特点及业主需求，按照建筑功能 A、B、C 三座客房楼给水、热水、中水系统的设置分别独立，并可分楼层独立运行，分别计量，方便满足酒店淡季对各楼及各楼层可独立运营的需求。

6. 对雨水进行调蓄排放，多功能调蓄设施既可以减少雨水资源的流失，有效利用城市雨水、削减洪峰流量、缓解城市水涝，又可以改善城市生态环境。

综合效益

1. 旺淡季可以根据需求，关闭部分楼座或楼层的供水系统，降低运营费用。

2. 利用屋顶绿化对屋面雨水径流进行消纳，同时可削减面源污染、缓解城市热岛效应、调节建筑温度。

3. 生活热水采用太阳能集热系统间接加热、锅炉辅助加热设备。换热站设在 B1 层。A、B、C 楼 8 层屋面共设置 159 块金属平板集热器，总面积为 328m^2，平均日照时数按 7.8h 计算。太阳能集热系统全日供热量为 94kW，60℃热水供水量为 14.94m^3/d。太阳能间接换热器换热面积 15.6m^2，贮热水罐容积 13.12m^3。降低生活热水能耗，减少废碳排放。

4. 对优质杂排水进行回收处理再利用，减少市政设施压力，节约水资源，降低酒店运营成本。

vivo 重庆生产基地

二等奖
水系统工程
（建筑给排水）专项奖

获奖单位：中国建筑设计研究院有限公司
获奖人员：朱跃云，关若曦，张庆康，张璇蕾，吴连荣，郭汝艳

本工程为工业厂房项目，一期项目实现生产线三班倒的运营模式，工人近 8000 人，面临着吃（食堂）、住（宿舍）的高峰负荷如何保障的难题。在厂房五（职工餐厅）给水设计时，考虑采用高位水箱的供水方式，实现食堂不断水的运营要求；宿舍生活热水结合当地气候条件采用空气源热泵 + 蓄热水罐的供热方式，完美解决了 8000 职工的生活热水供应，赢得了使用方的一致好评！另外，项目设置管道直饮水系统，保证职工的日常生活品质，充分体现了建设方良好的企业文化。

消防给水系统设计特点主要体现在消防水池兼做空调蓄能水池与自喷系统的灵活设计两个方面。消防水池预留蓄冷调节水量 100m^3 贮水空间，设置为两座，每座又分为两格，设置连通管。在蓄冷循环泵吸水管上设置虹吸破坏孔保证消防用水不被动用。空调蓄冷最低温度按照 5℃设计，保证消防水池中的存水温度不低于 5℃。而且在蓄冷循环泵吸水口处设置温度探测装置，温度低于 5℃停泵，并设置低温报警系统。另外，厂房洁净区设置预作用自喷系统，其他区域均为湿式系统。物流仓库按照仓库危险级Ⅲ级建设。在加压泵控制方面，物流仓库对应的报警阀组压力开关直接连锁启动两台加压泵。其他楼座报警阀组压力开关直接连锁启动一台加压泵。

北京奥体南区 3# 地项目

二等奖
水系统工程
（建筑给排水）专项奖

获奖单位：中国中建设计集团有限公司
Skidmore，Owings & Merrill LLP（SOM 设计事务所）/
柏诚（PB）工程技术有限公司
获奖人员：孙路军，魏鹏飞，黄山，钟诚，刘文镔

中建财富国际中心由一栋国际甲级写字楼及一座商业裙房构成。项目总建筑面积达 14.7 万 m^2，其中地上 37 层、建筑面积 95437m^2；地下 4 层、建筑面积 51580m^2；建筑高度 173m，容积率 5.0。

1. 给中水系统：选用串联分区的供水方式，竖向分为 5 个区，各分区采用变频供水与水箱重力流供水相结合的方式，减少支管减压的层数，有效降低能耗。

2. 热水系统：顶层贵宾办公区与地下一层厨房设置集中热水供应。其中贵宾办公区采用太阳能热水系统，有效节约能源。厨房用水采用市政热力提供的高温热水作为热媒，经半容积式换热器换热后供应生活热水。

3. 雨污水系统：采用雨污分流、污废合流系统。对 21 层避难层雨污水管道进行转换，在降低管材压力等级的同时避免了可能给底部几层带来的返水风险。

4. 室内消火栓及自动喷水灭火系统：采用串联分区给水方式，竖向分为低高区：

（1）低区火灾发生时由设置在地下 4 层的消火栓、喷淋水泵及消防水池供给。

（2）高区火灾发生时，B4 消防泵房内的消防转输泵组向 21 层的 162m^3 消防转输水箱供水，由高区消火栓、喷淋泵及转输水箱供给。

5. 大空间智能型主动喷水灭火系统：扶梯上方、裙房多功能厅、艺术展廊等处超过 12m 的高大空间，采用大空间智能型主动喷水灭火系统进行保护。

唐山市妇幼保健医院迁建项目

二等奖
水系统工程
（建筑给排水）专项奖

获奖单位：中国中元国际工程有限公司
获奖人员：杨金华，何智艳，张恒仓，李雅冬，罗颖，赵元昊，李停，牛住元

项目概况

该项目位于唐山市南湖西片区，总建筑面积 14.76 万 m^2，主体采用大底盘隔震技术进行设计，隔震层位于首层与地下层之间，给水排水的设备机房都在地下层，所有给水排水管线需穿越隔震层供应地上各层，这时需要在隔震层采取技术措施，解决管线隔震问题，同时要解决隔震层内的消防问题，为设计带来了极大的挑战，该项目是目前国内建成的规模最大的大底盘隔震建筑。机电管线的隔震问题能否解决，是影响建筑在地震发生后能否继续使用的关键。

水系统设计特点

根据设计需要，从院区南、北侧市政道路上各引一路 *DN*200 的市政自来水管进入院区，并在院内设 *DN*200 的给水环形管网，给水环形管网供应院区内所有建筑的生活、生产给水以及室内外消防给水。市政供水压力：0.20MPa。周围市政道路上有市政雨水接口，院区雨水分南北侧排入市政雨水排水管网，院区污水排入西侧市政道路上的污水排水接口。在室外设雨水收集、调节储存池，用于收集雨水，并经处理后用于室外绿化给水，容积约 500m^3。

设计强化环境保护控制。在两路市政进水管上设倒流防止器；室内水箱出水管上设紫外线消毒器，防止给水系统的二次污染，确保二次供水安全。医疗污水处理按照二级处理标准，高于环评排水要求。设计污水处理站日处理量 1200m^3/d，采用二氧化氯消毒剂消毒，接触时间 1.5h。

对于室内净空高度超过 12m 的室内共享大厅，采用智能、主动型自动射水灭火装置。

利用 BIM 技术，对隔震层管线进行综合排布，解决隔震层管线多且复杂的现实问题，并提供给施工单位，极大地方便现指导场施工。

光环新网上海嘉定数据中心工程

二等奖
水系统工程
（建筑给排水）专项奖

获奖单位：中国建筑标准设计研究院有限公司
获奖人员：李安达，孙颖慧，师前进

1. 本工程为上海嘉定数据中心设计改造工程，原建筑为工业厂房，现改造为数据机房，建筑性质仍为厂房。原结构为框架结构，基础为桩基础，地点位于上海嘉定区，建筑面积为 28657m^2，机房区 2 层、办公区 4 层（局部 6 层）。机房一层层高为 5m，二层层高为 4.2m，办公区层高最高为 3m。

2. IT 机房和精密空调机房区域设架空层，一层机房区域架空地板高度为 1m，二层机房区域架空地板高度为 0.75m，其他区域均无架空地板。机房区域的消防由自动气体灭火系统保护。其他区域由室内消火栓系统及自动喷水灭火系统保护。数据机房面积 8840m^2。共设计有 16 个机房模块，可提供 4500 台 42U 标准服务器机柜。

3. 设计阶段此机房规模为国内机房少有之规模，机房按 T4 标准设计，电气供配电系统、空调系统、消防、给水排水系统均按照 T4 级别要求的冗错架构配置，为电子信息设备提供最安全、可靠的保障。

中新天津生态城天津医科大学生态城代谢病医院

二等奖
水系统工程
（建筑给排水）专项奖

获奖单位：中国中元国际工程有限公司
获奖人员：丁晓珏，吴希亮，马宁，金凤，齐小依，张亦静

项目概况

该项目是一所集医、教、研于一体的综合性、非营利性公立医疗机构，定位为天津医科大学管理的三级综合医院，总建筑面积 6.94 万㎡，医院服务对象为中新天津生态城居民，同时突出代谢病专科特色，服务于滨海新区及天津市居民。

院区东侧的和顺路及南侧的和畅路上分别敷设有 *DN*200 的市政给水管，压力为 0.30MPa；东侧的和顺路及南侧的和畅路上分别敷设有 *DN*300 的市政污水管和 *DN*500 的市政雨水管。

技术特色

工程从方案阶段即设定达到三星级绿色建筑的设计目标，从节能、节地、节水、节材、提高室内环境质量等全方位入手，全专业、全设计过程严格控制，最终实现目标。

本项目以节能、节水技术集成为主线，采用多种绿色建筑设计技术，综合考虑了给水排水节能、节水、减震、降噪、卫生防疫、运行维护等因素，全面、系统地运用创新、先进的绿色建筑技术，践行实效性、适用性强的绿色低碳技术。本专业实际应用的绿色技术主要有：

1. 节水与水资源利用

（1）中央纯水系统采用中央制水与分质供水，降低废水率

中央纯水系统纯水制备主机作为医疗纯水的初级处理，同时也制备一定量的饮用水满足本院部分饮用水的需求；初处理的纯水再经 EDI 纯水设备制备满足中心供应室、手术室、牙科要求的医疗纯水；检验科需要再经混床树脂罐等深度过滤处理后提供满足使用要求的纯水。

（2）利用非传统水源

室外绿化、道路浇洒供水、停车库地面冲洗及景观用水采用市政中水。本项目采用高效节水灌溉方式，设置土壤湿度感应器。

（3）冷水机组冷却水采用循环给水系统，冷却水进出水温差取 5.5℃，环境影响系数 *K* 取 0.0014，风吹损失率取 0.0005，浓缩倍数为 4。

（4）用水分级分项计量

本项目设二级计量，按照不同功能分区和用途分别安装水表进行计量。进水管上设总水表，各个功能分区设独立计量水表，采用数字远传水表计量，并纳入能耗监测系统。

（5）选用的卫生洁具及用水设施均为节水节能型

采用一级节水器具。坐式大便器采用两档冲洗水箱，有效储水容积采用 6 L；蹲式大便器采用全自动感应冲水器；公共卫生间洗手盆、手术室刷手槽采用感应式冲洗阀及冲洗龙头；公共卫生间小便器采用无水小便器。

（6）室外地面铺砌渗水地砖，部分雨水采用渗透井及渗透管排除雨水。

2. 环保

（1）特殊排水分别经单独处理，设置了油脂分离器、降温池、化粪池预处理设施。医疗废水经污水处理站进行消毒处理。

（2）注重室内环境质量：污水处理站排气采用活性炭过滤器处理，以减少对环境气味的影响。

综合效益

本项目是国内为数不多的获得国家三星级绿色建筑标识的功能完备的综合医疗类建筑，在具体技术应用、经济分析比较等方面可为我国绿色建筑，特别是绿色医疗建筑的发展提供技术支持，具有较高的社会效益、经济效益和环境效益，并具有较强的示范效果。

东南向外景

顶视图

西北向外景

北京市石景山区京西商务中心（西区）商业金融用地

三等奖
水系统工程（建筑给排水）专项奖

获奖单位：中国建筑设计研究院有限公司
获奖人员：匡杰，张源远，赵伟薇，安明阳，李俊磊，郭汝艳，张燕平，苏兆征

中国建设银行北京生产基地一期项目

三等奖
水系统工程（建筑给排水）专项奖

获奖单位：中国建筑设计研究院有限公司
获奖人员：宋国清，杨东辉，黎松，董新淼，高振渊，唐致文，邢燕丽，李万华

珠海歌剧院

三等奖
水系统工程（建筑给排水）专项奖

获奖单位：北京市建筑设计研究院有限公司
北建院建筑设计（深圳）有限公司
获奖人员：夏令操，刘蓉川，蔡志涛，徐宏庆，李新博，于鹏，王素萍

北京市昌平区沙河高教园二期（一）地块 A-10 地块

三等奖
水系统工程（建筑给排水）专项奖

获奖单位：中国建筑设计研究院有限公司
获奖人员：匡杰，陈静，范改娜，尹腾文，张源远，曹为壮，赵伟薇，王松

深圳市孙逸仙心血管医院迁址新建项目

三等奖
水系统工程（建筑给排水）专项奖

获奖单位：中国中元国际工程有限公司
获奖人员：欧云峰，何智艳，罗颖，张颖，廖耀青

深圳中洲大厦

三等奖
水系统工程（建筑给排水）专项奖

获奖单位：北京市建筑设计研究院有限公司
北建院建筑设计（深圳）有限公司
获奖人员：刘蓉川，李新博，于鹏，王素萍，陈伟波，谭宁，孙天宇，蔡志涛

专利技术研发中心研发用房项目

三等奖
水系统工程（建筑给排水）专项奖

获奖单位：中国建筑设计研究院有限公司
获奖人员：黎松，董新淼，唐致文，杨东辉，郭汝艳

北京老年医院医疗综合楼

三等奖
水系统工程（建筑给排水）专项奖

获奖单位：清华大学建筑设计研究院有限公司
获奖人员：徐青，吉兴亮，刘福利，刘玖玲，姚红梅

兰州大学第二医院内科住院大楼二期工程

三等奖
水系统工程（建筑给排水）专项奖

获奖单位：中国中元国际工程有限公司
获奖人员：杨金华，范宇，欧云峰，牛住元，罗颖，赵元昊，何智艳，李停

水系统工程
（市政环境类）专项奖

京港澳高速南岗洼积水治理工程

一等奖
水系统工程
（市政环境类）专项奖

获奖单位：北京市市政工程设计研究总院有限公司
获奖人员：许志宏，邓卫东，张宏远，崔亮，潘可明，宫凯，肖永铭，杨鸿瑞

京港澳高速公路是一条首都放射形国家高速，为中国的南北交通大动脉，其中北京段被誉为“中国公路建设的新起点”。2012 年 7 月 21 日暴雨致使洪水溢出河道冲毁路堤、涌入京港澳高速南岗洼下凹段，致使道路积水最深达 7m，瞬间淹没车辆，造成 3 人遇难的严重灾害。仅过 4 年时间，即 2016 年 7 月 20 日，此处又被洪水淹没。连续时间间隔较短的两次暴雨，造成中国的南北交通大动脉人身伤亡和断路的洪涝灾害，暴露了此路段防洪排涝基础设施体系还不完善、设施能力还未全部达标、防汛抢险能力还存在不足等防汛薄弱环节。

本项目被定为北京市 2016 年汛后防洪排涝重点水务工程，要求在 2017 年汛前完成主体工程。工程内容主要为：路堤防渗加固及挡水墙工程 2.3km、新建调蓄泵站工程、佃起河桥梁改建。设计人员本着“百年大计、质量第一”的原则，确保工程经得起洪水、人民群众和历史的考验。

本工程面临着施工空间紧张、用地紧张、工期受限等诸多难点。路堤加固及挡水墙工程按 100 年一遇洪水位设计，加固防渗桩主要作用为加固路堤的稳定性，防止土壤水由于水位差造成路堤管涌，其施工场地位于路堤外侧，可以避免施工对道路交通的影响。调蓄泵房设计中采用了调蓄池后置的设计方案，节省了占地和工程投资；在提升下凹区雨水收水系统能力的设计中，采用了分流池的设计方案，利用水位对新、老泵房的进水进行分配，保证了施工期老泵房的正常运行并在调蓄泵房建成后能够发挥作用。佃起河桥梁改造工程采用了快速施工方法，可以最大限度减小对既有交通的影响且满足工期要求。

在工程设计中贯彻“低影响开发”“海绵城市”及“绿色公路”的设计理念。原泵站位于京港澳高速下穿京广铁路的东南角，对原泵站的排涝能力从 2 年一遇提升至 100 年一遇。为了保证施工期原泵站正常运行，不对原泵站进行改造，新建调蓄泵房并采用调蓄池后置方案，利用先重力流、后泵提升，节省了占地、投资及能耗。佃起河桥原跨径 7m，不满足规划河道过流量，遂对现况桥涵进行拆除重建。为最大限度减小对既有交通的影响且满足工期要求，本工程在设计中突破传统的设计方法，采用了预制墩柱、基础承插式连接技术、钢桥高强环氧沥青快速开放交通技术以及桥梁快速施工工法等一系列新技术。

本工程建成后，即经受住了 2017 年 8 月 2 日相当于 50 年一遇强暴雨的考验，保证了高速公路的安全及正常运行。本次设计的理念和创新的技术路线，对以后的类似工程设计起到了指导和借鉴作用。工程的建设，是确保首都防汛安全，全面提升首都综合防灾减灾能力的体现。

防雨
电站

青山港湿地雨、污水整治及水环境修复工程

一等奖
水系统工程
（市政环境类）专项奖

获奖单位：泛华建设集团有限公司
获奖人员：喻俊，张敏，徐娜，韩冬雪，郑杰，朱晓云，王敦举，柯凯

武汉市作为海绵城市第一批试点城市，青山示范区为旧城综合示范，面积 23km^2，集合了老工业区、老住宅区、棚户区、水敏感区、循环经济试点区多种需求于一体。通过老旧社区、市政道路、公园绿地、城市管渠及城市水系统海绵改造等系统工程，提高区域防洪排涝水平，改善水环境质量，提升居民的生活品质，造福 28 万人。

青山港湿地雨、污水整治及水环境修复工程北起临江大道、西接建设十路、南至桥头路、东靠建设十一路，总面积约 25hm^2，是 2014 年底电视问政整治项目之一，青山海绵城市示范区建设首批启动项目之一，以及黑臭水体、环保督查整治工程之一。工程包括沉砂池与青山港水域范围及沉砂池周边的陆域范围。总面积 76.19hm^2。工程主要包括青山港湿地整治、港渠清淤、港渠岸坡整治以及沿青山港周边新建截污管道、截流井等，整治完成后结合周边景观整体提升打造，具体可分为污染控制、水环境整治和景观工程三大工程。

设计过程中，将传统的末端排水理念转变为"源头减排、过程控制、末端治理"的综合治水思路，采用"绿色和灰色"相结合的基础设施，用可视化、景观化的自然开放排水系统优化原有的传统管渠排水。以问题为导向，充分结合当地居民的意愿，结合现场实际问题，选用雨水花园、透水铺路、植草沟、生态湿地、雨水调蓄池等多种海绵设施，解决渍水、黑臭水体等一系列问题，同时将收集的雨水净化后用于社区内部绿化浇洒、居民自助洗车，既达到了雨水综合利用，又实现了利民的目的。

项目主要技术及创新点：

1. 立足于青山"海绵城市"建设申报示范区，青山区政府在全面贯彻中央精神的同时，积极响应，率先推出能体现城市海绵性的具体工程，在全国通过实际项目建设起到带头示范作用，其意义深远。

2. 采用雨水花园、生态草沟等"海绵城市"先进技术，旨在通过采用"渗、滞、蓄、净、用、排"等技术措施，结合新的海绵理念，打造山水生态园林滨水景观。

3. 作为青山区重要水系港渠，通过本次工程建设后，不仅在生态宜居环境上能得以改善，同时还可以打通局部卡口和增加港渠通道的过流能力，在有效应对区域 50 年一遇的暴雨时能做为排放主要渠道，同时在应对超标雨水径流量时具有一定的调蓄能力和行泄通道。

平谷区泃河南大门段综合整治工程

二等奖
水系统工程
（市政环境类）专项奖

获奖单位：北京市水利规划设计研究院
获奖人员：吴东敏，杨苏燕，史怀平，徐静蓉，刘向阳，任杰，郭宏，丁峰

本项目与泃河远期规划相结合，融合了平谷区滨河森林公园南门节点方案，以湖泊景观的形式成为万亩滨河森林公园和平谷南大门的点睛之笔，全力打造平谷第一门户。本项目实现了功能定位多元化，做到了景观与防洪的统一，实现近远期有机结合，改善了区域的整体生态环境，营造了完善的生态开敞亲水空间；设计理念全新化，打破以往的“以河论河”旧理念，实现河流艺术化，形成水中有绿、绿中有水的自然缓坡生态景观带，有效协调防洪、生态与经济、社会、休闲活动的联系，实现了工程之间的无缝衔接，促进了河流与城市之间的融合；设计方案地标化，以音乐文化作为全局的引领，取名为“琴音湖”，形成了“一轴一扇相承、五区十景相依、两湖联动相融、琴音秀水相映”的总体空间格局，开启全新的平谷文化、休闲之旅，成为平谷南部门户的地标性区域，成为平谷区第一门户的金名片；多专业系统化，本项目共计有 16 个专业参与到项目的设计过程中，充分体现了本工程是一个系统工程、跨学科工程；实施过程精细化，设计人员全程把关，与业主、监理、施工各方建立了信任共赢的合作关系，大家为了一个共同的目标及愿景，做到了精细管理、精细设计、精细施工，最终达到了既定的设计效果。

石嘴山经济技术开发区东区污水处理厂项目

二等奖
水系统工程
（市政环境类）专项奖

获奖单位：博天环境集团股份有限公司
获奖人员：迟娟，俞彬，刘军，苏宝康，刘小艇，侯冲，刘俊哲，高伟托

石嘴山经济技术开发区位于宁夏石嘴山市，是国家级经济开发区。石嘴山经济技术开发区东区污水处理厂主要处理该开发区东侧工业组团内的生产废水，涉及氯碱化工、钢铁加工、精细化工、活性炭生产等行业废水，设计规模 1 万吨 / 天。

本项目废水水质成分复杂，含有生物难降解物质及有毒有害物质，B/C 低于 0.3，可生化性较差，传统生化处理工艺去除效率低，且废水含盐量大于 6000mg/L，传统生化处理工艺生物存活率低。

基于以上难题，博天环境采用了异相催化氧化 + 改良 MBBR 工艺包技术。异相催化氧化通过投加晶核填料，在晶核表面形成铁氧化物，具有异相催化的效果，促进了化学氧化反应及传质效率，使 COD_{Cr} 去除率大幅提升，与传统芬顿技术相比，在同等的去除效率下，可节约药剂 50% 以上，减少化学污泥 40% 以上。生化单元采用改良 MBBR 技术，利用多孔性载体填料并附加耐盐菌，能够在高含盐环境下对 COD、总氮、氨氮高效去除，最终出水水质达到《城镇污水处理厂污染物排放标准》GB18918—2002 中的一级 A 标准。

博天环境凭借整体设计实力和后期有效的执行，将该项目打造为同类工业园区第三方治理污水解决方案的典范，被当地政府指定为污水处理参观学习及就业实习的重要基地。

黄石市汪仁污水处理厂 BOT 项目工程

三等奖
水系统工程（市政环境类）专项奖

获奖单位：博天环境集团股份有限公司
中国市政工程中南设计研究总院有限公司
获奖人员：迟娟，邱明，俞彬，汪作仑，胡春喜，高法启，孙杰，范加良

肇庆高新区城市环境综合整治项目 独水河肇庆高新区河段生态修复工程

三等奖
水系统工程（市政环境类）专项奖

获奖单位：北京市市政工程设计研究总院有限公司
获奖人员：李东，张亚峰，李季，麦建锋，杨启行，郑伟浩，马小燕，陆洋

中信国安—北海第一城水系总体方案设计总包及各有关分项施工图

三等奖
水系统工程（市政环境类）专项奖

获奖单位：北京市市政工程设计研究总院有限公司
获奖人员：邓卫东，劳尔平，崔亮，惠斌，宫凯，姚为松，杨鸿瑞，汪煜坤

装配式建筑设计
优秀奖（公建）

嘉德艺术中心

一等奖
装配式建筑设计优秀奖
（公建）

获奖单位：北京市建筑设计研究院有限公司
BURO OLE SCHEEREN LIMITED/ 宋腾添玛沙帝建筑工程设计咨询（上海）有限公司
获奖人员：张宇，吴剑利，孙宝亮，甄伟，盛平，高昂，段钧，周小虹，张志强，庄钧，张瑞松，陈莹，张争，马丫，李昕

嘉德艺术中心是中国嘉德国际拍卖有限公司打造的中国最大的国际拍卖艺术中心。是集拍卖、展览、博物馆、文物储藏、鉴定修复、学术研究、信息发布、精品酒店为一体的亚洲首个“一站式”文物艺术品交流平台。同时，中心通过免费开放的各类高端艺术品展览交流活动，向公众提供高水平的公益性文化服务。

1. 建筑专业

建筑外幕墙为墙体、保温、隔热、装饰一体化围护墙，首层至四层为菱形间隔单元式石材幕墙系统，石材与主龙骨间填岩棉保温，保温外侧为防水铝板，内侧固定镀锌钢板。上部 4~8 层外立面为错缝玻璃幕墙预制型小单元系统，结构骨架采用铝网片，整体预制组装，现场吊装。内庭院立面 5~8 层为玻璃幕墙系统，酒店会所 5~8 层为玻璃幕墙系统。内隔墙中大量采用预制部品部件，包括轻钢龙骨石膏板隔墙、钢架隔墙、玻璃隔断墙。

2. 结构专业

地上结构采用 4 个钢板混凝土组合剪力墙筒体与四周向外悬挑桁架、内部转换钢桁架等组成的混合结构体系，地上结构功能均通过钢结构楼盖实现，主要竖向荷载传递到在建筑物四角均匀分布的四个混凝土核心筒上。下部展厅大空间采用楼面桁架实现，上部为标准酒店客房，采用标准分格的钢梁、钢柱实现。

本工程采用以钢结构为主的结构体系，主要构件由车间生产加工完成，包括：外墙板、内墙板、预制梁 / 柱 / 桁架等，现场主要采用装配作业。设计的标准化和管理的信息化，提升了生产效率，降低了构件成本，配合工厂的数字化管理，实现了项目的性价比最大化，符合绿色建筑的要求。相对于常规现浇结构，施工现场模板用量减少 85% 以上，现场脚手架用量减少 50% 以上，抹灰工程量节约 50% 以上，节水 60% 以上，污水减少 50% 以上，施工现场垃圾减少 80% 以上，施工周期缩短 50% 以上，人工减少 40% 以上。

3. 设备专业

给水排水、消防、暖通管线均与结构墙体及楼板分离安装，布置方式为吊顶内、管井、风井及设备管廊内吊装。暖通水管道大量采用沟槽连接及卡箍连接方式；风管大量采用成品管道及共板法兰风管；给水排水、消防管道大量采用沟槽及卡箍连接方式的不锈钢管或热镀锌钢管。

4. 电气专业

电气管线、盒、槽 80% 以上与结构支撑体分离，采用金属线槽、热镀锌管，设置于竖井、吊顶、轻质隔墙处，并采用专用连接件安装，减少现场安装工作量。

通过装配式设计和施工，大大加快了施工速度，现场作业少，施工质量稳定、可控。大部分构件在工厂生产，施工环境大幅改善。机械化、自动化程度高，劳动条件改善。

嘉德艺术中心合影

王府井大街与五四大街街景

北立面钢结构施工过程
三层桁架

嘉德艺术中心

首都医科大学北京天坛医院迁建工程 A1 楼

一等奖
装配式建筑设计优秀奖（公建）

获奖单位：北京市建筑设计研究院有限公司
德国贝格·盖斯博莱希特·林克建筑设计有限公司
获奖人员：邵韦平，郑琪，李筠，李翎，杨晓亮，高建民，杨懿，姜薇，冯颖玫，盖克雨，徐芬，安浩，罗继军，梁巍，叶云昭

项目概况

本楼结构主体地上部分为全钢结构带斜撑框架，地下部分为混凝土框架剪立墙结构，钢柱下插入地下至基础顶面，地上做 6 组贯通各层的中心支撑，对应的低下部分为钢筋混凝土剪力墙。

钢结构柱梁斜撑等构件均为工厂预制，现场拼装。

楼体外围护结构为玻璃幕墙、铝板幕墙体系，屋顶为玻璃幕墙体系天窗，整体外围护结构均为工厂加工，现场进行拼装安装。

楼体外侧神经元网架，采用工厂制作为小型板块的方式，现场进行安装。

室内装修采用全装修，并带有传统装修，工程完成后即开始搬入家具进入试运行阶段。室内采用玻璃幕墙、铝板幕墙、铝板成品吊顶、无机预涂板墙面、树脂版墙面等做法，大部分区域均采用工厂预制、现场安装的方式，部分局部区域现场对预制板块进行过调整。

装配式技术特色

天坛医院 A1 楼是钢框架加支撑的结构体系，平面是内圆与外环通过三道连桥连同的造型。

外环轮廓是圆形与等边三角形的融合，直径约 80m，结构沿径向满布两跨框架。

中间的圆形大厅直径 26m，根据建筑需要，中心是一个直径 18m 的圆形无柱空间，通过三相框架梁互相搭接形成。

内外连接通过三道跨度 14m 的钢桥，并形成三个大中庭空间。

由于本项目要求地震设防烈度较高，需要按照 8 度 (0.3g) 地震力计算，每层层高 4.8m，为满足无侧移框架假定的设计要求，在最外圈框架楼梯间的位置，通过 6 组贯通各层的中心支撑，为结构提供足够的抗侧向位移能力。

结构平面三向对称，布置简洁合理，传力路径明确，最大限度地保证了建筑使用空间的通透。

构件截面经济合理，材料利用率高，在实现复杂造型的同时也完成了结构的优化。

楼体外侧神经元网架，采用 BIM 系统进行设计，在经过多次调整后，经业主认可后对模型进行优化，在保证工期的情况下，优化为形成 6 个大的单元组合，之后调整后的 BIM 模型直接发送给钢结构加工厂进行深化加工，使误差降到了毫米级。由此可以保证工厂制作的精度，同时保证现场安装时的精度以及准确度，保证了总长约 280m 的神经元网架的顺利安装。

综合效益

本工程是中华人民共和国成立以来首个从中心城区整体搬迁的三甲综合医院。天坛医院的落成突破其在原址发展的禁锢，使医院以神经科学集群为特色的、神经外科为先导的“国内一流、国际知名”大型三级甲等综合性教学医院的目标成为可能；对就医环境取得了飞跃性的改善；改变了丰台区无三级甲等综合医院的局面，对丰台区卫生医疗资源的增强、提升地区卫生医疗水平将起到强有力的支撑作用。

A1# 楼为天坛医院专科门诊楼，主要承担脑部疾病的检查、诊断、治疗工作。为天坛医院的特色专科医疗楼，从功能上属于本工程重点区域，从造型上设计组也做了突出处理。无论从结构形式、外立面形态上均有别于其他医院。故在以上情况下，地上全钢结构体系和具有鲜明特点的神经元网架，形成了新天坛医院的名片。而装配式的概念，不仅解决了技术上的困难，同时在施工进度、采购难度、材料运输方面均对工程建设均起到了有力的推动作用。

保利国际广场 1 号楼

二等奖
装配式建筑设计优秀奖（公建）

获奖单位：北京市建筑设计研究院有限公司
SOM
获奖人员：陈淑慧，盛平，杨金红，甄伟，王保国，庄钧，王轶，吕紫薇，孙妍，何晓东，张争，张安明，周新超，赵明，曹明

保利国际广场 1 号楼的设计灵感来源于中国的折纸灯笼，结构采用外露斜网格柱设计，外墙为全玻璃双层呼吸幕墙。1 号楼 31 层，建筑高度 153m，中庭 127m 高。

外立面幕墙采用保温隔热、防火、装饰一体化设计。外幕墙由 6 个标准菱形模块组成，每个菱形块 4 层高。内幕墙为模块化单元构件。内、外幕墙均由平面玻璃和直线构件构成曲面幕墙，仅在节点处为曲面铝板包覆。

中庭采用单元内幕墙、干挂石材墙、架空石材地面。中庭钢制旋转楼梯和玻璃栏板为工厂定制，干法施工。

大堂地面部分采用架空玻璃发光地面，墙面为干挂石材，吊顶为工厂定制的转印木纹铝方通吊顶和发光膜吊顶。大堂幕墙为单索幕墙。电梯厅墙面为干挂石材与玻璃。

办公走廊及租区全部采用网络地板，办公隔墙采用轻钢龙骨石膏板，内部走电线。租区吊顶采用矿棉板，便于维修。

给水排水系统、消防水系统的管道 100% 为与结构支撑体分离；空调通风供暖系统的管道 98% 与结构支撑体分离，采用金属管道设置于管道井、吊顶等空间。

电气管线、盒、槽 80% 以上与结构支撑体分离，采用金属线槽、热镀锌管设置于竖井、吊顶、轻质隔墙处。

本项目已获得 LEED 银奖预认证，绿色建筑二星级标识。

天竺万科中心

三等奖
装配式建筑设计优秀奖（公建）

获奖单位：北京市建筑设计研究院有限公司
获奖人员：杜佩韦，郑辉，王颖，张晨肖，滕志刚，樊华，马辉，田丁，李杰，张蔚红，申婷婷，米岚，支晶晶，王玥盟，马唯唯

北京雁栖湖国际会展中心

三等奖
装配式建筑设计优秀奖（公建）

获奖单位：北京市建筑设计研究院有限公司
获奖人员：刘方磊，焦力，王轶，韩兆强，金卫钧，任蕾，甄伟，王毅，余道鸿，盛平，胡宁，黄澜，曾源，王妍，徐瑾

2019
北京市优秀工程
勘察设计奖作品集

装配式建筑设计
优秀奖（居住）

住总万科金域华府产业化示范住宅

一等奖
装配式建筑设计优秀奖（居住）

获奖单位：北京市建筑设计研究院有限公司
获奖人员：杜佩韦，马涛，陈彤，郭惠琴，王颖，杜娟，滕志刚，田丁，蒋楠，许琛，张沂

项目位于北京市昌平区回龙观，总用地面积 33591m²，容积率 3.1，总建筑面积 55197m²，其中 2# 住宅楼为装配式建筑，建筑面积 11838m²，建筑高度 79.9m，建筑层数地上 27 层、地下 2 层。

总体策划

采用装配整体式剪力墙结构，遵循标准化设计、整体设计、模数协调、设计合理与实施效率相结合、节约材料与提高材料使用效率的原则，在原有户型基础上对户型设计、结构设计、设备设计、电气设计、构件设计等做了总体的方案设计和策划。

技术要点

采用装配式建筑技术。楼栋 7 层以下墙体采用现浇，水平采用预制构件（B2~27 层），7 层及以上采用全装配结构。结构构件包括结构保温一体化预制外墙板、预制内墙板、预制楼板、预制阳台板、预制楼梯、预制梁、预制悬挑板、预制女儿墙等，围护构件包括预制 PCF 板、预制隔板、预制外挂板，共计 11 类、66 种、2779 件、2523.3m³。

采用 CSI 技术。将给水管、中水管、可视对讲入户管 SC25、有线电视入户管 SC20、网络电话入户管 SC20 及强电入户管 SC32 布置在吊顶内，优化后的地面垫层内将只有地暖管，减少了垫层内管线布置压力，节约了布线时间，解决了管线交叉问题和给水、中水管管材耐久性与建筑寿命不同步难于更换的问题。

采用 BIM 技术。在碰撞检测、预制构件设计、精装设计中应用了 BIM 技术。

实施难点与创新

1. 难点

项目进行过程中标准规范不能完全覆盖设计需要，政府和甲方对建筑立面的要求较高，装配式建筑的设计难度高；甲方希望获得较高得房率、预制率，解决以往施工中较难解决的管线交叉问题。

2. 创新点

户型优化。在基本满足装配式住宅要求的前提下，进行户型优化设计，使项目预制率、标准化程度及可重复性达到较高的程度，使建筑外立面与整体规划相统一。

清水构件的使用。楼梯采用预制构件，保证了较好的清水混凝土外观，体现了较好的施工便利性。

管线分离。入户管线与主体结构分离，解决了管线和主体结构寿命不同的问题，避免了二次装修对结构的破坏，延长了建筑寿命，降低了生产施工难度，提高了施工效率。

公共区域水平应用预制构件。

先进性

体现了装配式建筑的设计引领思维，通过设计的源头控制解决生产难题与施工难题，并实现提高建筑产品寿命和可持续绿色发展。

本项目是首栋八度区、80m 装配整体式剪力墙结构住宅，首个从地下到地上全楼栋采用水平预制构件项目。项目设计过程中形成的成果和经验，成为北京市“京政办发〔2017〕8 号文”“京装配联办发〔2017〕2 号”和国家标准《装配式混凝土建筑技术标准》等政策文件和标准、规范的重要参考。

北京市房山区长阳西站六号地 01-09-09 地块项目

一等奖
装配式建筑设计优秀奖（居住）

获奖单位：北京市住宅建筑设计研究院有限公司
获奖人员：钱嘉宏，赵智勇，徐连柱，胡丛薇，杜庆，刘敏敏，马哲良，杨源，崔亚粲，王振宇，果海凤，韩陆，王义贤，纪弘焱，王殷

万科长阳天地项目位于房山区长阳镇，是北京地区较早的全小区整体采用全装配产业化住宅项目。小区共有住宅 12 栋，均为全装配产业化住宅。层数为 9 层、11 层和 21 层，层高 2.8m。

项目为装配整体式剪力墙结构，预制构件应用范围包括预制混凝土外墙（100%）；预制混凝土内墙；预制女儿墙（100%）；预制混凝土叠合楼板（≥ 70%）；预制楼梯、阳台板、空调板（100%）。小区整体为精装修交房；采用整体厨房、整体卫浴及卫生间同层排水。

总图规划中，我们通过 9 层、11 层和 21 层住宅高度变化，营造独特的城市天际线，围合出层次分明的组团院落，并满足预制构件运输通道、堆放场地以及起重设备所需空间要求。

项目努力实现标准化设计，整个小区仅有两种标准化住宅平面，做到最大限度标准化与系列化。标准户型单元平面方正，剪力墙规整，外轮廓平齐，结构受力合理，便于预制构件布置；户型设计南北通透，空间布局紧凑，分区及流线合理。同时，按照模数协调原则，优化厨房、卫生间、楼梯及门窗洞口尺寸。

我们优化飘窗设计，可三面开窗，大幅提升住宅品质，同时简化了生产工艺，可方便地在生产线上完成。户内采用轻集料混凝土隔墙板，设计预先排板，优化布置方式，减少裁切；并根据空心隔墙板圆孔位置，准确定位楼板线管的甩出位置，避免了隔墙板的剔凿。

项目同时采用装配式 FRP 高强玻璃纤维空调支架替代混凝土空调板，降低了预制外墙板的加工和施工难度，实现更高的标准化和美观性。

立面上以外墙板、阳台等立面构配件组合为标准单元模块，应用于不同的户型，减少预制构件规格的同时使立面效果更加完整统一。同时采用反打瓷砖技术，以不同色彩的瓷砖形成错动韵律，达到装配式建筑特有的、丰富内敛的风格效果。

作为北京地区较早的高层全装配式住宅项目，在设计中，建筑专业和结构专业均做到预制构件详图，并增加户内管线综合图设计，设计深度高于国家标准图集要求。同时，本项目设计研发的多种装配式住宅技术做法，成为日后装配式建筑的标准做法。如装配式建筑国家标准图集《预制钢筋混凝土板式楼梯 15G367-1》编制时，即以本项目预制剪刀楼梯的施工图做法作为基础。

同时，我们优化设计顺序，先期完成住宅产业化相关部分的施工图，即开始预制构件加工制作，为构件加工争取了时间，使构件生产厂家仅采用少量模板即可完成全部预制构件的加工制作，大幅降低了成本。

另外，本项目从方案到施工图设计，均采用 BIM 技术，大幅减少了预制构件加工以及施工中，因错漏碰缺造成的返工，加快了施工速度，提高了综合效益。

长阳天地
P
车库入口
丰巢

郭公庄车辆段一期公共租赁住房项目

一等奖
装配式建筑设计优秀奖（居住）

获奖单位：中国建筑设计研究院有限公司
获奖人员：赵钿，韩风磊，张守峰，刘克，王凌云，白宇，邢光辉，李梅，康向东，唐致文，底楠，崔敏行，孙强，姚远，李旋

规划设计

郭公庄车辆段一期公共租赁住房项目位于北京市丰台区，用地南侧为六圈南路，北侧为郭公庄一号路，西邻规划小学和公共绿地，东隔绿化带与郭公庄路相邻，西侧距郭公庄地铁站 1.5km，交通便利；该小区的整体规划采用“开放街区、围合空间、混合使用”设计理念：在小区中心设计商业街和活动中心，同时通过道路、绿化等将小区分成 6 个组团，每个组团单独管理，这样就形成了整个小区规划的框架，既保证了组团的私密性，又方便联系的公共空间。

在规划上，小区中间形成一个“S”形商业街，串联了各个组团，每个组团的居民都可以方便地到达商业景观街，商业景观街成了居民交往的中心，同时，商业街也提供给了居民生活的便利条件。

户型设计

本小区共有 3000 户，均为公租房，户型面积为 40m^2、50m^2、60m^2，充分利用户型所在位置，中间做 40m^2 的一居户型，两端做 60m^2 的两居；一居户型纯南向，客厅和卧室复合使用，并可灵活分割居室空间，满足两口之家居住；两居户型南北通透，中间客厅通过两侧窗户采光，满足三口之家需求。

建造方式

在建造方式上，本小区是北京市第一个采用 PC+PCF 的公租房项目，同时内部装修采用了 SI 体系，现在小区内 1#~12# 楼已主体封顶，样板间也已做好；经过参建各方的努力，该项目呈现出了一个完成度较高的作品。

产业化实施范围

1. 产业化在本小区建筑上的应用范围

郭公庄车辆段一期公共租赁住房项目的住宅楼采用装配式建造方式，在项目产业化策划阶段，为了住宅楼上、下部分立面效果统一，底部结构加强区域外维护结构采用 PCF 体系，上部外维护结构采用 PC 体系、内墙与核心筒现浇；在内装方面借鉴了先进的产业化经验，采用了 SI 体系，整个工程可以说是从“外”到“内”的全产业化。

2. 结构体系实施装配范围

在本项目中，进行产业化设计伊始，主题思想是尽可能多的部位通过工厂制作，采用绿色、环保的建造方式，尽量减少现场湿作业，在不影响结构安全的情况下，住宅楼的大部分外墙、阳台、楼板、外装饰构件均在工厂预制，楼板采用叠合楼板，装配率达到 70%。另外，内装施工也采用钢龙骨和高密度聚酯板的轻质隔墙体系。

针对建筑内的管线使用寿命远低于主体结构的情况，为了以后便于更换，设备管线的安装采用与主体结构分离的方式，在设计之初，对于本项目的管线设计严格按照这种想法，地板、墙面均设置架空层，采暖使用了采暖模块，管线走在架空层。

装配式结构体系建成效果展示

本项目内装采用了 SI 体系，结构和装饰分离，管线走在结构层和装饰层之间，便于维修和安装。

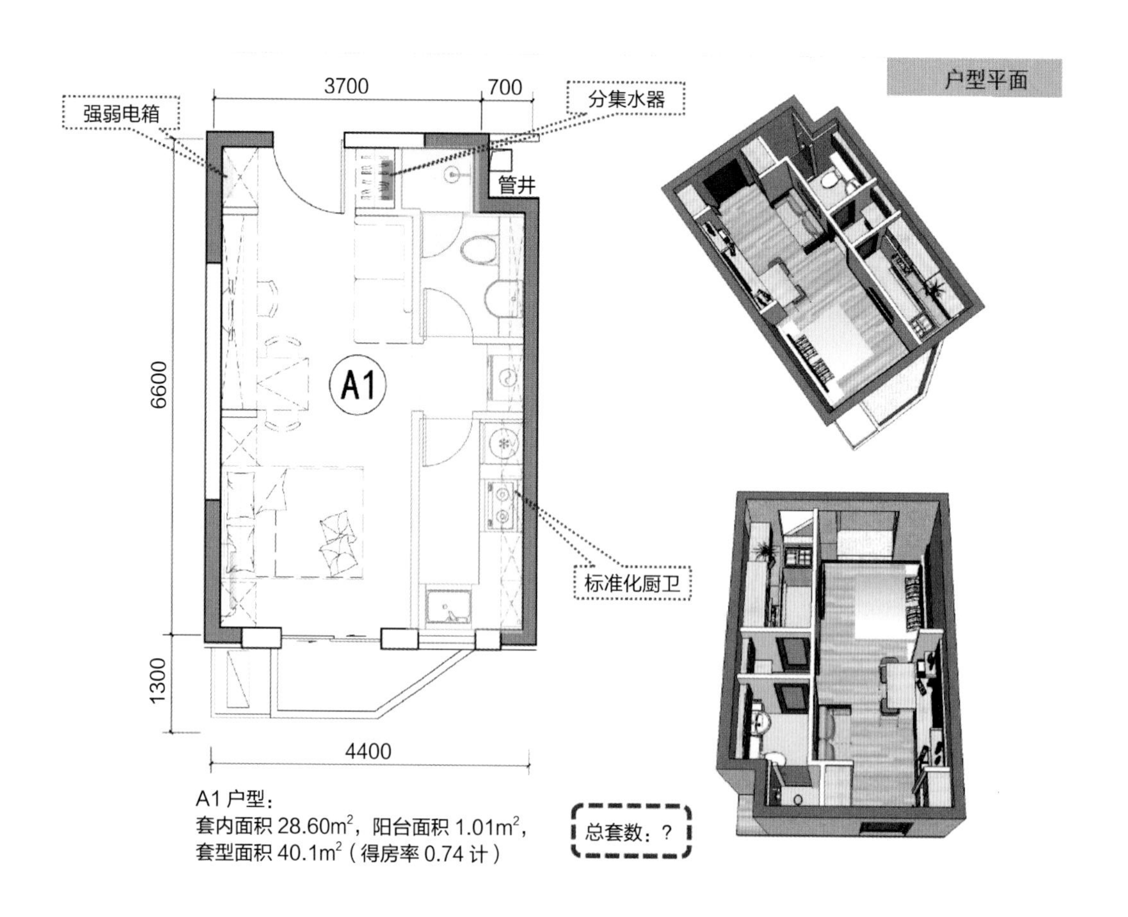

A1 户型：
套内面积 28.60m^2，阳台面积 1.01m^2，
套型面积 40.1m^2（得房率 0.74 计）

建成后实景照片

建成后实景照片

京投万科新里程产业化住宅

二等奖
装配式建筑设计优秀奖（居住）

获奖单位：北京市建筑设计研究院有限公司
获奖人员：王炜，马涛，陈彤，田东，王颖，郭惠琴，蒋楠，杨帆，赵頔，王庚，张银龙

项目位于北京市房山区长阳镇，总用地面积约 11.49 万 m^2，容积率 2.0，总建筑面积约 10.46 万 m^2，共 8 栋住宅楼，建筑高度 45m，建筑层数地上 15 层、地下 1 层。本项目为北京市产业化住宅试点项目，在高预制率条件下，首个 8 度区、±0.000 以上全部实施装配的全装修商品住宅项目。

项目采用装配整体式剪力墙结构，以完善装配整体式混凝土剪力墙结构技术体系为出发点，在装配式建筑主体结构和围护结构构件应用研究、装配式建筑外立面的多样化研究、预制构件生产和施工协调等多方面完成了多个北京市产业化住宅的第一次。项目设计从结构体系入手，在预制外墙板、预制内墙板、预制隔墙板、叠合楼板、叠合阳台板、预制楼梯等基础性构件的基础上，研究设计应用了预制女儿墙、预制阳台挂板、预制楼梯休息平台等构件，初步形成了完善的装配整体式混凝土剪力墙住宅结构体系；通过模数协调、标准化和模块化设计，对外墙板、内墙板、预制底板、阳台、空调板及女儿墙等进行设计，实现立面风格的多样性；预制楼梯等预制构件采用清水混凝土。

完善装配整体式剪力墙结构技术体系的形成，对北京市建筑业实现向高品质、节能减排、绿色环保的可持续发展转型，具有积极意义和巨大的推动作用。

万科金域缇香——7# 住宅

二等奖
装配式建筑设计优秀奖（居住）

获奖单位：北京市住宅建筑设计研究院有限公司
获奖人员：钱嘉宏，赵智勇，李俐，李跃，张敏行，李树仁，刘敏敏，凌晓彤，崔亚粲，谢伟伟，云燕，杜元，徐天，薛晶，尤文菁

本项目是北京最早一批应用装配式建筑技术的住宅项目，顺应行业发展方向，为装配式技术后续的推广及优化提供了充分的技术积累。同时，在以装配式技术为基础的前提下，充分融合了 BIM、绿建等先进的技术理念，提高了综合效益，并取得了“三星级绿色建筑设计标识证书”。

在建筑的立面设计上，追求相对规整、严谨的效果，以窗作为基础面组织立面关系，使整个立面形成独特肌理。

建筑采用装配整体式剪力墙结构，预制构件的类型有：预制外墙板、预制内墙板、预制叠合楼板、预制楼梯、预制阳台板和预制阳台挂板。

整个项目仅采用一种标准单元，最大限度减少预制构件的规格种类，降低加工成本，提高综合效益。并采用一体化设计，综合考虑机电管线与结构主体和建筑隔墙的相互关系，预制构件生产时实现了管线预留预埋。

在绿色建筑方面，项目通过优化围护结构、提高空调采暖设备系统能效比、空调系统冷（热）源冬夏季均采用地源热泵机组、设置排风热回收系统等技术措施，使建筑能耗在现行节能规范基础上，再节约 2.65%，非传统水源利用率达 47.49%。

同时，项目是国内首例预制装配整体式剪力墙技术和基础隔震技术相结合的工程，提高了全预制装配整体式剪力墙住宅建筑的抗震品质，为突破结构限高提供可能。

万科金域缇香——8、9# 住宅

三等奖
装配式建筑设计优秀奖（居住）

获奖单位：北京市住宅建筑设计研究院有限公司
获奖人员：钱嘉宏，赵智勇，徐天，李俐，李跃，刘敏敏，杜庆，金晖，杨源，盖钰迪，杜元，张敏行，李树仁，薛晶，尤文菁

大兴区旧宫镇 DX-07-0201-0040 等地块 R2 二类居住、R53 托幼用地项目 15#、16# 商品房

三等奖
装配式建筑设计优秀奖（居住）

获奖单位：北京市住宅建筑设计研究院有限公司
获奖人员：赵智勇，徐连柱，郭诗龙，刘敏敏，王郁桐，程阳，杜庆，凌晓彤，慈斌斌，刘纪元，韩陆，谢伟伟，云燕，盖钰迪，何一洋

昌平区北七家镇（平西府组团土地一级开发项目（北块）地块）二类居住、商业金融、幼托用地项目（配建限价商品住房）

三等奖
装配式建筑设计优秀奖（居住）

获奖单位：北京城建设计发展集团股份有限公司
获奖人员：沈佳，李博宁，成砚，刘晟君，刘郁，叶飞，佟彬彬，关达可，李俊鹏，苏海，奚雪垠

万科中粮假日风景（万恒家园二期）D 地块 D1、D8 工业化住宅

三等奖
装配式建筑设计优秀奖（居住）

获奖单位：北京市建筑设计研究院有限公司
获奖人员：樊则森，杜佩韦，陈彤，马涛，郭惠琴，王颖，杜娟，李洁，石卉，陈静，蒋楠，赵蕴，蒋亚军，刘昕，张晨肖

长阳半岛 1 号地产业化住宅项目

三等奖
装配式建筑设计优秀奖（居住）

获奖单位：北京市建筑设计研究院有限公司
获奖人员：杜佩韦，樊则森，马涛，郭惠琴，王颖，陈静，许佳萍，蒋亚军，
石卉，蒋楠，杨宝

2019
北京市优秀工程
勘察设计奖作品集

历史建筑保护
设计单项奖

胶海关旧址文物保护修缮方案

二等奖
历史建筑保护设计
单项奖

获奖单位：北京建工建筑设计研究院
获奖人员：倪吉昌，倪越，孙克真，张晓燕，孙彦婷，李春晖，薛萍，苏丹，赵俊凯，李放，宇文超琪，范文辉，颜勇，罗辉，何跃

胶海关旧址位于山东省青岛市市北区新疆路 16 号，原称大清国胶海关，属青岛在德占时期完成的最后一批公共建筑，为全国第四批重点文物保护单位。该项目自 2014 年 2 月由我院开始着手勘察、设计工作，2016 年 5 月完成竣工验收。

该项目贯彻“保护为主，抢救第一，合理利用，加强管理”方针，保护建筑本体价值的真实性和建筑应具有的使用性。以最小干预、可持续发展为原则保持建筑外观原貌。在不改变文物建筑原貌前提下，对文物建筑局部结构构件（薄弱部位）进行必要加固，同时增强防火能力，提高设施水平，并对原设计中文物建筑的外形、材料、色彩、配件进行保护及原样维修恢复。兼顾展陈需要及消防要求，在不影响历史旧貌前提下对建筑平面和空间优化更新设施，从而达到合理使用、方便管理的要求。

本方案难点主要针对文物建筑木构屋架的保护性修缮工程以及薄弱部位的结构加固工程，为全面保护文物建筑的真实性，在设计中，对大部分的原有木构材质予以加固保留，其中屋顶的斜撑、木檩和望板等部位所出现的弯曲及渗水问题，在方案中采取小面积缠裹碳纤维布的方式进行加固，对裂缝较大的地方采取铁箍加固，防止木材继续劣化，确保木材现有力学性能。

甘肃天水街亭古村 167# 院改造更新

二等奖
历史建筑保护设计
单项奖

获奖单位：中国建筑设计研究院有限公司
获奖人员：苏童，窦通，宋梓仪，王源，李哲，饶祖林，杜戎文，王宇，刘文，刘文珽，吴连荣，熊小俊，庞晓霞，刘娜

甘肃天水街子村，是麦积山下的一处村落，古村在城镇化进程中被裹挟前行，破败的合院与参差的欧式民宅数量迅速增加，古村在不断遭受着破坏。项目 167# 院位于老村十字古街沿街，包括一栋沿街木构两层商铺和临时棚子。商铺为天水当地的典型样式，底商上住，木构瓦顶，土坯墙围护。在调研中我们发现，房屋存在基础局部下陷、围护墙体严重开裂、木构架变形倾斜等问题，这栋老房子仍能坚持已经是奇迹。

设计团队期望通过对街亭古村的聚落场所与人文景观深入的理解与尊重，使项目成为古村中村民生活、商业的聚焦和历史场景逐步复生的起点。

在本项目中，最为关键的操作是沿街商铺的重构设计策略。已历经数十载，存在诸多问题的老商铺给使用它的三户村民带来了极大隐患，而最为保护历史原貌的建筑整体修复耗费过多，不具应用条件。因此，我们与当地工匠对原有建筑进行整体评估后，决定采取落架大修的策略，并通过大修过程中的设计提升措施来达到建造体系的重构。设计在原有的木结构基础上，通过抗震分析与结构计算，提出了对传统基础的改造形式，保障了木构房屋的稳定性。保留落架过程中的完整构件，并对其进行修整，使其作为门窗台阶等非承重小构件的材料，在大修过程中重新利用。

青岛德国建筑——水师饭店旧址维修工程

三等奖
历史建筑保护设计单项奖

获奖单位：北京房地中天建筑设计研究院有限责任公司
北京国文琰文物保护发展有限公司
获奖人员：许言，袁毓杰，杨波，赵俊英，金文一，朱江，李兆明，段嵘，
陈伟，常悦，卫爱连，王燕涛，孟令蛟，崔新军，孙严

建筑信息模型（BIM）设计单项奖

厦门轨道交通 2 号线东孚车辆段与高林停车场

一等奖
建筑信息模型 (BIM) 设计单项奖

获奖单位：北京城建设计发展集团股份有限公司
厦门轨道交通集团有限公司
获奖人员：王绍勇，许黎明，王勇林，黄雪峰，郝连波，邹红云，王顺兴，张建军，王玉娟，林少辉，姚晓明，杨彩玲，陈由超，张生平，王均福

厦门轨道交通 2 号线高林停车场是厦门市历史上第一座地下带上盖开发停车场，第一座全绿化覆盖停车场，地面绿化覆盖率 75%，也是厦门首个与公园结合的轨道交通建筑，高林停车场运管中心与公园融合为生态绿色的地标建筑。厦门 2 号线是厦门首条采用 BIM 指导施工的线路，场、段为厦门首个 BIM 指导施工的车辆基地项目。

该项目从设计、施工到竣工均采用 BIM 技术，设计单位通过施工图建模验证，提供给施工单位准确的可视化模型用于施工，施工单位根据模型反馈信息施工并根据现场施工情况反馈到模型上，最终完成竣工模型，提交运营单位。由运营单位进行后期维护。

车辆段及停车场工艺复杂、单体较多、多专业交叉、工艺性族库较少，且管线密集，设计、施工中都存在较大困难。本次设计重点提高协同设计，建立标准族库，确定各专业间的建模界面，稳定设计流程，为今后的设计打好基础。

设计采用 VPN+Revit Server 系统平台与中心文件协同方式，实时更新项目文件，满足多专业、多单位、多地域间的协同设计。提高设计的准确性和效率性。并在协同过程中总结完善协同流程及操作规范。

在 BIM 应用中完成 4 个维度——“净”“预”“碰”“合”。

尺度验证：净高、净空、静态检修空间验证，即室内外管线综合的验证。

预留验证：土建预留、预埋等隐蔽性工程验证，即土建预留及预埋坑、孔的验证。

碰撞验证：基于模型的碰撞检测。

动态检修空间验证：人员检修路径是否通畅，是否有无遮挡物的验证。

动态作业空间验证：起重机、运行轨道范围内是否有无遮挡物的验证。

工艺验证：工艺设备布置合理性的验证。

管线综合的应用：通过 BIM 对管线的建模及验证，基本实现管线综合正向设计的目标。

BIM 出图：针对当前阶段对二维图纸的要求，实现 BIM 建模后部分图纸直接生成二维设计图纸的目标。

BIM 指导施工：在施工过程当中，通过 BIM 的可视化、参数化设计，确保设计意图与施工完成效果保持一致。

可视化的模型展示：通过 BIM 建模基本实现了建筑三维可视化。

探索多种软件间的相互转换：初步实现了盈建科与 Revit，Revit 与 Openrail 软件之间的转发衔接。

以本项目 BIM 设计为依托，总结经验，完成车辆基地部分专业界面、BIM 出图样板设置、正向设计设计流程等程序，制定了基于 BIM 正向设计的技术标准（车辆基地部分）。

西单文化广场改造工程项目

一等奖
建筑信息模型(BIM)
设计单项奖

获奖单位：北京市住宅建筑设计研究院有限公司
华润置地（北京）股份有限公司
获奖人员：李群，杨玉武，李庆平，高洋，纪弘焱，王殷，曹洪录，冯宇航，牟维政，葛贵明，管兵强，王波，王光璞，赵志强，徐扬

西单文化广场位于西单十字路口东北角，是北京市中心一处重要的城市空间节点。此次升级旨在遵循北京城市建设“减量提质”的原则，在减少建筑规模的同时整体提升空间品质，营造一个富有城市活力、体验丰富、绿色生态的高品质城市公共空间。

该项目的重要性和特殊性首先来自长安街和西单北大街交汇点的地理位置。长安街是代表着国家形象的公共空间，西单是传统的商业空间。西单文化广场叠加着两种不同的空间属性，既要庄重端庄，同时又要具有大众性和商业化的活力。这种矛盾特征还体现在其地上地下两部分构成的空间格局上。它不仅是一个地面的城市广场，同时还是一个公共交通节点，这种立体空间和混合功能的特征契合城市公共空间的发展趋势，使西单文化广场从建设伊始到当前的改造都带有探索和示范性。

针对这些矛盾特征，升级改造基于对立统一的设计理念，重建项目的整形性，把地上地下空间作为一个完整连续的城市空间系统，从而最大限度地释放整个项目尤其地下空间的潜能，提升价值并改善体验。

环境“增绿”是项目改造建设的一项主要内容。改造后最明显的外观变化是大量增加的绿化空间，地面景观将从以硬质铺装为主的广场转型为绿树成荫的城市森林，借助由外至内多层次的植物配置，在城市中心营造一处四季景色变换、有机天然的绿色空间。

场地景观内外有别，四周密林环抱，中心豁然开朗、别有洞天。圆形中央下沉广场把原本封闭的地下转化为开放的公共空间。半月形的全景天窗把天光云影和园林景观引入内部，将内外空间联成一体。空间中心是一组层叠升起的台地，松柏和水瀑散布其间，串接上下，构成一幅可居可游的立体山水图景。由实而虚的材质变化呼应暗合西单牌坊的“瞻云”主题。

这个世外桃源式的格局把西单文化广场由原来以经过为主的场地重新打造成一个目的地式的城市节点。进而因势利导，设置多条路径透过林间，抵达中心，把直白的交通联系转化为“行至水穷处，坐看云起时”的意境体验，以含蓄而引人入胜的方式诱导商业人流，也把简单的绿化空间转译为一处有人文含义的公共场所，并因此奠定这个项目环境氛围和内容设置的文化基调。

景观绿化种植形式上采用上层大乔木配合地被，形成通透疏朗的森林景观。植物选择以北京乡土植物为主，体现中国特色北京风格，形成高品质的绿色空间。同时，为改善小气候，绿地内增加降尘雾喷设施，调节绿地内的温度和湿度，改善生态环境，营造城市中的一片绿洲，为大众提供一处高品质的公共空间。

项目最终呈现一个外方内圆、外实内虚的完整而简明的空间形态，既体现一种基因传承，也延续了原西单文化广场的基本格局，在提升改造的同时维系城市历史文脉的连续。

清华大学深圳国际校区（一期）建设工程项目

一等奖
建筑信息模型 (BIM) 设计单项奖

获奖单位：中国建筑设计研究院有限公司
中设数字技术股份有限公

获奖人员：崔愷，王超若，吕翔，闫晓婷，董烨程，马玉虎，黎松，郑坤，李磊，张禹茜，郎玉龙，杨硕，宋树云，张晰，朱志慧

项目概况

清华大学深圳国际校区（一期）项目位于深圳大学城西校区东南部，由清华大学与深圳市合作共建。用地面积为 2.3 万 m^2，地形南侧平坦，北侧有现状山体。总建筑面积 15.6 万 m^2，容积率 5.42，建筑高度 100m。项目是以教学、科研实验功能为主，集行政、会议及生活配套为一体的高校教育综合体，建成后将成为世界一流的国际校区和学科交叉融合的国际创研中心。

设计理念

设计基于“本土建筑”的设计理念，即立足于建筑所处的自然环境和人文环境，寻求解决问题的路径。因此，将现状绿植茂盛的山体最大化保留，并将其作为景观基础，将建筑与山体巧妙结合，形成“依山就势，望山理水”的“绿色校园”。

因用地局促，无法以传统校园的院落式方式进行规划排布。将教学楼、实验楼、公寓楼、图书馆等不同功能的建筑体量顺应周边环境，通过类似“搭积木”的方式，并结合通风、采光、视线、交通等功能要素，穿插多层次绿化平台和交流平台，成为国内第一个“无边界立体校园”。

方案与 BIM 技术的结合

1. 空间信息体系

因山地高程复杂且用地有限，方案使用 BIM 技术对建筑形体与地形进行分析，通过使用 Autodesk 及 Sketchup 对地形信息进行了数据化重构，明确建筑功能体量，确定垂直叠合发展的空间形式，形成立体校园的空间策略。同时对地形进行优化整理，使得建筑与山地在视觉上融为一体，并分析计算土方工程量，平衡挖方与填方。

2. 结构体系选型

对建筑大跨度结构体系构建三维模型，通过受力分析与计算，对钢桁架的支撑形式、出挑尺寸、钢结构截面尺寸进行比对，对不同类型结构之间协同工作和传力可靠性进行分析，得到结构受力与建筑空间形式合理结合的成果。

3. 幕墙体系选型

幕墙结构体系及空间效果通过犀牛 Rhino 及 3DMAX 等 BIM 技术，构建项目钢板肋幕墙、索结构幕墙、钢立柱幕墙等体系比选方案，在成本、安全、效果之间取得平衡，确定最终选型。控制受力杆件尺寸与分格比例，搭建遮阳百叶安装构造节点，实现精细化控制。

绿色建筑与 BIM 技术的结合

1. 视野分析

绿建规范要求建筑主要功能房间具有良好的户外视野，对居住建筑与其相邻建筑进行距离控制；对公共建筑主要功能房间能通过外窗看到室外自然景观，无明显视线干扰。本项目采用 BIM 技术平台进行分析，通过计算主要功能房间视野率的面积比例验算是否达到要求。

2. 室外风环境分析

通过整个计算域内风速放大系数分布云图，参考速度分布以及前述风速，可以对项目中整体建筑布局进行优化。避免计算域内建筑周围存在风速放大系数超限区域，分析建筑周围合理风速区域，优化建筑布局。

3. 室内自然通风分析

以设计的 BIM 模型为依据，采用 CFD 对自然通风进行模拟，主要用于自然通风风场布局优化和室内流场分析以及中庭这类高大空间的流场模拟，通过 CFD 提供的直观的详细的信息，便于设计者对特定的房间或区域进行通风策略调整，使之更有效地实现自然通风。

跨软件 BIM 应用

1. CAD、Rhino 和 Grasshopper 快速计算建筑面积

在 Rhino 中导入 CAD 平面线框，用 Grasshopper 将各线框按楼层、功能列表。这样在前期方案阶段，每调整一次方案平面，无论是增加、减少某功能，或者调整功能边界，都可以实现面积核算连动，快速、清晰地得出各层、各功能面积。

2. Rhino 和 Grasshopper 协助 Revit 进行铝拉网幕墙建模

利用 Grasshopper 编程，在 Rhino 中控制幕墙模型的创建，并把创建好的幕墙模型导入 Revit 软件，与建筑土建模型进行合模，做碰撞检查。

3. Revit 与 Navisworks 解决室内空间优化

本项目实验室建筑面积达项目总建筑面积 40% 以上，实验室类型多，涉及微纳加工平台实验室、电镜实验室以及物理、化学、生物等通用实验室。实验室工艺复杂、系统复杂、管线密集且与主体及上下楼层管线综合难度极大，通过 BIM 技术有效整合管线空间，合理避让，有效提高空间使用效率，保证工艺要求。

BIM 设计管理及协同管理平台为设计赋能

1. 统一的 BIM 技术标准为项目 BIM 全周期应用提供依据

作为国内 BIM 正向设计的领导企业，本项目结合深圳工务署 20 余部 BIM 实施标准与发展要求研拟了各专业统一技术措施，以利于项目的高控制度和高完成度，便于全周期 BIM 应用和信息传递。

2. 设计全过程 BIM 正向设计为设计企业提效

中国院 BIM 中心多年 BIM 正向设计经验总结出来的 BIM 设计管理流程，为项目实施提供合理的周期管控；而 CBIM 正向设计软件为设计师高效工作提供了便捷的工具。BIM 技术的全过程设计应用，直接实现全专业 BIM 出图，大大降低了原有设计的错、漏、碰、缺等问题，提高了设计成果的交付质量。

3. CBIM 协同管理平台为项目协同提供保障

CBIM 协同平台包含多方协同、权限管理、进度管理、项目成果管理、基于模型的沟通管理等功能，为项目各参与方基于项目顺利交流提供了所见即所得的项目空间场景。方便设计成果及时传递，做到了有问题提前沟通、及时解决，提高了后续工作的效率。

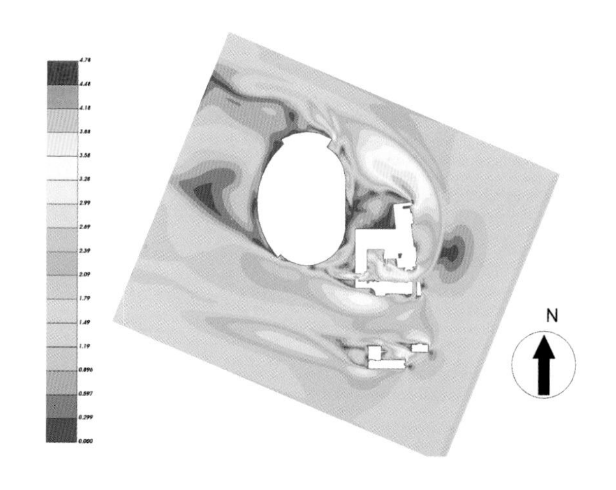

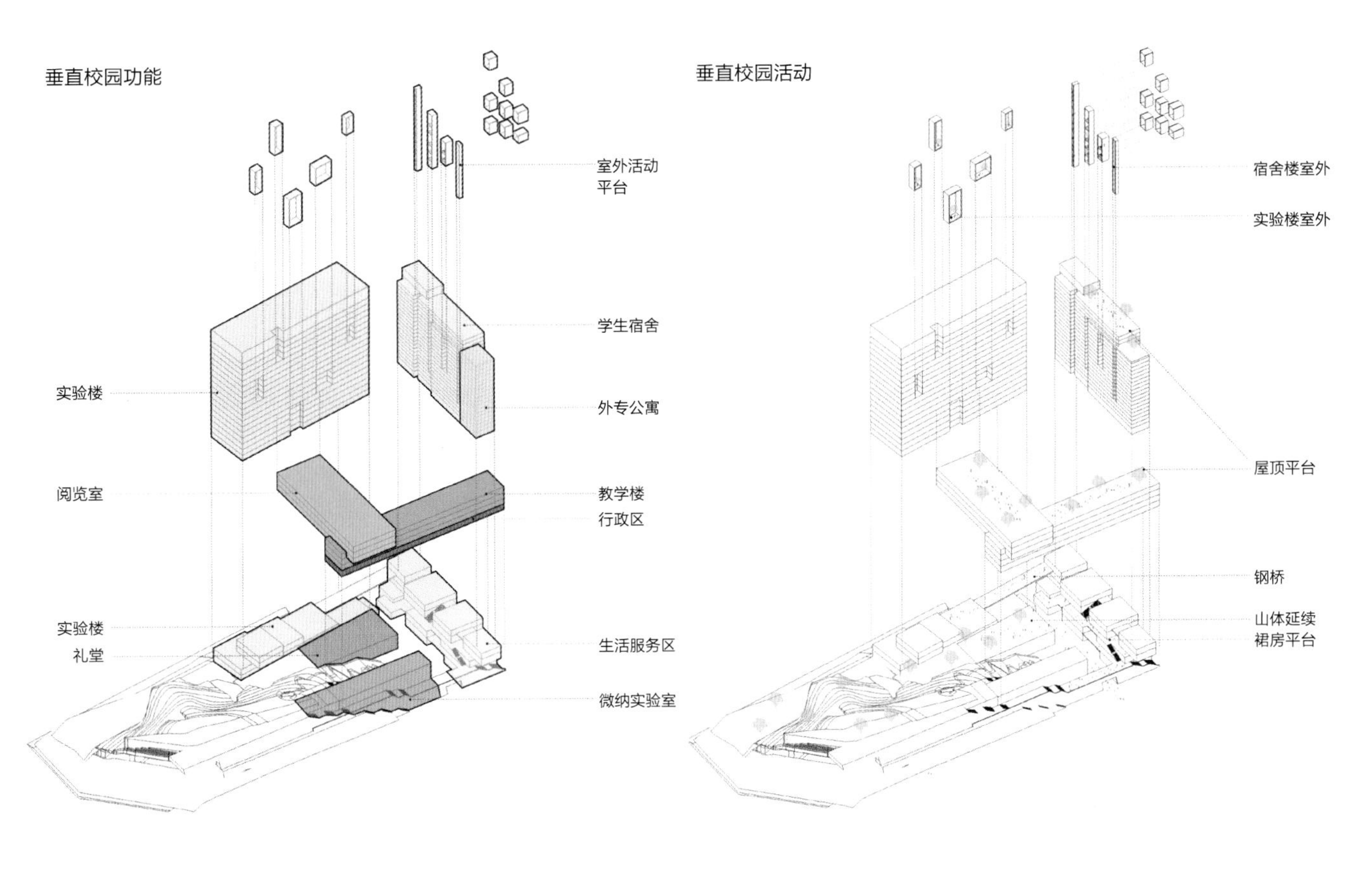
垂直校园功能
室外活动
平台
学生宿舍
实验楼
外专公寓
阅览室
教学楼
行政区
实验楼
礼堂
生活服务区
微纳实验室
垂直校园活动
宿舍楼室外
实验楼室外
屋顶平台
钢桥
山体延续
裙房平台

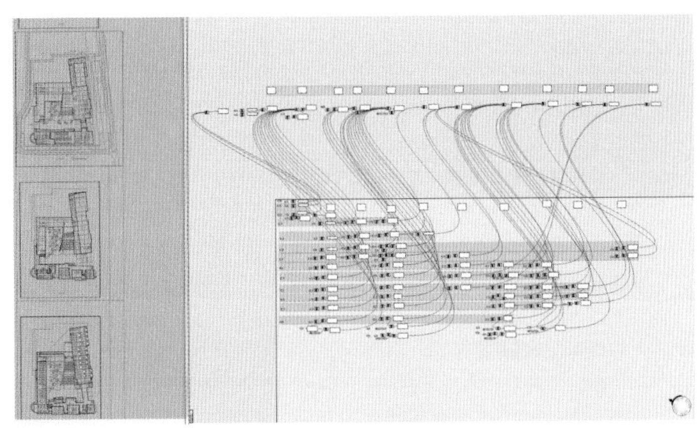

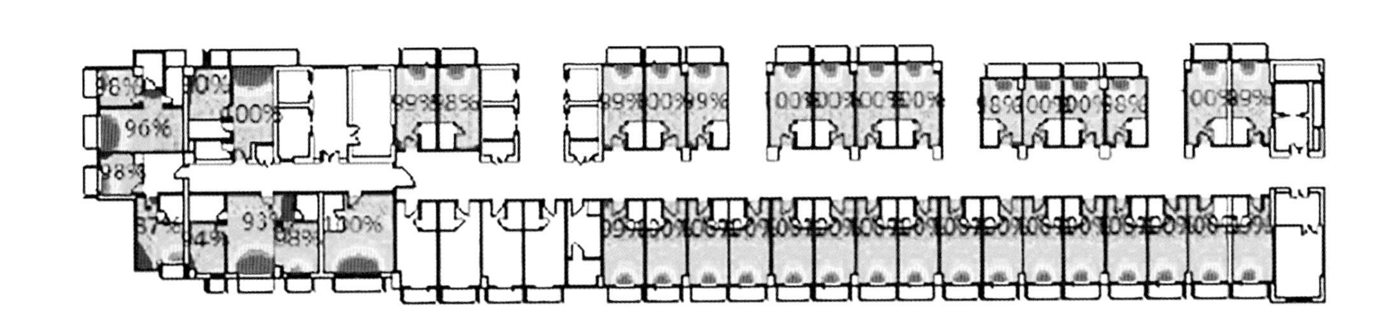

中国驻以色列使馆新购馆舍改造工程

一等奖
建筑信息模型(BIM)设计单项奖

获奖单位：北京市建筑设计研究院有限公司
获奖人员：邵韦平，陈颖，奥京，马敬友，梁楠，穆晓霞，张皓，高小菲，王宇喆，许阳，陈思帆，袁雯雯，秦乐，王笑月，朱丹丹

项目设计中 BIM 技术的应用

构建 BIM 三维协同工作环境，包括服务器（平台）架构、BIM 团队架构、BIM 标准编制等，以扎实的前端架构工作为后续 BIM 核心工作的展开打好基础。

构建高质量 BIM 模型，实现高精度控制与优化。其中，BIM 土建模型从设计阶段开始精准建模设计并一直深化到施工图阶段，作为改造项目，结构原构件的各类复杂标高都以 BIM 模型来进行梳理并准确定位；同时土建模型不仅包含梁、板、柱、墙体等构件，更细化到内墙饰面、楼地面饰面、吊顶等装饰装修信息，深度建模能够很好地起到控制设计质量的作用。暖通、给水排水模型基于土建模型提资进行正向设计，通过可视化设计及时调整并优化路由，直观发掘设计问题，提高图纸质量。对机电主要节点位置进行管线综合，提高净空控制标高。

构建高质量数据库体系。基于协同设计方法的建筑系统划分原则进行系统划分、构件（元素）划分，将建筑划分为几何控制系统、室外工程系统、外围护系统、建筑分系统、结构分系统、设备分系统、室内装饰系统七大类，根据需要将各系统分为一级系统、二级子系统（或构件）、三级子系统（或构件），直至所有系统全部划分到构件为止；并从另一维度对构件所在的区域、空间进行定义，制定信息命名规则。于是根据系统 / 元素编码和空间定位编码，就可使构件与其所在的空间产生一一对应的关系，数据庞大的信息就可依据此原则进行有序检索和管理，有利于施工阶段分类型开展深化研究，并为后期运维创造接口条件。

基于 BIM 技术的正向设计出图。设计过程中基于系统划分或人员分工的三维协同工作模式大大提高了设计控制力度和沟通效率，同时利用丰富的 BIM 族库储备及单位自主研发的 501BIM 设计辅助插件高效建模、批量出图，大大提高了图纸质量和出图效率。

基于 BIM 技术的三维扫描技术应用。测绘结合扫描的高精度三维扫描辅助设计师完成对海外现场的全方位调研，并在施工阶段辅助施工单位进行轴网放线定位校核。

项目设计及软件应用中的创新亮点

全过程应用 BIM 技术。BIM 技术全方位且自始至终地应用于项目的全过程，包括方案设计、内部空间可视化推敲、全专业初设、施工图技术深化、正向施工图设计、施工指导等。在方案设计过程中，通过 3D 建模推敲进行效果控制，不断在多方诉求中寻求最佳结果；在初设、施工图技术深化过程中，通过可视化设计及时优化整合各专业技术需求，直观发掘设计问题，提高设计控制质量。

BIM 深度建模，保障设计控制质量。BIM 土建模型深入建模至建筑装饰装修层级，含有建筑几乎全部的建构信息，精细化设计降低了海外远程控制的难度，并为施工设计深化创造了稳定的前置条件。

构建基于 BIM 模型的数据库。基于协同设计方法的建筑系统划分原则编制系统、构件编码，根据区域、空间编制空间编码，并通过二者的逻辑对应关系对信息数据（包括系统 / 构件和空间区域）进行有序管理，以便于检索控制、分类深化及运维管理。

基于 BIM 中心模型的三维协同设计及 BIM 辅助插件的应用。设计过程中土建中心模型、设备中心模型为互相链接参照关系，而专业内则各自通过中心模型进行三维协同工作，分工合理，易于协调冲突并控制效果。利用单位自主研发的 BIM 插件及 BIM 族库储备，提高工作效率的同时保障建模深度和图纸质量。

基于 BIM 技术的三维扫描技术的应用。考虑到海外项目的特殊性，具有高还原度、全面性的三维扫描技术为改造项目的细节控制提供了宝贵的基础资料。更由于缺乏项目所在地城市测绘坐标等基础资料，在施工开展之初，点云模型的分析报告很好地辅助了施工单位进行轴网放线定位。

应用 BIM 技术的价值

全专业 BIM 模型可进行三维碰撞检测，设计阶段及时发现问题并规避各专业的问题，相应修改图纸减少变更洽商，避免返工造成的材料浪费和工期延误及误工。

通过 BIM 平台管理设计、施工及分包的模型，保证了模型传递的一致性，切实保障了 BIM 的实施，有利于 BIM 管理应用的普及，带来了技术示范价值。

BIM 模型的深度控制再加上高精度三维扫描技术的应用，不仅可以对施工方深化的构件定位信息进行快速准确校核，更能解决海外改造项目的偏差无法进行理论评估的不确定性问题，在设计阶段针对性地提出容差原则。

高精度的 BIM 模型对施工具有很强的指导意义，辅助设计技术交底并可现场指导施工。

BIM 具有强大的衍生服务功能，BIM 全信息模型不仅能为建筑设计的全过程提供强大的技术支持，指导建筑施工，还能为后期运营和维护提供便利的、高价值的服务。

应用心得总结

BIM 协同工作平台对于整个 BIM 设计工作的推进具有决定性的重要作用，若设计单位能在前端开发整合性的 BIM 工作平台，则设计方可承担 BIM 总包角色，实现建筑设计的龙头引导地位，真正实现全生命期的 BIM 管控，彻底保证项目从设计、建造到管理运营的完成度。

基于 BIM 建模的正向设计具备三维可视化优势，设计控制度远高于传统的二维施工图，在全专业内推广 BIM 正向设计可消除二维盲区，提高设计控制质量。

北京排水集团“聚焦攻坚”排水管线工程项目群

二等奖
建筑信息模型(BIM)
设计单项奖

获奖单位：北京城建设计发展集团股份有限公司
获奖人员：王建强，董佩，王蕴杰，夏伟伟，王盈盈，任馨宇，任佳，常杉，李晓莹，朱晓媛，李二平，刘思萌，张昊巍，陈彦，任娜

北京排水集团“聚焦攻坚”排水管线工程项目群，包括中心城区管网改造工程（三期）、聚焦攻坚水环境治理工程项目、北京市黑臭水体截污管线工程等3个子项目，工程主要意图为对老旧管网进行修复，并在河道流域范围新建河道截污管线，完善上游雨污分流系统，将进入河道的污水截流进入城市污水管网或污水处理设施，从而解决河道污染问题，实现水环境综合整治的终极目标。项目设计排水管线共计191km，特殊井398座，并完成8座构筑物的三维模型搭建，在设计过程中丰富自有族库，已累计完成53项族库模块设计积累；进行管线及构筑物、特殊井的二维平面出图及工程量统计；并以典型项目为例，深入进行现状管线交叉分析及碰撞检查。此外结合本次项目实例，对测绘条件成果制定统一标准，为后续同类项目提供参考。通过在市政管网设计中应用BIM技术，将BIM模型的信息化与可视化完美结合，实现管道高效、合理的布局，前瞻性地解决施工时才能发现的管道碰撞、施工条件差、空间不合理等问题。便于随时进行设计变更，从而节约成本，并对后续的运营维护提供基础的电子化数据，快速得到问题的解决方案，提升BIM技术对地下管网工程的建设管理效率和质量。

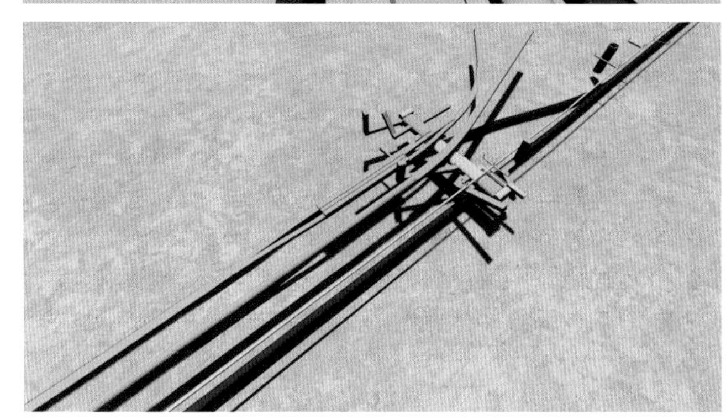

雄安市民服务中心——企业办公区

二等奖
建筑信息模型(BIM)
设计单项奖

获奖单位：中国建筑设计研究院有限公司
中设数字技术股份有限公司
获奖人员：崔愷，任祖华，于洁，魏辰，石磊，武诗然，韩智华，王辰，徐阳，张恩茂，李志文，刘永婵，杨文杰，刘庆，马莹

项目设计中BIM技术的应用

雄安市民服务中心是雄安新区的第一个建设工程，是雄安新区面向全国乃至世界的窗口。项目位于容城县城东侧，由公共服务区、行政服务区、生活服务区、企业临时办公区4个区域组成。其中，企业临时办公区位于整个园区的北侧，包含1栋酒店、6栋办公楼和中部的公共共享服务街。项目创新性地采用了全过程BIM设计和全装配化、集成化的箱式模块建造体系；以装配化、工厂化的箱式建造体系来解决工期与建筑质量的矛盾，以BIM全过程项目管理为项目顺利进行保驾护航。基于BIM设计的模块结构、设备管线、内外装修均在工厂加工完成，装配率极高。

项目设计及软件应用中的创新亮点

基于BIM的全过程设计建造管理实践。

全专业全过程BIM正向设计。

全专业全过程设计协同平台协同管理。

BIM模块化，精细化设计。

华润未来科技城项目

二等奖
建筑信息模型（BIM）设计单项奖

获奖单位：北京市住宅建筑设计研究院有限公司
获奖人员：李群，钱嘉宏，王力红，杨玉武，李庆平，高洋，纪弘焱，王殷，曹洪录，冯宇航，何一洋，段惠斌，张麦加，王健，刘然然

华润未来科技城项目位于北京市昌平区科技园区鲁疃西路，是北京市重点“三城一区”工程之一，建筑类型为商业办公及住宅类项目，建筑面积 32909m^2。

本项目 BIM 实施从施工图阶段介入至施工阶段。主要负责实施内容包含模型搭建、管线综合、虚拟漫游、施工管理工程量概算等工作。我们将项目工作流程规范化，对项目 BIM 工作职责进行详细划分，确认工作阶段与工作界面，并辅助甲方进行施工招标工作，对于项目职责工作的配合起到指导性作用。我们在项目中进行了参数化模型、设计提资、标高控制、精装复核、幕墙节点复核、漫游检查、机电碰撞检查等技术性工作，通过 BIM 技术简便直观地达到项目全周期的管控指导，消除各单位、各专业之间不交圈原因导致的图纸重复返工及工期延误的现象，大幅提高了设计效率。

同时，为了本项目 BIM 成果的延续性，我们与施工总包方商议，在设计阶段 BIM 标准基础上进行深化，制定 BIM 施工阶段实施标准与项目实施管理要求，辅助施工对楼内全专业重要节点、难点、进行剖面出图，包括所有优化位置、复杂节点及施工所需位置全部图纸，保证无盲点、无纰漏。

在运维管理上，应用基于 BIM 技术的能源管理平台，包括能耗监控、能耗分析、节能量核算等功能，将云技术、大数据、能源专家服务与能源管理相结合，打造真正的绿色节能建筑。

厦门轨道交通 2 号线金融中心站与五缘湾站等车站装修项目工程

二等奖
建筑信息模型（BIM）设计单项奖

获奖单位：北京城建设计发展集团股份有限公司
厦门轨道交通集团有限公司
获奖人员：段俊萍，许黎明，王绍勇，李博，邹红云，熊丽娜，李晨曦，郝连波，李明洪，王勇林，张弘弢，韩德志，盛尧，王刚，林志波

厦门地铁 2 号线（厦门岛—海沧）为厦门岛到海沧的东西骨架线，可构建厦门岛与海沧片快速跨海连接通道，线路全长 41.63km，设站 32 座。

厦门地铁 2 号线车站公共区装修 C 标段共计 10 个车站（五缘湾站、五缘湾南站、湿地公园站、高林站、金融中心站、林边站、观音山站、何厝站、软件园站、岭兜站），其中重点站 2 座（五缘湾站、金融中心站），其余 8 座为标准站。工作内容包括：车站公共区装修、导向和地面出入口风亭设计及 BIM 应用。

设计原则：“一线一景”“一线一色”体现厦门地域文化，“标准化”“模块化”“装配式”有利于运营使用维护。

基于 BIM 多专业、异地协同设计。

共享服务器 + 虚拟专用网络 +Revit 软件中心文件协同。

精装专业族库。

“标准化”“模块化”“装配式”。

基于 BIM 模型的设计验证：对模型中墙面（柱面）体系、地面体系、天花体系，各系统设备专业点位进行设计合理性验证。

基于 BIM 模型的可视化、仿真漫游。

烟台市轨道交通 1 号线一期工程

二等奖
建筑信息模型 (BIM)
设计单项奖

获奖单位：北京城建设计发展集团股份有限公司
烟台市轨道交通有限公司
获奖人员：韩德志，祁小红，夏赞鸥，郑广亮，吴江滨，王刚，彭朋，倪西民，徐崴，冯西培，房宗昕，李佳蓉，汪烨，邹红云，关强

BIM 正向设计是 BIM 技术在设计阶段应用的必然选择，城市轨道交通领域的 BIM 正向设计应用将是不可逆转的必然趋势。本项目贯通了城市轨道交通工程 BIM 技术正向设计思路。

在车站等单体工程采用模块化拼装设计方式，由体量设计逐步向全要素模型深化；在区间等线型工程采用参数化自动建模设计方式，将设计过程拆解为数据生成、参数化自动建模、模型应用等三个主要阶段。

正向设计过程中，将设计重点由图形处理向数据处理转变，通过设计样板文件及参数化构件的搭建，将设计关注的重点由二维设计时的点、线组合等表达的正确性，向数据的正确性转变。利用 BIM 模型全面信息化的特点，将设计过程与性能分析结合起来，生成满足规范及各项要求的模型，直接用成果去验证合理性，实现 BIM 设计与性能分析的有机结合。面向各应用需求，开展基于模型的质量控制，初步形成各专业的 BIM 审查体系和管理要求，形成 BIM 设计环境下质量控制体系的调整。充分利用 BIM 设计信息共享的优势，设计工作流程的全面更新。规避“错、漏、碰、缺”问题。

在行业内首次制定了基于 BIM 正向设计的技术标准。

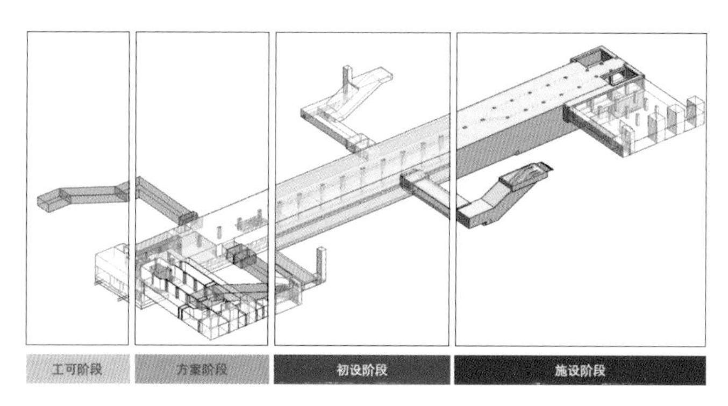

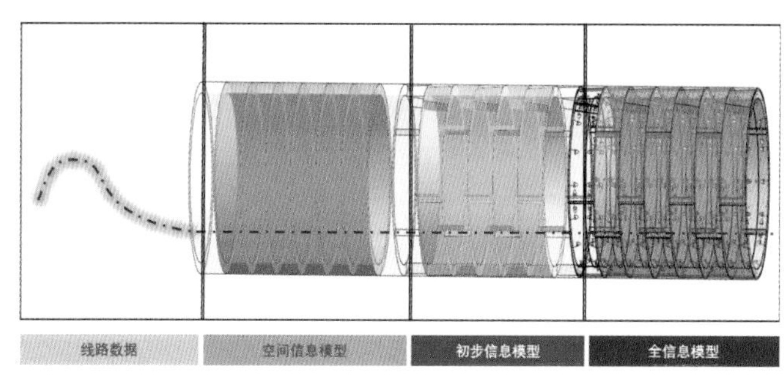

济南市轨道交通 R3 线一期工程 BIM 应用技术服务

二等奖
建筑信息模型 (BIM)
设计单项奖

获奖单位：北京城建设计发展集团股份有限公司
济南轨道交通集团有限公司
获奖人员：韩德志，刘凤洲，李虎，王刚，郑广亮，李晨曦，石锦江，李罡，张翀，纪文武，刘浩，张志强，提姗姗，赵子寅，高正扬

济南 R3 线项目的 BIM 应用创新点主要集中在辅助砌筑墙体留洞、空间分析优化、大设备运输路径检查、消防疏散检查、机房内设备优化布置、物料管理、可视化交底、辅助工程量结算等方面。现就如下两点进行简要阐述：

1. 机房内设备布置方案比选

设备机房的设备布置，以车控室为例，全线各个站的车控室如不进行统一的布置形式规划，各自为政，设备上下接线不统一，则会造成房间内布置杂乱，不美观，影响日常管理。故项目进行中，对全线车控室进行统一的房间内设备布置规划，进行多方案的对比论证，找出兼容性、美观性、实用性最佳的方案。

2. 基于二维码的物料管理

可基于装配式预制构件管理平台，利用二维码能记录信息的特性，以 BIM 数据动态可视化展示为技术支撑，运用计算机图形学、图像处理技术、AI 机器视觉、互联网等先进技术以及 BIM 模型设计与构建生产安装管理有机整合，依托现有 BIM 及构建生产安装管理体系和技术支撑，梳理 BIM 构件管理关键业务需求，建立构件 BIM 构建管理的体系和技术标准，形成构件“BIM 设计 - 生产 - 运输 - 安装 - 运维管理”的业务流，以信息化手段支撑装配式预制构件的管理。

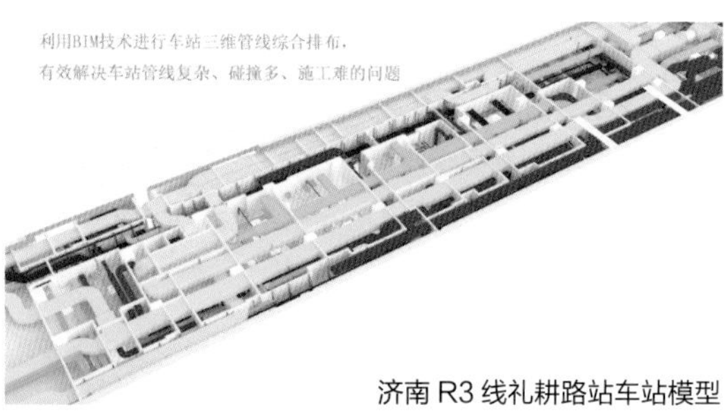

济南 R3 线礼耕路站车站模型

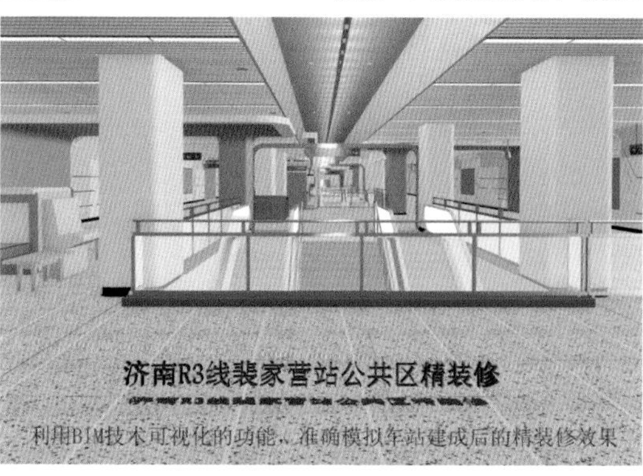

西安大悦城改造工程项目

三等奖
建筑信息模型 (BIM) 设计单项奖

获奖单位：北京市住宅建筑设计研究院有限公司
大悦城控股集团股份有限公司
获奖人员：李群，杨玉武，李庆平，高洋，纪弘焱，何一洋，段惠斌，张麦加，魏罡，杜晓明，曹斌，郭德恒，贺妍娇子，谢晨，宋好义

南通市城市轨道交通 1 号线一期工程世纪大道站—盘香路站 4 站 3 区间 BIM 设计

三等奖
建筑信息模型 (BIM) 设计单项奖

获奖单位：北京城建设计发展集团股份有限公司
南通城市轨道交通有限公司
获奖人员：何肖健，刘祥勇，孙瑀，徐速，范存辉，宋勇峰，朱玉婷，陈春燕，李卫华，周嘉夔，曹楷奇，张婧婧，王斌，高荣云，缪健进

郑州市轨道交通 12 号线

三等奖
建筑信息模型 (BIM) 设计单项奖

获奖单位：北京城建设计发展集团股份有限公司
获奖人员：任静，张学军，盛杰，赵德全，白君杰，朱林峰，朱彦，王晨晖，崔超，许留记，梁玉娟，陈亚飞，胡璠，侯广明，王俊

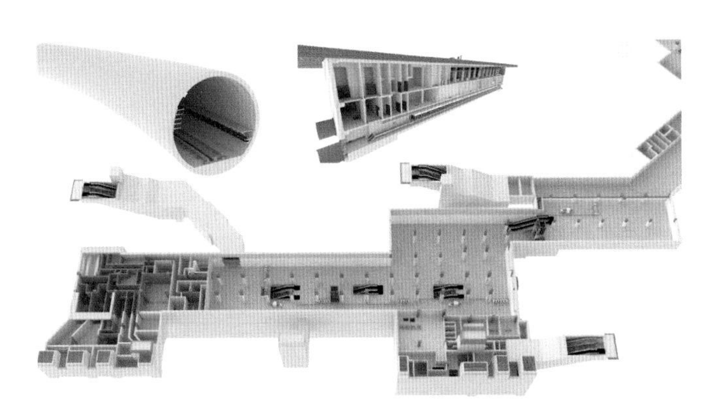

福州数字中国会展中心

三等奖
建筑信息模型 (BIM) 设计单项奖

获奖单位：北京市建筑设计研究院有限公司
获奖人员：刘方磊，耿建行，焦力，甄伟，赵璐，王学浩，张夔华，王毅，余道鸿，于雯静，戴言，张建辉，梁娜，王志松

中国农业科技国际交流中心

三等奖
建筑信息模型 (BIM) 设计单项奖

获奖单位：中国建筑设计研究院有限公司
中设数字技术股份有限公司
获奖人员：康凯，吴健，杜捷，韩智华，王辰，刘嘉，张恩茂，刘永婵，霍利倩，宋树云，王青，裴黎君，王精勤，白晓月，刘苗苗

北京市住宅设计院办公楼智能化改造 BIM 应用

三等奖
建筑信息模型 (BIM) 设计单项奖

获奖单位：北京市住宅建筑设计研究院有限公司
获奖人员：李群，钱嘉宏，杨玉武，李庆平，高洋，纪弘焱，何一洋，段惠斌，张麦加，王国建，贾冉，常乐，刘航，秦以鹏，王骞

南京至句容城际轨道交通工程 05 标单项设计

三等奖
建筑信息模型 (BIM) 设计单项奖

获奖单位：北京城建设计发展集团股份有限公司
获奖人员：白唐瀛，许浩，杨独，杨明虎，庄建杰，陈轶鹏，张杰，李文会，田宇，吕金峰，田志渊，韩倩，余淑萍，周志亮，刘凯

政策性住房设计单项奖

丽景长安小区（门头沟区永定镇居住项目）1#2# 住宅楼

二等奖
政策性住房设计单项奖

获奖单位：北京市住宅建筑设计研究院有限公司
获奖人员：赵智勇，徐天，王津京，李育函，徐辉，胥群，马哲良，王义寰，王义贤，任民，卢娜，杭文，王郁桐，果海凤，陈劲

丽景长安项目位于北京市西六环外门头沟区永定镇，项目总建筑面积 26.37 万 m^2，共由 9 栋高层住宅楼、地下车库及配套商业组成。项目住宅部分总户数 1554 户，停车位 1342 个。

本项目中 1#、2# 住宅楼为政策性住房，共 594 户，位于整个项目的北侧偏西。在这两栋政策性住房的设计中我们秉承着“人性化、细节化、舒适化”的居住标准，使其各项品质最大限度地与同一居住区内的其他住宅一致，使整个社区建筑布置协调统一。

项目因地制宜采用全高层布置的规划形态，建筑形象挺拔，小区空间关系整体性较强，楼座间距均大于 85m，使小区中间形成了开阔的景观花园区域，整体绿化率高。较大的楼间距同时也提高了地下车库的整体性和停车效率。

住区内充分利用缓坡地形特征，合理组织小区内部交通，采用人车分流道路系统，机动车由市政道路直接进入地下汽车库，再由地下车库入户。小区内道路平时主要供内部居民步行，只在紧急情况下允许相应车辆通行，营造安全、舒适、宁静的居住环境。

在政策性住房户型设计上强调实用性，房间力求方正，布局合理紧凑，使户内交通空间最小化，空间利用率最大化。起居室、餐厅设计为一个尽量完整的独立空间，形成良好的空间效果。厨卫空间设计中，遵循紧凑集约的设计原则，达到麻雀虽小五脏俱全的最终效果。每户均至少有一处阳台，满足晾晒、储物功能需要。

本项目建筑风格以典雅、庄重为主基调，选用浅色仿石涂料以配合高尚住宅小区的整体定位，建筑体型高耸挺拔，呈现出一种向上生长得态势。

紫峰九院城

二等奖
政策性住房设计单项奖

获奖单位：北京中联环建文建筑设计有限公司
获奖人员：张维，张翠珍，骆佳翔，马孝忠，薛微，师科峰，沈隽，单单，吴海燕，谢文东，李江波，张建霞，翟晓丽，耿智艳，马兰

项目概况

本工程位于北京市通州区于家务乡次中心。原渠头村北部，东至渠头东路，北至永乐路，西至张凤路，南至大德路。于家务乡是北京市 5 个少数民族乡之一，是通州区唯一的少数民族乡。本项目用地面积为 12.98 万 m^2，总建筑面积为 29.81 万 m^2，共分为 8 个地块（A-06#09#10#11#22#24#28#27#），建筑高度为 80m，住宅容积率分别为 1.1~2.2，除 A-06# 地块之外，已建成投入使用 24.94 万 m^2。地上建筑分为住宅（A-06#09#10#22#24#）、商业办公楼（A-28#）、配套用房和幼儿园（A-11#）四部分。其中 A-09#10#22#24# 地块已通过竣工验收交付入住。

技术特色

紫峰九院城做为北京市第一批自住型商品房，该项目规模大、户型种类多、人防工程复杂，并且因容积率及地块限高、南高北低等原因，导致规划设计难度较大是本项目的设计难点。

通过多轮设计，最终达到全部自住型商品房及保障性住房均能达到南向采光，尽量避免户内异形，减少无用空间。平面布局严格从用户的使用角度出发，本项目个别地块板塔的规划布局为本项目的一大创新点，既要做到布局经济合理，满足日照及防火等间距，又要满足户内空间的均好性。

本项目人防工程复杂，面积大，设计从实际使用出发，将人防医疗救护站与社区配套商业用房良好的结合，即满足了战时的设计要求，又能够兼顾到平时使用。建筑生态与节能方面，可持续发展和绿色低碳理念体现在规划、建筑、景观、材料、设备、技术、使用等诸多方面，远离污染、亲近自然、崇尚健康、减少浪费。

北京朝阳区东郊农场保障房 E 地块

三等奖
政策性住房设计单项奖

获奖单位：北京中天元工程设计有限责任公司
获奖人员：周晶，王倩曦，蔡勇，孙珂，陈先略，王威

城建万科城南区 15#~20# 楼

三等奖
政策性住房设计单项奖

获奖单位：北京市住宅建筑设计研究院有限公司
获奖人员：钱嘉宏，李俐，高哲，卢兴群，刘野，高佳亮，高品满，刘耀东，金东娜，闫鸿鹏，陈波，居萌，张洪亮，马玉珠，吕石磊

梅花庄旧村改造限价商品房

三等奖
政策性住房设计单项奖

获奖单位：北京天鸿圆方建筑设计有限责任公司
获奖人员：陈海丰，王灵然，张宏玮，金娜，郭铎，高阳明，柴宁宁，龚鹏，汤海鹰，杨柳，朱敏，吕忠芝，徐明，钱一鸣，王聪

2019
北京市优秀工程
勘察设计奖作品集

建筑工程勘察设计优秀奖
（中小企业）——建筑设计

故宫博物院文物保护综合业务用房

一等奖
建筑工程勘察设计优秀奖（中小企业）——建筑设计

获奖单位：北京房地中天建筑设计研究院有限责任公司
获奖人员：方睿，朱进冉，赵俊英，李新亮，张勍，马福忠，王雪松，卢轶，孙净，杨玚，金文一，李兆明，孙严，崔新军，刘旭

故宫博物院文物保护修复综合业务用房（别称：故宫文物医院），建设地点位于北京故宫内西河沿地区。建筑为仿古形式，地上建筑一层，局部地下一层。用地面积 19675m^2，总建筑面积 13025.49m^2，建筑结构形式为框架剪力墙结构，设计使用年限 100 年，抗震设防烈度为 8 度。

本工程是目前国内面积最大、功能门类最多、科研设施最齐全的文物科技保护机构。 主要功能分为：综合保护区、分析检测区、书画修复区、综合工艺修复区、艺术品修复区、金属钟表修复区及业务辅助用房七大类 20 余个科室。在满足文物保护修复功能的同时，具备相应的安防、消防、人防等设施。

本工程既要满足文物修复的特殊功能与工艺要求，还要采用仿古的建筑形式以与周边环境相协调，同时解决通风、采光及 300 余米长的功能流线布置以及未来向公众开放展示等一系列问题。

文物的检测、分析、修复工艺标准高、流程复杂，需根据严格的标准化操作进行流程设计，使建筑内部空间适于操作要求及工作人员使用。其中，书画、漆器、纺织品文物保护修复工作室等需要恒温恒湿的环境，对建筑墙体、门窗、顶棚都有严格的工艺要求。大型文物探测室要求的防护设施，需经过精密的辐射模拟计算，根据结果采用 15~53mm 厚度的铅板进行防护。书画、纺织品、古钟表文物保护修复工作室等部分房间因不能引入任何给水排水管线、冷凝水管线、暖气管线及消防给水管线，消防设置只能采用气体灭火设施，对建筑设计的房间布置、门窗的抗压强度、房间的泄压口等提出了严苛的要求，建筑和设备专业工程师进行了严谨的设计和配合，使这些设施在验收时顺利通过。

本工程为仿古形式，位于全国重点文物保护单位故宫院内，紧邻故宫西侧城墙，需要避让城墙基础，解决筒子河、内金水河造成的较高地下水位的影响，保护开挖时发现的古井、古排水沟。建筑布局、基础形式、防水做法等经过多次研究论证及调整，做到既保护了文物古迹又解决了相关问题，同时建筑方案通过了联合国教科文组织相关部门的认可。

建筑中走廊为节能采用大弧度中空玻璃采光天窗的设计，玻璃的弧线、强度、保温与排烟等均经过设计与厂家的严密配合，克服了多道技术难题，保证天窗的美观、实用与安全。

文物医院的建成，为故宫珍贵文物的修复及相关的科学研究工作提供了一个现代化的场所，使得电视纪录片《我在故宫修文物》中的文保科研工作者及珍贵的文物搬进了“新家”，为他们提供了高标准的工作环境。

同时文物医院还将作为文物修复的常规展览场馆，向公众开放，让公众可近距离参观文物修复的全过程，对文物修复具有知情权、参与权与监督权。借助这个窗口更好的展示中华优秀的传统文化，增进世界交流交往。

故宫文物医院自建成以来已经有多位国内外领导、专家来此参观、交流。

故宫文物医院

奥伦达部落·原乡

二等奖
建筑工程勘察设计优秀奖（中小企业）——建筑设计

获奖单位：北京三磊建筑设计有限公司
获奖人员：张华，刘芳，李次树，赵聪，向冰瑶，宋亚民，刘大林，白玉琳，雒展，张大成，王青，杜志强，伍胜春，郑姗姗，田少波

奥伦达部落·原乡位于北京延庆与河北怀来交界处，地处天皇山景区的入口位置，三面环山，南临官厅水库，坐拥龙庆峡、玉渡山、八达岭长城、古崖居等景观资源，区位优势得天独厚，也是环北京空气质量最好的区域之一。

项目已开发规划面积 205 万 m^2，待开发规划面积 115.8 万 m^2，北京三磊建筑设计有限公司参与的设计包含西镇、美利坚三期、戴维营一期、戴维营二期、戴维营四期、戴维营五期、戴维营六期、10B 组团、民俗小镇共 9 个区域，建设用地面积总计约 80 万 m^2。原乡用地具有典型的山地特征，整体规划上依托自然山势，建筑布局因地制宜，最大限度地保持原有山形地貌，打造风情建筑群落。

原乡的核心设计理念是在为业主创造优美的人居环境的同时，打造良好的社区场所，从而培养健康的社群关系。项目伊始至今开发了十余期，不同特点的住区在风格上互相融合，相得益彰，力图在不同于城市属性的自然风光下打造休闲、休养、宜居的生活场所。

居住方式秉承自然栖居，社区配套力求丰富多样。西镇是原乡社区的重要门户区域，由文化中心、酒店、梦想街、博物馆、教堂、医养健康中心组成。以西镇为服务核心，向基地内递进式布置各种类型的居住组团。社区内依山而建的红酒主题庄园和马场文化体验区，既丰富了居住体验，强化了社区特征，同时也成功地承接外部活动，满足体验、游玩等多种需求，使社区商业良好而长效地运行，同时建立原乡独特的文化氛围。国际学校、医疗中心的规划设计则在不远的将来更大范围地完善和提升社区功能配套。

北大新媒体产业园

三等奖
建筑工程勘察设计优秀奖（中小企业）——建筑设计

获奖单位：北京方地建筑设计有限公司
获奖人员：韩力平，付凯，牛立娜，张飞，万洪涛，孙龙海，肖禹，荣蓉，金振萍，戴景蕊，周旭涛，王喆鹏，燕飞

观承别墅一期

三等奖
建筑工程勘察设计优秀奖（中小企业）——建筑设计

获奖单位：北京三磊建筑设计有限公司
获奖人员：张华，刘芳，向冰瑶，李江源，范黎，谭庆君，王维，王钰琦，孙睿，雒展，王志军，聂其林，张洪光，呙介轩，田少波

南充市规划馆、科技馆、方志馆、图书馆改扩建工程、青少年活动中心

三等奖
建筑工程勘察设计优秀奖（中小企业）——建筑设计

获奖单位：北京中外建建筑设计有限公司
获奖人员：张宜，汪晓岗，付劲英

北京大学首钢医院泌尿中心科研楼

三等奖

建筑工程勘察设计优秀奖（中小企业）——建筑设计

获奖单位：北京京业国际工程技术有限公司

获奖人员：李默闻，邓建海，张待军，孟昭怀，王国俊，甘晓东，王禾，赵旺奇，张军，刘震，吴飞，章平，张一民

2019
北京市优秀工程
勘察设计奖作品集

建筑工程勘察设计优秀奖
（中小企业）——岩土工程

房山煤炭储备基地项目

三等奖
建筑工程勘察设计优秀奖（中小企业）——岩土工程

获奖单位：北京矿务局综合地质工程公司
获奖人员：沙元恒，蔡冠军，孙树林，靳宝，闫浩，李秀全

拟建项目规划总用地面积 13.55hm^2，建设用地面积 9.68hm^2；拟建建筑为：1 号生产储备间、2 号生产储备仓、格栅间控制室、雨水调节池、水泵房净化间、消防水池、地泵房、配电室和门卫室，其中仅消防水池和雨水调节池为地下建筑，其余建筑均无地下室，结构类型为钢结构。其中 1 号生产储备间和 2 号生产储备仓均为地上一层建筑，高度为 35m。

2019
北京市优秀工程
勘察设计奖作品集

建筑工程勘察设计优秀奖
（中小企业）——市政公用工程

京通快速路综合整治提升工程

一等奖

建筑工程勘察设计优秀奖（中小企业）——市政公用工程

获奖单位：北京市市政专业设计院股份公司

获奖人员：尚颖，郭明洋，卢琳，赵悦，张玉轻，王京京，杨涛，牛晨，刘锋，杨帅，薛峥，李文月，杨春，施庆生，梁策

工程规模

京通快速路西起大望桥，东北至通州收费站，东南至八里桥收费站，全长 16.3km，是一条全立交、全封闭、全收费的快速路。主路设计速度 80~100km/h，承担着过境交通功能；辅路设计速度 30~40km/h，承担着区域交通集散和服务功能。本次工程设计从交通疏堵优化、道路设施维修、环境景观提升 3 个方面着手，主要包括主路施划公交专用道、八里桥收费站扩容改造；辅路实施疏堵工程 20 余项；实施预养护及大修工程 46.5 万 m^2，并对全线绿化景观及公共空间进行整体提升，工程投资总计约 18383 万元。

设计理念

京通快速路是连接北京中心城区与通州城市副中心最便捷的快速交通走廊，同时作为长安街东延线的重要组成部分，还承担着阅兵等政治任务。本项目全面提升现状道路的通行能力、服务水平和使用品质，采用了先进的设计理念和技术手段，对道路基础设施的改造提升具有重要参考价值。

技术创新要点

1. 交通疏堵优化

（1）京通快速路是联系北京中心城区、通州城市副中心以及河北省的重要公交廊道，为了贯彻公交优先、绿色出行的理念，提高公交运行效率，结合京通快速路作为封闭快速路、出入口较为密集的特点，在国内首次将限时公交专用道施划在主路最内侧车道，取得了良好的使用效果，具有重要的推广价值。

（2）针对京通快速路交通拥堵严重的道路节点和路段，实施了系统的交通疏堵工程，缓解交通拥堵，全面提升道路通行能力。

（3）坚持“以人为本、人车和谐”的设计理念，大力优化步行和自行车交通环境，完善道路无障碍设施，提升道路使用品质。

2. 道路设施维修

（1）遵循“科技、绿色、人文、耐久”的设计理念，综合应用 SBS 和湖沥青双改性 SMA 混合料、温拌沥青混凝土、再生沥青混凝土、一体化摊铺等新技术、新材料和新工艺，对主路和辅路系统进行全方位的修复，提高工程质量，延长路面使用寿命，并达到节能环保目标。

（2）坚持“全寿命周期设计”理念，积极采用超薄沥青磨耗层预防性养护技术，延长路面大修周期，提高路面全寿命周期养护效益。

（3）坚持“精细化设计”理念，根据路面破损情况，结合道路维修养护历史，分段、分类采取针对性的处理措施，减少废弃材料产生，充分发挥投资效益。

（4）道路设施大修与交通疏堵优化、公共空间景观提升等工程相结合，扩大了传统道路大修工程的内涵和外延，避免了反复施工，节约高效。

3. 环境景观提升

京通快速路作为长安街东延的重要组成部分，本次道路绿化以及地下通道、路缘石、树池边框、挡墙等附属设施设计与长安街整体景观风貌相协调，展现出“庄重、沉稳、大气”的景观风貌。

东三环分钟寺桥匝道改造工程

二等奖
建筑工程勘察设计优秀奖（中小企业）——市政公用工程

获奖单位：北京市市政专业设计院股份公司
获奖人员：李芳，马国雄，王战捷，王玉，张国栋，杨涛，刘美霞，王京京，赵珂，李长伟，白聪莉，杨春，施庆生，杨玲，田碧鑫

分钟寺桥改造方案是由先入后出的半苜蓿叶形式，改为先出后入单喇叭形式，可以在一定程度上缓解节点拥堵，优化交通秩序。京沪高速进入三环内环的匝道由东北象限，改为西北象限，三环内环进入京沪高速的匝道仍设置在西北象限。

1. 采用新调查措施——“运行速度调查法”进行拥堵调查。

2. 节地措施，进京定向匝道定线采用五单元曲线，增加项目可行性。

3. 新建进京定向匝道三环主路接入位置采用钢筋混凝土挡土墙墙顶和墙底同宽矩形整体浇筑。

4. 新建进京匝道全线为下坡路段，每条车道两侧均设置纵向减速振荡标线，车道位置全线铺设彩色沥青，提高道路行驶安全性。

5. 在主路路面面层材料上选用改性沥青（SBS）玛蹄脂碎石混合料SMA-13，以提高道路的使用质量。

分钟寺桥改造，消除了东南三环内环方向桥下交织段，对缓解三环主路分钟寺上游路段道路拥堵有显著作用，在一定程度上提高京沪高速驶入三环内环车流通行效率，具有一定社会效益和影响力。

科利源供热服务中心无干扰地岩热供暖研究及示范工程——热源部分

二等奖
建筑工程勘察设计优秀奖（中小企业）——市政公用工程

获奖单位：北京市热力工程设计有限责任公司
获奖人员：杨旭，陈新栋，马锐，牛玉琴，马利军，王云琦，宋鹏程，梁岗，吴天虹，孙锦峰，罗承淼，张宗旭，叶明星，王旭，武新伟

本工程采用地岩热作为供热热源，为科利源清河供热厂新建办公楼及部分用户提供冬季空调供热，新建办公楼供热面积 14292.68m^2，热负荷为 1350kW，本项目考虑热源满发，满足新建办公楼供热需求的同时，剩余热量为其他用户供热，总热负荷为 1830kW。

本项目技术采用中国工程院副院长徐德龙提出的中深层地热能利用新方式——“取热不取水”（无干扰地热技术）理论。无干扰地热利用技术是指通过钻机向地下一定深处岩层钻孔，在钻孔中安装一种密闭的金属换热器，通过换热器传导将地下深处的热能导出，并通过专用设备系统向地面建筑物供热的新技术。

1. 本项目为北京地区首例中深层地热供暖项目，一般浅层地热能的利用较为广泛，本项目采用间壁式换热，打井深度 2550m，实际使用效果较好，为此类项目的推广提供了很好的示范作用。

2. 技术理念先进，设计先行，在井位选址、管线路由、敷设方式、机房位置、设备布置、管道连接、设计参数选取、设备选用等方面做了大量的工作，并提出了独特的见解，热源侧系统与地下水隔离，仅通过换热器提取高温岩层的热能，不抽取地下热水，也不使用地下热水，理论联系实际，将实验室技术应用到北京市的实际工程中，并且根据北京市的气象参数、供暖温度、地质情况、浅层地热参考数据、末端供暖形式等做出调整、改进。

安立路（安定门—立水桥）疏堵改造工程

三等奖

建筑工程勘察设计优秀奖（中小企业）——市政公用工程

获奖单位：北京市市政专业设计院股份公司

获奖人员：卢琳，尚颖，马国雄，杨涛，李芳，王玉，薛峥，梁策，杨春，李苑格，黄博，杨玲，田碧鑫，白聪莉，李长伟

金中都公园宣阳桥工程

三等奖

建筑工程勘察设计优秀奖（中小企业）——市政公用工程

获奖单位：北京市市政专业设计院股份公司

获奖人员：王彤飙，乔宇，杨洋，刘荣慧，刘晓捷，刘燃，梁栋，马冬冬，丁波，王大力，杨玲，田碧鑫

城市更新设计单项奖

簋街空间提升规划与设计

一等奖
城市更新设计单项奖

获奖单位：北京市建筑设计研究院有限公司
获奖人员：吴晨，郑天，王桔，杨艳秋，刘立强，吕玥，吕文君，阮君，杨海明，肖静，曾铎，王斌，伍辉，张静博，孙慧

项目概况

簋街是北京第一夜市、美食街，位于北京老城内，全长1472m。随着簋街的快速发展，环境脏乱、违建普遍等各种问题日益突出。针对现状问题，综合考虑目标定位、街道空间、消费客群等因素，方案以“簋街—舌尖上的北京”为形象定位，以“整体有序、干净整洁、减法为主，形象突出”为设计原则，力求将簋街打造成“北京的饮食文化金名片”。方案立足于城市安全和公平，系统解决社会问题和民生问题，从城市设计角度、多维统筹考虑，以“行人优先、还公共空间于民”为基本出发点，从公共空间设计、沿街界面、街道景观、夜景照明、街道设施等方面提出系统解决方案，实现空间提升、立面优化、环境美化、绿色出行等目标，从而实现整体环境的全面提升。

空间布置

结合簋街空间特点，形成“一街、两段、多节点”的规划结构，“两段”即自然形成的东西两个路段，“多节点”包含277节点、288节点、花家怡园、都市之星、香口鱼、胡大、嘉陵楼、东段15号楼、10号楼、5号楼等多个特色空间节点。方案以包含两侧建筑和中间道路在内的“U”形空间为整体统筹设计范围，拆完违建后，水平方向的人行步道平均拓宽了3~5m，西段结合路面改造，将原来位于隔离带北侧的非机动车道挪至南侧，拓宽人行道；新增种植池，隔离带“树池连通”，补种树木、宿根花卉等；变电箱、灯杆等设施尽量设置于隔离带中，其他设施如标示牌等都设置于设施带内；西段铺设燃气管线，消除了安全隐患。

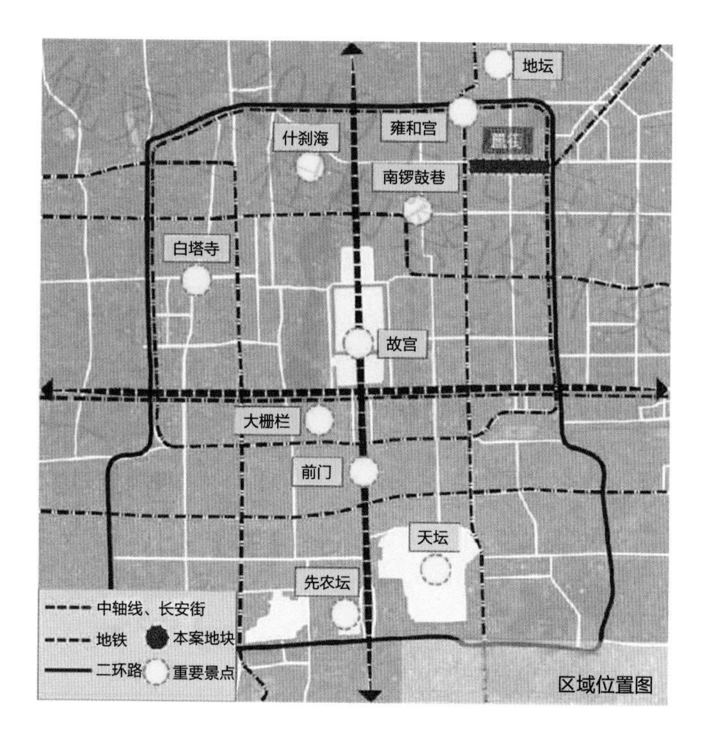

区域位置图

安定门方家胡同综合整治提升

一等奖
城市更新设计单项奖

获奖单位：北京清华同衡规划设计研究院有限公司
获奖人员：曹宇钧，刘巍，谭涛，曾庆超，李金晨，刘春雨，肖金亮，
叶青青，刘刚，王菲，程楠，高兆，曹天恒，张旭冉，毕莹玉

2017 年初北京市公布“疏解整治促提升”专项行动，核心区大力度推动非首都功能疏解，打造政治中心、文化中心和国际交往中心的核心承载区，而东城区安定门街道的方家胡同，因本身的特殊性及典型性使其具有历史街区中文化复兴示范样板的条件与历史意义。

方家胡同始建于元朝，所在雍和宫—国子监区域是北京 25 片历史文化街区之一，也是新版《北京城市总体规划》确定的 13 片文化精华区之一。在这里，传统文化与创意文化发生交流碰撞，但这条胡同也充满了老城保护与发展中的问题，主要可总结为“三多两杂”即：人口多、私搭乱建开墙打洞多、基础设施问题多；建筑产权复杂混乱、商业业态杂乱。

这些问题均是由多个因素相互影响所产生的，需从以下多个方面进行多维度的研究。

1. 从功能上，以居住功能为主，为多功能混合共生的街区。

区域内多保留胡同居住肌理，延续其历史居住肌理，提升居住环境，防止历史街区的过度商业化。在历史发展上，如文化创意产业方家胡同 46 号院，亦如国子监、南学、各类造办，到现在学校、医院、研究所等现代功能的融入，使整个街区在保留原有居住功能的基础上，成为一个多功能混合、和合共生的半开放街区。

2. 从风貌上，基于恢复传统风貌，实现多元文化融合的风貌协调展示。

基于街区历史格局，保留及恢复其历史风貌，加强对传统文物的腾退和保护利用，着重保护胡同肌理，形成多元文化融合风貌。

3. 从产业上，引入文化创意产业，以文化复兴推动城市复兴。

引导文化创意产业，以文化复兴推动城市复兴，提高文化与其他产业的关联度，发展“文化 +”创意产业聚集，打造融合与转型创新创意平台。

技术路线：依托规划引领作用，开展以全面复兴为目标的定位研究；挖掘历史文化价值，落实历史遗迹的保护及活化利用；以综合整治为抓手，改善空间环境提高生活品质；组织加强社区自治，营造良好的社区新邻里关系；强化长效管理机制，建立机制措施实现长期良性循环；借助新媒体传播力，开展老城保护与更新宣传推广。

本次综合整治不仅使方家胡同环境品质得到改善，也令人们的生活观念发生的改变。整治之初居民已默认胡同杂乱的状况，街道也觉得是又一次刷墙的整治任务。但随着项目逐步深入，居民开始在意公共环境，对胡同有了认同感、自豪感，46 号院内的设计师也意愿通过院落内外环境设计参与到胡同中来，而街道也不再仅作为管理者与任务执行者，开始从更多角度出发，思考如何让居民生活得更好，如何让胡同的独特文化得以传承和发扬。项目整体实施完成后得到社会各界广泛好评。

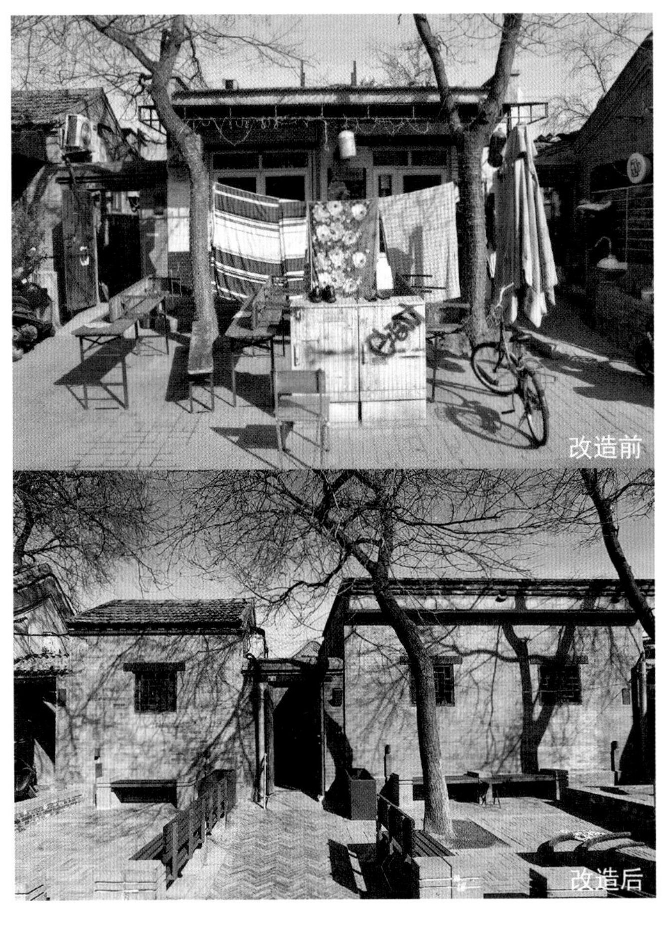
改造前
改造后

北京首开寸草安慧里养老介护设施项目

一等奖
城市更新设计单项奖

获奖单位：中国建筑标准设计研究院有限公司
清华大学无障碍发展研究院 / 立亚设计咨询（青岛）有限公司
获奖人员：刘东卫，邵磊，姜延达，蒋航军，贾丽，伍止超，秦姗，樊京伟，王唯博，徐秉钧，王力，孙亚欣，王乒野，赵艳辉，王达

项目背景

当前我国养老设施在人口深度老龄化危机与国家老龄事业供给侧结构性改革中，解决高龄、失能、独居和空巢老年人的生活支援和护理照护问题及老龄既有住区宜居环境建设成为亟须关注的课题。另外，城市既有住区中大量老旧公共建筑等长期闲置，空间具有潜在的改造发展契机，聚焦既有住区养老设施建设，实现对大量既有建筑闲置空间的功能再生利用是当前我国养老设施建设面前的现实性选题。

项目概况

北京首开寸草亚运村养老设施是1990年代为举办亚运会建设的安慧里住区中原既有办公楼建筑改造更新项目。安慧里住区总建筑面积80万m^2，总户数7500户，本项目以新型复合介护型养老设施为目标，研发了为高龄失能失智老年人提供护理照护和生活支援的介护型养老设施。项目实现了从项目定位策划设计研发、养老技术标准设计研究到既有住区设计与装配式技术更新研究、养老专项部品等研发设计再到施工建造全过程的实施。

项目主要指标

既有建筑总建筑面积：2232.6m^2；建筑层数：4层（南拐角3层）；建筑高度：13.6m；结构形式：4层部分砖混结构，3层部分为框架结构；总床位数：50床（单人间：30间，双人间：10间）；项目服务人群：失能、失智的高龄老人。

项目设计目标与原则

第一是国际水准综合性城市住区介护型养老示范项目，第二是养老行业工业化设计和既改建造引领项目标杆，第三是护理集成部品技术和标准化全面升级品牌项目。本项目研发与设计针对当前城市高龄照护服务为基础的养老设施建设基本问题和突出矛盾，聚焦我国城市养老介护设施建设最新成果和前沿实践，探求我国城市新型养老介护设施项目建设途径，并为城市更新发展趋势下的既有建筑更新改造的养老设施与环境构建提出整体解决方案和设计方法。

前门三里河及周边恢复整治项目规划设计

二等奖
城市更新设计单项奖

获奖单位：北京市建筑设计研究院有限公司
获奖人员：吴晨，郑天，王斌，李想，吕文君，刘钢，段昌莉，李桦，段金梅，何永，潘闪，吕玥，马振猛，李婧，杨帆

前门三里河地区为距离天安门最近的历史文化保护区之一，项目中运用先进的规划理念，结合城市、围绕河流合理开展整体概念设计。总用地面积为 18hm^2。以“老胡同，新生活”为理念，由“文化复兴”目标引入“人居环境”科学及“城市复兴”理论，提出城市减灾、民生改善、风貌重塑、城市织补、空间提升、文脉传承、生态修复、设施完善八大规划理念。保留原有胡同规制和道路肌理，提升居民生活环境，进而提高居民生活品质。修复前门三里河水系，贯穿老街巷，换发新活力。整条河流设计为了保护完整的文物建筑，围绕建筑周边布置河流走向，河道两侧种植多处花卉及植物，环境宜人。

在世界上很多著名城市，水系都是其中一个最璀璨的闪光点，相对来看现状北京的河湖水系在城市风貌中的作用仍然不够突出。未来应当结合北京旧城功能、人口疏解以及环境整治工程和整体城市设计，尽快研究和分阶段实施北京旧城已消失的河道恢复的可能性。在条件允许的情况下，逐步恢复旧城护城河水系（外城护城河、内城护城河、皇城护城河、宫城护城河）以及其他消失的历史河道，深入研究北京二环高架路局部下穿，局部路面建设环城公园的可行性，重现北京旧城魅力。特别是本案设计的区域，风貌亟待保护、民生亟须改善。以城市双修为主要方向，大力解决人口膨胀、交通拥堵、环境恶化、住房紧张、就业困难等“城市病”，项目中运用先进的规划理念，结合城市、围绕河流合理开展整体概念设计。目前已成为北京新 16 景之首，“正阳观水”一景，是群众游乐休憩的重要场所之一。

泉州“海丝”申遗点环境整治工程

二等奖
城市更新设计单项奖

获奖单位：北京清华同衡规划设计研究院有限公司
福建省泉州市城市规划设计研究院
获奖人员：张杰，霍晓卫，张弓，何苗，孙福庆，林劲松，楼吉昊，程燕立，张冲，陈吉妮，张淑华，任洁，朴杉杉，许有志，刘欣婷

古泉州在以“刺桐”的代称闻名于世的宋元时期，在“海上丝绸之路”进入繁盛阶段的历史背景下，产生了与海洋商贸、海洋文化相关的诸多史迹与遗址，并留存至今。“古泉州（刺桐）史迹”世界文化遗产申报项目是党中央提出建设“新丝绸之路经济带”和“21 世纪海上丝绸之路”构想的重要组成部分。

“遗产点环境整治设计”是遗产申报配套实施项目的重要组成部分。项目位于泉州市，包括泉州六胜塔、万寿塔、金交椅山磁灶窑遗址、开元寺、草庵摩尼光佛造像、石湖码头、江口码头和真武庙 8 处分散的遗产点，约 34.7hm^2 范围。在距离 ICOMOS 国际专家现场检查不足一年的时间内，由清华同衡规划院遗产中心、建筑分院、风景园林中心以及泉州规划院，依托清华科研平台及泉州院的在地协作，组建联合工作团队共同完成。

项目扭转单一的整治思路，从遗产保护与展示、功能调整、环境提升、生态维护 4 个维度出发，对遗产点及周边环境进行有侧重的全面提升，为城市提供了优质的文化空间，扩大了文化遗产影响力，也受到了 ICOMOS 国际检查专家的高度评价。

南锣鼓巷历史文化街区风貌保护管控导则

二等奖
城市更新设计单项奖

获奖单位：北京市建筑设计研究院有限公司
获奖人员：吴晨，郑天，李婧，李想，肖静，陈之常，宋志红，邵培，李淳，申思，杨婵，吕玥，吕文君，刘钢，孙慧

南锣鼓巷地区是北京旧城历史最悠久的片区之一，是北京首批历史文化街区，与元大都同时期建设，是大都城最具代表性的传统空间格局的唯一留存，至今已有 700 多年的历史。然而现今的南锣鼓巷面临的是：历史遗存逐步破坏、交通压力逐年增大、基础设施严重匮乏的尴尬现状。这一切，都是城市病的集中体现，如何走出一条符合特大城市特点和规律的社会治理新路，基于长效机制的历史街区城市创新治理措施势在必行。2015 年底，中央城市工作会议指出我国城市发展已经进入新的发展时期，强调要提高城市治理能力，着力解决城市病等突出问题，实现由“城市管理”向“城市治理”的伟大跨越。

项目针对南锣鼓巷 0.88km^2 展开深入调研，研究大区域内的历史空间格局，通过调查分析南锣地区建筑风貌基本情况，归纳并总结出地区现状建筑的主要风貌特点，对地区总体建筑风貌进行综合评估。同时对相关的法律、法规、规章、规范性文件等进行了梳理，对南锣鼓巷特有的历史风貌、文化特色、建筑格局等“基因”进行了提取，总结出建筑风貌的主要控制要素及形式，提炼出建筑风貌的主题特征及设计要点。同步建立管控体系和管控平台以统筹规划、建设、管理三大环节。最终编制出包含多个方面的南锣鼓巷历史文化街区风貌管控导则，为今后的地区风貌保护工作提供导向。

《南锣鼓巷地区管控导则》的编制正是基于中央城市工作会议中提出统筹规划、建设、管理，统筹政府、社会、市民等要求，以历史街区为例，将原有面向规划设计专业技术人员的城市设计导则的应用，拓展延伸到面向社会与公众的城市管理层面，目的在于研究设计导则的引导和控制手段在我国城市治理方面的应用方式和未来发展，制定出与现状情况相适应的长效措施，有效动员引导社会参与，推动共治共享，激发社会责任意识，构建创新城市的治理思路。

北京市西城区新街口街道街区整理城市设计

二等奖
城市更新设计单项奖

获奖单位：北京清华同衡规划设计研究院有限公司
获奖人员：张杰，霍晓卫，刘岩，李婷，刘巍，刘丽娟，满新，谭涛，曾庆超，徐向荣，叶青青，鲁浩，李祺，刘刚，张洁

项目背景

根据北京新总规对核心区的发展定位及要求，按照《北京西城街区整理城市设计导则》等有关指示，北京清华同衡规划设计研究院结合新街口地区历史文化价值及现状问题，开展新街口街区整理城市设计及白塔寺周边实施项目。力求通过规划与落地实施，将新街口打造为功能复合、文化自信的宜居首都示范区！

设计技术创新特点

1. 以全面的调研手段为保障，以街区人群画像的深入研究为基础。
2. 从文化、功能、交通、业态、空间五大维度提出整治实施策略。
3. 以城市设计和特色空间体系引领规划措施落地。
4. 秉承以人为本的设计理念，从居民的切身需求出发，完善街区功能。

项目综合效益

该项目在编制及实施的过程中，受到了街道办事处及所辖社区、居民的广泛关注。期间由设计方开展的“路见新街口”线上调研活动，保障了规划深入群众，形成从居民的视角看问题、解决问题的规划机制；同时对设计成果进行复核与完善互动，将亮相工程落实到实处。

在具体实施中，以组织交通流线，规范与优化各类车辆停放；打造胡同内部休憩活动场所；整治建筑风貌，规范附属物安置为重点内容，对塑造一个大气且富有新街口文化特色的街区空间作出了巨大贡献。

改造前后对比图

常德老西门

二等奖
城市更新设计单项奖

获奖单位：易兰（北京）规划设计股份有限公司
获奖人员：陈跃中，李鹤，王秀娥，魏佳玉，唐艳红

老西门葫芦口项目位于湖南省常德市城区，占地86726m^2，规划面积272800m^2，作为常德“十二五”规划中的保障性民生工程，规划涉及棚户区征改1606户的安居乐业。

老西门一带昔日繁华，曾是常德的政治文化中心，历经数次劫难，在第二次世界大战中全城几乎夷为平地，古城墙大部分被毁。本项目从城市规划、建筑设计、园林设计、社区营造、街巷运营、文化延续等多重维度思考老城转型。景观师与建筑师一道通过对历史基地和人文遗存的调研，在大区景观概念规划方案中，挖掘保护仅有的老城墙和老井等地方文化遗产，运用当地材料，融入艺术、文化、自然三大核心元素，修复改造了一段护城河区富有文化特色的公共空间。

老西门地块中间沿纵深方向的历史性护城河，在1980年代被盖上混凝土板作为排污渠。地面上随时间自由堆积而成一条狭窄街巷，布满简易木结构穿斗建筑形成的棚户，成为被遗忘的城市片区。项目为老西门首期改造工程，配合5.3 km水系净化改造，打开了盖板，对排污渠水进行净化，通过一系列城市更新手法，将原有破败的城市街区演变为亲水空间，营造为可贯穿区域，使其成为满足当地市民需求的绿色时尚商业步行街区和城市蓝带，为广大市民呈献出一个具有历史意义和社会价值的现代城市公共空间。

首钢老工业区改造西十冬奥广场项目（N3-3转运站等 7 项）

三等奖
城市更新设计单项奖

获奖单位：北京首钢国际工程技术有限公司
杭州中联筑境建筑设计有限公司
获奖人员：薄宏涛，侯俊达，王兆村，陈罡，李慧，蒋珂，高巍，张洋，张志聪，邢紫旭，袁霓绯，张悦，王洪兴，刘克清，王静

景山街道街巷综合整治提升

三等奖
城市更新设计单项奖

获奖单位：北京清华同衡规划设计研究院有限公司
获奖人员：张杰，霍晓卫，阎照，孙福庆，何苗，楼吉昊，黄荣，陈吉妮，赵丹羽，王会轩，雷顺，秦昆，孙丽颖，王洋，朴杉杉

太阳中心 S1 楼装修改造项目

三等奖
城市更新设计单项奖

获奖单位：北京维拓时代建筑设计股份有限公司
获奖人员：靳天倚，郭讯，马秋妍，毕晓燕，夏青凤，刘庆江，罗瑞福，汪涌，张攀明，杨春丽，李海阔，邓瑞贤，王高

北奥大厦改造工程

三等奖
城市更新设计单项奖

获奖单位：北京市住宅建筑设计研究院有限公司
北京住总集团有限责任公司
获奖人员：钱嘉宏，王建，王力红，唐佳佳，李跃，金飞，孙惠敏，赵冰，谢淑艳，汤朔，王阳，袁艺，王义贤，于洋，程阳

深圳特发香蜜湖文创广场项目

三等奖
城市更新设计单项奖

获奖单位：北京天鸿圆方建筑设计有限责任公司
深圳市陈世民建筑设计事务所有限公司
获奖人员：董晓玉，李文鹏，柴宁宁，王强，邢海峰，李小可，李静，张幼丹，邓禹，CHEN LIANG，刘振琪

新华保险大厦改造项目

三等奖
城市更新设计单项奖

获奖单位：清华大学建筑设计研究院有限公司
获奖人员：马京涛，李洪刚，马增辉，孙明炀，袁朵，刘潇轶，丁鸿雁，郝利兵，李增超，李铁利，郭汉英，郭红艳，胡宇彤，石智誉，刘晓晖

北京塞隆国际文化创意园

三等奖
城市更新设计单项奖

获奖单位：北京本土建筑设计有限公司
获奖人员：汪海涛，田永义，齐宇，王方方，刘艳，周新，王烨姣，闫永慧，陆天晴，王宇，冯国民，邹慧丽，邢孝东，付宇航

图书在版编目(CIP)数据

北京市优秀工程勘察设计奖作品集2019 /《北京市优秀工程勘察设计奖作品集2019》编委会编. —北京：中国建筑工业出版社，2020.12

ISBN 978-7-112-25754-6

Ⅰ.①北… Ⅱ.①北… Ⅲ.①建筑设计－作品集－中国－现代 Ⅳ.①TU206

中国版本图书馆CIP数据核字（2020）第250507号

责任编辑：付 娇 兰丽婷 徐 浩
责任校对：张 颖

北京市优秀工程勘察设计奖作品集 2019

《北京市优秀工程勘察设计奖作品集 2019》编委会 编

*

中国建筑工业出版社出版、发行（北京海淀三里河路 9 号）
各地新华书店、建筑书店经销
天津图文方嘉印刷有限公司印刷

*

开本：880 毫米 ×1230 毫米 1/16 印张：$28\frac{1}{2}$ 字数：1342 千字
2020 年 12 月第一版 2020 年 12 月第一次印刷
定价：328.00 元
ISBN 978-7-112-25754-6
(36778)